建筑施工企业机械员读本

高忠民　主　编

金 盾 出 版 社

内 容 提 要

本书依据中华人民共和国住房和城乡建设部最新行业标准《建筑机械使用安全技术规程》，结合建筑施工企业实际情况，较全面地介绍了土石方、起重、混凝土、钢筋、桩工、压实机械及高层建筑基础施工机械的构造、工作原理、性能用途、操作要点、安全使用及故障诊断和排除。

本书密切结合生产实际、深入浅出、通俗易懂，有很强的实用性和可操作性，可作为培训建筑企业机械员的教材，也可作为建筑施工企业机械技术人员和管理人员的工具用书。

图书在版编目(CIP)数据

建筑施工企业机械员读本/高忠民主编. 一北京：金盾出版社，2014.1
ISBN 978-7-5082-8828-4

Ⅰ.①建… Ⅱ.①高… Ⅲ.①建筑机械 Ⅳ.①TU6

中国版本图书馆 CIP 数据核字(2013)第 222736 号

金盾出版社出版、总发行
北京太平路 5 号(地铁万寿路站往南)
邮政编码:100036 电话:68214039 83219215
传真:68276683 网址:www.jdcbs.cn
封面印刷:北京凌奇印刷有限责任公司
正文印刷:北京军迪印刷有限责任公司
装订:兴浩装订厂
各地新华书店经销
开本:705×1000 1/16 印张:23.125 字数:516 千字
2014 年 1 月第 1 版第 1 次印刷
印数:1～4 000 册 定价:56.00 元

前　言

现代建筑施工广泛采用各种建筑机械和机具，确保工程建设的施工质量和施工安全，加快工程进度，降低工程成本。随着现代施工技术的高速发展，施工企业对建筑机械的操作、使用、维修、管理等方面的人才提出了更高要求。在竞争日益激烈的建筑市场中，建筑企业为不断地提高机械化施工程度，实现建筑机械装备的先进性和合理性，正在加紧培养人才，加强建筑机械的技术应用和管理工作。同时，国家人力资源和社会保障部建立了统一的职业资格认证制度，对建筑机械的操作、使用、维修和管理人员分别提出了相应的培训大纲和考核标准。

本书依据国家职业资格认证的相关标准和国家住房和城乡建设部 2012 年颁布的《建筑机械使用安全技术规程》(JGJ 33—2012)，结合北京市建筑企业机械员岗位培训教学考核大纲规定的教学内容和教学经验编写，较全面地介绍了建筑工程常用的施工机械及其安全使用和常见故障的排除。本书理论联系实际，简明扼要，通俗易懂，具有实用性强、易于迅速掌握和运用的特点。

本书由高忠民主编，参加编写的有俞启灏、张志鹏、田沪、孙建国、吴玲。限于作者水平，书中难免有不当之处，欢迎广大读者批评指正。

编　者

目　录

第一章　建筑机械动力装置

建筑机械的动力装置主要有内燃机、电动机和空气压缩机。固定式或有轨行走式机械多采用电动机驱动。

一般而言，机动性强、可独立行走的自行式机械或无电源地区的机械动力装置多采用内燃机。内燃机的特点是质量轻、经济性好，能迅速起动并投入工作。但内燃机超载能力低，调速范围不大，必须通过离合器、变速器等传动机件才能适应工作装置的速度要求。采用液力变矩器可以改善内燃机的工作性能。

自行式机械也可采用柴油机——直流发电机——直流电动机系统驱动各主要工作机构，这种驱动方式操作方便，可以远距离控制，不受外界温度的影响。由于直流电动机调速范围大，有较大的超载能力，因而既能保证在正常荷载下有较高的生产率，又能保证在短时间内克服较大的工作荷载。

空气压缩机由内燃机或电动机驱动，将空气压缩成高压气体，利用高压气流驱动各种气动机具工作，故也称为二次动力装置。

第一节　柴　油　机

一、内燃机的分类及其特点

内燃机是燃料在发动机内部燃烧，并将燃料燃烧的热能转变为机械能的动力机构。

常用的往复活塞式内燃机按所用燃料可分为柴油机、汽油机等；按一个工作循环的冲程数可分为四冲程内燃机、二冲程内燃机；按燃料着火方式可分为压燃式内燃机、点燃式内燃机；按冷却方式可分为水冷式内燃机、风冷式内燃机；按进气方式可分为自然吸气式内燃机、增压式内燃机；按气缸数目可分为单缸内燃机、多缸内燃机；按气缸排列形式可分为直列立式、直列卧式、V型及对置式等内燃机。

1. 柴油机的特点

①柴油机压缩比较大，燃气膨胀充分，热量利用程度较好，燃料比汽油机省；同时，柴油机燃料价格较低，因此，柴油机使用经济性好。

②柴油机坚固耐用。

③柴油机依靠压缩气体提高温度，喷油自燃，没有点火系统，所以故障少，保养容易，工作可靠。

④柴油机气缸压力高，机件受力大，因此，与相同功率的汽油机相比，柴油机体积和重量都比较大。

⑤柴油机的喷油泵和喷油器精密度高，加工比较困难，其制造成本较高。

⑥柴油机较难起动，运转时噪声较大。

由于柴油机具有工作可靠、燃料经济性好及功率使用范围大等特点，因而建筑机械以内燃机为动力时广泛采用柴油机。

国外有为建筑机械配套的专用柴油机系列。我国目前多采用改造通用柴油机的办法来解决。例如120、125、135、160等系列都是通用柴油机，其中，135系列柴油机性能指标较好，质量较稳定，功率范围大，且有较多的变型，因而在建筑机械上使用较多。

2. 四行程内燃机和二行程内燃机

四行程内燃机一个完整的工作循环包括进气、压缩、做功和排气四个行程。排气行程结束后，曲轴依靠飞轮的惯性继续旋转，上述的四行程又周而复始地重复进行。在四行程中，每一行程的曲轴转角为180°，其中，只有做功行程将热能转变为机械能，其余三个行程则是做功的准备行程。

二行程内燃机省去了单独的进、排气行程，而把进、排气行程放在做功终了和压缩开始，即活塞到达下止点前后的一个短时间内进行。

四行程内燃机曲轴每转两圈才有一个作功行程，而二行程内燃机曲轴每转一圈就有一个作功行程，因此，当排量、转速和压缩比相同时，在理论上二行程内燃机比四行程内燃机功率大一倍。但由于二行程内燃机不易排净废气，造成燃烧效率降低；气缸壁上气孔的存在，使活塞的有效工作行程缩短；扫气泵扫气，又要消耗一部分功率。因而二行程内燃机实际功率只增加50%～80%左右。二行程汽油机在换气过程中还有一部分可燃混合气体混杂在废气中排掉，因而损失了一部分燃料，其经济性比四行程内燃机差。

由于二行程内燃机结构简单，体积小，重量轻，成本低，使用方便等优点，广泛用作背负式、手提式等小型汽油机具的动力装置。

二、柴油机的构造组成

柴油机类型繁多，具体结构有所不同，但都是由机体、曲轴连杆机构、配气机构、燃油供给系统、润滑系统、冷却系统、起动装置、增压装置等组成，图1-1为6135柴油机构造图。

1. 机体

机体包括气缸盖、气缸体、气缸套、曲轴箱等主要零部件，是柴油机各机构、各系统的装配基础。气缸体用来安装和固定气缸套，曲轴箱用来支承曲轴。曲轴箱分上、下两部分，上曲轴箱和气缸体铸成一体，下曲轴箱则是贮存润滑油的油池，故称油底壳。机体的具体结构还与凸轮轴及其他机构在机体上的布置等有关。

(1)气缸套

柴油机普遍采用镶入气缸体的可卸气缸套。由于气缸套内壁引导活塞往复运动，承受高温、高压和活塞侧压力，因此，气缸套要有足够的强度，耐磨、耐腐蚀；较高等级的制造精度和表面粗糙度，从而使气缸套与活塞、活塞环紧密配合，防止漏气，减少磨损。

气缸套分干式和湿式两种。干式缸套内外壁需精加工，以保证与缸体与缸套良好配合，如间隙过大，将影响气缸的传热和冷却。湿式缸套具有冷却性能好、易于加工、便于修理更换等优点，但对防漏装置有较高的要求。

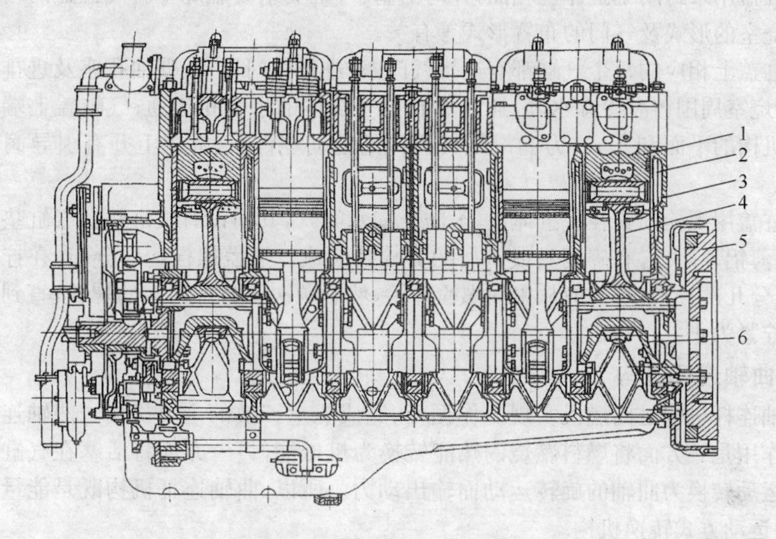

(a) 纵剖面图

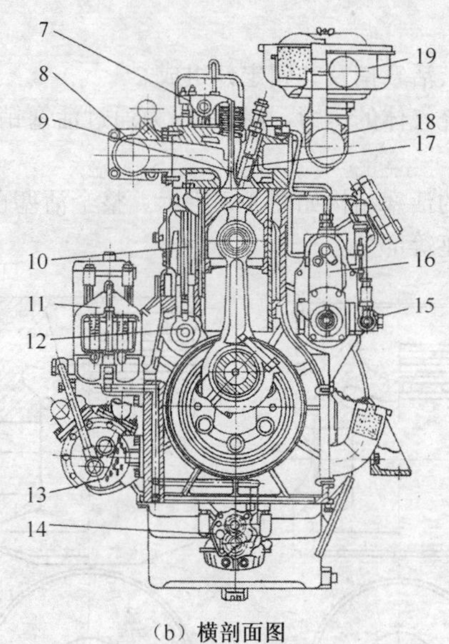

(b) 横剖面图

图 1-1 6135 柴油机构造图

1. 活塞 2. 气缸套 3. 水套 4. 连杆 5. 飞轮 6. 曲轴 7. 摇臂 8. 排气管 9. 气门 10. 推杆 11. 机油滤清器 12. 凸轮轴 13. 机油散热器 14. 机油泵 15. 输油泵 16. 喷油泵 17. 喷油器 18. 进气管 19. 空气滤清器

(2)气缸盖和气缸垫

气缸盖用来封闭气缸体上端面，并与活塞、气缸套组成燃烧室。气缸盖的结构与柴油机燃烧室的形式及气门的布置形式等有关。

气缸盖上相应的每个气缸都有进排气门座、进排气门导管、喷油孔座及进排气通道等；在燃烧室周围铸有冷却水套，通过水孔与气缸体的水套相连通；气缸盖上端面有安装配气机构的平面和孔穴；为润滑配气机构的运动零件，气缸盖上开有引导润滑油的孔道。

气缸盖用螺栓固紧在气缸体上，为防止漏水漏气，其间设有气缸垫。气缸垫用两层薄铜片(薄铝片)夹含有碎铜丝或铜屑的石棉片制成。缸盖螺栓均匀分布，在拧缸盖螺栓时，应分几次拧紧，每次应从中间螺栓开始，然后顺次交替拧两端的螺栓，直到按规定的力矩拧紧为止。

2. 曲轴连杆机构

曲轴连杆机构是内燃机实现工作循环、完成能量转换的主要机构。曲轴连杆机构的具体作用是一方面将燃料燃烧的热能转换为机械能，另一方面将活塞在气缸内的往复直线运动转换为曲轴的旋转运动而输出动力。所以，曲轴连杆机构既是能量转换机构，又是运动方式转换机构。

曲轴连杆机构主要由活塞组、连杆组、曲轴飞轮组等组成。

(1)活塞组

活塞组由活塞、活塞环、活塞销及其固定件组成。

①活塞承受气缸内燃烧气体的压力，并将此压力通过活塞销传给连杆，以推动曲轴旋转。

建筑机械常用柴油机的活塞结构如图 1-2 所示。整个活塞可分为顶部、防漏部(环槽部)、导向部(裙部)和销座等部分。

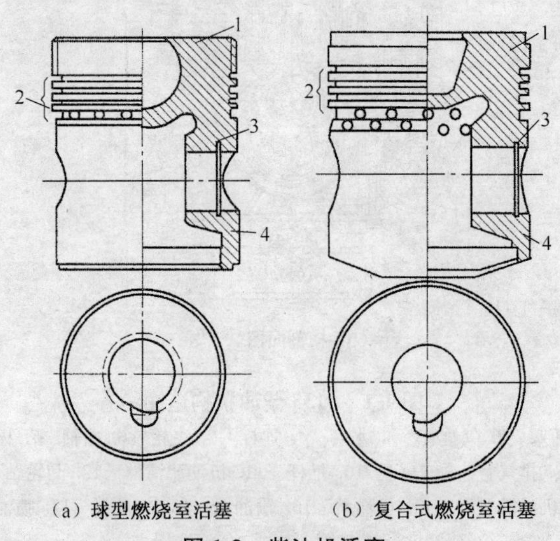

(a) 球型燃烧室活塞　　(b) 复合式燃烧室活塞

图 1-2　柴油机活塞

1. 顶部　2. 防漏部　3. 销座　4. 导向部

活塞顶部与气缸盖构成燃烧室。顶部形状决定于所采用的燃烧室型式。

活塞的防漏部切有几道环槽，用来安装活塞环，防止燃烧室高压气体漏入曲轴箱，并通过活塞环将活塞吸入的热量传给气缸壁冷却系统散热。

活塞裙部起导向作用，并承受侧压力。销座的作用则是将活塞顶上的气体压力经活塞销传给连杆带动曲轴转动。

②活塞环分气环和油环，如图 1-3 所示。气环槽通常在三道以上，油环槽 1～2 道。油环槽的周围开有很多孔或槽，油环从气缸壁上刮下来的机油便经过这些孔道流向曲轴箱。气环的作用是保证活塞和缸壁的密封性，防止压缩气体漏入曲轴箱，并将活塞上部的热量传给气缸套，由冷却介质带走。

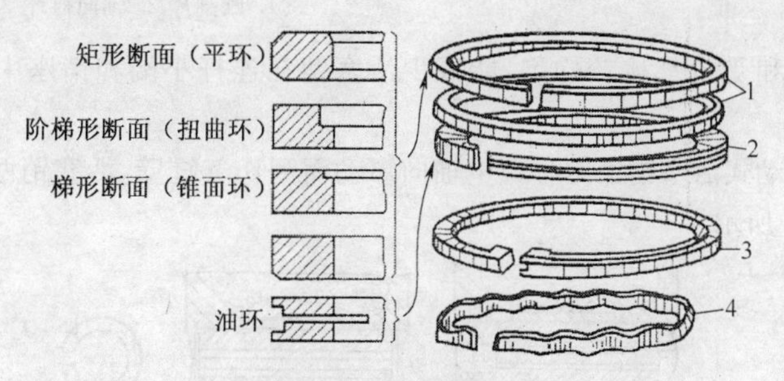

图 1-3 活塞环

1. 气环 2. 油环 3. 带胀簧的油环 4. 胀簧

气环按其断面形状不同，分为平环、锥面环和扭曲环等，如图 1-3 所示。平环断面呈矩形，形状简单，易加工而应用较广。锥面环断面呈梯形，锥角 1°～2°，与气缸壁接触面小，比压大，因而易磨合，密封性好，还具有向上均布机油改善润滑和向下刮油的作用。平环和锥面环在活塞运动时都会产生泵油作用，使机油进入燃烧室。在气环的矩形断面上适当切除一部分，成为扭曲环。扭曲环的上下端面与环槽端面接触，不产生上下窜动，加强了环的密封性，下行时还能起到刮油作用。

油环的作用是把气缸表面多余的机油刮下，以防机油进入燃烧室，并使气缸壁上的机油油膜均匀分布，改善活塞组的润滑条件。油环的断面型式较多，图 1-4a、b 所示为具有径向油孔（铣缝或钻孔）及外圆铣槽的油环断面，图 1-4c、d 所示为具有刮片状断面的油环。工作时，刮下的机油可通过这些小孔或铣缝流回曲轴箱内。为了延长油环使用寿命，可在油环内圈再装一个胀簧，当油环因磨损而弹性降低时，仍能保持一定的径向压力。另一种新结构油环为组合式钢片油环，如图 1-5 所示，已在一些高速柴油机中采用，其优点是对缸壁接触压力高而均匀，刮油能力强，能适应气缸壁不均匀磨损和活塞的变形，保证良好的密封；能减少润滑油消耗，并能减轻环槽磨损。缺点是安装不便，成本较高。

活塞环装入气缸后切口处应保留一定的间隙，通称开口间隙，以防热膨胀时卡死在气缸中。安装活塞环时，必须把各道环的切口相互错开，防止串气漏气。

③活塞销是连接活塞和连杆小端的重要零件。活塞销的连接方式有三种：固定在活塞销座上、固定在连杆上、浮动于销座及连杆小端间。其中，以浮动式应用最广泛。它

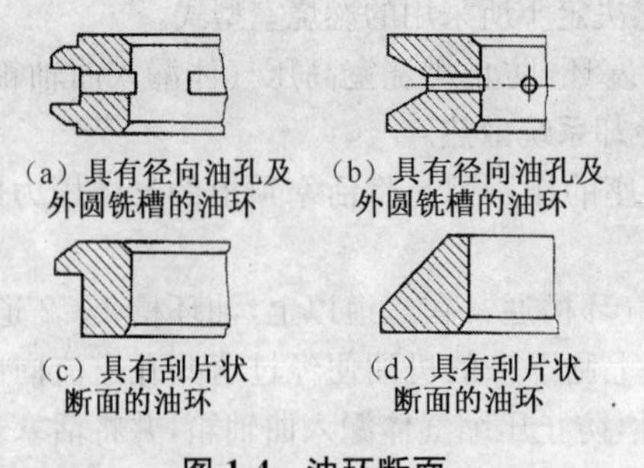

图 1-4 油环断面

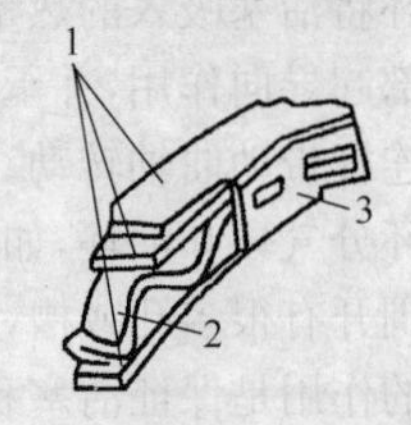

图 1-5 组合式钢片油环

1. 圆刮片 2. 轴向衬环 3. 径向衬环

的优点是磨损和受力都比较均匀，能减少活塞销在连杆小端和销座中间同时卡住的危险。

为防止浮动式活塞销工作时产生轴向窜动而刮伤气缸壁，活塞销两端装有堵头或卡簧，如图 1-6 所示。

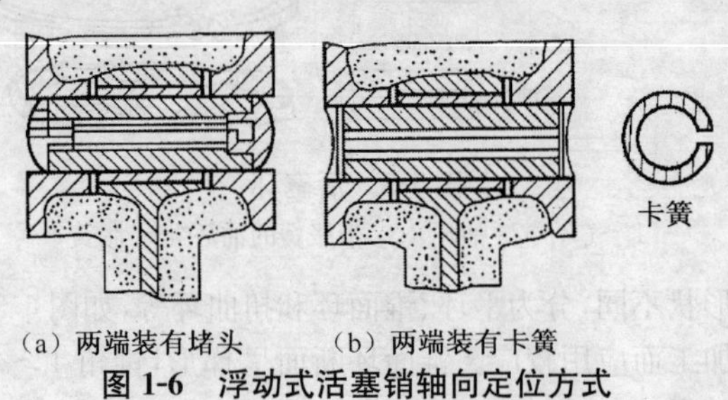

图 1-6 浮动式活塞销轴向定位方式

(2)连杆组

连杆组的功能是将活塞承受的力传给曲轴，与曲轴配合把活塞的往复直线运动变为曲轴的旋转运动。它由连杆、连杆螺栓和连杆轴承等组成，如图 1-7 所示。

连杆小端装有青铜衬套，与活塞销连接。连杆大端是可分开的，被分开部分叫连杆端盖，两半部用连杆螺栓连接。连杆杆身为工字型断面，选用强度高和韧性大的合金钢模锻或滚压成型。135 系列柴油机都将连杆端盖与大端的分开面做成倾斜形状，使其与杆身成 35°～50°的角度，较多的是 45°。连杆大端孔内装有连杆轴承。连杆轴承采用分开式的滑动轴承，用钢带做底板，其上浇有抗磨合金。

(3)曲轴飞轮组

曲轴飞轮组的功能是将内燃机动力输出并带动本身的辅助机构工作，主要由曲轴和飞轮组成。曲轴上还装有驱动配气机构的正时齿轮和驱动冷却系统风扇、水泵的带轮等附件。

①曲轴在工作时要承受不断变化的气体压力、惯性力和转矩的作用。曲轴必须具有高的刚度和强度，能满足静平衡和动平衡的要求，在工作转速范围内，具有较高的自振频率，以免发生共振。

曲轴主要由主轴颈、连杆轴颈、曲柄、前端和后端所组成。连杆轴颈数与气缸数相同。各连杆轴颈之间的相对位置与气缸数、各气缸作功间隔及作功顺序有关，如图 1-8 所示。

②飞轮是一个具有沉重轮缘的铸铁圆盘，用于贮放能量，克服阻力，使内燃机运转均匀。其大小与内燃机气缸数、转速及运转均匀度有关。飞轮用螺钉固紧在曲轴后端的凸缘上。飞轮上刻有记号或钻有定位孔，用以表示或找准活塞在上止点的位置，以便进行配气机构和喷油泵的调整。

飞轮外圈上有齿圈，起动时，驱动齿轮与其啮合而带动曲轴运动。

3. 配气机构

配气机构的功能是定时给气缸供气、定时将废气排出、定时封闭气缸，完成一个工作循环。配气机构由气门组、气门传动组组成。

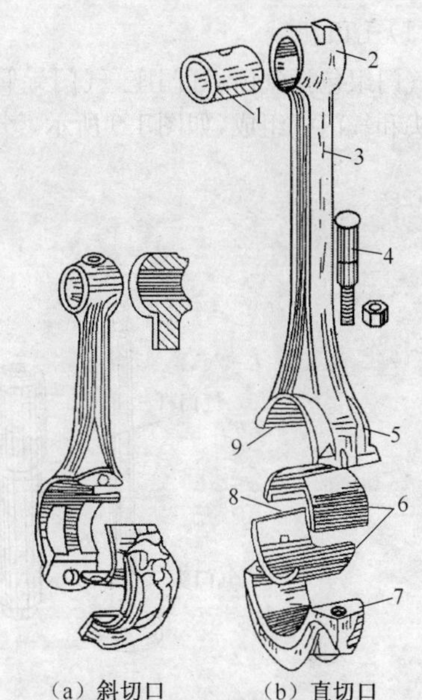

(a) 斜切口　　(b) 直切口

图 1-7　连杆的构造

1. 连杆衬套　2. 连杆小端　3. 连杆杆身
4. 连杆螺栓　5. 连杆大端　6. 连杆轴承
7. 连杆端盖　8. 轴承上的凸键　9. 凹槽

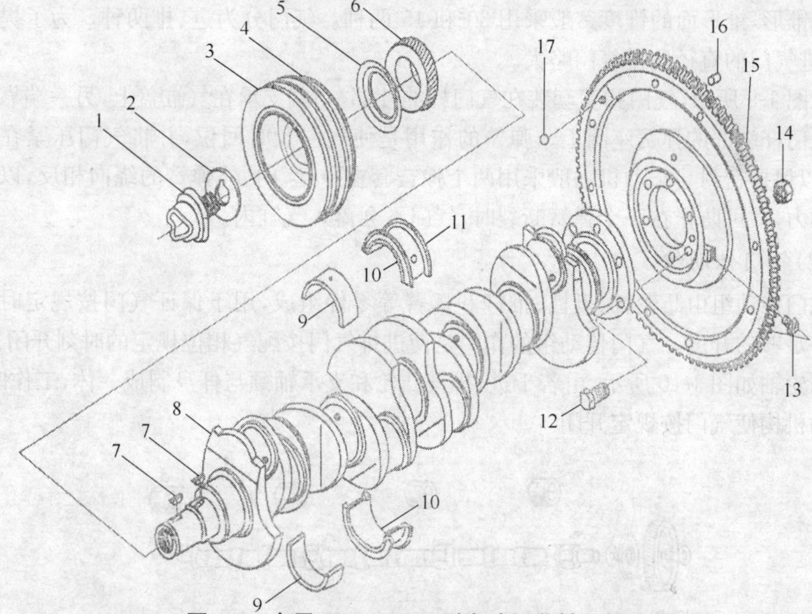

图 1-8　东风 EQ6100—1 型发动机曲轴飞轮组

1. 起动爪　2. 锁紧垫圈　3. 扭转减振器总成　4. 皮带轮　5. 挡油片　6. 正时齿轮
7. 半圆键　8. 曲轴　9、10. 主轴瓦　11. 止推片　12. 飞轮螺栓　13. 滑脂嘴
14. 螺母　15. 飞轮与齿圈　16. 离合器盖定位销　17. 六缸上止点标记用钢球

(1)气门组

气门组包括气门、气门座、气门导管、气门弹簧及弹簧座等零件。气门由带锥度的气门头和气门杆组成,如图 1-9 所示。气门组的作用是封闭进排气道。

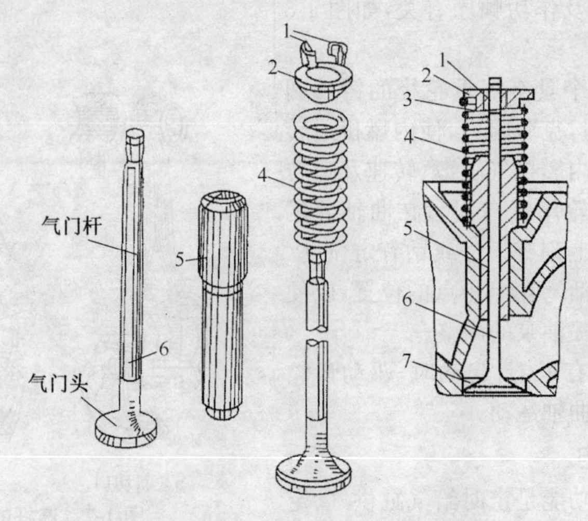

图 1-9　4125A 型柴油机气门组零件

1. 锁片　2. 弹簧座　3. 卡簧　4. 气门弹簧　5. 气门导管　6. 气门　7. 气门座

气门杆插在气门导管中沿导管上下做直线运动。气门头与气门座紧密接触,其接触面成锥形,锥形面的锥度一般采用 30°和 45°两种。气门分为进、排两种。为了提高充气量,进气门的直径比排气门略大。

如图 1-9 所示,气门弹簧套装在气门杆的外部,一端支承在气缸盖上,另一端靠在固定于气门杆端部的弹簧座圈上。弹簧的作用是使气门及时回位,并将气门压紧在气门座上,以保持密封。柴油机一般采用两个弹簧套在一起,内、外弹簧的绕向相反,以增强弹簧弹力,并可防止在一个弹簧断裂时,气门不会落入气缸内。

(2)气门传动组

气门传动组由凸轮轴、挺柱、推杆和摇臂等零件组成,用于保证气门按规定时间开闭并有足够的开度。气门传动组的作用是使进排气门按配气相位规定的时刻开闭。

凸轮轴如图 1-10 所示,由若干进、排气凸轮和支承轴颈与杆身制成一体,工作时,通过传动机构使气门按规定开闭。

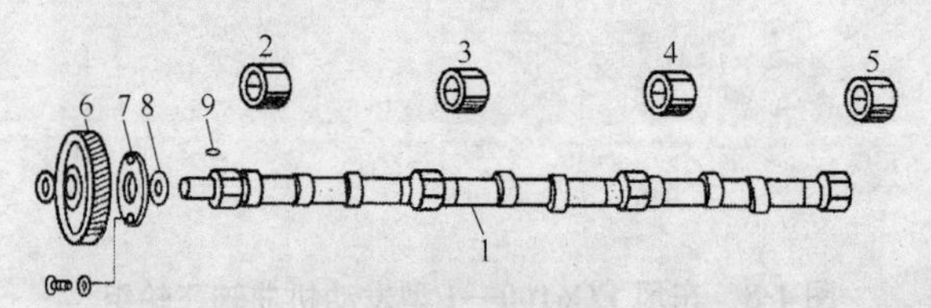

图 1-10　6120 型柴油机凸轮轴总成

1. 凸轮轴　2、3、4、5. 轴承　6. 凸轮轴正时齿轮　7. 凸轮轴止推片　8. 定位圈　9. 半圆键

凸轮轴通过轴颈支承在机件的轴承上，前端装有正时齿轮，接受曲轴正时齿轮的动力，以驱动凸轮轴。凸轮通过挺柱和推杆来控制气门启闭。

摇臂的作用是将推杆传来的推力改变方向，作用于气门杆的端面上，以推动气门，如图 1-11 所示。摇臂和推杆接触的一端装有螺钉，用来调整气门间隙，另一端和气门杆的端面接触。摇臂中还钻有油孔，将润滑油送到摩擦表面。

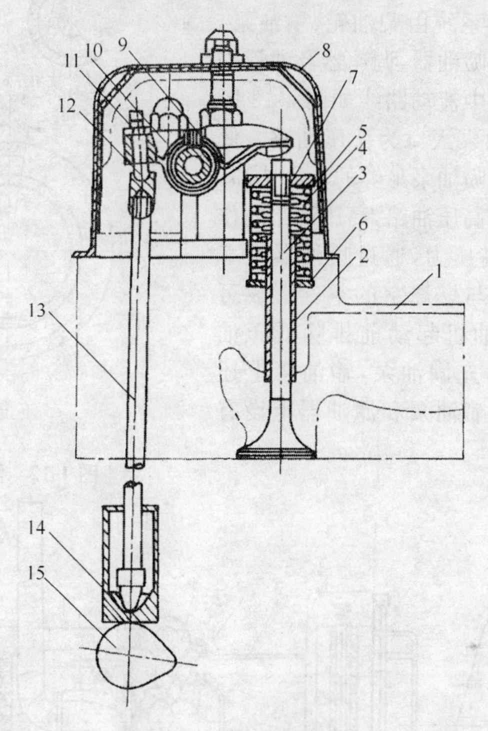

图 1-11　顶置式配气机构

1. 气缸盖　2. 气门导管　3. 气门　4. 气门主弹簧　5. 气门副弹簧　6. 气门弹簧座　7. 锁片　8. 气门室罩　9. 摇臂轴　10. 摇臂　11. 锁紧螺母　12. 调整螺钉　13. 推杆　14. 挺杆　15. 凸轮轴

(3)配气相位

进、排气门的开、闭时刻和开启的持续时间所对应的曲轴转角即为内燃机的配气相位。如图 1-12 所示，进气门提前开启的曲轴转角叫进气提前角，一般为 20°～30°用 α 表示；迟关的曲轴转角叫进气延迟角，一般为 40°～70°，用 β 表示。进气过程持续时间所对应的曲轴转角为 $180°+\alpha°+\beta°$。同样，排气门也有提前角，一般为 40°～60°，用 γ 表示；延迟角约为 10°～30°，用 δ 表示，排气过程持续角相当于曲轴转角为 $180°+\gamma°+\delta°$。

(4)进排气路

进排气路由进、排气管和空气滤清器及消声器等组成。

空气滤清器的作用是清除空气中的灰尘或杂质，将清洁空气送入气缸内，以减少气缸、活塞等主要机件的磨损。空气滤清器由滤壳及滤芯两部分组成。滤壳用薄铁片制成，滤芯有金属丝和纸质等。由于纸质滤芯重量轻、滤效高、成本低等优点而广泛被采用。

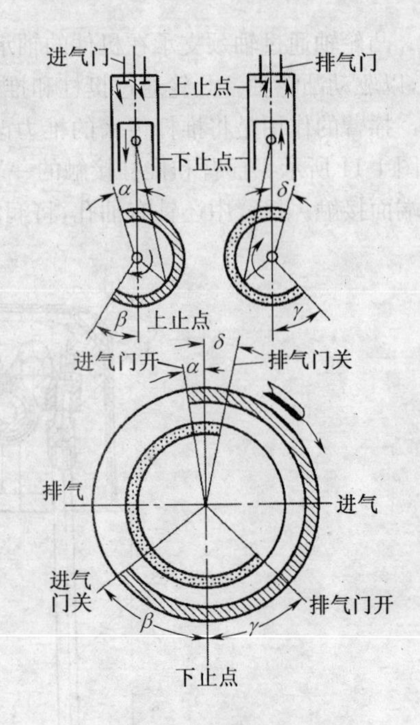

图 1-12　配气相位图

4. 燃油供给系统

柴油机燃油供给系统由柴油箱、输油泵、柴油滤清器、喷油泵、喷油器、调速器及油管等组成。燃油在供给系中流动路线如图 1-13 所示。从柴油箱到喷油泵入口为低压油路。低压油路的作用是供给喷油泵足够的清洁柴油。从喷油泵到喷油器为高压油路，高压油路的作用是使柴油产生较高压力，通过喷油器呈雾状进入燃烧室，以便与燃烧室的空气形成可燃混合气。为在柴油机起动前排除低压油路中的空气，使柴油充满油泵，输油泵上还装有手动油泵，并在喷油泵和滤油器上设有放气螺钉。

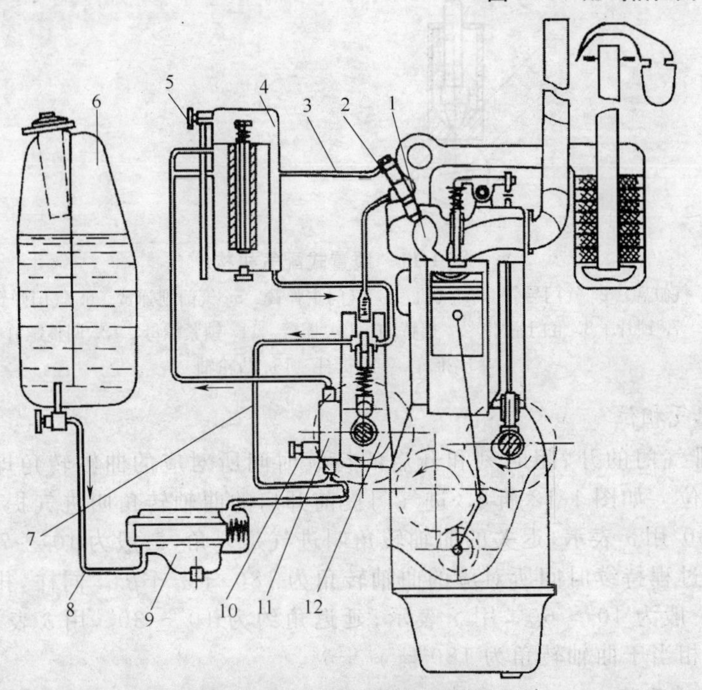

图 1-13　4125A 型柴油机燃油供给系统

1. 涡流室　2. 喷油器　3. 排油管　4. 细滤器　5. 放气阀　6. 油箱
7. 回油管　8. 油管　9. 粗滤器　10. 手动油泵　11. 输油泵　12. 喷油泵

(1)低压油路组件

低压油路组件包括油箱、粗滤器、细滤器、输油泵等。

①柴油粗滤器用来滤除柴油中较大颗粒的杂质和分离出水分。其结构形式较多,常见的有网式、带状缝隙式、刮片式等。滤芯一般用金属材料制成,使用中需定期清洗。壳体下部沉淀池有放油螺塞,可定期打开清除污水。

②柴油细滤器用来滤除柴油中细微的杂质。滤芯一般用毛毡、棉线、过滤纸等做成,图 1-14 为纸质滤清器结构图。

③输油泵的作用是提高燃油的输送压力,以供给喷油泵压力稳定和数量充足的燃油。一般采用柱塞式输油泵,装在喷油泵侧面,由喷油泵凸轮轴上的凸轮驱动。其结构及工作原理如图1-15所示。

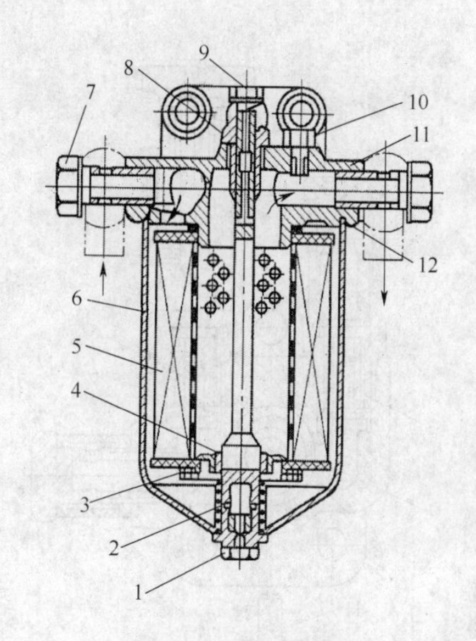

图 1-14　柴油细滤器

1. 放油螺塞　2. 弹簧　3. 滤芯垫圈　4. 防油罩　5. 滤芯　6. 外壳　7. 管接头　8. 螺套　9. 回油管接头　10. 放气塞　11. 滤清器盖　12. 垫圈

(2)高压油路组件

高压油路组件包括喷油泵、喷油器等。

①喷油泵的作用是提高柴油压力,并根据柴油机工作过程的要求,定时、定量、定压地向燃烧室内喷入雾化燃油。喷油泵有柱塞式和分配式两种,目前都采用柱塞式,并已形成系列。

6120 型和 6135 型柴油机Ⅱ号喷油泵的构造如图 1-16 所示,由分泵、油量调节机构、传动机构及泵体等组成。

图 1-16 所示的与气缸数相等的分泵是带有一副柱塞偶件的泵油机构,包括柱塞、柱塞套、柱塞弹簧、弹簧座、出油阀、出油阀座及弹簧等零件。

柱塞偶件的柱塞上部圆柱面铣有与柱塞轴线成 45°左向直线斜槽,斜槽底部与柱塞顶面有孔道相通,如图 1-17 所示。柱塞上部用中心孔代替轴向直槽,中部开一浅环槽,以利润滑及密封,尾部设有调节臂。

柱塞套上有两个径向孔。与斜槽相对的孔是回油孔,另一个是进油孔。

图 1-16 所示为出油阀压紧座中装有减容器以改善喷油过程,避免喷油器产生滴漏,并限制出油阀最大升程。

油量调节机构有齿条式和拨叉式两种。拨叉式结构简单,易于修理,已普遍用于国产系列喷油泵。油量调节机构的作用是转动柱塞以改变供油量。

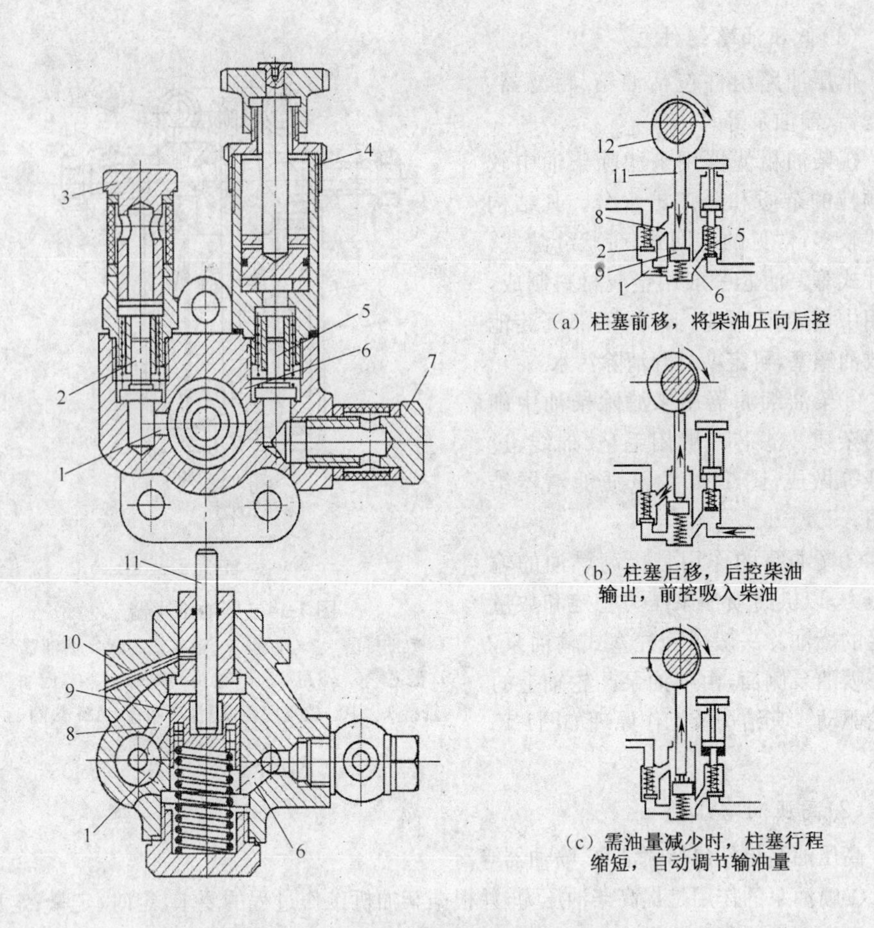

图 1-15　柱塞式输油泵的构造及工作原理

1. 下出油道　2. 出油阀　3. 出油接头　4. 手油泵　5. 进油阀　6. 进油道　7. 进油接头　8. 上出油道　9. 柱塞　10. 泄油道　11. 挺杆　12. 偏心轮

传动机构由喷油泵正时齿轮、凸轮轴和传动部件等组成，其作用是推动柱塞上下运动，并保证供油正时。

②喷油器的作用是将柴油喷射、雾化，并以一定的油束、锥角、压力和射程喷入燃烧室，形成良好的可燃混合气。其结构型式随燃烧室形式不同而异，通常采用的是闭式喷油器。闭式喷油器有孔式和轴针式两种，其头部结构如图 1-18 所示。

(3)调速器

柴油机调速器是自动调节喷油泵供油量的装置，能根据柴油机负荷的变化，自动做相应调节，使柴油机以稳定的转速运转，从而保证柴油机不会造成熄火或超速甚至飞车事故。柴油机上装设调速器是由柴油机本身特点所决定的，柴油机在供油量不变的情况下，只要有微小的负荷变化，就会引起大的转速波动。如果不采用调速器来改变这种现象，柴油机将不可能稳定工作。

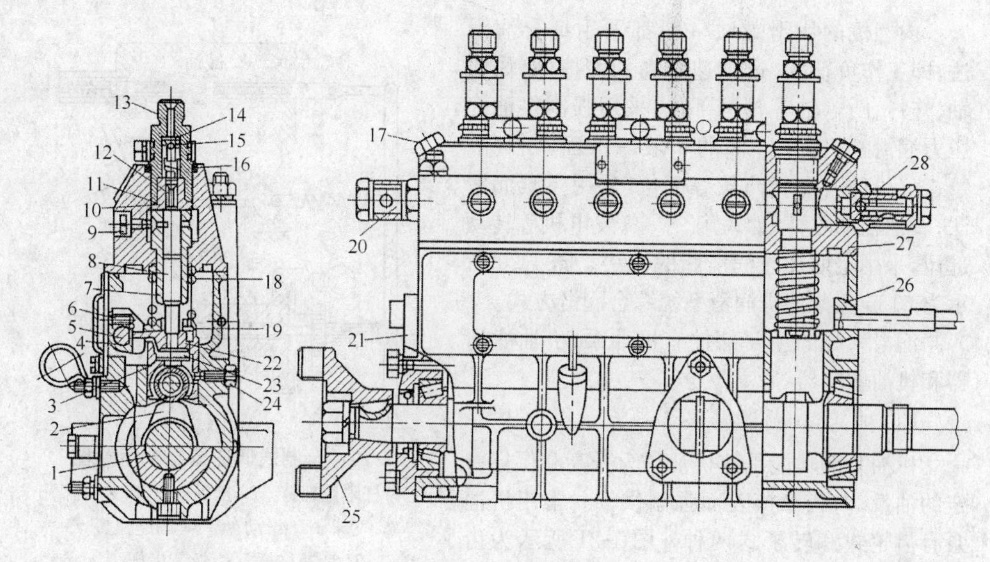

图 1-16 Ⅱ号喷油泵

1. 凸轮轴 2. 凸轮 3. 滚轮传动部件 4. 调节叉 5. 供油拉杆 6. 紧固螺钉 7. 柱塞套
8. 柱塞 9. 柱塞套定位螺钉 10. 出油阀座 11. 高压密封垫圈 12. 出油阀 13. 出油阀压紧座
14. 减容器 15. 出油阀弹簧 16. 低压密封垫圈 17. 放气螺钉 18. 柱塞弹簧 19. 弹簧下座
20. 进油管接头 21. 端盖 22. 调节臂 23. 调整垫块 24. 定位螺钉 25. 联轴节从动盘
26. 喷油泵下体 27. 喷油泵上体 28. 溢流阀

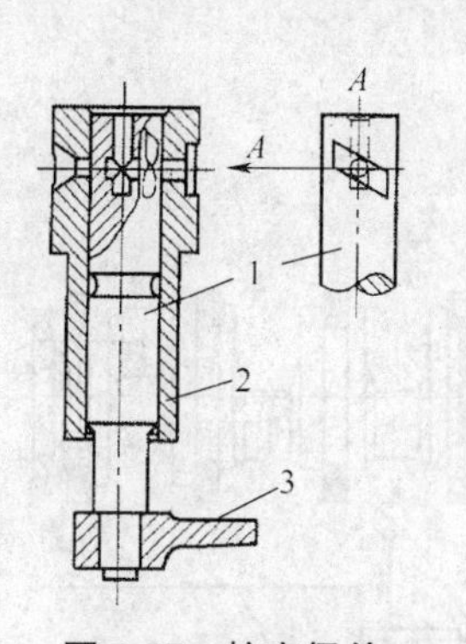

图 1-17 柱塞偶件

1. 柱塞 2. 柱塞套 3. 调节臂

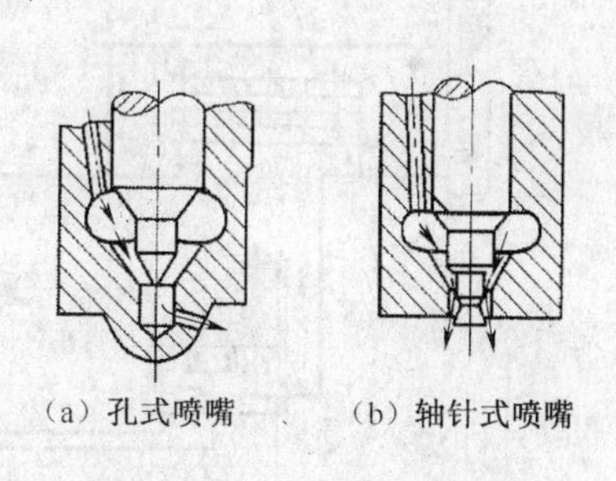

(a) 孔式喷嘴 (b) 轴针式喷嘴

图 1-18 闭式喷油器头部结构

调速器按工作原理可分为机械离心式、气动式和液压式三种。机械离心式调速器按其功能又可分为单制式、双制式和全制式三种。图 1-19 所示为全制式调速器结构示意图。全制式调速器能控制柴油机在允许转速范围内的任何转速下稳定地工作，因而广泛应用于建筑机械的柴油机。

5. 润滑系统

润滑系统的基本功能是将机油不断供给各零件的摩擦表面，减少摩擦阻力和功率损失；冲洗和冷却摩擦副表面，带走金属屑，减轻零件磨损；还能起到防锈和密封作用。

内燃机的润滑方法一般都采用综合润滑法，即工作负荷大、运动速度高的摩擦面，如曲轴、连杆、凸轮轴等轴承部位，采用强制供油的压力润滑法；露在外面的一般摩擦面，如气缸壁、气门挺杆、配气凸轮等部位，采用飞溅润滑法；其他辅助零件，如风扇、水泵、发电机等转动部位，采用定期加注润滑脂的方法。图 1-20 所示为 6135 型柴油机润滑系统综合润滑方式。

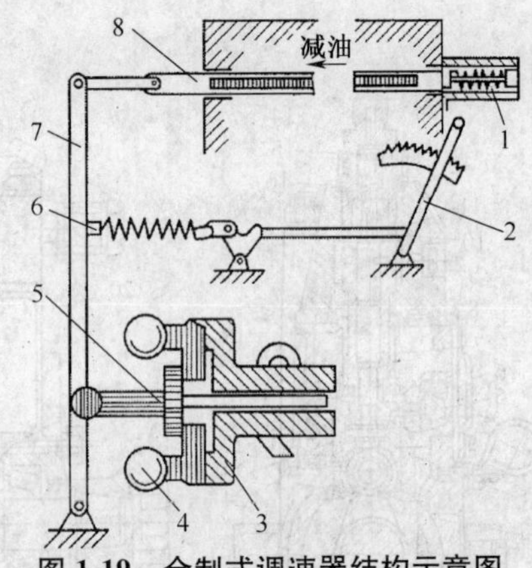

图 1-19　全制式调速器结构示意图

1. 齿杆限位螺钉　2. 操纵杆　3. 支承盘　4. 飞球　5. 滑动盘　6. 调速弹簧　7. 调速杠杆　8. 调节齿杆

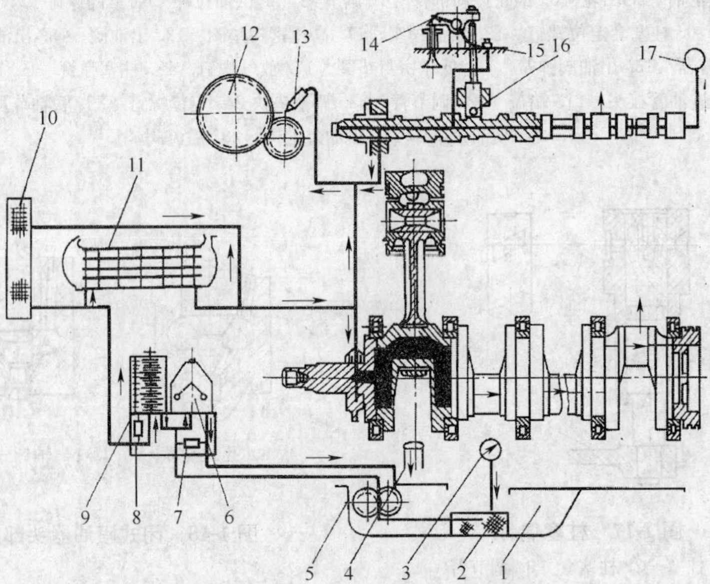

润滑系统的主要部件有机油泵、机油滤清器和机油散热器等。

(1)机油泵

机油泵的功能是使机油压力升高和保证一定的油量，向各摩擦表面强制供油。常用机油泵有齿轮式和转子式两种。图 1-21 所示为齿轮式机油泵工作原理示意图。图1-22所示为转子式机油泵工作原理示意图。

图 1-20　6135 型柴油机润滑系统简图

1. 机油底壳　2. 吸油盘滤网　3. 温度表　4. 加油口　5. 机油泵　6. 离心式机油滤清器　7. 调压阀　8. 旁通阀　9. 刮片式机油粗滤器　10. 风冷式机油散热器　11. 水冷式机油散热器　12. 齿轮系　13. 齿轮润滑的喷嘴　14. 摇臂　15. 气缸盖　16. 挺柱　17. 机油压力表

(2)机油滤清器

柴油机上一般装有一个机油粗滤器和一个机油细滤器。按其滤清方法可分为过滤式和离心式两种。离心式只用在细滤器上。粗滤器串联在机油泵与主油道的油路中,用来滤除机油中较大杂质。常用的粗滤器有绕线式和金属片缝隙式。图 1-23 右侧所示为绕线式粗滤器。细滤器能清除直径在 0.001mm 以上的细小杂质,并联在油路中,通过细滤器的机油直接流回油底壳,常用的有离心式和过滤式两种。离心式细滤器如图 1-23 左侧所示。过滤式细滤器是用滤纸作滤芯,纸质滤芯滤清效果好,结构简单,但需定期更换。当前,纸质滤芯已有系列产品而得到推广。

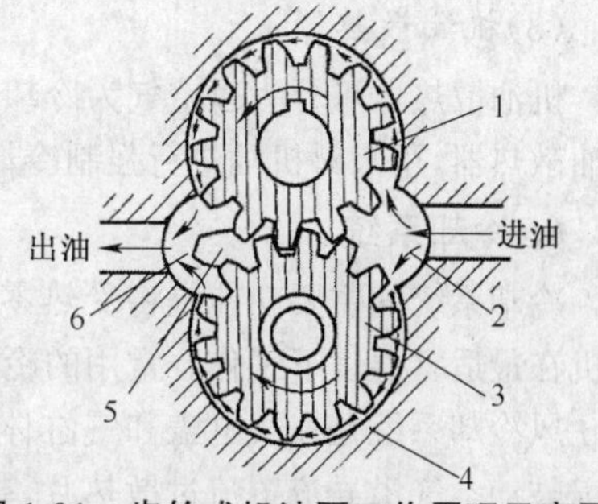

图 1-21 齿轮式机油泵工作原理示意图

1. 主动齿轮 2. 吸油腔 3. 从动齿轮 4. 泵体 5. 卸压槽 6. 压油腔

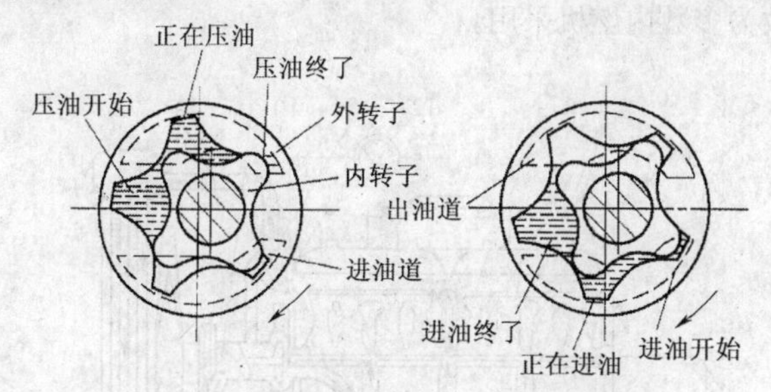

图 1-22 转子式机油泵工作原理示意图

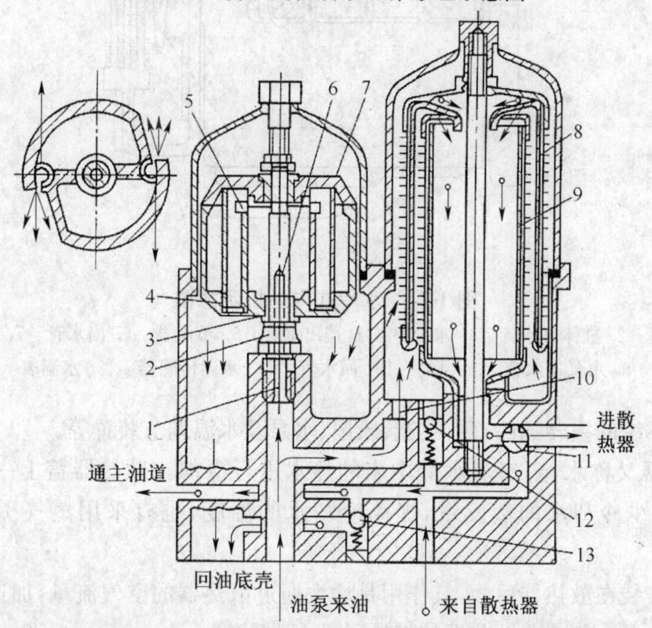

图 1-23 4125 型柴油机绕线式粗滤器和离心式细滤器

1. 轴心孔 2. 转子轴 3. 轴承 4. 喷孔 5. 钢管进油口 6. 径向孔 7. 转子 8. 粗滤器外滤芯 9. 粗滤器内滤芯 10. 节流孔 11. 转换开关 12. 安全阀 13. 回油阀

(3)机油散热器

机油散热器可分为以空气为冷却介质的风冷机油散热器和以水为冷却介质的水冷机油散热器,用来对机油进行强制冷却,以保持适当的油温。

6. 冷却系统

冷却系统的主要功能是将受热零件所吸收的部分热量及时散到大气中,以保证内燃机在最适宜温度下工作。常用的冷却系统有风冷和水冷两种型式。

风冷却系统是在气缸盖和气缸体的外表面设有很多散热片。内燃机工作时,利用风扇鼓动空气沿导流罩流过散热片,带走气缸盖和气缸体的热量。水冷却系统是在内燃机的气缸周围和气缸盖中设有冷却水套,使内燃机多余的热量被水套中的冷却水带走,通过水箱散到大气中,如图 1 24 所示。与风冷式相比,水冷式内燃机结构复杂,但冷却可靠,效果好,故为多数内燃机采用。

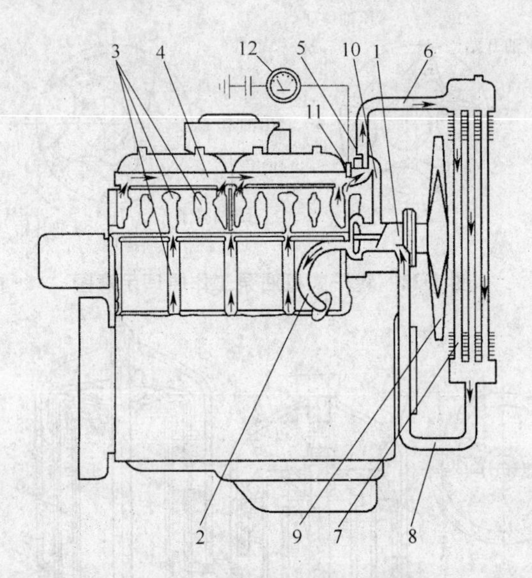

图 1-24 水冷式内燃机示意图

1. 水泵 2. 缸体进水管 3. 水套 4. 缸盖出水管 5. 节温器 6. 出水管 7. 散热器 8. 水泵进水管 9. 风扇 10. 回水管 11. 水温传感器 12. 水温表

水冷却系统的主要部件有散热器、风扇、水泵及水温调节装置等。

①散热器又称水箱,对从水套中来的热水进行冷却。散热器盖上一般装有空气蒸气阀,以减少冷却水的蒸发量,提高冷却水的温度,也有采用蒸气引出管以排出蒸气。

②风扇安装在散热器后面,其作用是增大通过散热器的空气流量,加速冷却水的冷却。风扇和水泵一起由曲轴前端的带轮通过 V 带驱动。

③水泵的作用是强制冷却水加速循环流动,保证内燃机冷却可靠,通常都采用离心式水泵。

④水温调节装置的作用是使冷却水保持适宜的温度，防止因水温过低而降低内燃机使用的可靠性与经济性，普遍采用的是在内燃机回水管上加装节温器，用变更冷却水循环路线来调节水温。图 1-25 所示为常用的节温器结构。在密封的波纹形伸缩筒内装有易挥发的液体（1/3 乙醇和水的混合液）。利用乙醇遇热挥发产生压力的作用，使伸缩筒随温度伸长或收缩，以控制大、小循环阀门的开闭。当水温低于 70℃时，冷却水只能在水泵和水套间进行小循环，以减少散热；当水温高于 70℃时，冷却水能进入散热器进行大循环以降低水温。

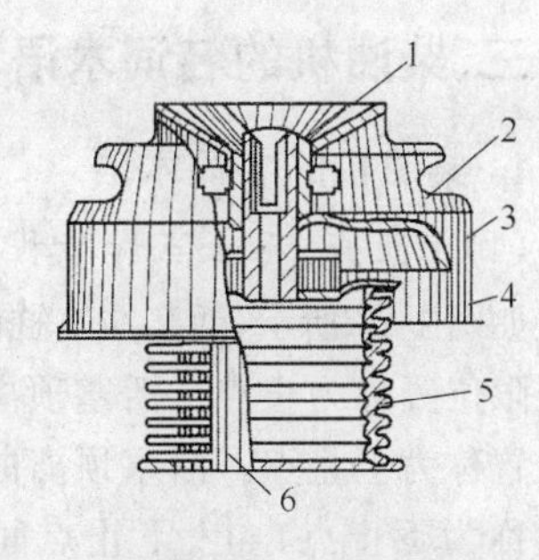

图 1-25　节温器

1. 大循环阀门　2. 小循环通水口　3. 小循环阀门　4. 外壳　5. 伸缩筒　6. 连接板

7. 起动装置

起动装置是实现内燃机起动的设备。内燃机起动是借助外力以一定转速转动曲轴，使内燃机能够自行运转的过程。柴油机的起动方式有人力、电力、汽油机、压缩空气等。人力起动只能作为小功率内燃机备用的方式。电动机起动迅速方便，结构紧凑，外形尺寸小，但需用蓄电池供给电源，温度低时放电能力急剧下降。柴油机起动功率一般可达 7 马力以上，其电压一般为 24V。

为改善柴油机在低温下的起动性能，要装设一些便于起动的辅助装置。辅助装置包括减压机构和预热装置。

减压机构的作用是在柴油机起动时，用来打开部分或全部进气门，以消除部分或全部气缸的压缩力，便于提高曲轴被驱动的转速，积蓄转动惯性力，一旦停止减压，即可顺利起动。

预热装置的作用是加热进气管或燃烧室的空气，从而提高气缸内压缩终了的空气温度，使柴油机易于起动，常用的有电热塞和预热塞两种。

8. 增压装置

增压装置的功能是将空气进行压缩，提高进入气缸内的空气密度，以增加进气量，供更多的燃料进行燃烧，从而提高柴油机功率。例如，6135 型柴油机采用涡轮增压后，功率从 120 马力提高到 190 马力，油耗下降 6%，相应降低了单位功率的重量，经济性大为改善。

根据驱动增压装置所用能源的不同，增压装置可分为机械增压、废气涡轮增压及复合式增压等，其中，使用最广的是废气涡轮增压装置，如图 1-26 所示。增压装置的涡轮被柴油机排出的废气驱动旋转，由于涡轮与压气机同轴连接，压气机便被涡轮带动旋转，将外界空气进行压缩，并沿进气管道输入柴油机气缸。

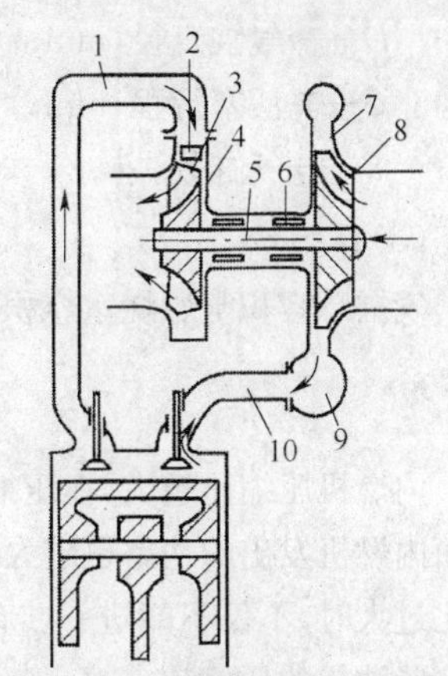

图 1-26　废气涡轮增压装置

1. 排气管　2. 喷嘴环　3. 涡轮　4. 涡轮壳　5. 转子轴　6. 轴承　7. 扩压器　8. 压气机　9. 压气机壳　10. 进气管

三、柴油机的名词术语、主要性能指标和特性

1. 柴油机的名词术语

(1)上止点、下止点和行程

如图 1-27 所示,活塞在气缸内往复运动的两个极限位置称为止点。活塞顶离曲轴中心最远的位置称为上止点。活塞顶离曲轴中心最近的位置称为下止点。上、下止点间的距离称为行程,也可称为冲程,用 S 表示。

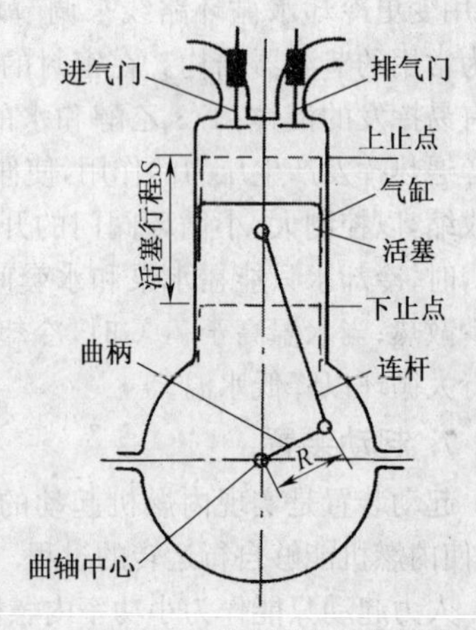

图 1-27　上止点、下止点和行程

(2)气缸的容积和排量

如图 1-27 所示,气缸容积划分为气缸工作容积、燃烧室容积和气缸总容积。

气缸工作容积:上止点至下止点间的气缸容积,用 V_h 表示。

气缸总容积:下止点以上的气缸容积,用 V_a 表示。

燃烧室容积:上止点以上的气缸容积,用 V_c 表示。

排量:多缸内燃机所有气缸工作容积的总和称为内燃机的排量,用 V 表示,单位为升(L)。排量按式(1-1)计算,即

$$V=\frac{\pi}{4}D^2Si/10^6 \tag{1-1}$$

式中　D——气缸直径,mm;

S——活塞行程,mm;

i——气缸数。

(3)压缩比

气缸总容积与燃烧室容积的比值称为压缩比,用 ε 表示。压缩比按式(1-2)计算,即

$$\varepsilon=\frac{V_a}{V_c}=\frac{V_c+V_h}{V_c}=1+\frac{V_h}{V_c} \tag{1-2}$$

内燃机压缩比越大,在压缩终了时混合气的压力和温度就越高,燃烧速度也越快,因而内燃机发出的功率也越大,经济性就越好。汽油机的压缩比较低,因为当汽油机压缩比过大时,不仅不能进一步改善燃烧条件,反而会出现爆燃和表面点火等不正常现象。柴油机的压缩比较高,燃油消耗率平均比汽油机低 30%左右,所以,柴油机较汽油机经济性好,多为建筑机械所采用。

2. 柴油机的主要性能指标

柴油机的性能指标主要有功率、机械效率、热效率、燃油消耗率、平均有效压力和转矩等。

(1)功率

柴油机通常采用“马力”作为功率计算单位,1马力=0.736kW。

同一台内燃机的功率又分为指示功率和有效功率两种。指示功率是指单位时间内热能所转化的机械能(即气缸内气体推动活塞所作的功),用符号 N_i 表示。有效功率是指柴油机从曲轴上向外输出的净功率,用符号 N_e 表示。有效功率是内燃机使用过程中的一项重要指标。

建筑机械所用柴油机允许连续运转12h的最大有效功率称作额定功率。

(2)机械效率

柴油机有效功率总是低于指示功率。它们之间的差别表示了内燃机各系统功率的损耗情况,用机械效率表示,即

$$\eta_m = \frac{N_e}{N_i} \tag{1-3}$$

一般非增压四行程柴油机的效率为0.78～0.85,增压四行程柴油机的效率为0.80～0.92。

(3)热效率

柴油机的热效率是指与有效功率相当的热能与所消耗的燃料能够产生热能的百分比,表示燃料有效利用的程度,是衡量柴油机经济性的一项指标。一般柴油机的热效率:低速柴油机为0.38～0.45,中速柴油机为0.36～0.43,高速柴油机为0.30～0.40。

(4)燃油消耗率

燃油消耗率表示单位有效功率在单位时间内所消耗的燃油量,通常以每马力(有效功率)在1h内所消耗的燃料重量表示,即

$$g_e = \frac{G_T \times 1000}{N_e} \tag{1-4}$$

式中　g_e——燃油消耗率,g/kW·h;

G_T——每小时内消耗燃油重量,kg/h;

N_e——有效功率,kW。

(5)平均有效压力

平均有效压力表示单位气缸工作容积所发出的有效功,是从内燃机实际输出功率的角度来评定气缸容积利用率的一个重要的动力性能指标。其计算公式如下:

$$P_e = \frac{225SN_e}{V_h in} \times 10^3 \tag{1-5}$$

式中　P_e——平均有效压力,kPa;

N_e——有效功率,马力;

V_h——每缸工作容量,L;

i——气缸数;

n——转速,r/min;

S——行程。

(6)有效转矩

内燃机工作时曲轴输出的转矩为有效转矩。它可以通过试验设备测出,也可根据内燃机有效功率和相应的转速按下列公式求得:

$$M_e = 7162\frac{N_e}{n} \tag{1-6}$$

式中 M_e——转矩,N·m;

N_e——有效功率,马力;

n——转速,r/min。

3. 柴油机的特性

柴油机特性是表示内燃机性能指标和主要参数(如,有效功率 N_e、转矩 M_e、转速 n、燃油消耗率 g_e 等)在各种工况下的变化规律。用试验方法测得不同工况下的各种参数值,用平面坐标曲线表示出来,称为柴油机的特性曲线。

柴油机的特性包括速度特性、负荷特性和调速特性等。

(1)速度特性

速度特性是指供油量在某一定值时,有效功率 N_e、有效转矩 M_e 和耗油率 g_e 等随曲轴转速 n 的变化关系。供油量最大时的速度特性称为柴油机的外特性。

图 1-28 所示为柴油机的外特性曲线。图中低转速区内有效功率 N_e 随转速 n 接近正比变化;在中速区域内随转速 n 的增加,有效功率 N_e 增加较缓慢;在高速区域转速 n 增加,有效功率 N_e 反而下降。

由图 1-28 可知,柴油机在低速范围内有效转矩 M_e 变化较小,即 M_e 的曲线较平直,并在低速区域内达到最大转矩 M_{emax}。这说明柴油机比较适合于低速大转矩作业的建筑机械。但是这种平缓的有效转矩变化曲线,在柴油机负荷发生任何微小变化时,就会导致转速产生很大的变化。为此,在柴油机上设置调速器,通过自动调节供油量,使柴油机的转速 n 在外界变化时得以相对稳定。

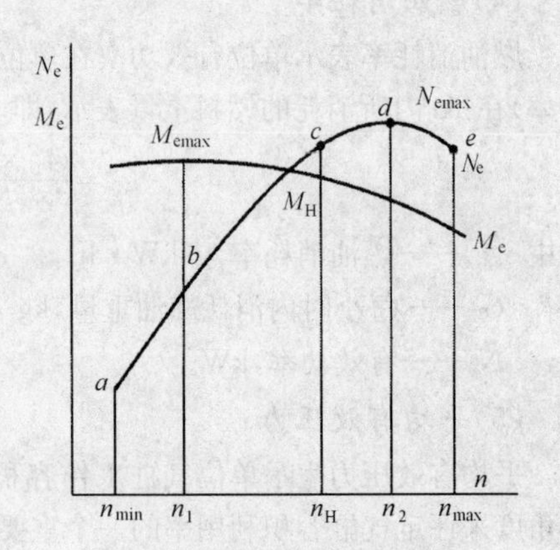

图 1-28 柴油机外特性曲线

柴油机的外特性曲线上最大扭矩 M_{emax} 与标定工况下的扭矩 M_e 之比值称为适应性系数。柴油机适应性系数越高,用以克服外界负荷(阻力矩)的能力贮备越大,使用时适应性也越强(在外界负荷增大时保持柴油机一定转速)。一般柴油机的适应性系数为 1.05~1.10,采用校正措施时可提高到 1.1~1.24 左右。

(2)负荷特性

当转速不变时,柴油机每小时燃油消耗量 G_T 及燃油消耗率 g_e 等指标随负荷变化的关系称为负荷特性。负荷特性可判断不同负荷下柴油机的经济性,并可根据各种转速下的负荷特性来绘制速度特性曲线。

6135Q型柴油机的负荷特性，如图1-29所示，从小负荷区域开始，燃油消耗率g_e随着负荷增大而逐渐减少，到一定程度时便不再减少，反而逐渐增大。这是因为在转速一定的情况下，柴油机的摩擦功率基本保持不变，随着有效功率增加，机械效率提高，燃油消耗率也随之降低。但到一定负荷后，由于供油量增大而进气量基本不变，使柴油机燃烧情况恶化，出现燃烧不完全状况，因而燃油消耗率又增大。

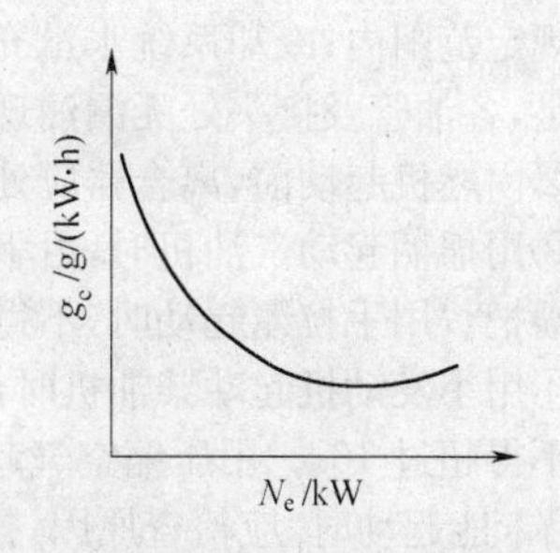

图1-29　6135Q型柴油机负荷特性

注：1马力＝0.736kW。

根据柴油机的负荷特性，可选择柴油机的燃油消耗率最小功率范围，对于用作恒定转速机械的动力，其负荷特性更具有重要价值。负荷特性曲线中燃油消耗率的最低点并不是柴油机使用的最经济点，因为此时功率较低，而是有效功率N_e与对应的燃油消耗率g_e之比值为最大的工况，才是柴油机最经济的使用范围，即最经济点在通过负荷特性坐标原点，作一射线与曲线相切的点上。

(3)调速特性

在调速器的作用下，柴油机转矩、功率、燃油消耗率等性能指标随转速而变化的关系称为调速特性。调速特性的表现形式随调速器的不同作用而有所差异。现以建筑机械柴油机普遍使用的全制式调速器来说明。

装有全制式调速器6120型柴油机的调速特性，如图1-30所示。图中1为柴油机外特性曲线，曲线2～7相当于调速手柄处于不同位置时的调速特性。

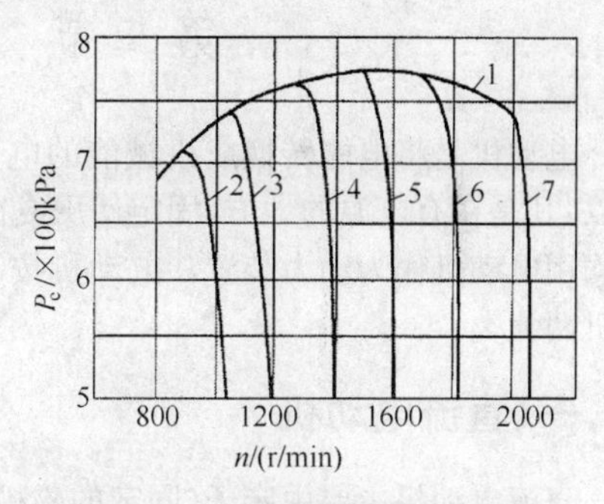

图1-30　全制式调速器6120型柴油机的调速特性

当手柄固定在最高转速位置时（和曲线7相对应），如外界负荷为零，调速器将油量控制在使柴油机处于高速空载工况下工作。当负荷增加，转速略有下降时，调速器使供油量调节拉杆向加油方向移动，从而阻止转速下降。继续增加负荷，调速器供油量相应增加，从而使柴油机在高速下稳定运行，即在整个变载过程中，柴油机沿曲线7工作。当负荷增加到调速器已使供油量达最大值时，如外界负荷继续增加，因调速器不再起作用，从而使柴油机转速明显下降，此时，柴油机沿外特性曲线1工作。

改变调速手柄位置，柴油机就在另一相应转速下稳定运行，对应于另一条调速特性曲线。

四、柴油机的安全使用

①内燃机作业前应重点检查以下项目，并应符合下列要求：曲轴箱内润滑油油面在

标尺规定范围内；冷却系统水量充足、清洁、无渗漏，风扇三角胶带松紧合适；燃油箱油量充足，各油管及接头处无漏油现象；各总成连接件安装牢固，附件完整，无缺。

②内燃机起动前，离合器应处于分离位置，有减压装置的柴油机应先打开减压阀。

③用摇柄起动汽油机时，由下向上提动，严禁向下硬压或连续摇转，起动后应迅速拿出摇把。用手拉绳起动时，不得将绳的一端缠在手上。

④用小发动机起动柴油机时，每次起动时间不得超过 5min。用直流起动机起动时，每次不得超过 10s。用压缩空气起动时，应将飞轮上的标志对准起动位置。当连续进行 3 次仍未能起动时，应检查原因，排除故障后再起动。

⑤起动后，应低速运转 3～5min。此时，机油压力、排气管排烟应正常，各系统管路应无泄漏现象；待温度和机油压力均正常后，方可开始作业。

⑥作业中内燃机温度过高时，不应立即停机，应继续怠速运转降温。当冷却水沸腾需开启水箱盖时，操作人员应戴手套，面部必须避开水箱盖口，并先旋转盖体 1/3 圈卸压后拧开。严禁用冷水注入水箱或泼浇内燃机体强制降温。

⑦内燃机运行中出现异响、异味、水温急剧上升及机油压力急剧下降等情况时，应立即停机检查并排除故障。

⑧停机前应卸去荷载，进行中速运转，待温度降低后再关闭油门，停止运转。装有涡轮增压器的内燃机，作业后应怠速运转 5～10min，方可停机。

⑨有减压装置的内燃机，不得使用减压杆进行熄火停机。

⑩排气管向上的内燃机，停机后应在排气管口上加盖。

第二节　电　动　机

电动机是将电能转换成机械能的电力发动机。电动机体积小、质量轻、经济性好，所以，凡是在有电源的地方，固定使用或在轨道上移动并距离短而移动速度慢的建筑机械均用电动机作为动力装置。电动机按其所用电源的不同，分为直流电动机和交流电动机两大类。

一、直流电动机

直流电动机主要由定子（固定的磁极）和转子（旋转的电枢）组成，在定子和转子之间留有气隙。定子由磁极、电刷、机座等组成，转子主要由电枢和换向器组成。直流电动机的结构如图 1-31 所示。

直流电动机的主要特点是调速性能好、过载能力强，既可作为电动机使用，又可被另外的动力装置拖动作为直流发电机使用。

目前，国产直流电动机定型产品有小型直流电动机和发电机（Z2 系列）、中型直流发电机（ZF2 系列）、中型直流电动机（ZD2 系列）、挖掘机所用直流发电机和电动机（ZFW、ZDW 系列）以及起重冶金设备所用直流电动机（ZZY 系列）等。小型直流发电机和电动机常用于内燃机的发电和起动。

直流电动机的型号和主要技术参数标在电动机座的铭牌上。技术参数主要包括额定功率（kW）、额定电压（V）、额定电流（A）、额定转速（r/min）、额定励磁电压（V）、额定

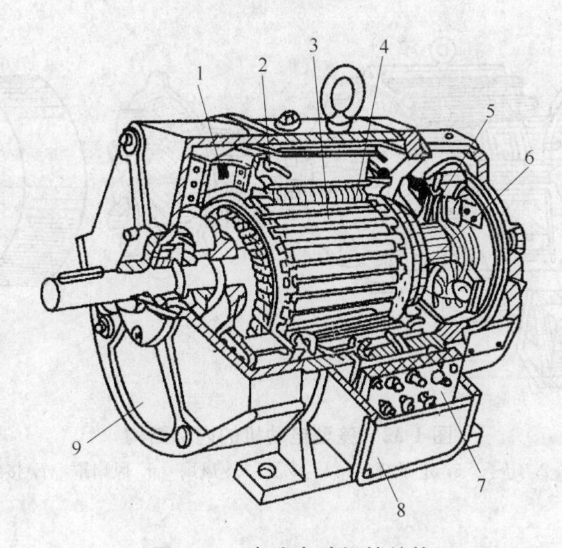

图 1-31 直流电动机的结构

1. 风扇 2. 机座 3. 电枢 4. 主磁极 5. 刷架 6. 换向器
7. 接线板 8. 出线盒 9. 端盖

励磁电流(A)及额定温升(℃)。此外,铭牌上若注有“连续”、“断续”或“短时”的字样,则表示电动机在正常工况下的持续运转时间。

二、交流电动机

交流电动机按其转子转速和定子磁场的转速关系分为异步电动机和同步电动机两大类。三相异步电动机结构简单、成本低、工作可靠,与同容量的直流动机相比,其质量约为直流电动机的一半,而价格仅为直流电动机的 1/3。三相异步电动机的功率因数较低,调速比较困难。在建筑机械中三相异步电动机使用很多,而三相同步电动机使用很少。

三相异步电动机在建筑机械中常用 Y(笼型转子)和 YZR(起重、冶金用绕线型转子)两种系列。Y 系列(即三相异步笼型电动机)的主要特点是起动力矩大、效率高、省电、运行可靠、噪声小、振动小、寿命长、符合国际标准。Y 系列三相异步电动机广泛应用在中小型建筑机械上。YZR 系列三相异步电动机的主要特点是具有一定的调速性能、起动力矩大、有较大的过载能力和较高的机械强度,符合国际标准。YZR 系列三相异步电动机适用于驱动各种型式的起重机和挖掘机。

三相异步笼型电动机的结构如图 1-32 所示,其内部结构主要由定子和转子两大部组成,另外还有端盖、轴承及风扇等部件。定子由机壳、定子铁心、定子绕组三部分组成。定子绕组是电动机的电流通道,三相异步电动机的定子绕组有 3 个,三相绕组的 6 根引出线,连接在机座外壳的接线盒中,如图 1-33 所示。三相电源线电压为 380V 时,定子三相绕组为星形连接,而线电压为 220V 时,应三角形连接。

三相异步电动机的技术参数主要有:

①额定功率(kW)。是指电动机在额定运行的情况下,从转子轴输出的机械功率。

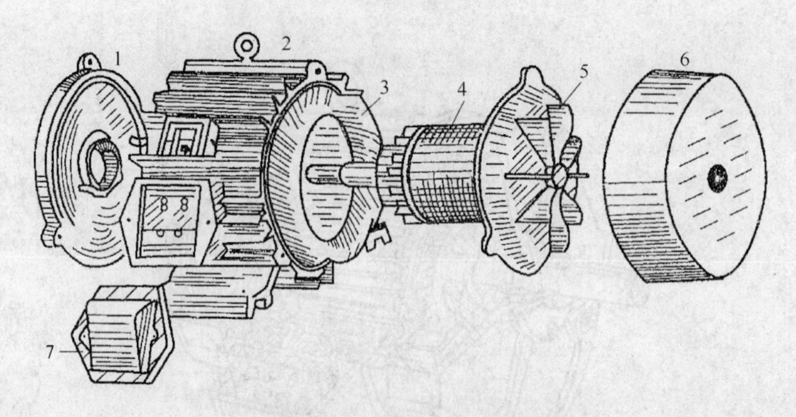

图 1-32　笼型电动机的内部结构

1. 端盖　2. 定子　3. 定子绕组　4. 转子　5. 风扇　6. 风扇罩　7. 接线盒盖

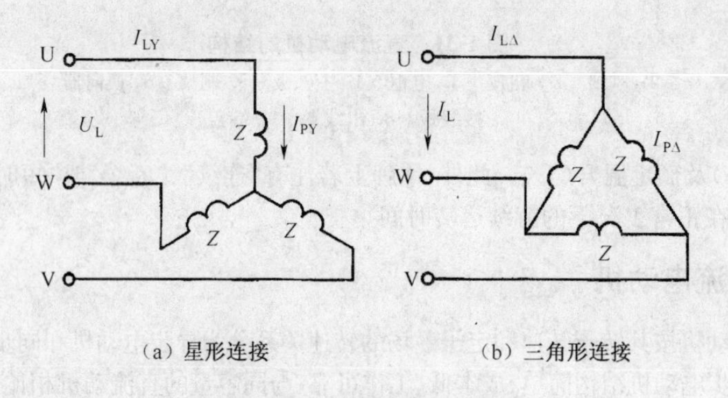

（a）星形连接　　（b）三角形连接

图 1-33　定子绕组的连接

②额定电压(V)。是指定子绕组正常工作时应加的线电压。

③额定转速(r/min)。是指电动机在额定运行的情况下,转子轴的转速。

④额定电流(A)。电动机在额定运行的情况下,定子绕组从电源取用的线电流为定子额定电流;绕线型异步电动机的转子绕组中的电流为转子额定电流。

⑤转子开路电压(V)。绕线式异步电动机定子绕组加额定电压,转子绕组在断开的情况下,滑环之间的电压,即转子绕组的开路电压。

⑥负载持续率。指重复短时工作制下运转的电动机,其工作时间与一个工作周期所用时间之比。工作周期包括电动机工作时间和停止工作时间。Y 系列和 YZR 系列电动机的基本持续率为 40%。当实际负载持续率与 40%不符时,铭牌上的额定功率值和额定电流值都要变化,例如,持续率为 40%、11kW 的电动机,实际持续率在 15%时,额定功率为 15kW,而实际持续率在 60%时为 9kW。

三相异步电动机的主要技术参数还有功率因数(功率因数是有功功率与视在功率的比值)、效率、最大转矩等。三相异步电动机分为 A、E、B、F、H、C 六个绝缘等级。Y 系列为 B 级,YZR 系列为 B 或 H 级。常用电动机的技术参数见表 1-1。

表 1-1　常用电动机的技术参数

型　号	功　率 /kW	电　流 /A	转　速 /(r/min)	效　率 /%	功率因数 /cosφ	起动电流倍数
Y802—2	1.1	2.6	2825	76.0	0.86	7.0
Y90S—4		2.7	1400	79.0	0.78	6.5
Y90L—6		3.2	910	73.5	0.72	6.0
Y100L—2	3.0	6.4	2880	82.0	0.87	7.0
Y100L—4		6.8	1420	82.5	0.81	7.0
Y132S—6		7.2	960	83.0	0.76	6.5
Y132M—8		7.7	710	82.0	0.72	5.5
Y132S—2	5.5	11.1	2900	85.5	0.88	7.0
Y132S—4		11.6	1440	85.5	0.84	7.0
Y132M—6		12.6	960	85.3	0.78	6.5
Y160M—8		13.3	720	85.0	0.74	6.0
Y160M—2	11.0	21.8	2930	87.2	0.88	7.0
Y160M—4		22.6	1460	88.0	0.84	7.0
Y160L—6		24.6	970	87.0	0.78	6.5
Y180L—8		25.1	730	86.5	0.77	6.0
Y160L—2	18.5	35.5	2930	89.0	0.89	7.0
Y180M—4		35.9	1430	91.0	0.86	7.0
Y200L—6		37.7	970	89.8	0.83	6.5
Y225S—8		41.3	730	89.5	0.76	6.0
L200L—2	30.0	56.9	2950	90.0	0.89	7.0
L200L—4		56.8	1470	92.2	0.87	7.0
Y225M—6		59.5	980	90.2	0.85	6.5
Y250M—8		63.0	730	90.5	0.80	6.0
Y225M—2	45.0	83.9	2970	91.5	0.89	7.0
Y225M—4		84.2	1480	92.3	0.88	7.0
Y280S—6		85.4	980	92.0	0.87	6.5
Y280M—8		93.2	740	91.7	0.80	6.0
Y280S—2	75.0	140.1	2970	91.4	0.89	7.0
Y280S—4		139.7	1480	92.7	0.88	7.0
Y280M—2	90.0	167.0	2970	92.0	0.89	7.0
Y280M—4		164.3	1480	93.5	0.89	7.0

三、电动机的安全使用

①长期停用或可能受潮的电动机，使用前应测量绕组间和绕组对地的绝缘电阻。绝缘电阻值应大于 0.5MΩ，绕线转子电动机还应检查转子绕组及滑环对地绝缘电阻。

②电动机应装设过载和短路保护装置，并应根据设备需要装设断、错相和失压保护

装置。

③电动机的熔丝额定电流应按下列条件选择：单台电动机的熔丝额定电流为电动机额定电流的150％～250％；多台电动机合用的总熔丝额定电流为其中最大一台电动机额定电流150％～250％再加上其余电动机额定电流的总和。

④采用热继电器作电动机过载保护时，其容量应选择电动机额定电流的100％～125％。

⑤绕线式转子电动机的集电环与电刷的接触面不得小于满接触面的75％。电刷高度磨损超过原标准2/3时应换新，使用过程中不应有跳动和产生火花现象，并定期检查电刷簧的压力是否可靠。

⑥直流电动机的换向器表面应光洁，当有机械损伤或火花灼伤时应修整。

⑦当电动机额定电压在－5％～＋10％的范围变动时，可按额定功率连续运行；当超过时，则应控制负荷。

⑧电动机运行中应无异响、无漏电、轴承温度正常且电刷与滑环接触良好。旋转中的电动机允许最高温度应按下列情况取值：滑动轴承为80℃，滚动轴承为95℃。

⑨电动机在正常运行中，不得突然进行反向运转。

⑩电动机械在工作中遇停电时，应立即切断电源，将起动开关置于停止位置。

⑪电动机停止运行前，应首先将荷载卸去，或将转速降到最低，然后切断电源，起动开关应置于停止位置。

第三节 空气压缩机

一、空气压缩机的分类

空气压缩机简称空压机，是一种以内燃机或电动机为动力，将常压空气压缩成高压空气的一种动力装置。空压机主要用来驱动各种以气体动能为能源的气动机具，如风镐、风钻、喷锚设备等。

空气压缩机根据工作原理不同分为往复活塞式和旋转式，旋转式又分滑片式和螺杆式两种。空压机的主要技术参数包括排气量（m^3/min）、排气压力（MPa）、转速（r/min）和驱动机的功率（kW）及转速（r/min）等。往复活塞式空压机还包括气缸数、气缸直径和行程及压缩级数等。空压机的冷却方式有水冷和风冷两种。

建筑工程常用的YW9/7—1型移动式空压机如图1-34所示。此空压机为二级压缩、六缸、风冷往复活塞式空压机，其排气量为9m^3/min，排气压力为0.7MPa。压缩机通过离心式离合器与柴油机连接。

二、空气压缩机的构造及组成

1. 往复活塞式空压机

往复活塞式空压机由气缸体、缸盖、曲轴箱、曲柄连杆机构、配气机构、冷却系统和润滑系统等组成。其曲柄连杆机构与内燃机基本相似，不同的是空压机要通过外部动

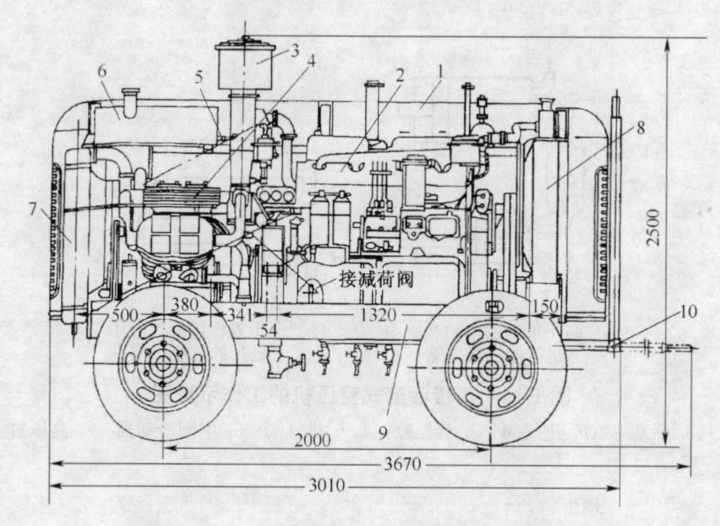

图 1-34　YW9/7—1 型移动式空气压缩机

1. 防护罩　2. 柴油机　3. 空气滤清器　4. 空气压缩机　5. 柴油箱阀门　6. 柴油箱　7. 间冷却器　8. 水箱　9. 机架　10. 拖钩

力带动曲轴旋转，把曲轴的旋转运动转换成活塞的往复运动，产生向气缸内吸气和压缩并向缸外排气的过程。图 1-35 所示为往复活塞式空压机工作示意图。

为了降低排气温度、节省功率、提高容积效率，用于建筑工程的往复活塞式空压机基本都是两级压缩机，如图 1-36 所示。两级压缩机分别由两个单独的气缸对空气逐级压缩，称为单作用式空压机，如图 1-36(a)所示。活塞两端的气缸内腔都可以工作，如图 1-36(b)所示，左腔为一级压缩、右腔为二级压缩，称为双作用空压机。

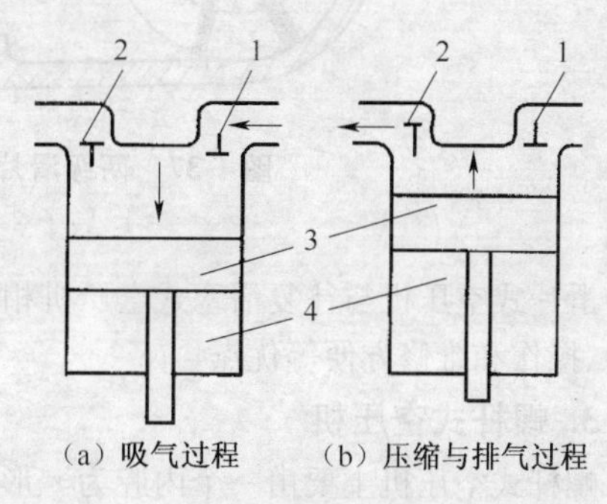

图 1-35　往复活塞式空压机工作示意图

1. 进气阀　2. 排气阀　3. 活塞　4. 气缸

2. 旋转滑片式空压机

旋转滑片式空压机由气缸、转子和装在转子槽中的若干径向滑片组成。图 1-37 所示为两级滑片式空压机工作示意图。转子偏心地安装在气缸内，两者构成一个月牙形空间。转子上的若干径向滑片依靠转子旋转时产生的离心力紧贴在内壁，将月牙形空间分隔成若干扇形基本容积。转子每旋转一周，分隔的扇形容积经过由最小逐渐变大，直到最大值，然后又逐渐变小，又回复到最小值。扇形容积由小变大时，与吸气口(A—B)相通；由大变小时，与排气口(C—D)相通。图 1-37 右侧转子为一级压缩，左侧转子为二级压缩。空气压力由一级出口压力(220kPa)增至二级出口压力(700kPa)。

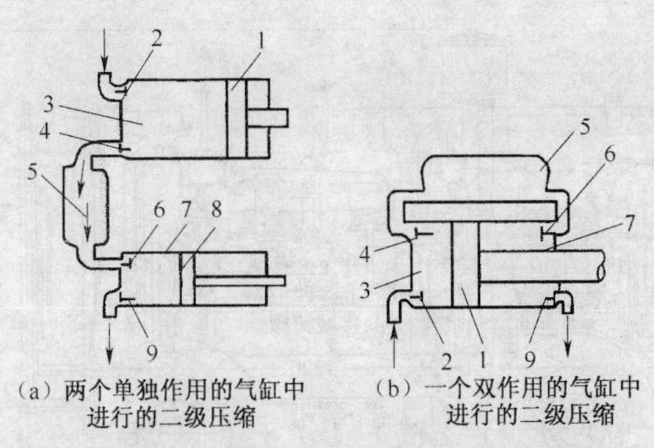

图 1-36　两级活塞式空压机的工作示意图

1、8. 活塞　2、6. 进气阀　3. 低压缸　4、9. 排气阀　5. 中间冷却器　7. 高压缸

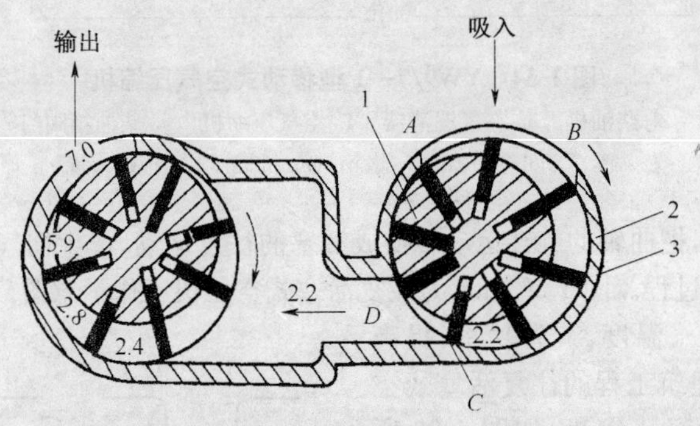

图 1-37　两级滑片式空压机工作示意图

1. 转子 2. 气缸 3. 滑片

旋转滑片式空压机与往复活塞式空压机相比，具有结构简单、生产率高、供气均匀、工作平稳、操作和维修方便等优点。

3. 螺杆式空压机

螺杆式空压机主要由一个内腔为∞形的气缸和一对螺杆式阳、阴转子所组成。如图 1-38 所示，阳转子上有 4 条螺旋齿，阴转子上有 6 条螺旋槽，阳、阴转子平行安装在气缸内，槽、齿相互啮合。动力由驱动小齿轮和与之啮合的阴转子上的齿轮带动阴转子旋转，两者之间的速比为 1.5∶1。当螺杆由外部动力装置带动旋转时，在吸气端由于螺旋齿、槽脱离啮合，齿间空隙逐渐增大，外界大气被吸入并进入螺旋齿、槽与气缸壁构成的闭合空间，完成吸气过程。随后螺杆啮合旋转，螺杆的齿、槽与气缸壁构成的闭合空间逐渐缩小并向前推进，完成对空气的逐渐压缩。当气体压缩到额定压缩比时从排气口排出。

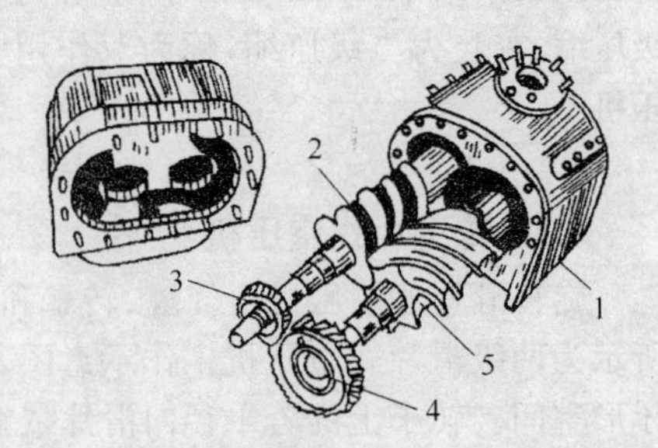

图 1-38　螺杆式空压机的组成

1. 气缸体　2. 阳转子　3. 驱动小齿轮　4. 阴转子

螺杆式空压机具有体积小、质量轻、寿命长、排气无脉冲、排气纯净、安装和维修简便等优点，移动式空压机中应用较多。其缺点是噪声大、效率较低。

三、空气压缩机的安全使用

①空气压缩机的内燃机和电动机的使用应符合JGJ33—2012《建筑机械使用安全技术规程》内燃机和电动机的规定。

②空气压缩机作业区应保持清洁和干燥。贮气罐应放在通风良好处，距贮气罐15m以内不得进行焊接或热加工作业。

③空气压缩机的进排气管较长时，应加以固定，管路不得有急弯；较长管路应设伸缩变形装置。

④贮气罐和输气管路每三年应做一次水压试验，试验压力应为额定压力的150%。压力表和安全阀应每年至少校验一次。

⑤空气压缩机作业前应重点检查以下项目，并应符合下列要求：内燃机燃油、润滑油料均添加充足，电动机电源正常；各连接部位紧固，各运动机构及各部阀门开闭灵活，管路无漏气现象；各防护装置齐全良好，贮气罐内无存水；电动空气压缩机的电动机及起动器外壳接地良好，接地电阻不大于4Ω。

⑥空气压缩机应在无载状态下起动，起动后低速空运转，检视各仪表指示值符合要求，运转正常后，逐步进入加载运转。

⑦输气胶管应保持畅通，不得扭曲，开启送气阀前，应将输气管道连接好，并通知现场有关人员后方可送气。出气口前方，不得有人工作或站立。

⑧作业中，贮气罐内压力不得超过铭牌额定压力，安全阀应灵敏有效，进、排气阀、轴承及各部件应无异响或过热现象。

⑨每工作2h应将液气分离器、中间冷却器、后冷却器内的油水排放一次。贮气罐内的油水每班应排放1～2次。

⑩正常运转后，应经常观察各种仪表读数，并随时按使用说明书予以调整。

⑪发现下列情况之一时应立即停机检查，找出原因并排除故障后方可继续作业：漏水、漏气、漏电或冷却水突然中断；压力表、温度表、电流表、转速表指示值超过规定；排气压力突然升高，排气阀、安全阀失效；机械有异响或电动机电刷发生强烈火花；安全防护、压力控制装置及电气绝缘装置失效。

⑫运转中，在缺水而使气缸过热停机时，应待气缸自然降温至60℃以下时，方可加水。

⑬当电动空气压缩机运转中突然停电时，应立即切断电源，等来电后重新在无荷载状态下起动。

⑭停机时，应先卸去荷载，然后分离主离合器，再停止内燃机或电动机的运转。

⑮ 停机后，应关闭冷却水阀门，打开放气阀，放出各级冷却器和贮气罐内的油水和存气，方可离岗。

⑯在潮湿地区及隧道中施工时，空气压缩机外露摩擦面应定期加注润滑油，电动机和电气设备应做好防潮保护工作。

第二章　建筑机械液压和液力传动装置

第一节　液　压　传　动

一、液压传动及其特点

以液体为工作介质、靠液压静力传递能量的流体传动称为液压传动。与机械传动相比，液压传动的主要特点是：

①在同等功率和承载能力的情况下，传动装置的体积小、质量轻。

②有过载保护能力，能吸收冲击荷载。

③便于实现无级调速，调整范围最大可达1000倍。

④一个油源可向所需各方向传动，实现多路复合运动，控制准确。

⑤操作轻便，易于实现远距离控制。

⑥自锁性好，易于实现安全保护。

此外，组成液压系统的液压元件易于实现标准化、系列化和通用化。目前，液压传动已广泛用于建筑机械、机床等各个方面。例如，液压挖掘机动臂的曲伸、斗杆的曲伸、铲斗的开闭都由液压油缸操纵，但液压传动效率偏低，一般在80%以下。

二、液压传动组成及其作用

一个完整的液压系统由动力元件、执行元件、控制元件、辅助元件和工作介质五大部分组成。

①动力元件即各种液压泵，通称油泵，作用是将动力装置（内燃机、电动机）的机械能转换为液体的压力能，向系统的执行元件泵送一定量的油液。

②执行元件指液压油缸或液压马达一类的液压元件，作用是将液体的压力能转变为机械能。液压油缸和液压马达克服了外界工作阻力和阻力矩做功。液压油缸完成直线往复运动，液压马达完成旋转运动。

③控制元件即液压系统的各种阀类元件，作用是用来对液流的压力、流量和流动方向进行控制，并满足对传动性能的要求。

④辅助元件指油箱、滤油器、油管、接头、蓄能器、冷却器等一些液压元件，是保证液压系统的完整、满足其正常工作的必不可少的组成部分。

⑤工作介质简称工质，如油液和水等，多为液压油。液压油用来传递能量，水是水压机的工作介质。

液压系统由上述的液压元件按设计要求通过油管连接起来，形成完整的回路。为了说明液压系统的组成和工作原理，工程上采用液压系统图，用符号来表示各种元件及其相互连接关系。液压元件的图形符号已标准化,常用的液压元件符号见表 2-1。

表 2-1 液压系统图常用液压元件符号

名 称	符 号	名 称	符 号
工作管路		差动液压缸	
控制管路		溢流阀	
通油箱管路		远控溢流阀	
单向定量液压泵		减压阀	
双向定量液压泵		顺序阀	
单向变量液压泵		节流阀	
双向变量液压泵		可调节流阀	
单向定量液压马达		单向节流阀	
双向变量液压马达		调速阀	
交流电动机	D	单向阀	
回转液压缸		液控单向阀	
单作用活塞液压缸		二位四通阀	
单作用柱塞液压缸		交叉管路	
双作用活塞液压缸		软 管	
泄漏管路		二位三通阀	
连接管路		三位四通阀	

续表 2-1

名　称	符　号	名　称	符　号
手动杠杆控制		粗滤油器	
电磁力控制		细滤油器	
电磁液压控制		冷却器	
压力继电器		手动截止阀	
蓄能器		压力表	

三、液压传动的基本参数

液压传动的基本参数包括压力、流量和功率等。

1. 压力

一般所说的压力是指超过大气压力的那一部分。液体因外力和自重作用而在单位面积上产生的推力称为液体静压力。液压传动中所称的压力都是指液体静压力。压力以 P 表示，单位为 MPa(兆帕)。

液体静压力有两个重要特性：其方向总是垂直于承压面，并且沿承压面的内法线方向；液体内任意一点压力的大小与过该点各个截面方向无关，即同一点的各个截面上的压力大小相等。

液体内部产生压力是由于外力作用的结果。如图 2-1 所示，液压泵向液压缸左腔供油，由于活塞受荷载 F(包括摩擦力及其他阻力)的阻碍作用，使液体形成压力，随着液压泵不断供油，压力也不断上升，当压力升高到作用在活塞有效面积 A 上的作用力能克服外荷载 F 使活塞向右运动时，液压油缸中的压力为：

$$P=\frac{F}{A} \tag{2-1}$$

式中　P——压力，MPa；

A——活塞的有效作用面积，mm^2；

F——活塞受的荷载，N。

在液压传动系统中，液压泵的输出压力由负载决定。当外界负载增加时，泵的压力升高；当负载减小时，泵的压力降低。如果外界负载无限制地增加，泵的压力也无限制地升高，直至泵的零件和管路被破坏。因

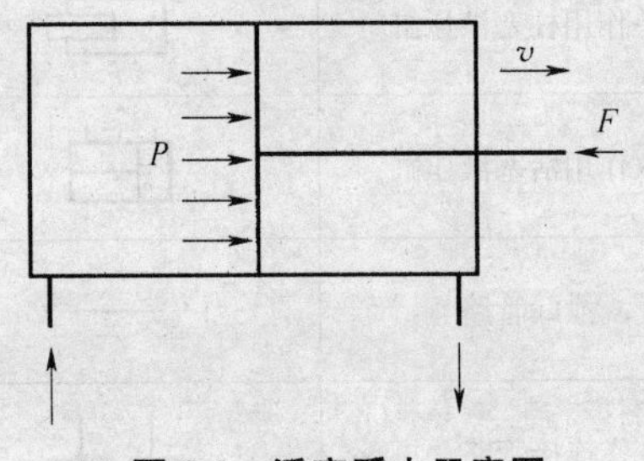

图 2-1　活塞受力示意图

此，液压系统必须设置溢流阀，限制泵的最大压力，起到过载保护作用。溢流阀的调定值不能超过液压泵所能承受的最大压力值。液压传动系统按压力值分为不同的等级，详见表 2-2。

表 2-2 液压传动系统压力等级及代号

等 级	低 压		中 压	中高压		高 压		超高压
代 号	A	B	C	D	E	F	G	H
压力值/MPa	1.0	2.5	6.3	10.0	16.0	20.0	25.0	＞32.0

2. 流量

流量指单位时间内流过某一截面的液体体积，用 Q 表示，单位为 m^3/s。液压泵的流量指液压泵在单位时间内输出液体的体积。如图 2-1 所示，如果活塞的有效作用面积为 A，活塞的移动速度为 v，则液压泵向油缸供油的流量为：

$$Q = A \cdot v \tag{2-2}$$

式中 Q——液压油泵向油缸的供油流量，m^3/s；

A——活塞的有效作用面积，m^2；

v——活塞移动的速度，m/s。

3. 功率

如图 2-1 所示，液压油缸的输出功率 N 应为液压活塞的负载阻力 F 乘以活塞的运动速度 v，即：

$$N = F \cdot v$$

由于 $F = P \cdot A$，$v = \frac{Q}{A}$，所以，液压油缸的输出功率为液压油缸的工作压力 P 乘以向油缸供油的流量 Q，即：

$$N = P \cdot Q$$

经单位换算可以得到下面的计算公式：

$$N = P \cdot Q \cdot 1000 \tag{2-3}$$

式中 N——液压油缸的输出功率，kW；

P——工作压力，MPa；

Q——流量，m^3/s。

根据泵的最大工作压力(一般按溢流阀的调定值确定)和泵在额定转速时的流量，可计算泵的输入功率(驱动液压油泵的动力装置的功率)：

$$N_\lambda = \frac{P \cdot Q \cdot 1000}{\eta} \tag{2-4}$$

式中 N_λ——泵的输入功率，kW；

P——泵的最大工作压力，MPa；

Q——泵的流量，m^3/s；

η——泵的总效率，<1。

四、液压泵和液压马达

液压泵和液压马达都是液压传动中的能量转换装置。液压泵是将原动机机械能转换为油液压力能的装置，是动力元件；液压马达是用来将油液压力能转换为旋转形式的机械能的装置，属执行元件。

目前，液压泵和液压马达的种类很多，建筑机械液压系统常用的有齿轮式、叶片式和柱塞式。

1. 齿轮泵和齿轮马达

(1)齿轮泵

齿轮泵具有结构简单、体积小、重量轻、工艺性好、工作可靠、维修方便和对油液的污染不太敏感等优点，因此，被广泛用于建筑工程机械和其他机械中，适于工作压力在16MPa以下、工作环境恶劣的情况下使用，如液压推土机。其缺点是使用压力较低，流量脉动和压力脉动较大，噪声大，并且只能作定量泵使用，所以，使用范围受到一定的限制。

齿轮泵分外啮合和内啮合两种形式，应用较广的是外啮合式。

图2-2所示为外啮合齿轮泵的结构原理图。它是由相互啮合的一对齿轮与泵壳和前后泵盖配合，把泵体内部分为互不相通的密闭空腔，分别与吸油孔和排油孔相通。当齿轮按图示箭头方向旋转时，右侧轮齿不断逐渐退出啮合，油腔容积逐渐增大，形成局部真空，油箱中的油液在大气压力作用下，通过吸油管被吸入右侧的吸油腔，充满齿间，随着齿轮的旋转，齿间油液被带到左侧的压油腔。左侧齿轮逐渐进入啮合，油腔容积逐渐减小，齿间的油液经排油孔被挤出。泵的主动齿轮在发动机带动下连续旋转，因此，泵能连续地吸油和排油。

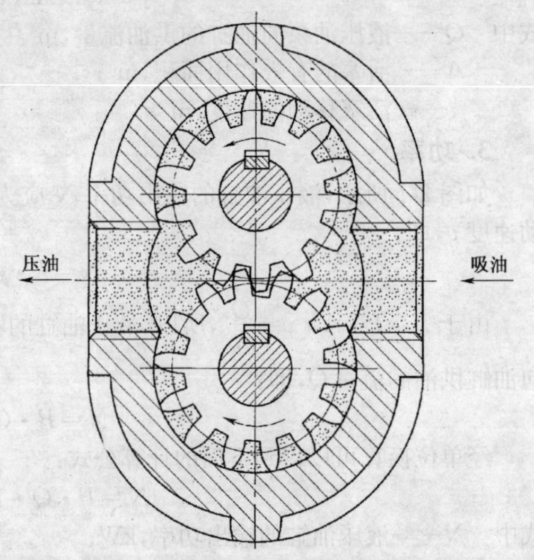

图2-2　外啮合齿轮泵的结构原理图

(2)齿轮马达

齿轮马达和齿轮泵的结构基本相同，但齿轮马达起动时有负载，而且能正反方向旋转，故其在结构上与齿轮泵有差别。齿轮马达主要特点是进出油口对称布置，孔径相同，以保证正、反转时性能相同；采用轴向间隙自动补偿（液压补偿）的浮动侧板时，必须适应正、反转时都能正常工作的结构要求；由于马达回油有背压，进、回油腔互相变化，所以，需采用外泄漏油孔。为了减少马达的摩擦损失，以改善起动性能，一般都采用滚动轴承。

2. 叶片泵和叶片马达

(1)叶片泵

叶片泵具有结构紧凑、运转平稳、输油量均匀、性能好、噪声小、排量大等优点，但也存在着结构复杂、吸油特性差、对油液的污染较敏感等缺点。叶片泵和叶片马达的工作压力较低,为 6MPa 左右。

叶片泵按每转吸油或排油的次数(二者相等),可将叶片泵分为单作用式(变量或定量叶片泵)和双作用式(定量叶片泵)两种。建筑机械液压系统主要使用双作用式叶片泵。

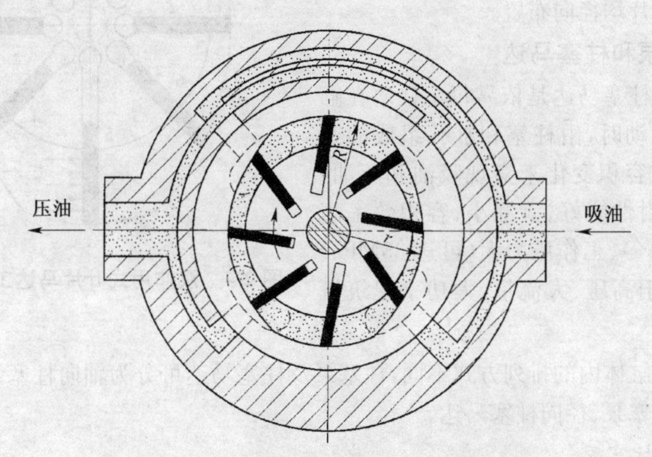

图 2-3 双作用式叶片泵工作原理图

双作用式叶片泵又称定量叶片泵。图 2-3 所示为双作用式叶片泵工作原理图。它主要是由定子、转子、叶片、泵体、两侧的配流盘(图中未画出)、传动轴等组成。定子的内表面由两段长半径 R 圆弧、两段短半径 r 圆弧及四段过渡曲线构成。转子上均匀开槽,矩形叶片安装在槽内,可自由滑动。当转子旋转时,叶片在离心力和根部油压作用下,紧贴在定子的内表面上,起密闭作用。当转子按图示方向旋转时,叶片由短径 r 变为长径 R 时,两叶片间形成的密封容积逐渐增大,形成局部真空,油箱中的油液在大气压力作用下经吸油管和配流盘上的吸油窗口充满叶片间的密闭腔。当叶片由长半径 R 位置向短半径 r 位置转动时,叶片逐渐被压入转子,两叶片间密封容积逐渐减小,油液经配油盘的压油窗口压出。转子连续转动时,相邻两叶片间的容积便不断变化,于是泵便连续地进行吸油和排油。

由于有两个吸油窗和两个压油窗,转子旋转一周时,每两叶片间的容积空间完成两次吸油和两次压油,故称为双作用式叶片泵。

双作用式叶片泵的转子和定子是同心的,而且转子与定子之间的位置固定,所以泵的排量固定。

(2)叶片马达

叶片式马达具有体积小、动作灵敏和转动惯量小的优点,适用于换向频繁的场合。但其泄漏量较大,低速工作时稳定性差,故一般用于高转速、小转矩和要求动作灵敏的场合。

图 2-4 所示为双作用式叶片马达的工作原理图。当通入高压油后,叶片 4、8 位于高压腔之中,叶片两侧受同样油压,不产生转矩。叶片 1、3、5、7 处于高压区(进油腔)和低

压区(出油腔)之间,一侧受高压,另一侧受低压,而且叶片 1 和 5 伸出的面积大于 3 和 7,所以产生转矩,驱动转子顺时针方向旋转,带动外负载作功。

由于马达一般都要求能正、反转,所以,叶片马达的叶片均径向布置。

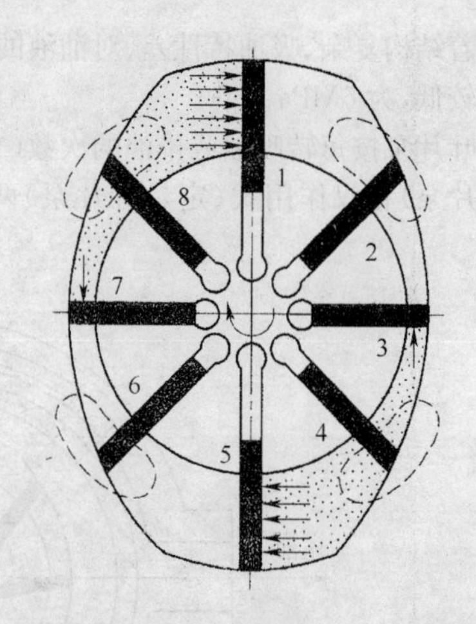

图 2-4　双作用式叶片马达工作原理图

3. 柱塞泵和柱塞马达

柱塞泵及柱塞马达是依靠每个柱塞在缸孔内作往复运动时,由柱塞和缸孔组成的密封工作空间的容积变化来实现吸油和压油,因此,具有密封性能好、泄漏小、容积效率高(最高可达 98%)、工作压力大(可达 35MPa)的特点,适用于高压、大流量、大功率建筑机械液压系统。

按柱塞在缸体内的排列方式不同,柱塞泵及柱塞马达可分为轴向柱塞泵、轴向柱塞马达和径向柱塞泵、径向柱塞马达。

(1)轴向柱塞泵

图 2-5 所示为轴向柱塞泵的工作原理图。它主要由驱动轴、柱塞、缸体、配流盘和斜盘等零件组成。奇数柱塞(一般为 7 个)平行于缸体轴心线,均匀分布在圆周上,斜盘法线和缸体轴心线间交角为 γ。内滑套 6 在弹簧 5 的作用下,通过压板 8 使滑履 9 压牢在斜盘 10 上,同时外滑套 3 使缸体 4 和配流盘 2 紧密接触,并起密封作用。当缸体和柱塞一起在驱动轴 1 的带动下转动时,由于斜盘和压板的作用,迫使柱塞在缸体内作往复运

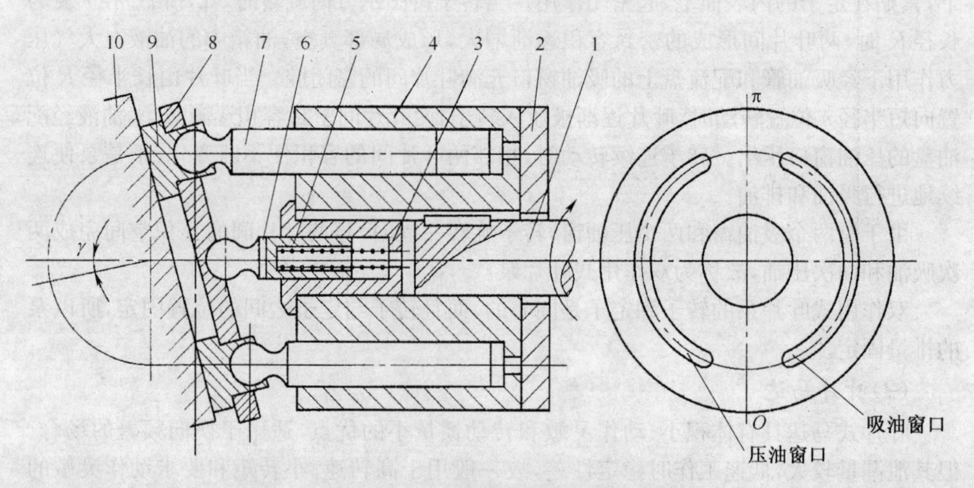

图 2-5　轴向柱塞泵的工作原理图

1. 驱动轴　2. 配流盘　3. 外滑套　4. 缸体　5. 弹簧　6. 内滑套　7. 柱塞　8. 压板　9. 滑履　10. 斜盘

动，使柱塞和缸体所组成的密封容积不断变化，通过配流盘的配油窗口进行吸油和压油。

缸体每转一周，每个柱塞往复运动一次，完成一次吸、压油过程。如改变斜盘倾角γ，就能改变柱塞往复运动的行程，从而改变液泵的排量。如果改变斜盘倾角γ的方向，就能使泵的进、出油口互换，成为双向轴向柱塞变量泵。

(2)轴向柱塞马达

轴向柱塞泵与轴向柱塞马达是可逆的，同一结构既可作为泵使用，也可作为马达使用。

图2-6所示为轴向柱塞马达工作原理图。若输入高压油液压力为P，柱塞面积为A，当向马达输入高压油液时，滑履便受到PA的作用力压向斜盘，其反作用力为F。力F分解成两个分力，一是轴向分力F_x，与柱塞所受液体压力平衡，另一个分力F_y，与柱塞的轴线垂直向上，使缸体产生扭矩，驱动马达旋转作功。

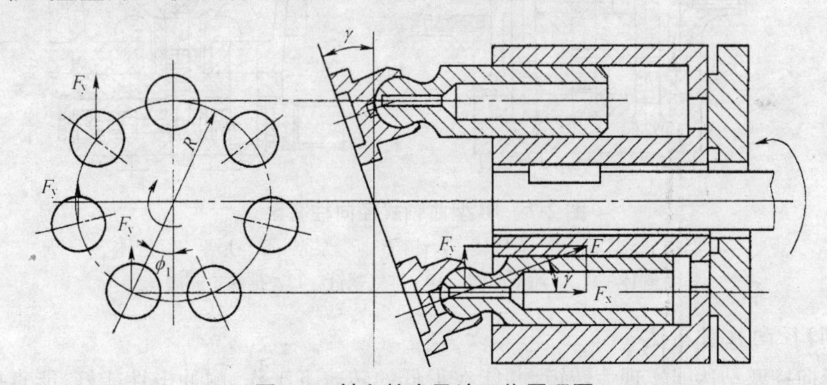

图2-6 轴向柱塞马达工作原理图

(3)径向柱塞泵

径向柱塞泵和径向柱塞马达的柱塞均按照垂直于传动轴来布置。按柱塞沿径向布置方式的不同，径向柱塞泵可分为曲轴式和回转式两种。建筑机械仅采用曲轴式径向柱塞泵。

图2-7所示为国产1m³履带式挖掘机使用的JB型曲轴式径向柱塞泵。它由两组共6个柱塞直列对称布置组成，其出油口可合并作为一个泵使用，也可分开作为两个单泵使用。

曲轴1通过滚动轴承支承在泵壳5上，柱塞6用销子4和连杆2铰接，连杆用对开的连接环3夹持在曲轴的偏心轴颈上，泵壳5上固定有缸体7和阀体8，阀体上相应在每个柱塞油腔各装两个吸油单向阀9和一个排油单向阀11。当曲轴旋转时，油从吸油口吸入，经单向阀9进入柱塞油腔，然后经单向阀11和高压油道排出。曲轴不停地旋转，泵就不断地吸油和排油。排气螺钉10用以排除留存于柱塞油腔内的空气。这种泵采用阀式配流，无相对滑动的配合面，所以，对油的过滤要求不高，并且耐冲击，使用可靠，维修方便，但流量脉动较大，且难以做成变量泵。

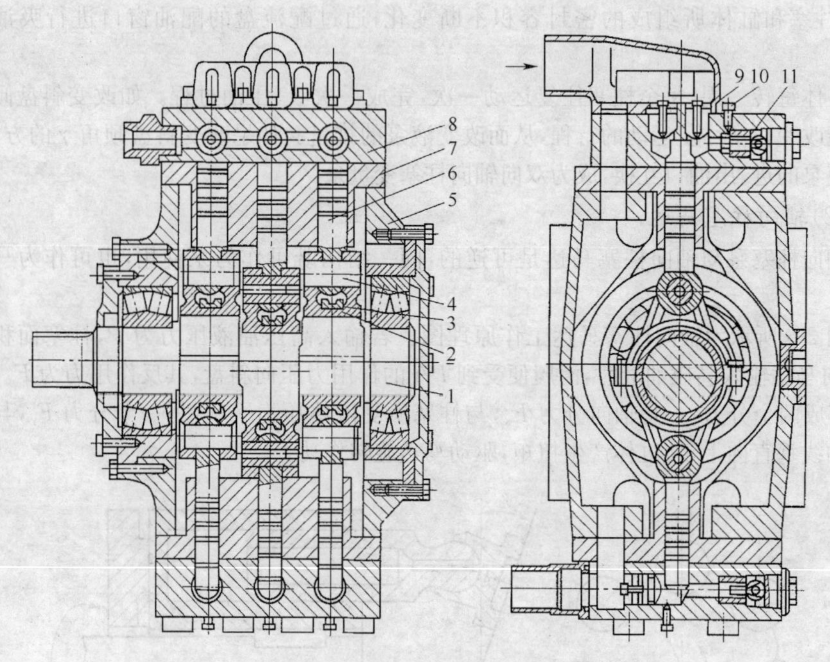

图 2-7　JB 型曲轴式径向柱塞泵

1. 曲轴　2. 连杆　3. 连接环　4. 销子　5. 泵壳　6. 柱塞　7. 缸体　8. 阀体　9. 吸油单向阀　10. 排气螺钉　11. 排油单向阀

(4)径向柱塞马达

径向柱塞马达能实现大转矩，并能在很低的转速下工作，耐冲击性能好，能直接驱动工作装置，使机构简化。在建筑机械上，其常用来直接驱动挖掘机和起重机的回转机构、行走机构以及低速卷扬机的卷筒等。径向柱塞马达主要分为多作用内曲线式、单作用曲轴连杆式及静平衡式三类。

图 2-8 所示为内曲线径向柱塞马达工作原理图。定子 1 上有 6 个形状相同的导轨曲面，每个导轨曲面分成对称的 a、b 两段。转子 2 有 8 个径向布置的柱塞孔。柱塞 3 和滚轮组 4 组成柱塞组件安装在柱塞孔中。滚轮在柱塞底部油压作用下，顶在定子的导轨曲面上作纯滚动，推动缸体旋转。配油轴 5 的圆周上均布 12 个配油窗口，交替分成两组，分别与进、回油口相通，对准 6 个同向半段曲面 a 或 b。当高压油进入时，a 段对应高压区，b 段对应低压区。如图所示，柱塞所处状态为：一、五在高压油作用下；三、七处于回油状态；二、四、六、八处于过渡状态。柱塞一、五在高压油作用下产生推力 P，使滚轮紧压在曲面导轨上，从而产生一反作用力 F。其径向分力 F_P 与柱塞推力 P 平衡，切向分力 F_T 推动转子顺时针旋转，形成输出转矩。

柱塞马达在设计时，曲线数与柱塞数不相等，从而保证总有一部分柱塞处于 a 段(相应地总有一部分处于 b 段)，使转子均匀地连续旋转。导轨曲线 a、b 段相等，正、反转时性能相同。

内曲线液压马达具有结构紧凑、重量轻、转矩大、低速稳定性好和起动性能高等

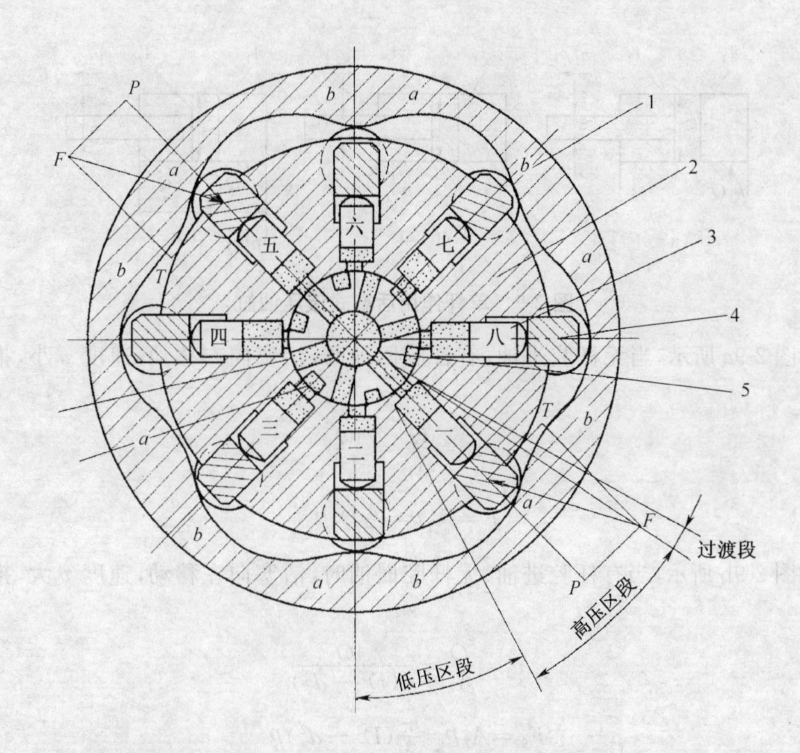

图 2-8　内曲线径向柱塞马达工作原理图

1. 定子　2. 转子　3. 柱塞　4. 滚轮组　5. 配油轴

优点。

五、液压油缸

液压油缸是液压系统中的执行元件，用来实现直线往复运动或在一定角度内的回转摆动。

液压油缸按其作用方式可分为单作用和双作用两类。单作用液压缸是利用压力油推动活塞(或缸体)作一个方向运动，而反向运动则靠重力、弹簧力或另一个液压缸来实现。双作用液压油缸利用压力油推动活塞(或缸体)作正、反两个方向的运动。

液压油缸按结构不同可分为活塞式、柱塞式、伸缩套筒式和摆动式等。

1. 活塞式液压油缸

活塞式液压油缸分单杆活塞式液压油缸和双杆活塞式液压油缸。

(1)单杆双作用活塞式液压油缸

单杆双作用活塞式液压油缸是只有一端带活塞杆的液压缸。由于单杆活塞缸两腔的有效作用面积不相等，当压力油以相同的压力和流量分别进入缸的有杆腔和无杆腔时，活塞往返运动的速度和推力也不相等。

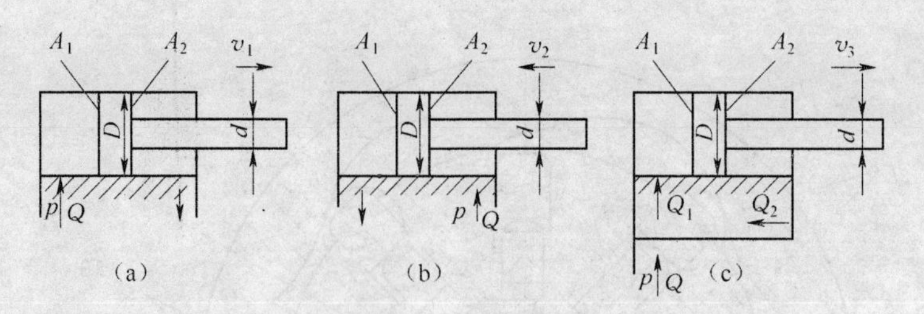

图 2-9　单杆作用活塞式液压油缸

如图 2-9a 所示，当无杆腔进油、有杆腔回油时，活塞向右移动，速度 v 小，推力 F 大，即

$$v_1=\frac{Q}{A_1}=\frac{4Q}{\pi D^2} \tag{2-5}$$

$$F=A_1p=\frac{\pi}{4}D^2p \tag{2-6}$$

如图 2-9b 所示，当有杆腔进油、无杆腔回油时，活塞向左移动，速度 v 大，推力 F 小，即

$$v_2=\frac{Q}{A_2}=\frac{4Q}{\pi(D^2-d^2)} \tag{2-7}$$

$$F_2=A_2p=\frac{\pi}{4}(D^2-d^2)p \tag{2-8}$$

单杆双作用活塞式液压油缸，在进入油缸的流量 Q 一定时，其往返运动的速度返回速度大于油缸伸出速度，两者的速比为：

$$\varphi=\frac{v_2}{v_1}=\frac{D^2}{D^2-d^2} \tag{2-9}$$

如图 2-9c 所示，当无杆腔和有杆腔的油路相通情况下进油时，活塞在推力差F_1-F_2作用下向右移动，有杆腔排出的油液进入无杆腔，活塞向右快速移动。这种连接方式称为差动连接。差动连接时，活塞移动的速度 v_3 和推力 F_3 用下式计算：

因为
$$Q_1=Q+Q_2$$
$$Q_1=A_1v_3$$
$$Q_2=A_2v_3$$

所以，$Q=Q_1-Q_2=(A_1-A_2)\ v_3=\frac{\pi}{4}d^2v_3$ 即

$$v_3=\frac{4Q}{\pi d^2} \tag{2-10}$$

$$F_3=F_1-F_2=A_1p-A_2p=\frac{\pi}{4}d^2P \tag{2-11}$$

可见，同一液压油缸采用差动连接时，所产生的推力 F_3 比非差动连接时小，速度 v_3 比非差动连接时大。实际使用中，常通过选择 D 与 d 的尺寸使差动连接后缸的快进与快退速度相等，即 $v_2=v_3$，则 D 与 d 的关系为：

$$\frac{4Q}{\pi(D^2-d^2)}=\frac{4Q}{\pi d^2}$$

化简得 $\frac{\pi}{4}d^2=\frac{\pi}{8}D^2$ 或 $d=0.7D$ (2-12)

(2)双杆双作用活塞式液压油缸

双杆双作用活塞式液压油缸是指活塞两端都带有活塞杆的液压油缸，如图 2-10 所示。这种缸的两个活塞杆直径通常相同，因而缸两腔的有效面积也相同。双杆活塞缸的特点是当进油压力和流量相同时，不论活塞（或缸体）向哪个方向运动，其所产生的推力和运动速度都相同。双杆双作用活塞式液压油缸常用于对往复运动速度要求相同的场合。

2. 柱塞式液压油缸

图 2-11 所示为柱塞式液压油缸。柱塞式液压缸只能作单向运动，压力油从左端油口进入缸内，推动柱塞右移，其回程需要借助外力来完成。

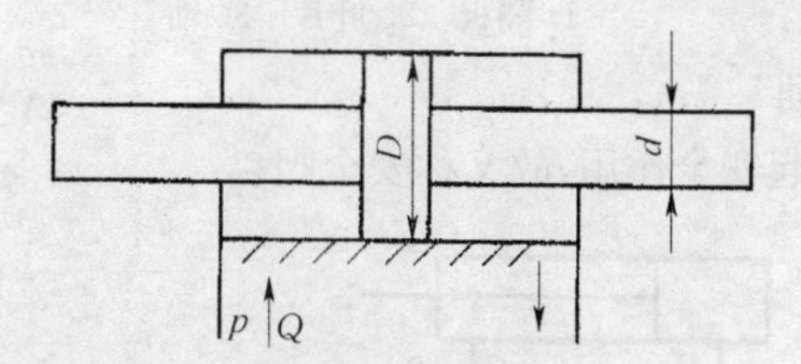

图 2-10 双杆双作用活塞式液压油缸

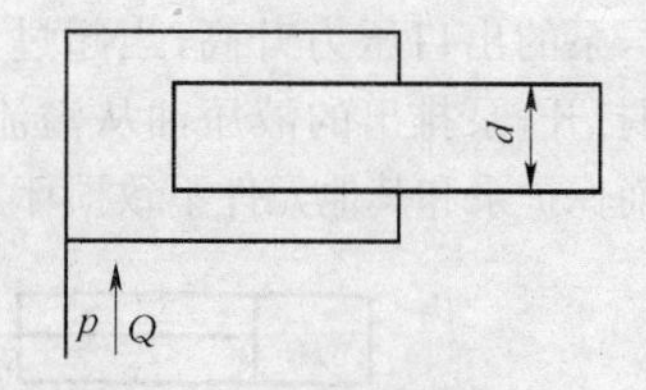

图 2-11 柱塞式液压油缸

3. 伸缩套筒式液压油缸

伸缩套筒式液压油缸是多级液压油缸，特点是行程大、结构紧凑。其结构形式分单作用柱塞式和双作用活塞式。

图 2-12 所示为伸缩套筒式液压油缸结构原理图。零件 2 与 3 同时组成缸体 1 中的活塞（一级活塞）。当压力油从左端进油口进入时，零件 3 与 2 一同伸出至零件 2 的极限位置后，零件 3 再相对零件 2 外伸；缩回时，零件 3 相对零件 2 缩回至极限位置后，再同零件 2 一起相对于零件 1 缩回。由于各级活塞的有效作用面积不等，当进油压力 p 和流量 Q 一定时，则活塞的推力和运动速度逐级变化。

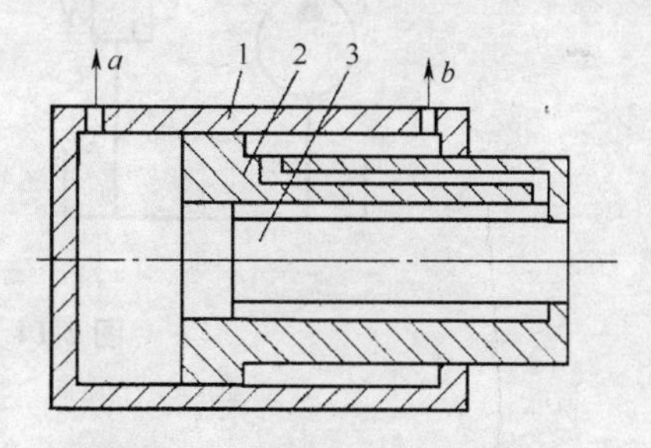

图 2-12 伸缩套筒式液压油缸

1. 缸体 2. 一级活塞 3. 活塞杆

4. 摆动式液压油缸

摆动式液压油缸又称摆动马达。常用的摆动液压油缸有单叶片和双叶片两种。图 2-13 所示为单叶片摆动式液压油缸原理图。轴 3 上装有叶片 2，隔板 1 与缸体连成一体，隔板和叶片将缸内空间分为两腔。当压力油从油口 a 进入、油口 b 回油时，在油压作用下，叶片 2 带动轴 3 顺时针转动并输出扭矩，直到叶片与隔板相碰为止；反之，油口 b 进油、油口 a 回油时，叶片 2 带动轴 3 逆时针回转，直到叶片与隔板相碰为止。

六、液压控制元件

液压控制元件即控制阀类元件。控制阀的种类很多，按其工作特性可分为压力阀、方向阀和流量阀三大类。

1. 压力控制阀

压力控制阀根据液流压力而动作，主要有溢流阀、顺序阀、减压阀和平衡阀等。

(1)溢流阀

溢流阀的基本作用是限制液压系统的最高压力，对液压系统起防止过载的作用。

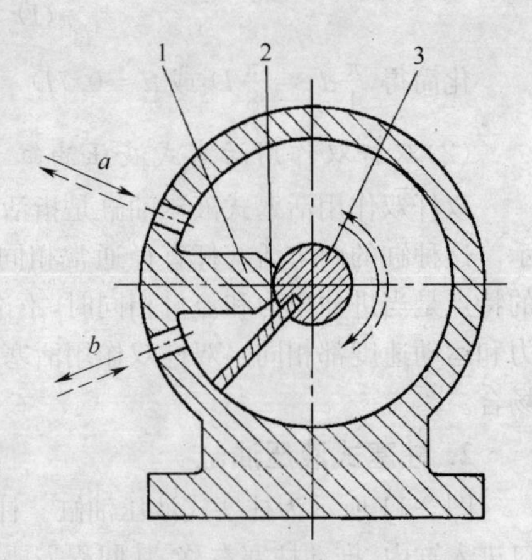

图 2-13　单叶片摆动式液压油缸

1. 隔板　2. 叶片　3. 轴

如图 2-14a 所示，当液压油缸承受的外负载增加时，泵的出口压力升高，当超过规定值时，溢流阀打开，泵排出的液压油从溢流阀流回油箱，从而保护泵和其他元件不致损坏。溢流阀起安全作用，故又称安全阀。

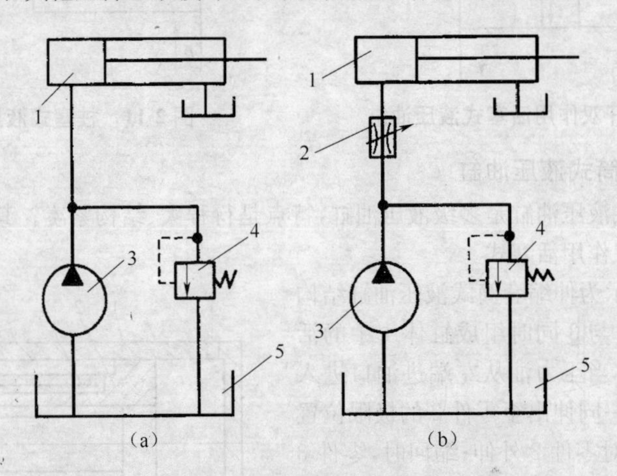

图 2-14　溢流阀的作用

1. 油缸　2. 节流阀　3. 液压泵　4. 溢流阀　5. 油箱

溢流阀还可用于维持系统近似恒定的压力。如图 2-14b 所示，液压油缸活塞速度，可通过调节节流阀来改变。节流阀开得大，流量大，液压油缸活塞速度快；反之，开得小，则液压油缸活塞速度慢。这时，泵出口多余的流量从溢流阀溢流回油箱。

常用的溢流阀有直动式和先导式两种。前者结构简单，在建筑机械中作为过载阀使用；后者在建筑机械中广泛用于中、高压系统。

①直动式溢流阀。图 2-15 所示为直动式溢流阀，在弹簧压力作用下，阀芯处在最下端位置，阀呈关闭状态。压力油经阀芯上的阻尼小孔 e 进入油腔而作用于阀芯底部。当油压对阀芯的作用力大于弹簧预紧力时，阀开启，多余的油经回油口 O 溢回油箱。阻尼

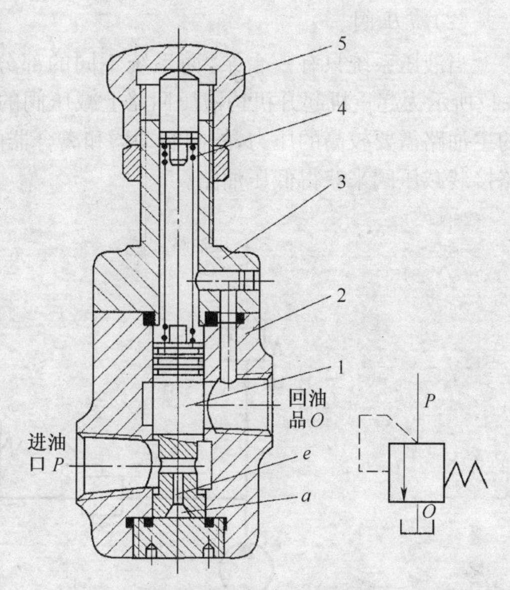

图 2-15　直动式溢流阀

1. 阀芯　2. 阀体　3. 上盖　4. 弹簧　5. 调压螺钉

小孔的作用是增加液阻(油液阻力)以减小阀芯滑移时的振动。调节螺钉 5 可改变弹簧预紧力,从而改变溢流阀的开启压力,起调节系统压力的作用。

②先导式溢流阀。图 2-16 所示为先导式溢流阀,主要由主阀和先导阀两部分组成。图中上部是先导阀,下部是主阀。先导阀实际上是一个小流量的直动式溢流阀,在弹簧 6 的作用下,锥形阀芯 5 压在阀座 4 上,先导阀关闭。压力油从进油口 P 进入主阀腔,经主阀芯上的阻尼孔进入阀芯上部,并经孔 c 和阻尼孔 b 作用在先导阀锥形阀芯 5 上。这时主阀芯 1 的上下两端油压相等,阀芯 1 在弹簧 3 的作用下压在阀座 2 上,油口 P、O 互不相通,溢流阀关闭。当油压对锥阀芯 5 的作用力大于弹簧 6 的预紧力时,锥阀开启,压力油经阻尼孔 a、孔 c、阻尼孔 b 及阀芯 1 上的孔 d 和回油口 O 至油箱。由于阻尼孔的作用,阀芯 1 的上下两端产生压力差(上端压力降低)。当此压力差产生的作用力大于弹簧 3 的作用力时,阀芯 1 上移,油口 P、O 相通,实现溢流作用。

拧动螺钉 7 可调节弹簧 6 的预紧力,从而调定系统的工作压力。

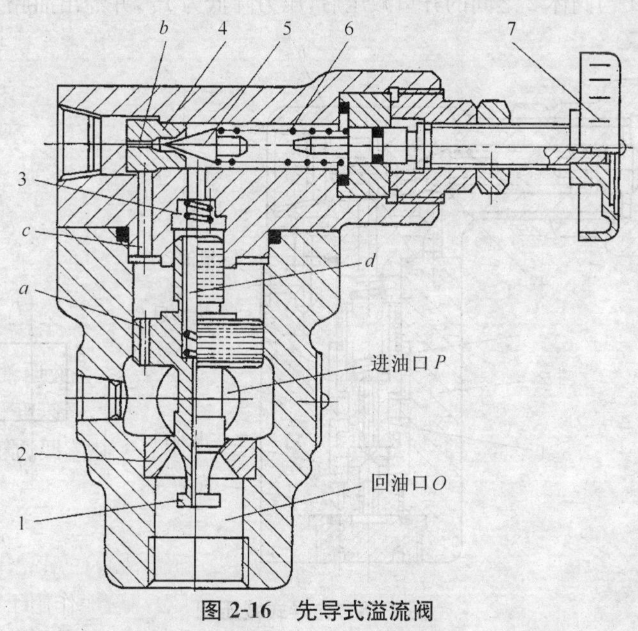

图 2-16　先导式溢流阀

1. 阀芯　2. 阀座　3. 弹簧　4. 阀座　5. 锥阀芯　6. 弹簧　7. 螺钉

(2)减压阀

当液压系统只有一台泵，而系统不同的部分所需压力不同时，则使用减压阀。图2-17所示为起重机起升机构液压回路上减压阀的应用实例。起重机上供起升马达使用的主油路需要较高的压力，控制制动器和离合器的油路则需要较低的压力，通过从主油路接装减压阀来获得低压油路。

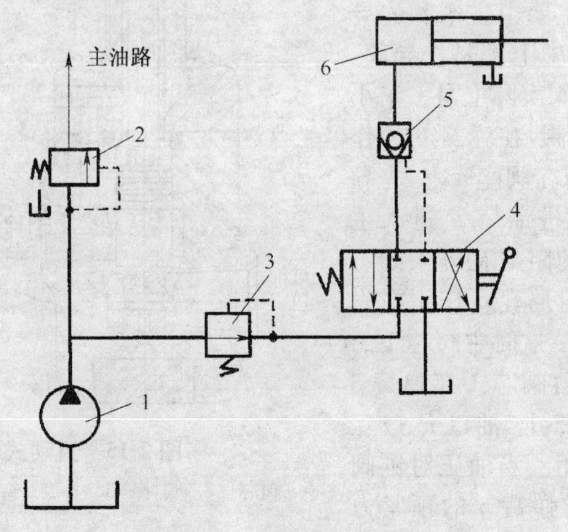

图 2-17　减压阀应用实例

1. 油泵　2. 顺序阀　3. 减压阀　4. 手动换向阀　5. 液控单向阀　6. 卷筒离合器操纵油缸

图2-18所示为先导式减压阀，其结构与先导式溢流阀相似。高压油 P_1 进入进油腔，经主阀芯1与阀体2之间的开口减压后，压力降低为 P_2，并经出油腔 P_2 流入低压油

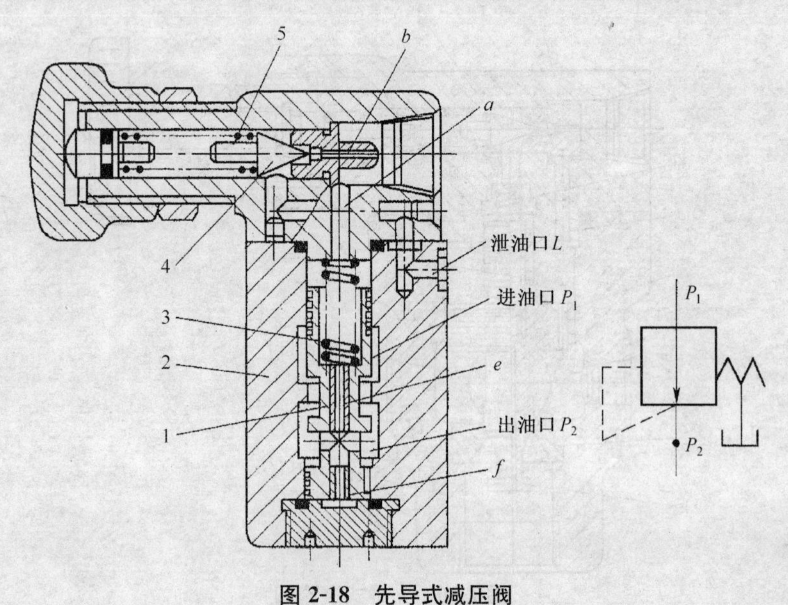

图 2-18　先导式减压阀

1. 主阀芯　2. 阀体　3. 弹簧　4. 锥阀　5. 弹簧

路。当低压油 P_2 升高大于调整压力时，锥阀芯 4 被顶开，主阀芯上腔的油液经锥阀流入泄油口回油箱。由于阻尼孔的作用，阀芯上、下端产生压力差，当压力差大于弹簧 3 的作用力时，阀芯失去平衡而向上移动，使开口减小，减压作用增强。当油压力 P_2 小于调整压力时，其作用过程与上述过程相反。

(3)顺序阀

顺序阀是利用系统中压力的变化来控制油路的通闭，实现各执行元件按先后顺序动作。图 2-19 所示为顺序阀的应用实例。液压油缸 A 先动作，当压力升高到某一调定值时，顺序阀打开，液压油缸 B 开始动作。

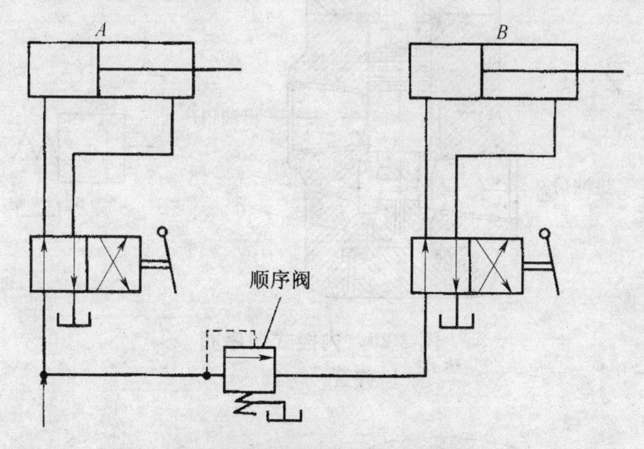

图 2-19 顺序阀的应用实例

顺序阀的结构和工作原理与溢流阀相似，所不同的是溢流阀将油溢回油箱，顺序阀的回油不回油箱，而是进入某个执行机构做功。

图 2-20 所示为内控式顺序阀，阀芯 2 在弹簧 1 的作用下处于最下端，阀关闭。当进油口 P_1 的压力升高到一定值时，阀芯在经阻尼孔 e 进入底部 a 腔的油压作用下向上移动，进出油口相通，阀被打开，压力油从出油口 P_2 进入另一油路，使执行元件做功。

图 2-21 所示为外控式顺序阀，阀芯下端有一控制油口 K，接通外来的控制压力油。当其作用力大于阀的调定压力时，阀芯向上移动，进出油口相通。顺序阀打开与否取决于进入控制口 K 油压的大小。

(4)平衡阀

平衡阀的图形符号如图 2-22 所示。从图形符号上分析，平衡阀是将顺序阀和单向阀并联在一起使用。实际上建筑机械并不把一般的顺序阀作平衡阀使用，而是有专用的平衡阀。

平衡阀应用实例如图 2-23 所示。重物停止时，外控平衡阀闭锁，液压缸不能回油；重物被支持住。重物如果下降，则油泵向油缸的上腔和平衡阀 C 腔供油，如图中箭头所示。但只有当压力升高到调定值时，平衡阀开启，下腔得以回油，这时重物下降。当重物下降速度过快以致油泵来不及向油缸上腔供油时，平衡阀 C 腔压力下降，平衡阀趋于关闭，由于增大了回油节流效果，从而减慢了重物下降速度。所以，平衡阀的作用是防

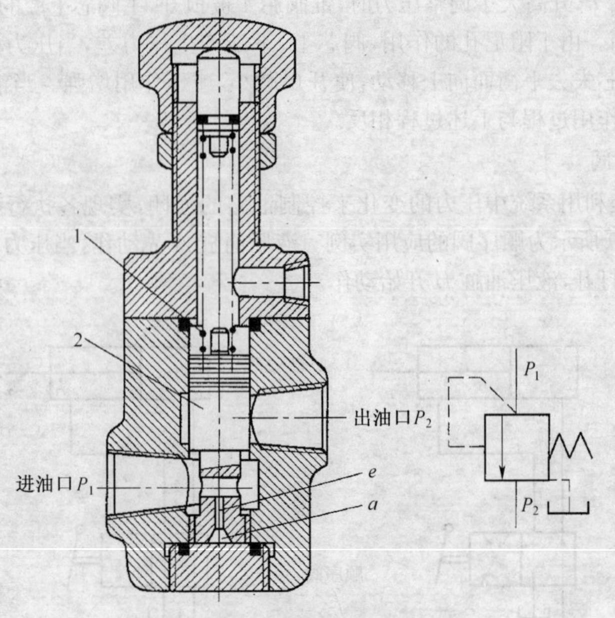

图 2-20　内控式顺序阀

1. 弹簧　2. 阀芯

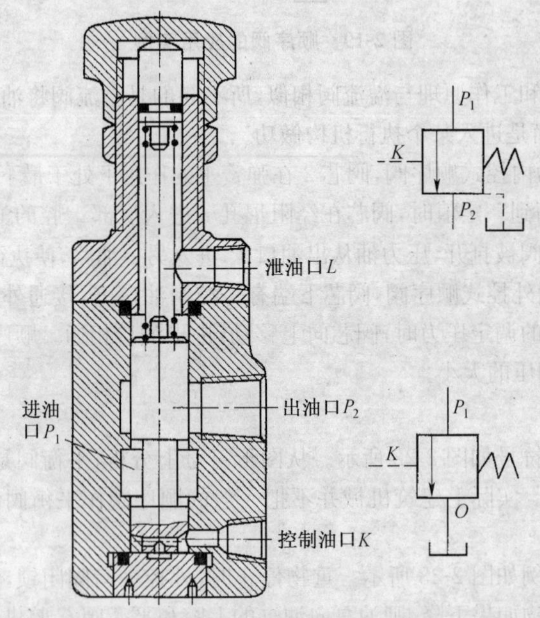

图 2-21　外控式顺序阀

止机构带负载超速下降，保证工作机构的平衡和工作稳定。全液压行走系统在下坡时也会产生超速下滑的现象，因此，也可使用平衡阀防止机械超速下滑。

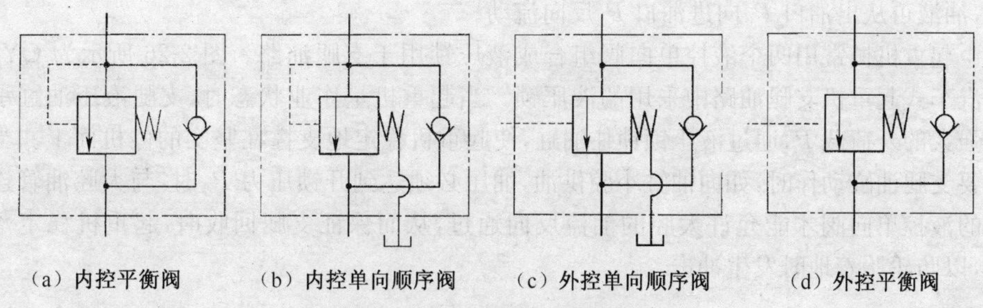

（a）内控平衡阀　（b）内控单向顺序阀　（c）外控单向顺序阀　（d）外控平衡阀

图 2-22　平衡阀使用的图形符号

平衡阀是建筑机械上使用较多的一种阀，对改善建筑机械某些机构的使用性能起着不可忽视的作用。例如，液压起重机的起升机构、变幅机构以及吊臂伸缩机构，当带负载下降时，若无平衡阀，机构就会在负载的作用下产生超速下降，甚至丧失工作稳定性。

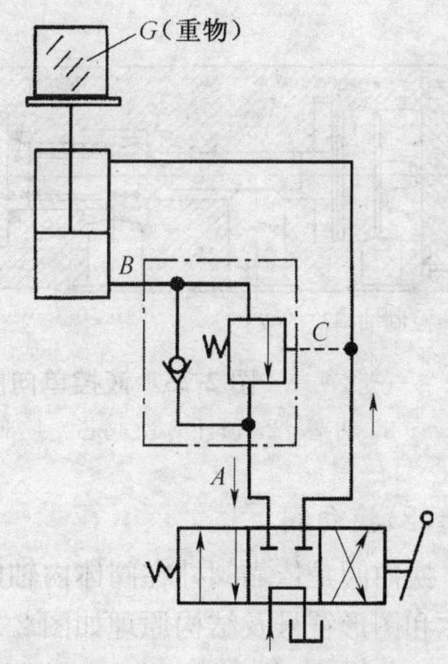

图 2-23　平衡阀的应用

2. 方向控制阀

方向控制阀分为单向阀和换向阀两类。

(1)单向阀

单向阀的作用是控制油液只能朝一个方向流动。

图 2-24 所示为常用普通单向阀，图 2-24a 为直通式，图 2-24b 为直角式。其阀芯分为钢球式、锥阀式两类。单向阀的开启压力一般约 0.035～0.05MPa。单向阀可作背压阀使用，使回油路产生一定的背压力。背压阀的开启压力一般为 0.2～0.6MPa。

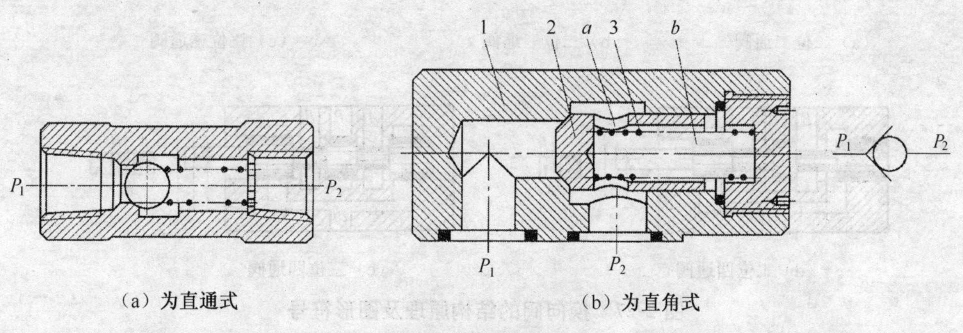

（a）为直通式　（b）为直角式

图 2-24　单向阀

1. 阀体　2. 阀芯　3. 弹簧

图 2-25 所示为液控单向阀。它在未接通控制压力油时与前面的单向阀的作用相同。当控制油口 K 接通压力油时，活塞 1 向右移动，通过顶杆 2 顶开阀芯 3 打开单向

阀，油液可从出油口 P_2 向进油口 P_1 反向流动。

起重机械常用两个液控单向阀组合成液压锁用于支腿油路。图 2-26 所示为 QY8 型汽车式起重机支腿油路中采用的液压锁。当起重机呈作业状态时，支腿液压油缸承受强大的外荷载 P，通过液压锁锁住油缸，使起重机稳定地支撑在坚实的停机面上。当需要支腿油缸动作时，如向油缸小腔供油，油压必须达到开锁压力 P_A 时，与大腔油管连接的液控单向阀才能允许大腔的油流反向通过，从而保证支腿回收时，起重机稳定落地，以防轮胎着地时发生冲击。

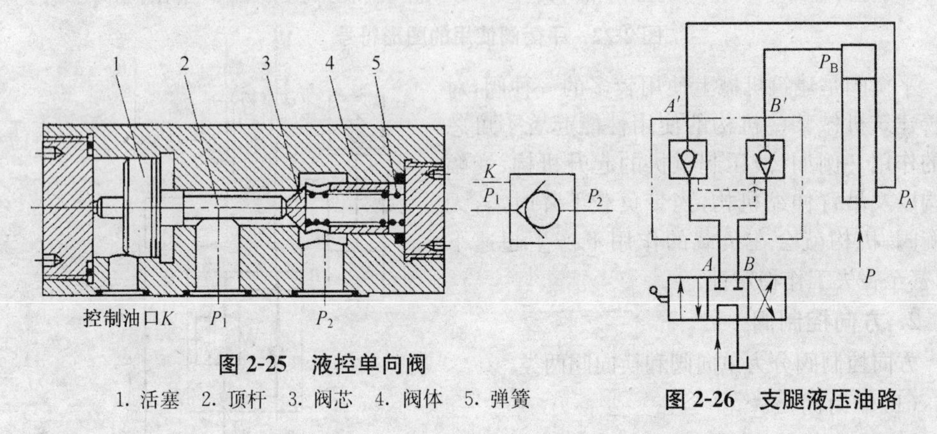

图 2-25　液控单向阀

1. 活塞　2. 顶杆　3. 阀芯　4. 阀体　5. 弹簧

图 2-26　支腿液压油路

(2)换向阀

换向阀是依靠阀杆在阀体内轴向移动而改变液压油的通闭和流动方向。换向阀的名称和图形符号及结构原理如图 2-27 所示。

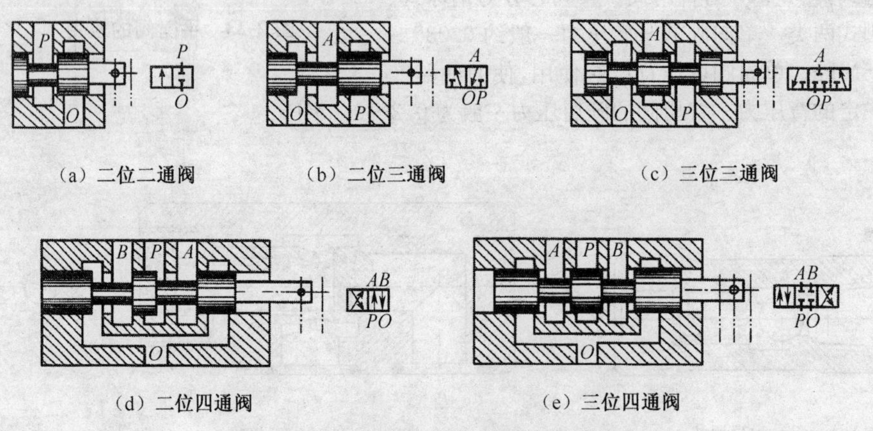

(a) 二位二通阀　(b) 二位三通阀　(c) 三位三通阀

(d) 二位四通阀　(e) 三位四通阀

图 2-27　换向阀的结构原理及图形符号

图 2-27 中，换向阀的位表示阀杆的控制位置，图形方框数表示控制位置数，换向阀阀体与外部油管的通口称为通，通口数表示每一方框中的结点数。在建筑机械中，最常用三位四通阀控制油缸和马达的运动方向。换向阀阀杆的移动通常有手动、液动、电磁铁操纵等。图 2-28 所示为三位四通手动换向阀的结构原理及图形符号。

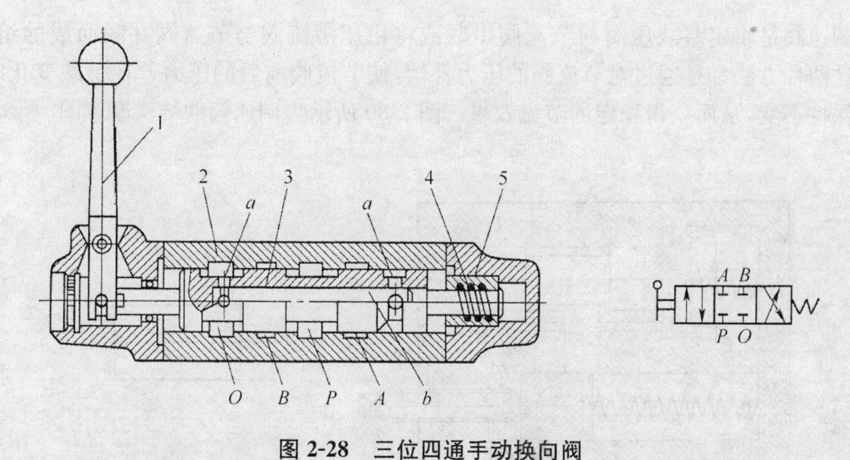

图 2-28　三位四通手动换向阀

1. 操纵手柄　2. 阀体　3. 阀芯　4. 弹簧　5. 定位钢球

目前，建筑机械中把控制各个工作机械的换向阀、单向阀、过载阀等组合在一起，把这些阀做成以换向阀为主体的集成阀形式。这种阀就称为多路换向阀。

3. 流量控制阀

流量控制阀是靠改变控制口通流面积的大小来控制阀的流量，以调节执行机构的运动速度，主要有节流阀、调速阀。

(1)节流阀

节流阀可用于控制液压油缸和液压马达的工作速度，但在大功率系统中节流损失很大，因此，节流阀只限于小功率或短暂的调速系统使用。节流阀的应用如图 2-14b 所示。图 2-29 所示为 L 型节流阀的结构原理图。

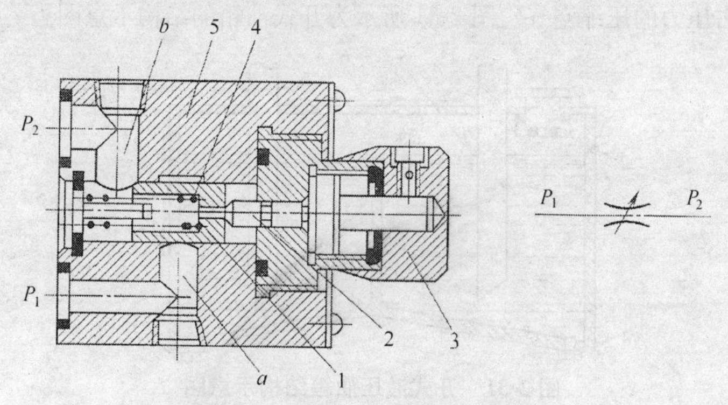

图 2-29　L 型节流阀的结构原理图

1. 阀芯　2. 推杆　3. 调节手柄　4. 弹簧　5. 阀体

(2)调速阀

使用节流阀存在的问题是当外界负载变化时，会引起通过节流阀流量的变化，即液压马达的工作速度不稳定。调速阀的作用是保证液压缸或马达的稳定工作速度，并且不受外界负载变化的影响。

调速阀是将定差减压阀与节流阀串联或将稳压溢流阀与节流阀并联而成的组合阀。这两种方法都是通过对节流阀的压力补偿，使节流阀前后的压力差在负载变化时，自动保持不变，从而获得稳定的节流效果。图 2-30 所示为调速阀的结构原理图。

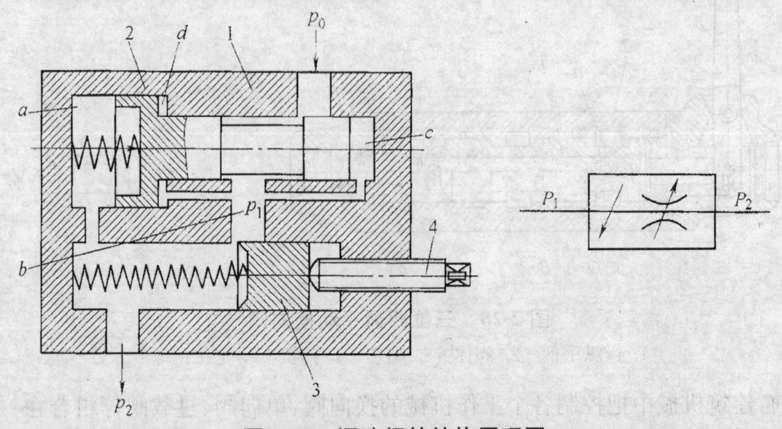

图 2-30 调速阀的结构原理图

1. 阀体 2. 减压阀芯 3. 节流阀芯 4. 调节螺栓

七、液压辅助元件

液压系统的辅助元件包括油箱、滤油器、管件、蓄能器、密封件等。

1. 油箱

油箱的作用是贮油、散热和分离出油液中所含的空气和杂质。油箱有开式和充压式两种。开式油箱的油液面与大气接触。充压式油箱为封闭式，液面上作用有 $0.5\times10^5\ N/m^2$ 左右压力的压缩空气。图 2-31 所示为开式油箱的结构示意图。

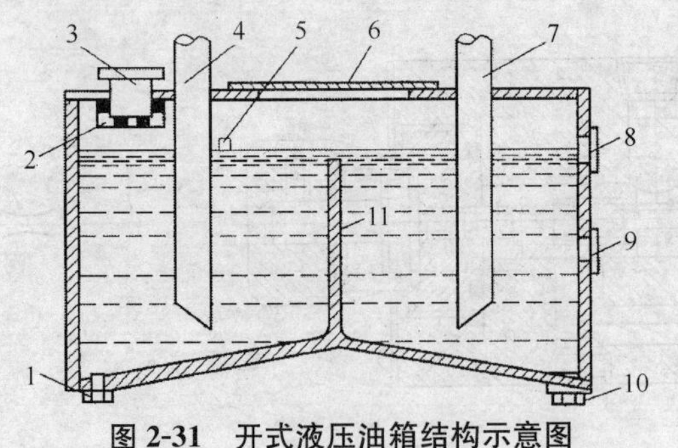

图 2-31 开式液压油箱结构示意图

1、10. 放油螺栓 2. 滤油网 3. 通气加油口 4. 回油管 5. 回油传感器 6. 手孔 7. 吸油管 8. 最高油位指示 9. 最低油位指示 11. 隔板

2. 滤油器

滤油器用于滤去液压油中的杂质，如铁屑、灰尘等。液压系统中的滤油器要有一定过滤精度，过滤阻力小，对温度有一定稳定性，有抗腐蚀性，更换过滤材料方便，油液通过过滤器的压力损失最好不超过 70kPa。

滤芯材料的疏密程度以“目/英寸”表示，即每英寸长度(按稀的方向)上的孔数。或者用网眼尺寸和有效通过面积与全面积之比来表示，如 0106—34%，即网眼为 0.106mm，比率为 34%。

滤油器有网式、线隙式、纸质、烧结式、片式等。

网式滤油器利用金属方格网滤去液压油中的杂质，过滤精度有 200 目、150 目和 100 目三种。网式滤油器多用于液压泵吸油管上作为粗滤，安装时，网的底面不宜与吸油管口靠得太近，一般要有 2/3 网高的距离，以免吸油不畅。

线隙式滤油器利用铜丝之间的缝隙滤去液压油中的杂质，常用在压力油路上，有 0.03mm 和 0.05mm 两种过滤精度；如用在泵的吸油管上，则有 0.08mm 和 0.10mm 两种过滤精度。

纸质滤油器利用过滤纸上的微孔滤去液压油中的杂质，一般用于液压油的精滤，但易堵塞、不能清洗，须更换纸芯，耐压强度也低。

烧结式滤油器的滤芯用颗粒状青铜粉末压制后再烧结而成，利用颗粒之间的微孔进行过滤，不同粒度粉末和不同壁厚可以有不同的过滤精度，其过滤精度为 0.01～0.10mm，多用于精滤。烧结式滤油器具有强度高、性能稳定，能在高压下工作，但清洗困难，同时要注意金属颗粒脱落所带来的危害。

磁性滤油器用于滤去铁末等杂质，与其他滤油器配合使用。

3. 管件

管件包括油管和管接头。管件和元件构成循环油路。在输油过程中，要求管件能量损失小，具有足够的强度，以及装配、维修、使用方便。

油管有钢管、铜管、橡胶软管、塑料管、尼龙管等。橡胶软管用夹有钢丝的耐油橡胶制成。塑料和尼龙管仅用在回油和泄油油路上。

金属管的连接有焊接式、法兰式和螺纹式等，以螺纹式最常见，一般都通过管接头连接。如图 2-32 所示，金属管与管接头的连接有焊接式、扩口式和卡套式。橡胶软管与其他元件连接时，须用软管接头。

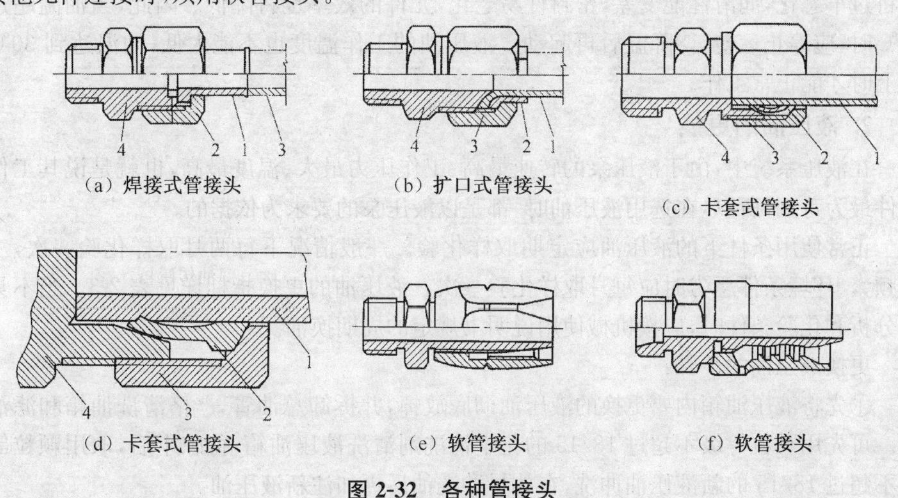

图 2-32 各种管接头

4. 液压蓄能器

液压蓄能器用于贮存和释放液压能,并起缓冲和保护作用。图 2-33 所示为蓄能器在液压系统中的位置和蓄能原理,当换向阀 5 中位时,泵 1 的压力油储入蓄能器 4,如蓄能器中油压太高,打开溢流阀 2,泵向油箱回油。当换向阀左位或右位时,蓄能器和泵一起向系统输油,使液压缸 6 得到较大流量,起贮能作用。蓄能器有直接式、活塞式、气囊式和隔膜式等。

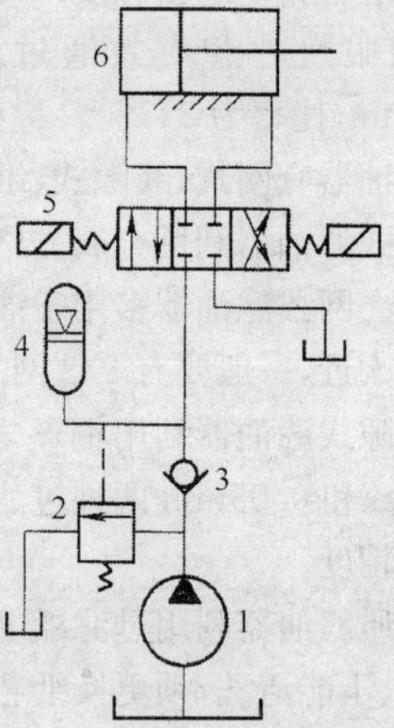

图 2-33 蓄能器储油回路

1. 液压泵 2. 溢流阀 3. 单向阀 4. 蓄能器 5. 换向阀 6. 液压缸

5. 密封件

液压系统中,密封件起着防止油液泄漏、防止外部灰尘进入的作用。其性能好坏,直接影响系统工作性能。目前,液压系统多采用各种密封圈。各种密封圈多根据圈的切开断面形状定名,如 O 形圈、Y 形圈、V 形圈、U 形圈、J 形圈等。

八、建筑机械液压传动的使用要点

1. 确保液压油的质量和性能

①选用液压油,且必须符合技术要求。

②正在使用中的液压油必须保持清洁,严防杂质、水分进入油中。加注的新油要先静止沉淀 24h,加注时,只用其上部 90%的液压油,加入时,要用 120 网目以上的滤网过滤。如采用钢管作输油管时,钢管必须在油中浸泡 24h,使其内壁生成不活泼的薄膜后方可输油。

③严格控制油温。液压油在运转中温度一般不得超过 60℃。如果温度过高,液压油将过早恶化,润滑性能变差,密封件易老化,元件的效率也将降低。因此,当油温超过 80℃时,应停止运转,待降温后再起动。液压油的工作温度也不能太低,油温达到 30℃以上时才能正常工作。

2. 液压油的更换

在液压系统中,由于液压泵的转速最高、工作压力最大、温度最高,也就是说其工作条件最为苛刻,所以,在选用液压油时,都是以液压泵的要求为依据的。

正常使用条件下的液压油应定期取样化验。一般情况下每两月取样化验一次,工作频繁、环境条件恶劣时应每月取样化验一次。液压油的更换指标详见表 2-3。当不具备分析和化验条件时,应按机械使用说明书规定的周期换油。

更换液压油的步骤:

①先将液压油箱内要更换的液压油彻底放掉,并拆卸总油管,严格清洗油箱和滤油器。可先用颗粒等级不超过 18/15 的化学清洗剂清洗液压油箱,待晾干后,取用颗粒等级不超过 18/15 的新液压油冲洗,在放尽冲洗油后再加注新液压油。

表 2-3　液压油的换油指标

项　目		换油指标	实验方法
运动黏度(40℃)变化率(%)	超过	+15,-10	JB/T 265 及 3.2 条
水分/%	大于	0.1	GB/T 260
色度增加(比新油)(号)	大于	2	GB/T 6540
酸值			
降低/%	超过	3.5	GB/T 264 及 3.3 条
或增加值 KOH/(mg/g)	大于	0.4	
正戊烷不溶物/%	大于	0.1	GB/T 8926A 法
铜片腐蚀(100℃　3h)(级)	大于	2a	GB/T 5096

②起动内燃机,以低速运转,使液压泵开始工作,然后分别操纵各机构,依靠新液压油将系统中各回路的旧液压油逐一排出,排出的旧油不得流回液压油箱,直至总回油管有新液压油流出后停止液压泵转动。在向各回路换油的同时,应注意不断地向液压油箱补充新液压油,以防止液压泵吸空。

③将总回油管与油箱连接,最后将各液压元件置于其工作的初始状态,这时,再给油箱中补充新油至规定位置。

④新油在加入前和加入后均应进行取样化验,以确保液压油的质量。严格禁止不同品种、不同牌号的液压油混合使用。

3. 液压系统各元件的正确使用

①油箱必须保持正常油面。如配管和液压缸的容量很大时,不仅要保证足够数量的液压油,而且要在液压泵起动后,当一部分油进入管路和液压缸的情况下,再一次向油箱内补油。

②吸油滤清器的网目应在 100～200 目以上,其通油面积必须大于吸油管面积的两倍。

③管路必须连接牢靠严密,不进气、不漏油。弯管的弯曲半径不能过小,一般钢管的弯曲半径应大于管径的 3 倍。钢丝编织胶管的最小弯曲半径详见表 2-4。

表 2-4　钢丝编织胶管的最小弯曲半径　mm

胶管内径		4	6	8	10	13	16	19	22	25	32	38	45	51
最小弯曲半径	一层钢丝	90	100	110	130	180	220	260	320	350	420	500	—	—
	二层钢丝	—	120	140	160	190	240	300	350	380	450	500	550	600
	三层钢丝	—	140	160	180	240	300	330	380	400	450	500	550	600

④液压泵和液压马达采用挠性联轴器驱动时，其不同心度应不大于0.1mm。液压泵和液压马达的进、出口和旋转方向都有标志，不得反接。其转速是根据其结构等特征而确定的，不得随意提高或降低。

⑤必须严格控制各种控制阀的压力，使用时要正确调整，特别是溢流阀的调定压力不能超过系统的最高压力。

⑥蓄能器的拆装应特别注意，当装入气体后，各部分绝对不允许拆开或松动螺钉。在拆开封盖时，应先放尽蓄能器内的存气，在确定没有压力后方可进行。在移动和搬运时，也应将气体放尽。

九、液压传动系统污染的测定和控制

建筑机械液压系统污染的危害极大，据统计，液压系统的故障有75%以上是由于液压系统的污染所致，因此，必须重视对污染严格控制。液压系统的污染有液压油污染和空气污染，其中较多的是液压油污染。

1. 液压油污染的测定

由于施工现场条件的限制，液压油污染的测定通常采取类比测定法和过滤测定法等简易的方法进行测定。

(1)类比测定法

类比测定法是从系统中采集油样与新油对比的方法，通过看、闻和触摸来估测液压油的污染程度。采用类比测定法对液压油污染的分析与处理详见表2-5。

表2-5　液压油污染的分析与处理

方法	现象	原因分析	处理措施
看	颜色变浓	混入了其他油液	查黏度，超标准则换油
	乳白色	混入了空气、水、清洗液	加脱乳剂、消泡剂后稍运转，如仍超标准则换油
	黑褐色	已反应生成沥青类杂质	静止存放后取上层，重新过滤后使用
	有小黑点	混入灰尘、铁锈等	静止存放后取上层，重新过滤后使用，严重时换油
	沉淀物有亮点	混入金属粉末或元件磨损	静止存放后取上层，重新过滤后使用
闻	有臭味	已氧化变质	更换液压油
摸	光滑感差	润滑性降低	过滤后补充新油
	无黏性感	无润滑性能	更换液压油

(2)过滤测定法

过滤测定法是把从系统中采集的油样与新油分别滴在240目的滤纸上，数分钟后比较两滤纸所形成的图形，即可确定污染的程度。液压油的过滤测定和判断见表2-6。

表 2-6 液压油的过滤测定和判断

滤纸图样	判断
油滴中心呈浅褐色,外圈不明显,扩张性很强,不溶污物少	纯净油
油滴中心颜色很淡,外圈有浑圈,扩张性较强,不溶污物中等	污染较轻,能继续使用
油滴有分布均匀的暗色中心,外圈清晰	污染较重,建议不再使用
油滴呈均匀暗色,外圈很清晰,颜色随污染而加深	污染很严重,应重新换油

2. 空气污染的测定

液压系统中空气污染的测定有直接测定和涂油测定两种方法。

(1)直接测定

当油箱的高度或油箱内液压油面太低时,泵在吸油时出现吸油管或过滤器露出油面而吸入空气,此时,真空油表读数会太低,压力表跳动不稳,回油管处排出大量气泡,说明系统内已有空气进入产生污染。这种方法由于可以直接观察到,所以称为直接测定法。

(2)涂油测定

涂油测定法是在系统工作前,将泵、吸油管接头及系统中各密封处等可能进气的部位先清洗干净并擦干,然后涂上一层润滑油,将其抹平形成保护膜,再起动发动机,使系统工作。若有吸气点,保护膜就会出现因吸破而形成的褶状、开裂状和错位状,说明可能进气。这时,在此基础上再涂一层较稠的润滑脂,待表面略见风干后再使系统工作。此时润滑脂黏度大而附着力强,表面张力也大,若再被吸破,则证明该点确为进气点。

3. 污染物的控制

(1)固体污染物的控制

液压油固体污染物在设备大修或新设备安装时就已存在,需要在初始磨合后更换液压油时认真清理。如将主要油钢管进行酸洗,再用温水洗;胶管用清洗液高压清洗;然后用气泵将所有管路、接头、液压元件吹干,重新组装。在设备的正常使用和管理过程中应注意以下事项:

①要保证液压系统清洁,使其不含油泥、铁屑、金属屑和纤维等杂质,并进行认真过滤。

②维修组装后对系统应用液压油清洗一遍,油放尽后再加入新油,放出的油可沉淀后过滤待用。

③如有需要焊接或研磨的部件,要认真处理好,决不能将焊渣和研磨粉末混入系统内。

④尽可能不在粉尘和风沙大的环境下,拆装液压元件和维修检查液压系统。

(2)液体污染物的控制

建筑机械在各种较为恶劣的环境条件下施工、停放,雨、雪、冰、霜均可通过油箱的通气孔、加油孔进入油箱内部,因此,在使用中一定要把好加油这一关口,特别是在雨雪天气,必须采取措施挡好、遮严加油口,杜绝雨雪进入油箱;液压油要按要求使用同一种牌号的液压油，不允许不同牌号的液压油混合使用。加注液压油后要认真盖好油箱盖，并要经常检查，避免在施工中因振动使油箱盖松动。

在维修液压元件组装时，一定要吹干每一个零件，防止带入水分。机械要尽可能停放在高处，避免停放在低洼地带或积水坑内。

(3)空气污染的控制

造成液压系统空气污染的原因有油箱内油量不足，使吸油管和过滤器瞬时露出油面而产生间断性吸气。这时，油箱的油面在规定高度以下，并且真空表读数太低、压力表读数也不稳；液压元件及各接头处密封不严、吸油管壁有裂纹或老化破损导致吸入空气。当发现油箱内油量不足时应随时加足油，确保油面在规定的高度以内。当发现密封不严时，应紧固各接头并检查密封件及输油管道，如有损坏应及时更换。

第二节　液 力 传 动

液力传动是以液体为工作介质，利用液体的动能转换来传递能量的一种传动形式。液力传动有两种形式：耦合器液力传动和变矩器液力传动。目前，在装载机、铲运机、平地机等工程机械上都已广泛地应用了液力变矩器或液力耦合器。液力传动在机械的动力传动系统中，与动力装置(内燃机、电动机)联合工作，以达到保护和改善机械性能的目的。

一、液力机械传动的特点

如图 2-34 所示，ZL50 型装载机的传动系统为液力机械传动系统。液力机械传动与一般机械传动相比，其主要区别是液力变矩器代替了主离合器。液力传动具有以下主要优点：

①使机械具有良好的自动适应性。液力变矩器具有自动变矩、变速的特性。当外荷载增大时，变矩器能使机械自动地降低速度而增大牵引力，以克服增大的外负载。反之，当外荷载减小时，又能自动地减小牵引力，增大速度，因此，保证了发动机能够经常在额定工况下工作，避免发动机因外荷载突然增大而熄火。

②提高了机械的使用寿命。由于采用液体作传动工作介质，能吸收、减少来自发动机和外荷载的振动与冲击，所以，保护了传动系统各元件，提高了机械的使用寿命。

③提高机械的通过性能。液力传动具有良好稳定的低速性能，使机械与地面的附着力增大，减少打滑的可能性，从而提高机械在软路面，如泥泞地、沙地、雪地等非硬土壤路面的通过性。

④简化机械操纵，提高机械的舒适性。液力变矩器本身就是一个无级自动变速器，故变速箱的档数可以减少，降低机械操纵强度。又由于液力传动具有自动性和减振作用，使机械起步平稳，加速均匀，变矩器又能吸收冲击和振动，从而提高了机械的舒适性。

液力传动缺点是效率较低、成本高、结构较复杂、经济性较差等。

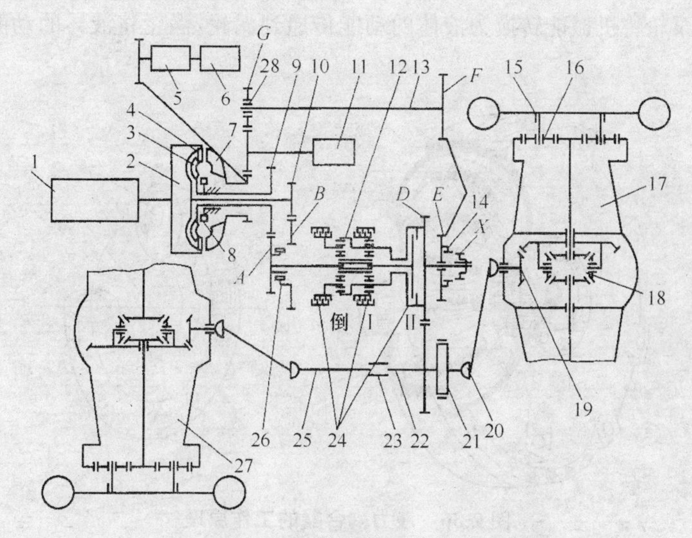

图 2-34　ZL50 型装载机的传动系统图

1. 发动机　2. 双涡轮变矩器　3. 第二涡轮　4. 第一涡轮　5. 变矩器回油液压泵　6. 工作液压泵　7. 泵轮　8. 导轮　9. 第二涡轮输出齿轮　10. 第一涡轮输出齿轮　11. 转向液压泵　12. 动力变速箱　13. 拖动齿轮传动机构　14. 拖起动接合滑套　15. 车轮制动器　16. 轮边传动机构　17. 前桥　18. 差速器　19. 主传动器　20. 万向节　21. 手制动器　22. 前传动轴　23. 前后桥离合滑套　24. 变速箱离合器　25. 后传动轴　26. 变速箱输入轴超越离合器　27. 后桥　28. 小超越离合器

二、液力耦合器和液力变矩器

1. 液力耦合器

液力耦合器是一种比较简单的液力传动装置。图 2-35 所示为液力耦合器结构原理图。它由泵轮和涡轮两个工作轮组成，泵轮 B 与原动机输入轴 1 相连，涡轮 T 与输出轴 2 相连，其叶片系统结构较为简单，叶片呈平面径向布置。由于没有固定的导轮，在稳定运转的条件下，若忽略机械摩擦，则作用在泵轮上的力矩大小就近似为输入轴 1 上的力矩，并应等于作用在涡轮(输出轴 2)上的力矩，所以，它只能传递转矩而不能改变转矩。因此，这种仅有泵轮和涡轮的液力传动装置称为液力耦合器。

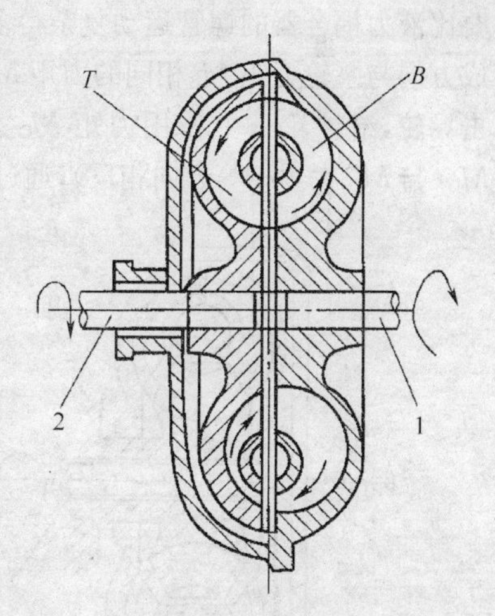

图 2-35　液力耦合器结构原理图

1. 输入轴　2. 输出轴

液力耦合器的工作原理如图 2-36 所示。动力装置带动泵轮旋转，使泵轮内的工作流体随泵轮旋转的同时，在离心力的作用下沿叶片向外流动，进入涡轮的工作流体由涡轮的外缘进入涡轮的内缘，又从涡轮的内缘返回泵轮。这样，工作液体在泵轮和涡轮之间形成沿圆环流动的螺管，不断把通过泵轮将机械能转换为液体的动能传递到涡轮，涡轮将液体的动能转换成机械能并输出。

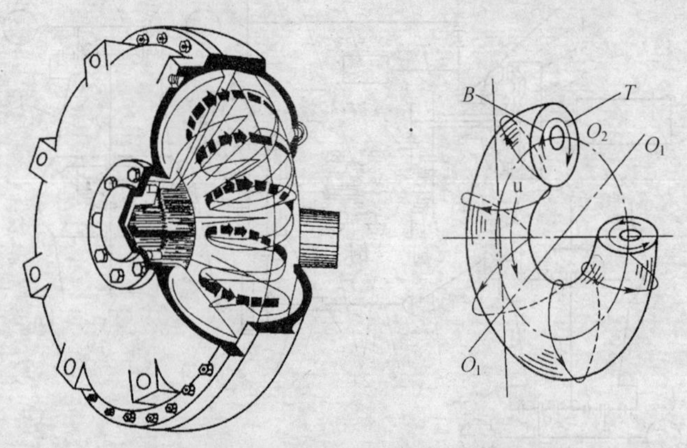

图 2-36　液力耦合器的工作原理

液力耦合器替代由刚性零件制成的机械式离合器，与发动机联合进行工作，主要起到在过载时，保护发动机和改善发动机的起动性能、降低惯性、保持工作平衡的作用。对于在惯性质量很大或必须在重载条件下起动机器的传动系统，安装和使用液力耦合器具有非常重要的意义。

2. 液力变矩器

如图 2-37 所示，液力变矩器除了泵轮 B 和涡轮 T 外，还有固定的导轮 D，而且变矩器工作轮的叶片呈弯曲状。工作流体在液力变矩器内的流动仍为螺管运动（图2-36），但要比液力耦合器的螺管运动复杂得多。当高速液流流经涡轮时，液流作用在涡轮上，形成方向与泵轮力矩 M_B相同的力矩 M_T将能量传给涡轮，液流从涡轮出口（内缘）流出，冲击导轮，给导轮一个作用力矩 M_D'。由于导轮固定，则导轮给液体一个反作用力矩 M_D（与 M_D' 大小相等方向相反），通过液体反传给涡轮。力矩 M_D、M_B都通过液体传给涡

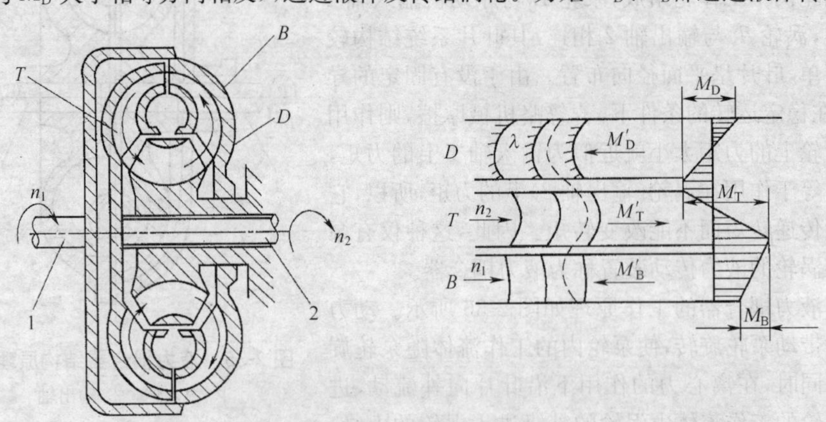

图 2-37　液力变矩器工作原理图

1. 输入轴　2. 输出轴

轮，推动涡轮旋转，把液体的动能转换为机械能，经输出轴2输出做功。由于固定导轮的作用，使主动轴（泵轮）和从动轴（涡轮）上的力矩不相等，两者之差等于导轮作用于液体上的力矩值。因此，具有泵轮、导轮和涡轮的液力传动装置称为液力变矩器。

液力变矩器由于具有变矩作用，因此，本身就是一个无级变速器。液力变矩器比液力耦合器应用更为广泛。当传动比（$i=n_2/n_1$）小时，输出力矩大于输入力矩；当传动比大时，输出力矩等于或小于输入力矩。变矩器能根据外界负载的大小，自动改变其转矩和转速的大小，以保证稳定的工作状态。液力变矩器的这种性能称为自动适应性。自动适应性是液力变矩器的一个很重要的特性。液力变矩器输出轴（从动轴）力矩与输入轴（主动轴）力矩之比称为液力变矩器的变矩系数，一般变矩系数为1.6～5。

液力变矩器根据安置在泵轮与导轮之间刚性连接的涡轮叶栅数，分为单级和多级。多级液力变矩器虽有高的变矩系数（5～7）和高效区较宽，但由于结构复杂，价格较贵，建筑机械较少采用。

液力变矩器按涡轮与泵轮的旋转方向是否一致，分为正转*B*—*T*—*D*型和反转*B*—*D*—*T*型两种。*B*—*T*—*D*型变矩器，泵轮与涡轮转向相同，称为正转液力变矩器。*B*—*D*—*T*型泵轮与涡轮转向相反，称反转液力变矩器，但由于液流方向变化剧烈，因此功率损失较大，效率要比*B*—*T*—*D*型低。

图2-38所示为YB—355-2型液力变矩器的构造图。这种变矩器为单级、正转*B*—*T*—*D*型，最大循环圆直径为355mm。

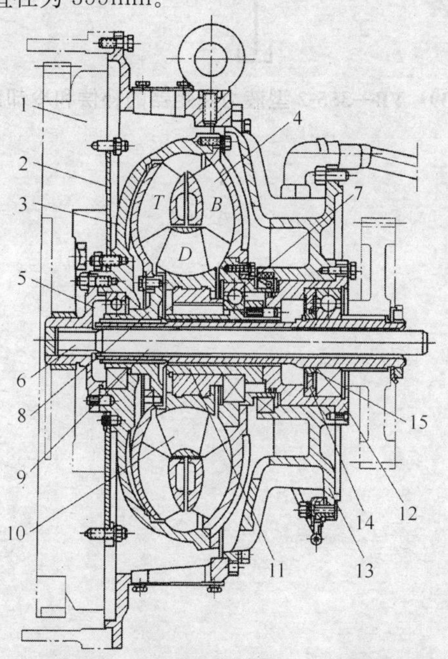

图2-38　YB—355-2型液力变矩器构造图

1. 内燃机飞轮　2. 弹性连接盘　3. 罩轮　4. 泵轮　5. 油泵驱动盘　6. 油泵驱动轴　7. 油泵轴承座　8. 涡轮连接盘　9. 涡轮输出轴　0. 导轮　11. 导轮固定座　12. 轴承座　13. 壳体　14. 密封托　15. 密封圈

YB—355-2 型液力变矩器由动力输入、动力输出、导轮的固定支承、密封装置和液力变矩器的补偿系统及冷却系统组成。液力变矩器正常工作时，必须有补偿和冷却系统。

液力变矩器的补偿和冷却系统，如图 2-39 所示，由滤油器、齿轮泵、冷却器和三个压力控制阀组成。三个压力控制阀与液力变矩器安装在一起。在图 2-39 中，调压阀的作用是限定进入液力变矩器的油压，一般油压在 1.1～1.4MPa 范围或以下时，补偿油液不进入液力变矩器；溢流阀的作用是控制工作液体进入泵轮时的压力，一般为 0.35～0.4MPa；背压阀的作用是保证液力变矩器内的压力，不得低于背压阀所限定的压力(0.25～0.28MPa)，以防止液力变矩器因压力过低产生气蚀现象或工作液体全部流空。

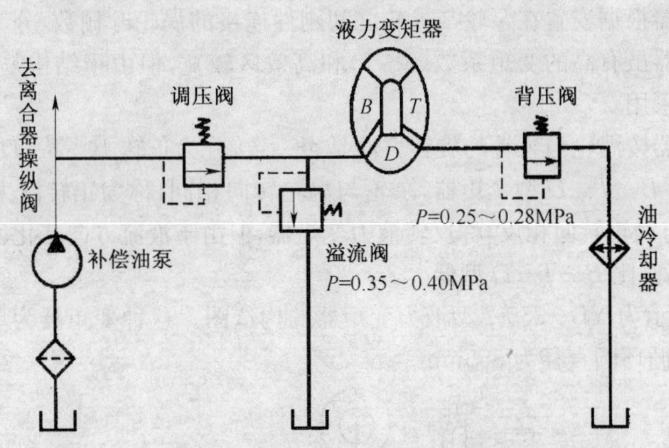

图 2-39　YB—355-2 型液力变矩器的补偿和冷却系统

第三章　建筑机械底盘

第一节　主离合器和变速器

一、主离合器

1. 主离合器的功能和对其的基本要求

图 3-1 所示为 T—180 型推土机动力传动系统，属履带式机械传动，主要由主离合器、联轴节、变速箱、中央传动装置、转向离合器、制动器、最终传动机构和驱动轮组成。主离合器是机械传动系统的第一个传动机构，主要用于柴油机与传动系统，转动与转矩的传递和脱离。

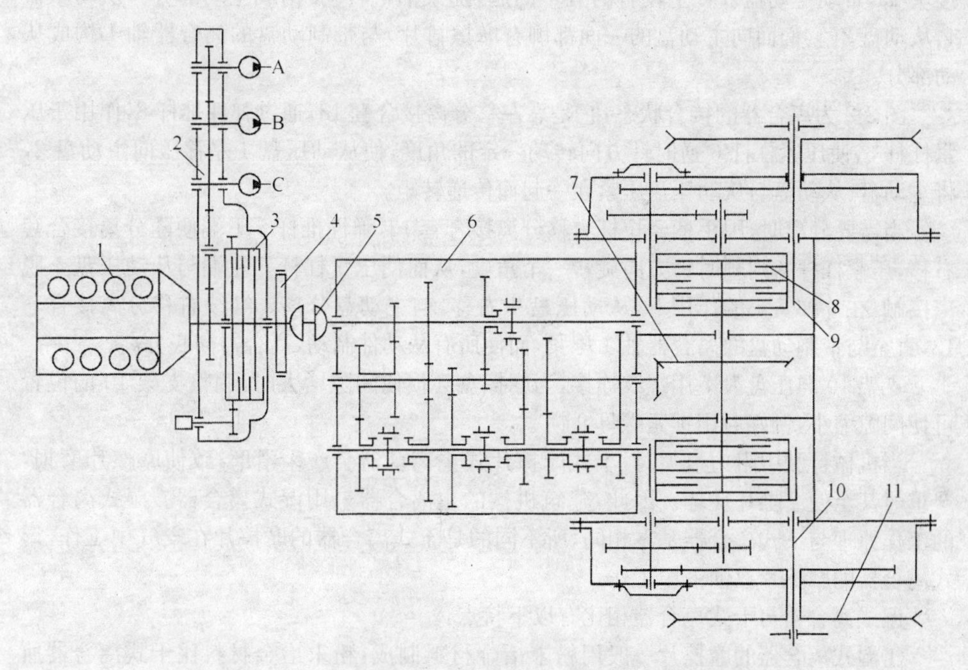

图 3-1　T—180 型推土机的机械式动力传动系统布置简图

1. 柴油发动机　2. 动力输出箱　3. 主离合器　4. 小制动器　5. 联轴器　6. 变速箱　7. 中央传动装置　8. 转向离合器　9. 转向制动器　10. 最终传动机构　11. 驱动轮

A 工作装置液压泵　B 主离合器液压泵　C 转向液压泵

①主离合器的功能。临时切断动力，便于换档；使基础车辆平稳起步；使发动机在

起动时与外部荷载脱离，即作无载起动；防止传动系统其他零件过载；利用其半接合状态，使机械微动。

②对主离合器的基本要求。必须可靠地传递转矩；分离迅速彻底，接合平衡柔顺；能较快地传散摩擦热量；超载时通过打滑保护传动系统其他零件；操纵时应轻便灵活。

2. 主离合器的分类、构造和工作原理

主离合器按传递转矩的方式分为摩擦片式、液力式、电磁式和综合式四种。建筑机械应用最多的是摩擦片式主离合器。它是利用摩擦片被压紧后表面产生的摩擦力，将转矩从主动件传递到从动件。

摩擦片式主离合器一般由主动部分、从动部分、分离和压紧机构及液压助力器组成。摩擦片式主离合器，按摩擦片的数目不同可分为单片、双片和多片式几种结构；按分离和压紧机构的型式不同可分为经常接合式和非经常接合式两种；按摩擦片的工作条件不同可分为干式和湿式两种。

图 3-2 所示为推土机主离合器的构造和工作原理图。这种主离合器为干式非经常接合式摩擦片式离合器。主动盘 3 靠飞轮端面用螺纹固定的五只驱动销 15，经弹性连接块 16，带动主动盘外径上设有的五个凸起，随柴油机转动，构成主动部分。从动压盘 4、从动盘 2(它们面向主动盘的一面都铆有摩擦衬片)与带制动盘的离合器轴 1 构成从动部分。

图 3-2 为离合器的接合状态，它是靠左移分离接合套 13，通过弹性推杆 8，作用于压紧杠杆 6，使压紧杠杆 6 逆时针方向转动一定的角度，使从动压盘 4 左移压向主动盘 2，将主动盘、从动盘与从动压盘压紧在一起而传递转矩。

当需要分离时，用手柄经拉杆右移分离接合套 13，弹性推杆 8 下端便随分离接合套右移，压紧杠杆 6 则顺时针方向旋转一个角度，从而使压紧杠杆 6 左端与从动压盘 4 脱离接触，在片弹簧 5 的作用下，从动压盘 4 右移，与主动盘分离。继续右移分离接合套 13，直至与带制动盘的离合器轴 1 压紧，而使所有从动件制动，离合器彻底分离。

支架 10 与压盘毂 7 用螺纹连接，当摩擦盘磨损使间隙增大时，调整支架 10 的位置可使间隙缩小，调好后用锁紧螺母 9 锁紧。

当机械行驶中阻力过大时，干式摩擦片式主离合器会产生滑磨，致使摩擦片磨损，严重时甚至使摩擦片烧坏。因此，建筑机械的主离合器采用湿式离合器。湿式离合器的工作原理与干式离合器基本相同，所不同的是干式离合器的摩擦片在空气中工作，湿式离合器的摩擦片在油液中工作。

湿式离合器与干式离合器相比有以下特点：

①湿式离合器的摩擦片一般用粉末冶金材料制成，粉末冶金材料比干式离合器所用的摩擦材料(石棉制品)强度高，因此，可以加大压紧力，从而减小主离合器的结构尺寸。粉末冶金材料具有很好的耐磨性和环保性，寿命长，使用可靠。

②湿式离合器的摩擦片在油液中工作，摩擦系数稳定，因此，离合器性能稳定。但离合器接合时，所需压紧力较大。为保证操纵轻便灵活，设有液压助力器。

③为能较快地传散摩擦热量，湿式离合器设有专门的油液循环系统，依靠油液的循

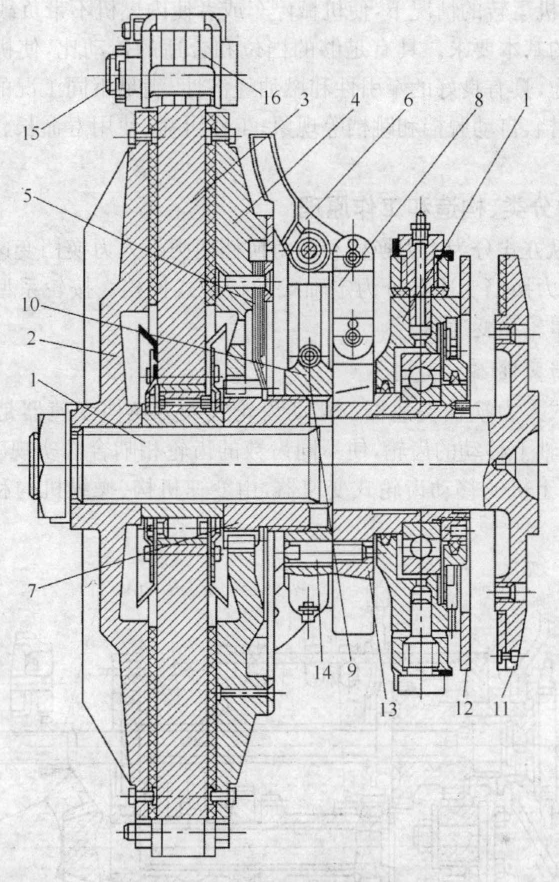

图 3-2　非常接合式离合器

1. 离合器轴　2. 从动盘　3. 主动盘　4. 从动压盘　5. 片弹簧　6. 压紧杠杆　7. 压盘毂　8. 弹性推杆　9. 锁紧螺母　10. 支架　11. 摩擦衬片　12. 制动盘　13. 分离接合套　14. 导向销　15. 驱动销　16. 弹性连接块

环流动进行冷却，因此，要求离合器壳要有可靠的密封性，整个离合器结构较复杂，成本较高。

二、变速器

1. 变速器的功能和对其基本要求

如图 3-1 所示，变速器又称变速箱，是机械传动系统组成部分之一，作用是将柴油机的动力（包括转矩和转速）传递给工作机的各个机构，同时，还必须适应工作需要，改变转矩的大小和转速的高低。

①变速器的主要功能。降低发动机传至行走机构的转速，以增大转矩；为适应行驶阻力的变化，通过变换变速器的档来改变传动系统的传动比，从而改变机械的行驶速度和牵引力，即变矩变速；由于内燃机的转向不能改变，通过变速器的倒档使机械倒车；实

现空档，能在内燃机运转的情况下，使机械停车或者使内燃机不带负载起动。

②对变速器的基本要求。具有足够的档位和合适的传动比，使机械能在合适的牵引力和速度下工作，具有良好的牵引性和燃油经济性，满足不同工况的要求；换档轻便、平稳，不能出现乱档、自动脱档和跳档等现象；工作可靠、使用寿命长、传动效率高、结构简单、维修方便。

2. 变速器的分类、构造和工作原理

变速器按操纵方式分为人力换档和动力换档两类。人力换档变速器分移动齿轮和移动齿套换档；动力换档变速器分为定轴式和行星式换档。按轮系型式又可分为定轴轮系变速器和行星轮系变速器。

(1)人力换档变速器

①移动齿轮式人力换档变速器。移动齿轮式人力换档变速器是通过操纵变速手柄，直接拨动可在轴上移动的齿轮，使不同齿数的齿轮相啮合而实现变速。图 3-3 所示为 TY—120 型推土机的移动齿轮式变速器，由变速机构、操纵机构和闭锁装置三部分组成。

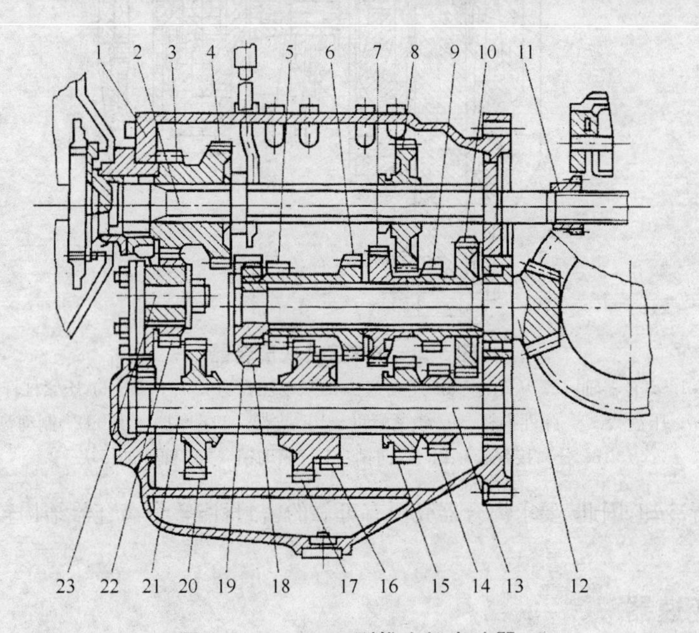

图 3-3　TY—120 型推土机变速器

1. 变速箱壳　2. 第一轴　3. 前进主动齿轮　4. 后退主动齿轮　5. 四档被动齿轮　6. 三档被动齿轮　7. 二档被动齿轮　8. 五档主动齿轮　9. 五档被动齿轮　10. 档被动齿轮　11. 油泵驱动齿轮　12. 小圆锥齿轮　13. 第二轴　14. 一档主动齿轮　15. 二档主动齿轮　16. 三档主动齿轮　17. 四档主动齿轮　18. 轴承座　19. 调整垫片　20. 中间轴主动齿轮　21. 中间轴　22. 惰轮　23. 惰轮轴

移动齿轮式变速器有第一轴(输入轴)、惰轮轴、中间轴和第二轴(输出轴)。第一轴 2 的前端通过接盘与离合器轴连接，后端伸出变速箱壳 1 外，并固定着油泵驱动齿轮 11。在第一轴中间花键部分装有前进主动齿轮 3、后退主动齿轮 4 和五档主动齿轮 8，前进、后退主动齿轮制成双联齿轮，并固定在第一轴的前部，前进主动齿轮与惰轮 22 经常啮合，五档主动齿轮能沿轴向滑动。

中间轴 21 上用花键装有 5 个滑动齿轮。中间轴主动齿轮 20 与惰轮啮合为前进档，与第一轴后退主动齿轮啮合为后退档，由于能改变机械行走方向，所以，中间轴主动齿轮也称为换向齿轮。一档、二档主动齿轮 14、15 和三档、四档主动齿轮 16、17 均为双联齿轮。第二轴 13 上面固定着 5 个齿轮，一档被动齿轮 10、二档被动齿轮 7 和五档被动齿轮 9 双联，三档被动齿轮 6 和四档被动齿轮 5 双联。第二轴为输出轴，后端装有小圆锥齿轮 12，它与后桥箱内大圆锥齿轮相啮合输出动力。

TY—120 型推土机变速器的操纵机构和闭锁装置，主要由进退杆、变速杆、拨叉、锁定器、联锁装置及互锁装置等组成，如图 3-4 所示。这些零部件装在变速箱侧面的拨叉室壳体上。变速器操纵机构的作用是操纵变速器内滑动齿轮的位置，使推土机获得前进或后退的各种不同的速度，并保证不出现乱档、自动脱档和跳档的情况。

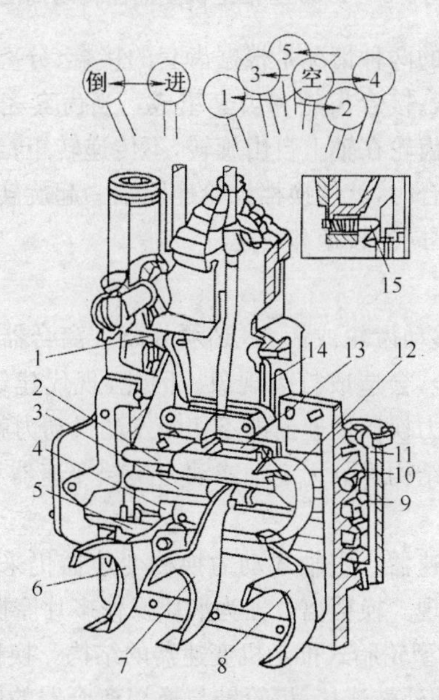

图 3-4　TY—120 型推土机变速器操纵机构

1. 限制器轴　2. 第一变速轨　3. 第二变速轨　4. 第三变速轨　5. 第四变速轨　6. 第四拨叉　7. 第二拨叉　8. 第三拨叉　9. 锁销弹簧　10. 锁销　11. 锁销轴　12. 第一拨叉　13. 导向板　14. 限制器　15. 五档保险销

②移动齿套式人力换档变速器。移动齿套式人力换档变速器换档时，不是移动齿轮，而是移动换档接合套，与移动齿轮式变速器相比不易产生打齿现象，其传动简图如图 3-5 所示。

移动齿套式变速箱各轴上的齿轮均不作轴向移动，其中的换档齿轮与各自配对的传动齿轮为常啮合。换档齿轮可以与轴一起旋转传递转矩，也可以由配对齿轮带着它

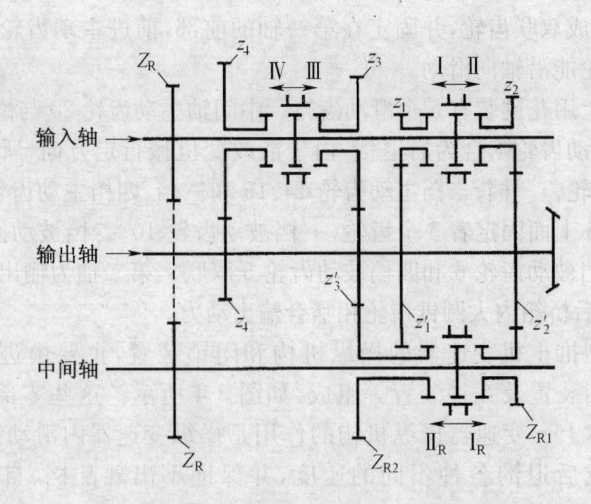

图 3-5 T160 型推土机变速器传动简图

空转而不传递转矩。上述的两种情况是根据齿套的接合、分离实现的，实际上是齿轮式离合器，由换档齿轮的齿毂、接合齿轮和齿套组成。当齿套完全在接合齿轮上时，离合器为分离状态，此时，换档齿轮在轴上自由旋转，不传递转矩；当齿套被拨到与接合齿轮和换档齿轮的齿毂同时啮合时，就使换档齿轮连同轴一起旋转，根据所接合的换档齿轮的不同，在输出轴上得到不同的转矩和转速。

(2)动力换档变速器

人力换档时，要轴向移动齿轮或齿套，必须分离主离合器，切断动力才能实现这一动作，如果动力切断不完全，会造成打齿现象。因此，现代建筑机械底盘变速器采用了动力换档变速器。所谓动力换档变速器即不切断发动机动力就能实现换档的变速器。

动力换档变速器按其结构可分为定轴式动力换档变速器和行星式动力换档变速器两种。

①定轴式动力换档变速器。定轴式动力换档变速器仍采用定轴轮系传动，其换档动作依靠换档离合器来实现。换档离合器为液压操作多片摩擦离合器。

图 3-6 所示为 TL180 型轮胎式推土机变速器的结构。换档齿轮通过轴承套装在齿轮轴上，并与换档离合器的外鼓连接，齿轮轴与换档离合器的内鼓通过花键连接。当带有压力的液压油进入换档离合器的活塞缸后，推动活塞使通过内花键与外鼓连接的外摩擦片，和通过外花键与内鼓连接的内摩擦片压紧接合，将换档齿轮轴向固定在齿轮轴上，实现换档。当解除油压后，活塞在回位弹簧的作用下回位，内、外摩擦片放松，换档离合器呈分离状态。

由于冷却油经冷却油管接头进入离合器轴内孔道，再经内鼓的径向孔道流入各摩擦片之间进行冷却，所以，这种离合器为湿式离合器。

②行星式动力换档变速器。行星式动力换档变速器采用行星轮系传递动力，这种变速器具有传动比大、结构紧凑、尺寸小、寿命长等优点，广泛用于建筑机械的传动系统。

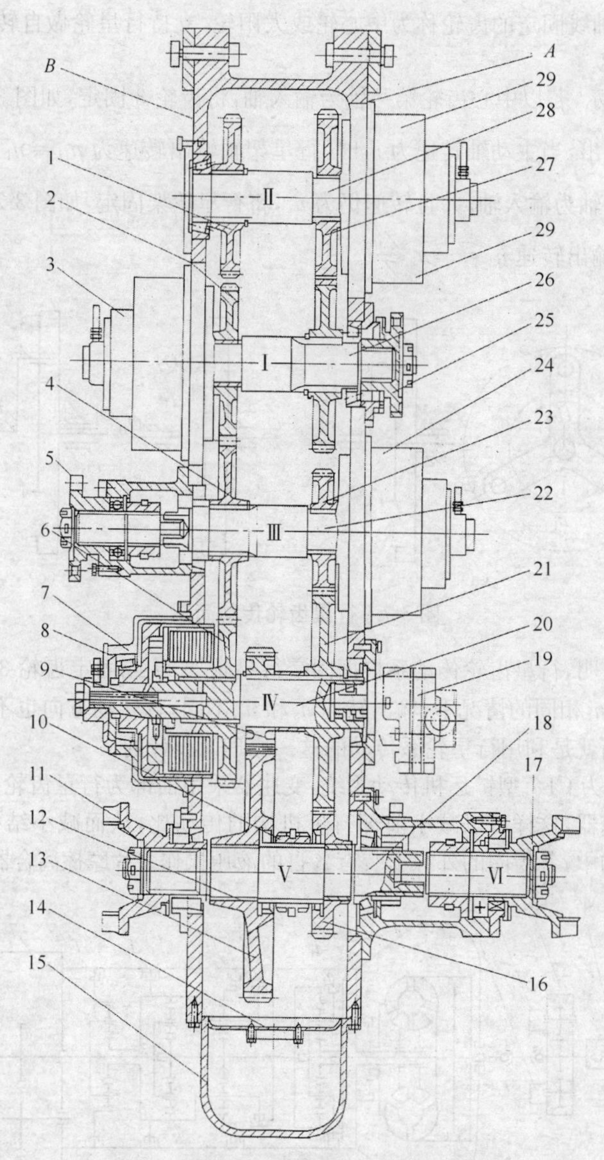

图 3-6 TL180 型轮胎式推土机变速器的结构

1. 齿轮 2. 前进档齿轮 3. 前进档离合器 4. 齿轮 5. 到铰盘的接盘 6. 二、四档齿轮 7. 二、四档离合器壳 8. 离合器盖 9. 一、二档主动齿轮 10. 高低档滑套 11. 前桥输出接盘 12. 铜套 13. 一、二档从动齿轮 14. 滤油网 15. 油底壳 16. 三、四档从动齿轮 17. 后桥输出接盘 18. 输出轴 19. 转向辅助泵 20. 二、四档轴 21. 齿轮 22. 一、三档轴 23. 一、三档主动齿轮 24. 一、三档离合器 25. 输入接盘 26. 前进档轴 27. 齿轮 28. 倒档轴 29. 倒档离合器

图 3-7 所示为行星齿轮的传动简图。齿轮 2 一方面绕自身几何轴线 O_2 转动（自转），同时又随构件 H 绕固定的几何轴线 O_H 转动（公转）。这种既自转又公转的齿轮称

为行星齿轮，其轴线固定的齿轮称为中心轮或太阳轮，支持行星轮做自转和公转的构件 H 称为行星轮架。

如图 3-7 所示，若以中心齿轮第一轴为输入轴，将齿轮 3 固定，如图 3-7b 所示，动力由行星轮架轴输出，当主动轴转速为 n_1 时，行星架轴输出转速为 $n_H = n_1 \dfrac{Z_1}{Z_1+Z_3}$；若仍以中心齿轮第一轴为输入轴，并且转速仍为 n_1，将行星轮架固定，如图 3-7c 所示，动力由齿轮 3 输出，则输出转速 $n_3 = -n_1 \dfrac{Z_1}{Z_3}$。

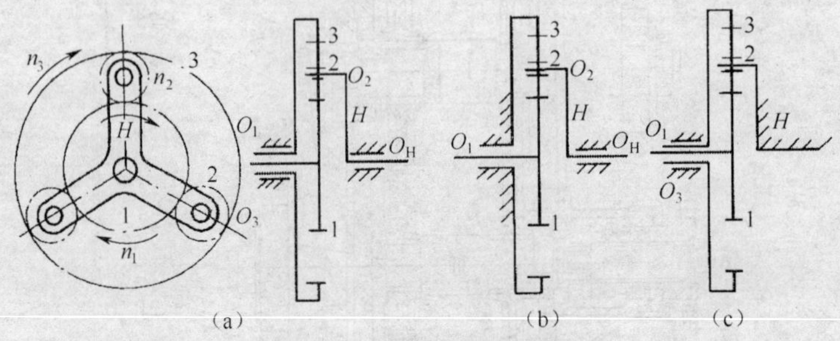

图 3-7 行星齿轮传动简图

上述情况说明，行星齿轮传动系根据固定行星轮架 H 或固定齿轮 3 的固定方式不同，在输入转速 n_1 相同的情况下，输出转速 n_3 和 n_H 不同，且转动方向也不同。行星齿轮动力换档变速箱就是利用行星轮系传动的这一原理而设计的。

图 3-8 所示为 CL7 型铲运机传动系统，变速器采用前部为行星齿轮变速机构，后部为单级齿轮减速器，这样可以减小前部行星机构的传动比，从而减小结构尺寸和重量。在行星变速机构中，各齿圈的外缘上装有各自的液压操作多片摩擦离合器。通过离合器

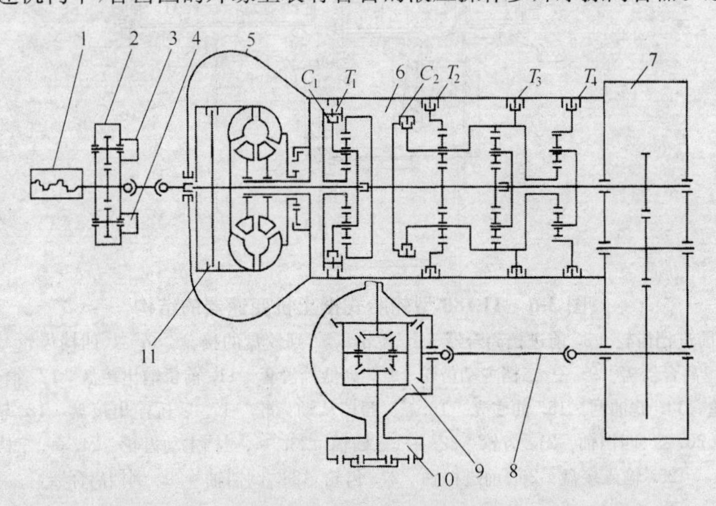

图 3-8 CL7 型铲运机传动系统

1. 发动机 2. 动力输出箱 3、4. 齿轮油泵 5. 液力变矩器 6. 变速箱 7. 减速器 8. 传动轴 9. 差速器 10. 轮边减速器 11. 锁紧离合器 C_1、C_2、T_1、T_2、T_3、T_4. 离合器

的接合使齿圈固定，从而可以进行变速和换向。其中，实现前进和后退方向变换的离合器称为换向离合器，实现变速的称为变速离合器。

第二节　轮式建筑机械的转向系统和制动系统

一、轮式建筑机械的转向系统

1. 轮式建筑机械转向方式

轮式建筑机械行驶转向主要有偏转前轮、偏转后轮、全轮转向、铰接车架和速差转向五种方式。

(1)偏转前轮方式

偏转前轮是常用的转向方式，一般高速运行的机械多采用这种方案。如图 3-9 所示，前桥为转向从动桥。操纵转向盘，由转向轴带动转向器，使转向臂绕其轴转过一定角度，经纵拉杆和转向节臂，使转向节绕转向主销中心轴线发生摆动。这样，安装在转向节上的前轮轮毂及前轮就偏转一个角度。同时，通过转向梯形臂和横拉杆使另外一侧前轮也偏转，使机械转向行驶。

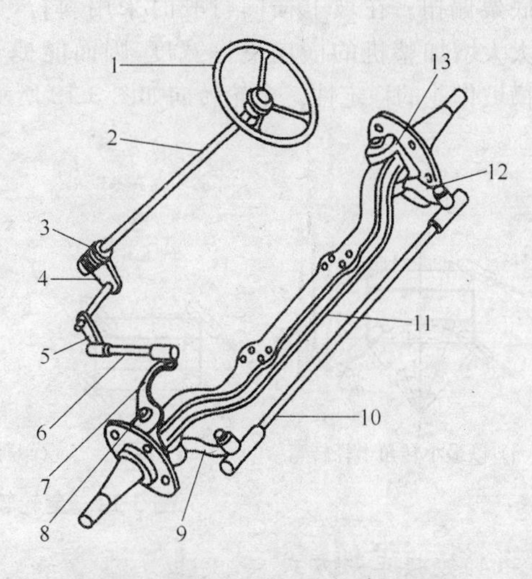

图 3-9　偏转前轮转向系统示意图

1. 转向盘　2. 转向轴　3、4. 转向器　5. 转向臂　6. 纵拉杆　7. 转向节臂　8. 转向主销　9、12. 转向梯形臂　10. 横拉杆　11. 前桥横梁　13. 转向节

转向时，必须使两前轮轴线的延长线与后轮轴线的延长线交于一点，如图 3-10 所示。这样，才能使两前轮轮胎均绕瞬时中心滚动。否则，会出现侧滑，不仅加速轮胎磨损，而且还会增加转向阻力。两前轮转角为满足上述要求，应满足下列关系：

$$\cot\alpha-\cot\beta=\frac{M}{L} \tag{3-1}$$

式中　M——左、右主销中心距离，m；

L——轴距，m。

(2)偏转后轮方式

装载机前端装有工作装置的建筑机械，由于偏转前轮时工作荷载会使转向阻力增大，而且前轮又多装有双轮胎，偏转角往往受到限制，因而无法实现前轮转向。在这种情况下，采用偏转后轮的转向方式，如图 3-11 所示。

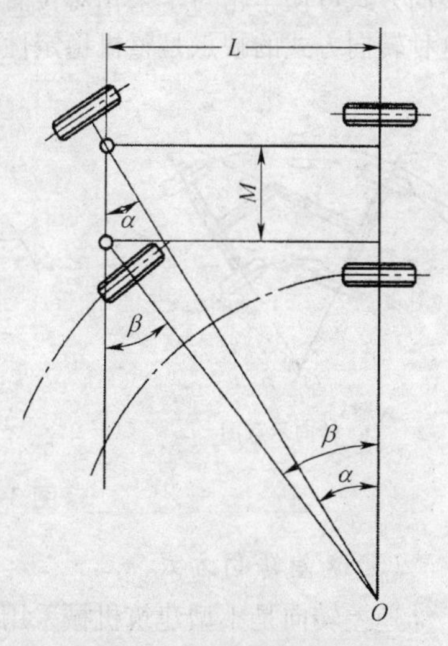

图 3-10　前轮转向示意图

(3)全轮转向方式

平地机、装载机等建筑机械,为缩小转弯半径,提高机动性能,可使前、后轮同时偏转,即全轮转向。全轮转向还可以使机械斜行,即机械沿与车身纵轴线成一定角度的方向行驶。斜行法可防止外荷载横向移动时造成机械底架偏扭。在坡上横向行驶时采用斜行,可大大增加整机的横向支撑宽度,因而能提高横坡作业的稳定性。全轮转向如图 3-12 所示。

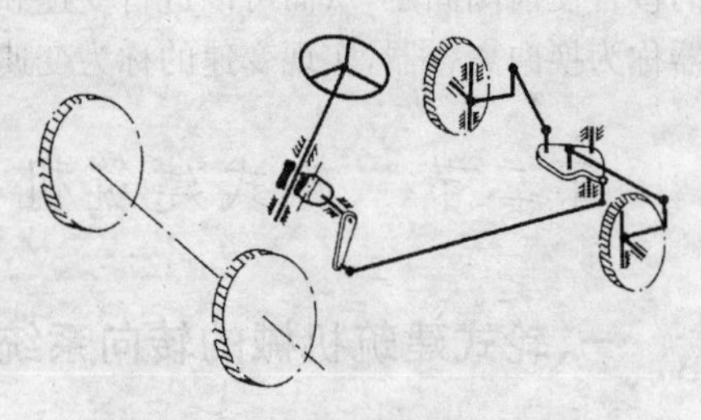

图 3-11　偏转后轮的转向方式

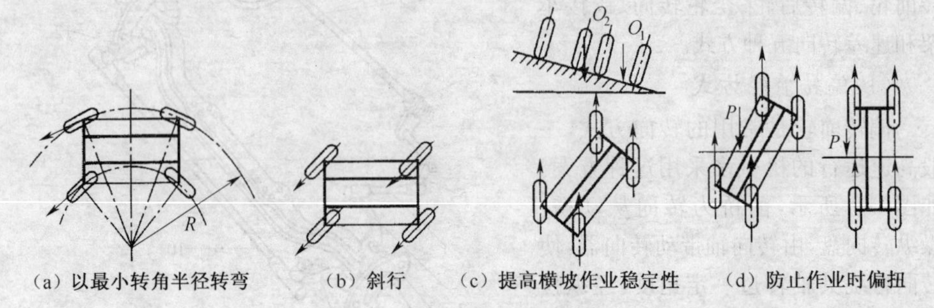

(a) 以最小转角半径转弯　(b) 斜行　(c) 提高横坡作业稳定性　(d) 防止作业时偏扭

图 3-12　全轮转向示意图

(4)铰接车架方式

铰接车架的转向方式是将车架分为两段,以垂直竖销接在一起,通过液压油缸来保持或改变两段车架的相对夹角而实现直线行驶和转向。如图 3-13 所示,铰接点离前桥越近,越接近偏转前轮式转向;铰接点布置在轴距中间时则与全轮转向相似。铰接车架转向方式可使车轮与车架相对位置固定,而且也使前后桥结构简单,并且有利于操作。这种转向方式的缺点是整机稳定性较差。

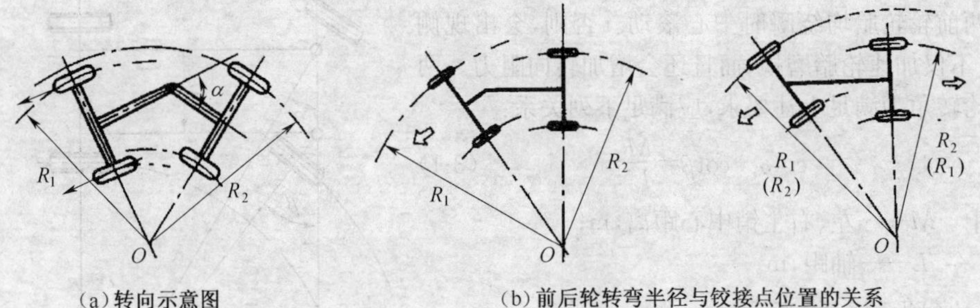

(a)转向示意图　(b)前后轮转弯半径与铰接点位置的关系

图 3-13　铰接车架转向方式

(5)速差转向方式

速差转向是小型建筑机械采用的一种机械左、右轮以不同转速转动,而实现转向的方式。若两侧车轮同速同向旋转时,机械直线行驶;同向不同速旋转时,机械以大的转弯半径行驶;当两侧车轮以相反的方向旋转时,则机械以小的半径转弯甚至原地转弯。这种转向方式机动性强,用于全轮驱动、整体车架时,具有结构简单、转向灵活的优点。但采用这种转向方式的机械在转向行驶中,轮胎与地面滑动较严重,因而轮胎的磨损加剧。

2. 转向驱动桥

为获得较大的牵引力,轮式建筑机械多采用全桥驱动,即前、后桥均为驱动桥。铰接式车架的前后桥通用,转向时,前后车桥与前后车架一起相对偏转。整体式车架的轮式机械在转向时,前桥不能偏转,为实现转向,需使转向轮偏转。这种既为驱动桥又通过转向轮偏转而实现转向的车桥称为转向驱动桥。

图 3-14 所示为轮胎式起重机转向驱动桥的构造图。其主传动装置、差速器、轮边减速器与后桥完全相同,半轴则分为内外两段,中间用球叉式万向节连接,以便机械转弯时传递动力。

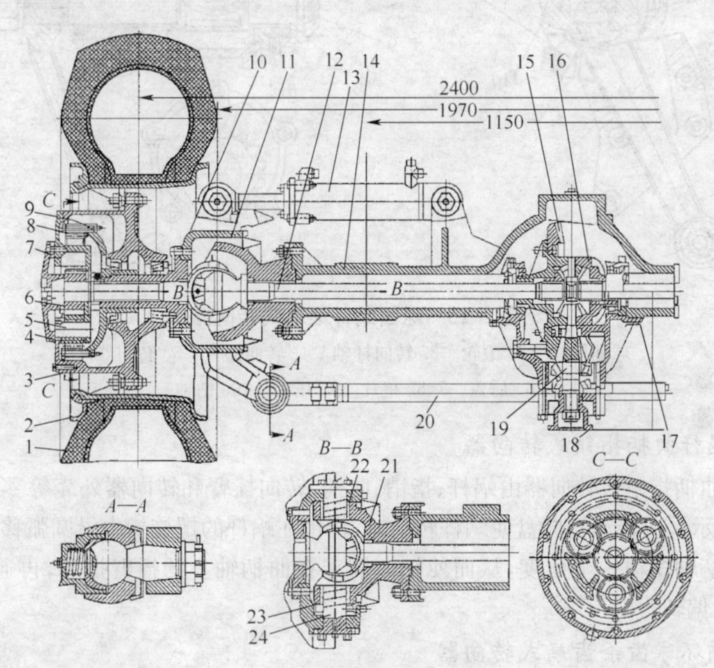

图 3-14　转向驱动桥总成

1. 轮胎　2. 轮辋　3. 轮毂　4. 行星轮　5. 行星轮轴　6. 太阳轮　7. 行星轮架　8. 内齿圈　9. 内齿圈支承　10. 支承轴　11. 转向节架　12. 球半轴　13. 转向油缸　14. 桥壳　15. 大螺旋锥齿轮　16. 差速器　17. 主传动壳体　18. 输入法兰盘　19. 主动螺旋锥齿轮　20. 横拉杆　21. 球形支座　22. 上销轴　23. 止推轴承　24. 下销轴

3. 转向器

转向器如图 3-9 所示。转向器的作用是将作用在转向盘上的操作力和转动角度,在一定时间内正确地以一定传动比和传动方向，通过连杆传递到转向桥。轮式建筑机械转向器有球面蜗杆滚轮式、蜗杆曲柄指销式和循环球齿条齿扇式三种结构型式。

(1)球面蜗杆滚轮式转向器

球面蜗杆滚轮式转向器由转向杆轴、球面蜗杆、滚轮、转向摇臂和转向器外壳等零件组成，如图 3-15 所示。当转向盘通过转向杆轴带动球面蜗杆转动时，滚轮绕销轴边转动、边沿螺旋线滚动，同时带动转向臂绕中心 O(如图 3-15)摆动，从而经拉杆带着转向轮偏转相应角度。

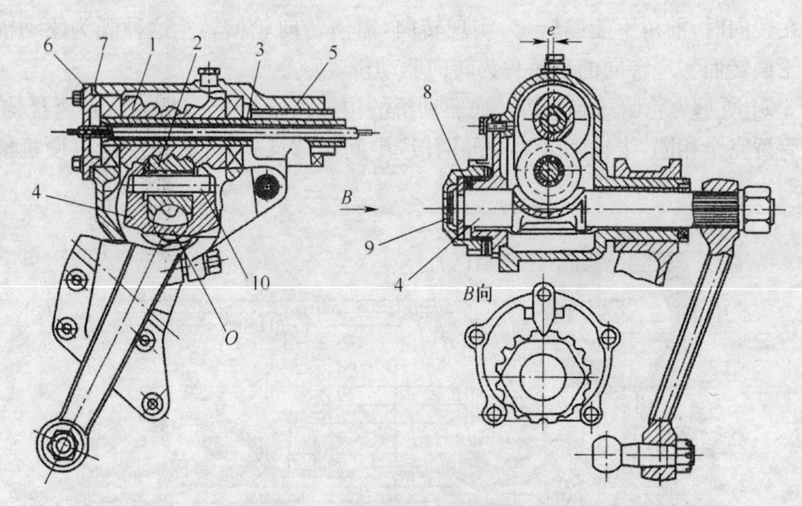

图 3-15　球面蜗杆滚轮式转向器

1. 球面蜗杆　2. 滚轮　3. 转向杆轴　4. 转向摇臂　5. 转向器外壳
6. 后盖　7、8. 垫片　9. 压盖　10. 销轴

(2)蜗杆曲柄指销式转向器

蜗杆曲柄指销式转向器由蜗杆、指销、曲柄、转向摇臂和转向器外壳等零件组成，如图 3-16 所示。当转动转向盘使蜗杆转动时，指销在蜗杆的螺旋槽中沿圆弧移动，并带着曲柄和曲柄轴摆动一个角度，从而使轴向固定在曲柄轴上的摇臂摆动，再通过杠杆系统，使车轮偏转。

(3)循环球齿条齿扇式转向器

图 3-17 所示为循环球齿条齿扇式转向器构造和工作原理图。该型转向器由螺杆、螺母、钢球、环流导管、齿扇等组成。

当转向盘带动螺杆转动时，螺母沿螺杆轴作轴向移动。螺母的外齿与齿扇板相啮合，螺母沿螺杆轴向移动时，将驱动扇形齿板摆动，通过轴带着转向摇臂和拉杆使车轮摆过一个角度。为了减少螺杆与螺母间的摩擦力，在螺杆与螺母相配合组成的螺旋形孔道内加装钢球，将滑动摩擦变为滚动摩擦，从而使转向操纵灵活。转向时，钢球沿螺旋形通道滚动，环流导管将从一端滚出的钢球再送回孔道的入口端。螺旋孔道和环流导管中均匀排满钢球，钢球在螺旋孔道和环流导管组成的封闭螺旋管道内循环滚动。

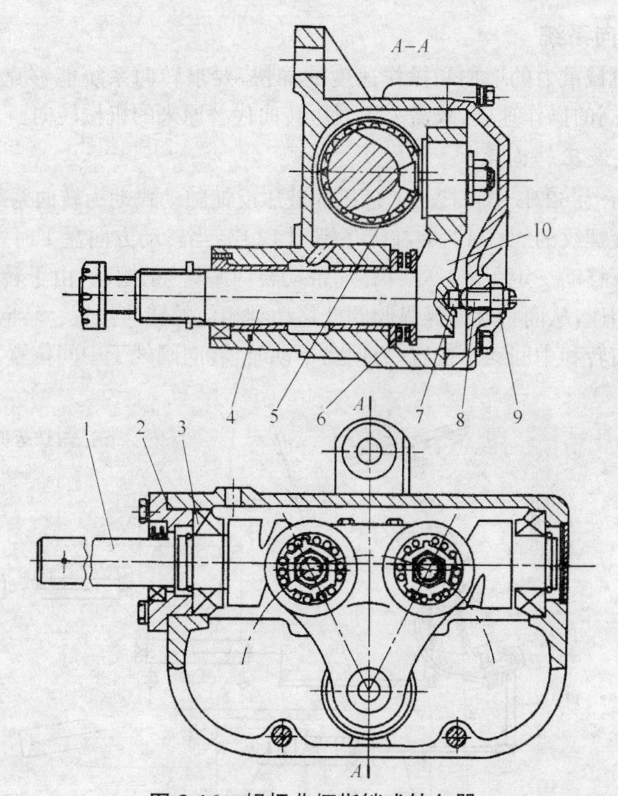

图 3-16　蜗杆曲柄指销式转向器

1. 蜗杆　2. 垫片　3. 轴承　4. 曲柄轴　5. 指销　6. 碟形弹簧
7. 顶销　8. 调整螺钉　9. 螺母　10. 曲柄

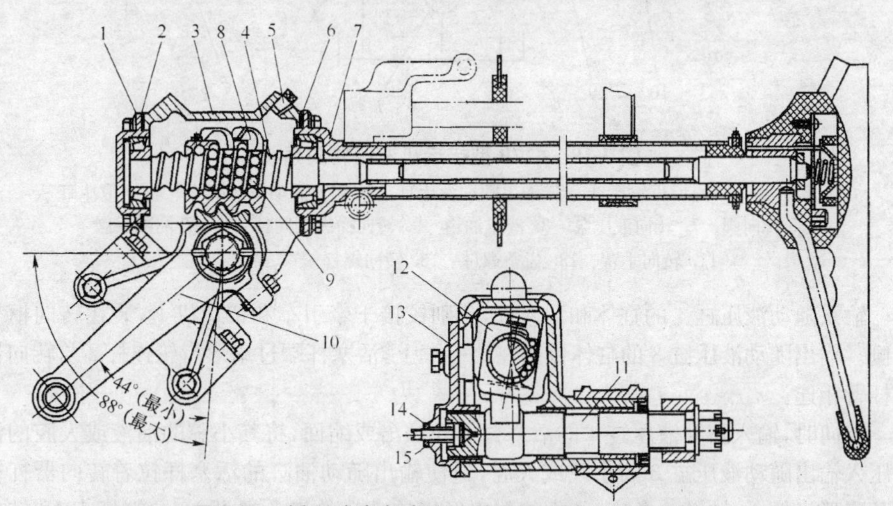

图 3-17　循环球齿条齿扇式转向器构造和工作原理

1. 下盖　2、6. 调整垫片　3. 壳体　4. 转向螺杆　5. 加油螺塞　7. 上盖　8. 钢球导管　9. 钢球
10. 转向垂臂　11. 转向垂臂轴　12. 方形转向螺母　13. 侧盖　14. 固定螺母　15. 调整螺钉

4. 液压转向系统

由于建筑机械重力的增加和操作速度的加快，要求转向系统能够克服较大的转向阻力，并具有较高的操作速度，故需采用液压转向代替原来的机械转向。

(1)滑阀式液压转向系统

图3-18所示为627B型自行式铲运机的液压反馈随动式动力转向系统示意图，方向盘轴上有一左旋螺纹的螺杆13，装在齿条螺母12中，当转动方向盘1时，螺杆在齿条螺母中向上或向下移动一定距离。螺杆移动带动转向垂臂11摆动，由于转向垂臂同转向操纵阀阀杆9相连，从而将转向操纵阀阀杆移动到相应的转向位置。转向阀6为三位四通阀，有左转、右转和中间三个位置，方向盘不动时，转向阀处于中间位置。

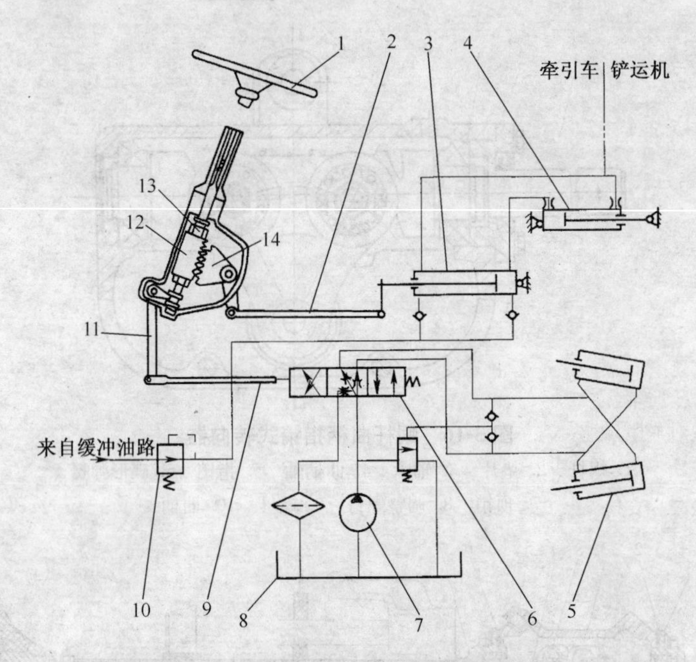

图3-18　627B型铲运机液压转向系统

1. 方向盘　2. 扇形齿轮连杆　3. 输出随动液压缸　4. 输入随动液压缸　5. 转向液压缸　6. 转向阀　7. 转向液压泵　8. 液压油箱　9. 转向操纵阀阀杆　10. 补油减压阀　11. 转向垂臂　12. 齿条螺母　13. 转向螺杆　14. 扇形齿轮

输入随动液压缸4的缸体和活塞杆，分别铰接于牵引车和铲运机上，装在转向枢架左侧。输出随动液压缸3的缸体铰接在牵引车上，活塞杆端过扇形齿轮连杆2与转向器杠杆臂相连。

转向时，输入随动液压缸4的活塞杆向外拉出或缩回，将其小腔的油液或大腔的油液压入输出随动液压缸3的小腔或大腔，迫使输出随动油缸的活塞杆拉着转向器杠杆臂及扇形齿轮14转动一角度，从而使与扇形齿轮啮合的齿条螺母12及螺杆13和转向垂臂11回到原位，转向操纵阀阀杆9在转向垂臂的带动下回到中间位置，转向停止。因此，方向盘转一角度，牵引车相对铲运机转一角度，以实现随动作用。来自缓冲油路的压力油经补油减压阀10，进入随动液压缸以补充其油量。

(2)转阀式液压转向系统

转阀式液压转向系统又称摆线转阀式全液压转向系统。这种转向系统取消了转向盘和转向轮之间的机械连接，只有液压油管连接。如图3-19所示，系统由转阀、液压泵和转向液压缸等组成。

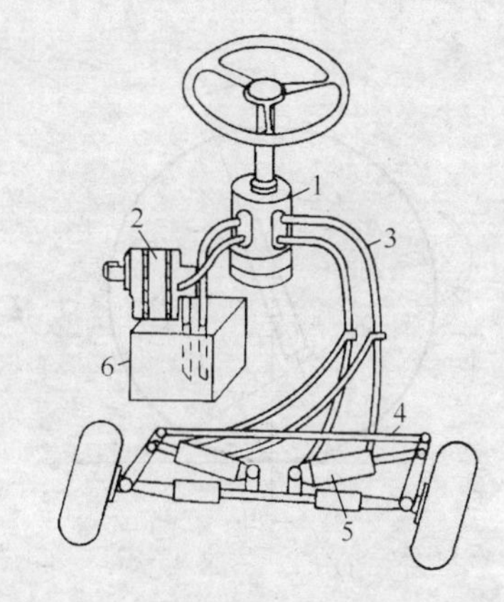

图3-19 转阀式液压转向系统示意图

1. 转阀 2. 液压泵 3. 油管 4. 转向梯形拉杆 5. 转向液压缸 6. 油箱

这种转向系统的转阀与计量马达构成一个整体。液压泵正常工作时，转阀起随动控制作用，即能使转向轮偏转角与转向盘转角成比例随动。当液压泵出现故障不供油时，转阀起手动泵的作用，实现手动静压转向。

转阀式液压转向系统与其他转向系统相比，操作灵活，结构紧凑，由于没有机械连接，因此，易于安装布置，而且具有在发动机熄火时，仍能保证转向性能的优点。存在的缺点是路感不明显、转向后转向盘不能自动回位、发动机熄火时手动转向比较费力。目前在装载机、挖掘机、叉车和汽车式起重机等大中型建筑机械上采用这种转向系统。

5. 转向轮定位

为了减小转向时的操纵力矩，保证转向轮自动回位，并使轮胎磨损均匀，必须使转向轮及主销具有一定角度，称为转向轮定位。转向轮定位包括主销后倾角γ、主销内倾角β、转向轮外倾角α及转向轮前束δ。

(1)主销后倾角γ

主销后倾角γ如图3-20所示，主销轴在纵向平面内其上端后倾的角度γ，主要起转向轮自动回正，提高行驶稳定性的作用。一般γ角为0°～3°。

所谓后倾，是相对于行驶方向而言，倒车时，后倾角对行驶稳定性无益。因此，频繁前进、后退的建筑机械主销后倾角$\gamma=0°$。

(2)主销内倾角β

主销轴一般不垂直于路面，主销轴中心线对地面的交点和轮胎接地点的距离e称主销偏置，通常取e为30～40mm。主销内倾角β如图3-21所示，多取为5°～8°。主销内倾能使操纵省力及具有依靠自重，使转向轮自动回复到直线行驶时位置的效应。

(3)转向轮外倾角α

车轮滚动平面相对于垂直平面向外倾斜的角度α称转向轮外倾角，如图3-21和图3-22所示。其主要作用是考虑车轮轮毂轴承和主销衬套存在间隙，当机械承载后，上述间隙消除，仍可使车轮位于垂直平面内，以保证车轮正常的行驶和转向，一般采用$\alpha=1°\sim1.5°$。

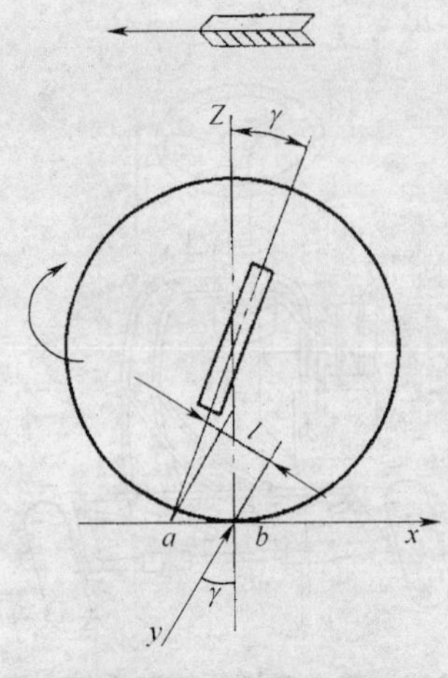

图 3-20　主销后倾角

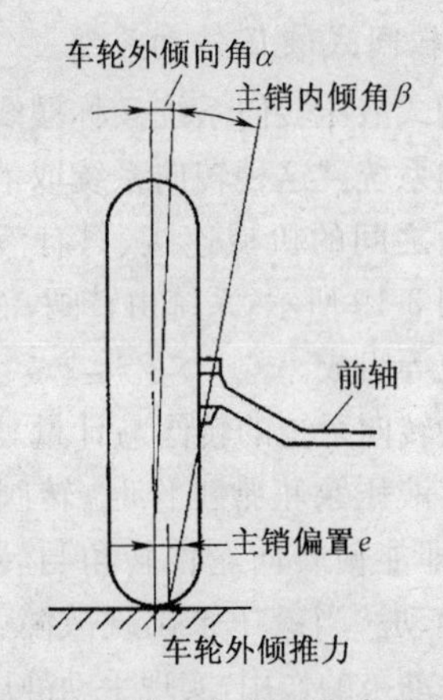

图 3-21　主销的内倾角和车轮外倾角

(4)转向轮前束 δ

如图 3-23 所示，从转向轮上方向下看时，左右车轮不与车辆纵轴线平行，前束 $\delta=A-B$，其差值约在 2～12mm 范围内。在图 3-22 中，外倾的车轮轴线延长线与地面相交于 o' 点，行走时车轮绕 o' 在地面上滚动，转向轮前端有向外张开的趋势，但由于车桥的约束而不能向外滚开，车轮在地面上边滑边滚，从而增加车轮的磨损，所以，用前束来加以克服。但一些频繁往复作业的机械，一般不采用前束。

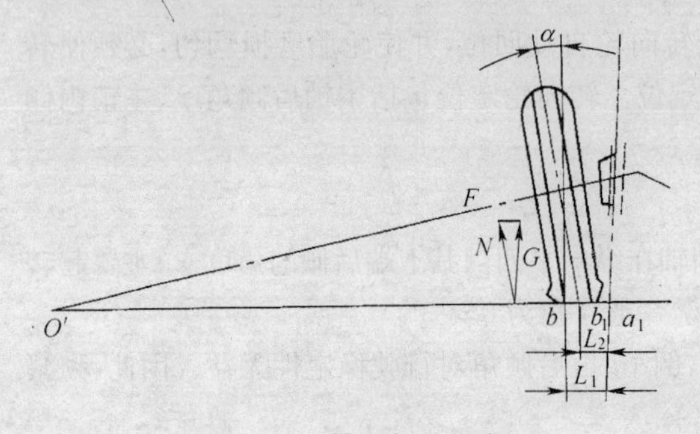

图 3-22　转向轮外倾角

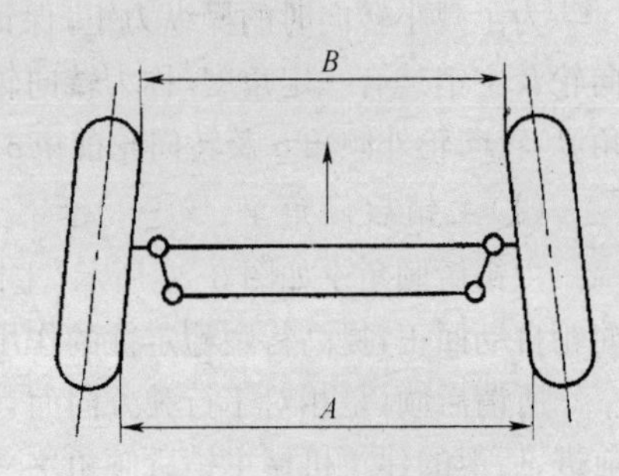

图 3-23　转向轮前束

二、轮式建筑机械的制动系统

1. 轮式建筑机械制动系统的功能及对其基本要求

轮式机械制动系统包括制动器和制动驱动机构两部分。制动器直接产生制动力矩，制动驱动机构将来自驾驶员的操作力传给制动器，并控制制动器的动作。轮式机械制动系统的工作性能，直接影响轮式建筑机械行驶和工作的安全性、可靠性和稳定性。

①轮式机械制动系统的功能。降低行驶速度和停车；控制机械下坡的行驶速度；在紧急情况下制动，确保机械行驶安全。

一般轮式机械上均有两套制动系统，一套用于减速、停车或紧急制动，由驾驶员通过脚踏板来控制；另一套是手制动系统，由驾驶员通过手柄控制，主要用于在坡道上停车或停车后驾驶员离开驾驶室时使用防止溜车。

②对轮式机械制动系统的基本要求。制动可靠，产生尽可能大的制动力矩；操作轻便灵活，制动器的操纵力不应过大；具有良好的制动稳定性，要求左右制动力矩相等，前后轮的制动力矩应与前后轮附着重量成比例；制动平衡性好，制动时，制动力矩能均衡迅速地增加，解除制动时，则能迅速消除制动作用；制动器在结构上具有良好的散热性。

2. 轮式机械制动器

轮式机械制动器按其结构分为蹄式制动器和盘式制动器两种。其主要区别是蹄式制动器的制动面为制动鼓的内圆柱面，盘式制动器的工作面为制动盘的端平面。由于蹄式制动器安装在车轮内，随着轮式机械功率的加大，盘式制动器的结构尺寸受到限制，所以，轮式工程机械常采用盘式制动器。

(1)蹄式制动器

蹄式制动器种类较多，按其结构和工作原理可分为简单非平衡式、简单平衡式和自动增力式，如图 3-24 所示。

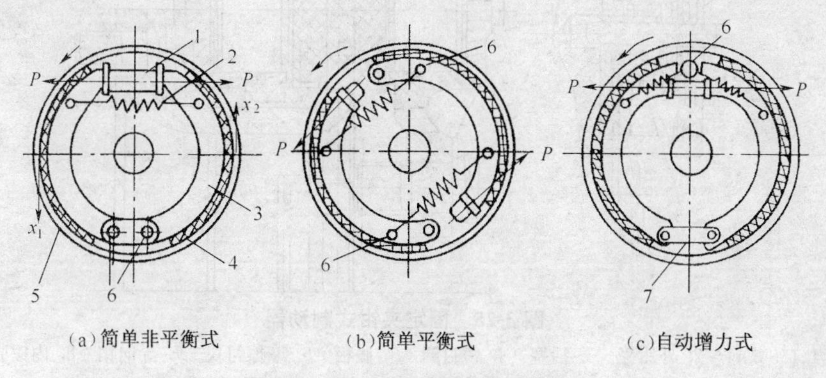

图 3-24　蹄式制动器分类示意图

1. 制动分泵　2. 回位弹簧　3. 制动蹄　4. 摩擦蹄片　5. 制动鼓　6. 支撑销　7. 连接杆

①简单非平衡制动器如图 3-24a 所示，两个蹄片下端均用支撑销安装于制动器底板上。制动时，左、右制动蹄片与制动鼓压紧，产生摩擦力 x_1、x_2，当制动鼓按图示箭头方向转动时，x_1 使蹄片进一步压紧，而 x_2 使蹄片放松。因此，两个蹄片对制动鼓的制动力矩不相等，制动鼓受力不平衡。

②简单平衡制动器如图 3-24b 所示，两个蹄片的支撑销一个在上，一个在下，蹄片分别由各自的分泵驱动。制动时，蹄片与制动鼓的摩擦力将同时使蹄片随车轮转向进一步压紧或放松，从而使两蹄片对制动鼓的制动力始终平衡。简单平衡式制动器的缺点是车轮正、反转时制动效能不一致。

③自动增力制动器如图 3-24c 所示，两蹄片不是用支撑销与制动盘固定连接，而是用一个可调整长度的连接杆连接起来，一起与制动盘浮动。制动时，制动分泵的作用力 P 把左、右制动蹄片推开，压到制动鼓上，这时，两蹄片的上端均离开了支撑销。由于摩

擦力的作用，使两制动蹄片沿制动鼓旋转方向移动，直至右蹄上端抵靠到支撑销上为止。此时，左蹄受摩擦力的作用，为紧蹄。同时，左蹄通过连接杆推动右蹄，使右蹄紧压制动鼓。由于摩擦力能使两个蹄片同时进一步压紧，从而增加了制动效果，而且在制动鼓反转时，摩擦力仍可起到增加制动力矩的作用。

(2)盘式制动器

盘式制动器有钳盘式和全盘式两种类型。

①钳盘式制动器的制动盘是一个圆盘，固定在车轮轮毂与车轮一起旋转，带摩擦衬块的制动夹钳装在车桥的凸缘上。制动时，夹钳从两侧夹紧制动圆盘使车轮制动。钳盘式制动器按其结构分为固定夹钳式和浮动夹钳式两种。图3-25所示为固定夹钳式制动器，由制动盘、钳壳、活塞、摩擦块等组成。图3-26所示为浮动夹钳式制动器，制动钳浮动，只需要一个制动液压缸，其特点是结构简单、质量轻、成本低。

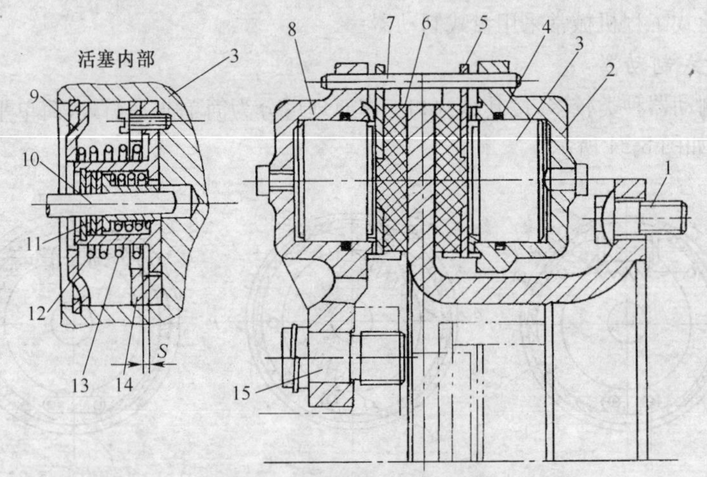

图3-25　固定夹钳式制动器

1、15. 螺钉　2. 外钳壳　3. 活塞　4. 密封圈　5. 底板　6. 摩擦衬块　7. 导向销　8. 内钳壳　9. 盖板　10. 固定销轴　11. 摩擦卡环　12. 回位弹簧　13. 套筒　14. 挡环

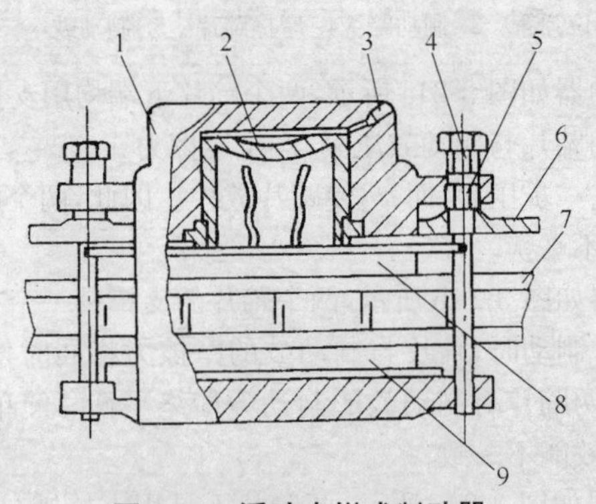

图3-26　浮动夹钳式制动器

1. 制动钳壳　2. 活塞　3. 进油口　4. 螺钉销　5. 套筒　6. 夹钳支架　7. 制动盘　8. 内制动块　9. 外制动块

②全盘式制动器。一些大型建筑机械，为提供足够大的制动力矩，采用了全盘式制动器。全盘式制动器的构造和工作原理与履带式机械后桥的转向离合器相似，所不同的是，转向离合器靠弹簧力压紧而接合，需要分离时，通过操纵系统使之分离。而全盘式制动器则为常开式，需要制动时，通过操纵系统使之压紧制动。图 3-27 所示为全盘式制动器的构造图。

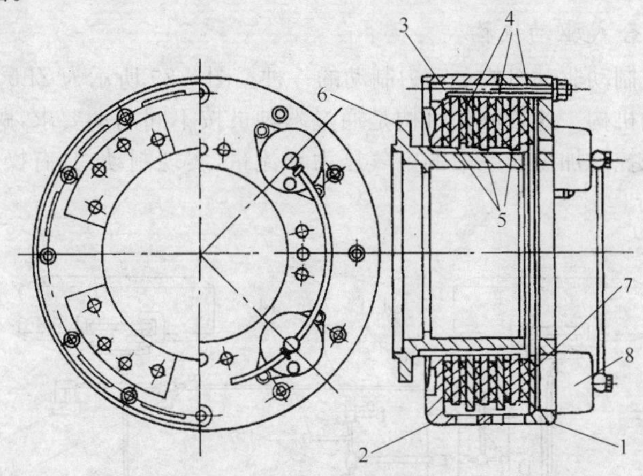

图 3-27　全盘式制动器

1. 内盖　2. 外盖　3. 螺栓　4. 固定盘　5. 转动盘　6. 花键轴套　7. 摩擦片　8. 制动分泵

3. 制动驱动机构

制动驱动机构的作用是将驾驶员或其他力源的作用力传给制动器，从而产生制动力矩。轮式建筑机械制动系统驱动机构，可分为液压式人力制动驱动机构和气液综合式制动驱动机构等多种传力方式。

(1)液压式人力制动驱动机构

液压式人力制动驱动机构，一般用于总质量小于 8t 的车辆和小型的轮式建筑机械。图 3-28 所示为液压式人力制动驱动机构示意图。该制动驱动机构主要由制动主泵、制动分泵及油管等组成。

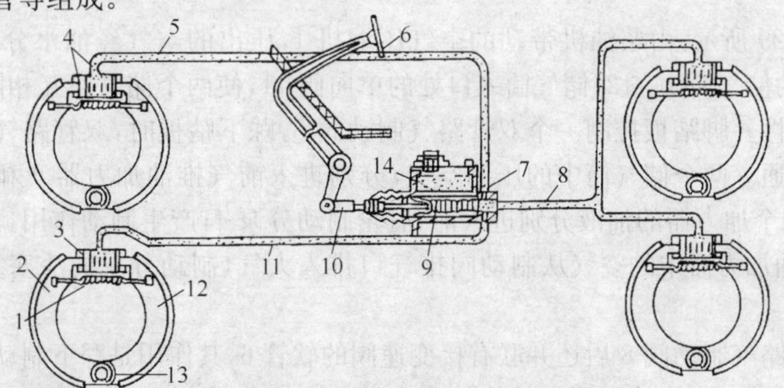

图 3-28　液压式人力制动驱动机构示意图

1. 回位弹簧　2、12. 制动蹄　3. 制动分泵　4. 制动分泵活塞　5、8、11. 油管
6. 制动踏板　7. 制动总泵　9. 制动总泵活塞　10. 推杆　13. 一支撑销　14. 储液室

如图 3-28 所示，当踩下制动踏板 6 时，制动总泵 7 的油液在活塞 9 的作用下，以一定压力通过油管分别送至各制动分泵 3，推动制动分泵活塞 4，使其向两侧移动，推动制动蹄片 2、12 向外胀出，压紧制动鼓，产生制动作用。放松脚踏板后，制动总泵活塞在泵内回位弹簧作用下复位，液体压力降低，各车轮的制动蹄被回位弹簧 1 拉回，制动分泵中的油液返流回制动总泵，从而消除制动作用。

(2)气液综合式驱动机构

气液综合式制动驱动机构是动力制动的一种。图 3-29 所示为 ZL50 型装载机气液综合式制动驱动机构。这种驱动机构是通过驾驶员按不同制动要求，踩下制动踏板所控制的制动阀来控制加力器室中的空气压力和流量，实现制动，具有操纵轻便、踏板行程较小等优点。

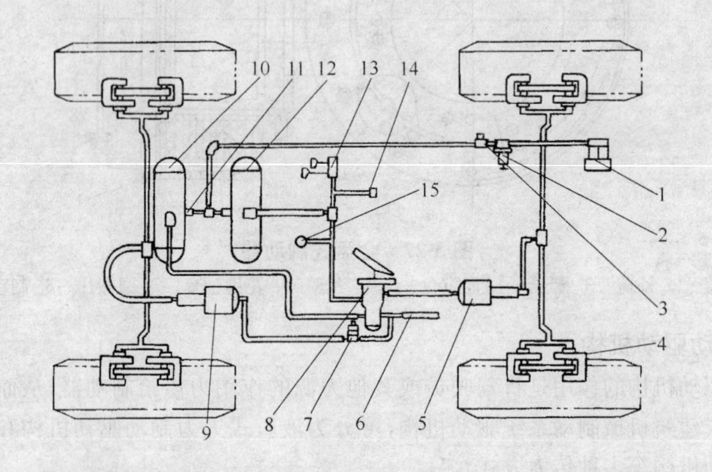

图 3-29 ZL50 型装载机气液综合式制动驱动机构示意图

1. 空气压缩机 2. 油水分离器 3. 压力控制器 4. 制动分泵 5. 后气推油加力器 6. 接变速阀软管 7. 制动灯开关 8. 双管路气制动阀 9. 前气推油加力器 10. 前储气筒 11. 单向阀 12. 后储气筒 13. 气喇叭 14. 气刮水阀 15. 压力表

如图 3-29 所示，由柴油机带动的空气压缩机 1，压出的空气经油水分离器 2，通入前、后车轮的储气筒 10、12，储气筒入口处的单向阀 11，使两个储气筒互相隔断，保持两系统的独立性。脚踏板控制一个双管路气制动阀 8，踩下踏板时，双管路气动阀同时使两个气路连通。两个储气筒中的压缩空气，分别进入前气推油加力器 9 和后气推油加力器 5，使两个加力器的油液分别进入前、后轮制动分泵 4，产生制动作用。放松制动踏板时，气推油加力器中的空气从制动阀排气口排入大气，制动分泵的活塞复位，解除制动作用。

在双管路气制动阀 8 后还并联有接变速阀的软管 6，其作用是踩下制动踏板实施制动时，能同时使动力换档变速箱的换档离合器分离。这时，变速箱形成空档，从而保证制动力矩不反向传给发动机。

ZL50 型装载机的气推油加力器构造，如图 3-30 所示，由活塞式加力气室 5 和制动总泵16用螺钉连接组成，在活塞式加力气室内活塞上装有推杆7，当压缩空气由气室左腔作用到气室活塞2上时，活塞带动推杆右移，从而推动液压制动总泵活塞13，使油压升高，并推开出液阀18，使制动油液压入制动分泵。当离开制动踏板时，气室左腔的压缩空气由制动阀泄出到大气，气室活塞2与总泵活塞13在各自的回位弹簧6、15作用下复位，制动油液经回液阀17流回总泵。

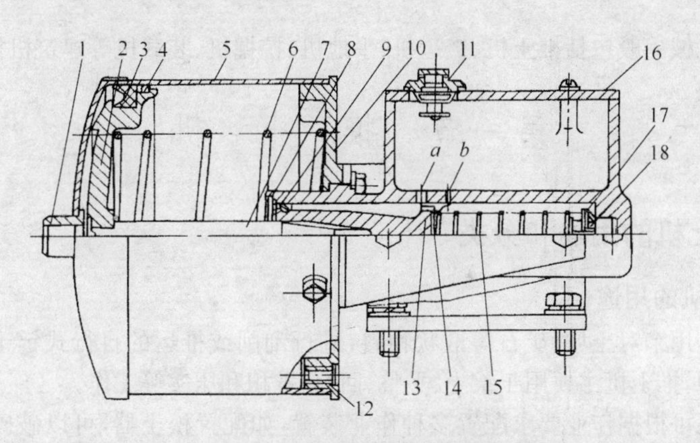

图3-30　ZL50型装载机气推油加力器

a. 进油孔　*b*. 补偿孔

1. 气管接头　2. 气室活塞　3、4. 密封圈　5. 活塞式加力气室　6. 回位弹簧　7. 推杆　8. 挡圈　9. 密封圈　10. 气室右端盖　11. 加油口盖　12. 带过滤器的进气口　13. 总泵活塞　14. 皮碗　15. 活塞回位弹簧　16. 总泵壳体　17. 回液阀　18. 出液阀

第四章　土石方机械

土石方机械一般包括推土机、铲运机、平地机、挖掘机、装载机等建筑机械。

第一节　推　土　机

一、推土机的用途和分类

1. 推土机的用途

推土机是用来对土壤、矿石等散状物料，进行刮削或推运的自行式铲土运输机械。在土方施工中，推土机主要用于铲土、平整、回填、堆积和压实等工作。

推土机还可根据作业要求配置多种作业装置，如配置松土器，可以破碎三、四级土壤；配置除根器，可以拔除直径在450mm以下的树根，并能去除直径为400～2500mm的石块；配置除荆器，可以切断直径在300mm以下的树木。在土方工程中，推土机主要用来铲土和运土，一般在100m距离以内铲和运一、二级土和松散物料，50m为推土机的最佳运距。

2. 推土机的分类

推土机按行走装置不同，分为履带式推土机和轮胎式推土机两大类，如图4-1所示。轮胎式推土机由于接地比压较大，附着牵引性能较差，在潮湿松软的场所作业容易打滑、陷车，影响工作效率，而且在坚硬锐利的岩石地面作业时轮胎易被磨损，因此，应用范围受一定限制。

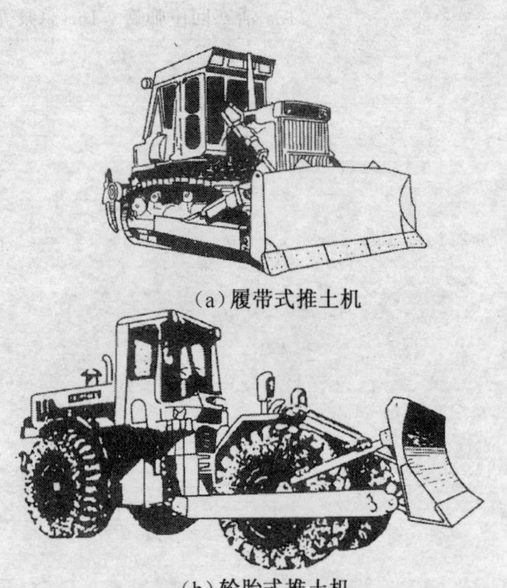
(a)履带式推土机

(b)轮胎式推土机

图4-1　推土机的分类

推土机按发动机功率不同可分为小、中、大、特大型四个等级。目前，特大型履带推土机的功率达500kW以上。此外，根据特殊用途，还有用于浅水、沼泽地作业的两栖式推土机和在水下作业的潜水式推土机，并可通过遥控实现无人驾驶。

二、推土机的构造组成和性能参数

1. 推土机的构造组成

推土机主要由柴油机、底盘、液压系统、电气系统、工作装置和辅助设备等组成，如

图 4-2 所示。

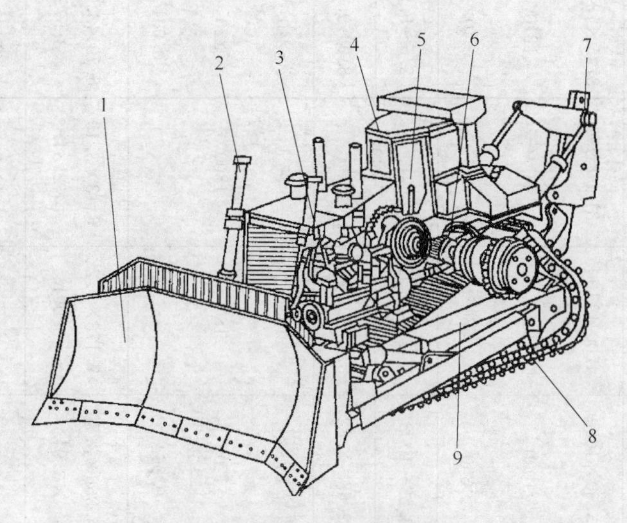

图 4-2 推土机的总体构造

1. 铲刀 2. 液压系统 3. 柴油机 4. 驾驶室 5. 操纵机构
6. 传动系统 7. 松土器 8. 行走装置 9. 机架

柴油机往往布置在推土机的前部，通过减震装置固定在机架上。电气系统包括柴油机的电起动装置和全机照明装置。辅助设备主要由燃油箱、驾驶室等组成。

2. 推土机的性能参数

常用推土机型号及技术性能参数见表 4-1。

三、推土机的安全使用

①推土机在坚硬土壤或多石土壤地带作业时，应先进行爆破或用松土器翻松。在沼泽地带作业时，应更换湿地专用履带板。

②不得用推土机推石灰、烟灰等粉尘物料和用作碾碎石块的作业。

③牵引其他机械设备时，应有专人负责指挥。钢丝绳的连接应牢固可靠。在坡道或长距离牵引时，应采用牵引杆连接。

④作业前，重点检查项目应符合下列要求：各部件无松动、连接良好；燃油、润滑油、液压油等符合规定；各系统管路无裂纹或泄漏；各操纵杆和制动踏板的行程、履带的松紧度或轮胎气压均符合要求。

⑤起动前，应将主离合器分离，各操纵杆放在空档位置，并应按照柴油机的安全使用的规定起动内燃机，严禁拖、顶起动。

⑥起动后，应检查各仪表指示值，液压系统应工作有效；当运转正常、水温达到55℃、机油温度达到 45℃时，方可全荷载作业。

⑦推土机机械四周应无障碍物，确认安全后，方可开动，工作时，严禁有人站在履带或铲刀的支架上。

表 4-1 常用推土机型号及技术性能参数

项目		机型							
		T2-60	T1-75	T3-100	T-120	上海-120A	T-180	TL180	T-220
铲刀(宽×高)/mm		2280×780	2280×780	3030×1100	3760×1100	3760×1000	4200×1100	3190×990	3725×1315
最大提升高度/mm		625	600	900	1000	1000	1260	900	1210
最大切土深度/mm		290	150	180	300	330	530	400	540
移动速度/(km/h)	前进	3.25～8.09	3.59～7.9	2.36～10.13	2.27～10.44	2.23～10.23	2.43～10.12	7～49	2.5～9.9
	后退	3.14～5.0	2.44	2.79～7.63	2.73～8.99	2.68～8.82	3.16～9.78		3.0～9.4
额定牵引力/kN		36	—	90	120	130	188	85	240
发动机额定功率/hp①		60	75	100	135	120	180	1800	220
对地面单位压力/MPa		0.053	—	0.065	0.059	0.064	—	—	0.091
外形尺寸(长×宽×高)/mm		4.214×2.28×2.30	4.314×2.28×2.3	5.0×3.03×2.992	6.506×3.76×2.875	5.366×3.76×3.01	7.176×4.2×3.091	6.13×3.19×2.84	6.79×3.72×3.575
总质量/t		5.9	6.3	13.43	14.7	16.2	—	12.8	27.89
生产厂		—	—	山东推土机总厂	四川建筑机械厂	上海彭浦机械厂	黄河工程机械厂	郑州工程机械厂	黄河工程机械厂

注：①1hp=735.499W。

⑧采用主离合器传动的推土机接合应平稳,起步不得过猛,不得使离合器处于半接合状态下运转;液力传动的推土机应先解除变速杆的锁紧状态,踏下减速器踏板,变速杆应在一定档位,然后缓慢释放减速踏板。

⑨在块石路面行驶时,应将履带张紧。当需要原地旋转或急转弯时,应采用低速档进行。当行走机构夹入块石时,应采用正、反向往复行驶使块石排除。

⑩在浅水地带行驶或作业时,应查明水深,冷却风扇叶片不得接触水面。下水前和出水后,均应对行走装置加注润滑脂。

⑪推土机上、下坡或超过障碍物时应采用低速档。其上坡坡度不得超过25°,下坡坡度不得大于35°,横向坡度不得超过10°。在陡坡上(25°以上)严禁横向行驶,并不得急转弯。上坡不得换档,下坡不得空档滑行。当需在陡坡上推土时,应先进行填挖,使机身保持平衡,方可作业。

⑫在上坡途中,当内燃机突然熄灭时,应立即放下铲刀,并锁住制动踏板。在推土机停稳后,将主离合器脱开,把变速杆放到空档位置,用木块将履带或轮胎楔死,方可重新起动内燃机。

⑬下坡时,当推土机下行速度大于内燃机传动速度时,转向动作的操纵应与平地行走时操纵的方向相反,此时不得使用制动器。

⑭填沟作业驶近边坡时,铲刀不得越出边缘。后退时,应先换档,方可提升铲刀进行倒车。

⑮在深沟、基坑或陡坡地区作业时,应有专人指挥,其垂直边坡高度不应大于2m。若超过上述深度时,应放出安全边坡,同时禁止用推土刀侧面推土。

⑯在推土或松土作业中不得超载,不得作有损于铲刀、推土架、松土器等装置的动作,各项操作应缓慢平稳。无液力变矩器装置的推土机,在作业中有超载趋势时,应稍微提升刀片或变换低速档。

⑰推树时,树干不得倒向推土机及高空架设物。用大型推土机推房屋或围墙时,其高度不宜超过2.5m,用中小型推土机,其高度不宜超过1.5m。严禁推与地基基础连接的钢筋混凝土桩等建筑物。

⑱ 两台以上推土机在同一地区作业时,前后距离应大于8.0m,左右距离应大于1.5m。在狭窄道路上行驶时,未得前机同意,后机不得超越。

⑲推土机顶推铲运机作助铲时,应符合下列要求:助铲位置进行顶推时,应与铲运机保持同一直线行驶;铲刀的提升高度应适当,不得触及铲斗的轮胎;助铲时应均匀用力,不得猛推猛撞,应防止将铲斗后轮胎顶离地面或使铲斗吃土过深;铲斗满载提升时,应减少推力,待铲斗提离地面后即减速脱离接触;后退时,应先看清后方情况,当需绕过正后方驶来的铲运机倒向助铲位置时,宜从来车的左侧绕行。

⑳作业完毕后,应将推土机开到平坦安全的地方,落下铲刀,有松土器的,应将松土器爪落下。在坡道上停机时,应将变速杆挂低速档,接合主离合器,锁住制动踏板,并将履带或轮胎楔住。

㉑停机时,应先降低内燃机转速,变速杆放在空档,锁紧液力传动的变速杆,分开主离合器,踏下制动踏板并锁紧,待水温降到75℃以下、油温度降到90℃以下时,方可

熄火。

㉒推土机长途转移工地时，应采用平板拖车装运。短途行走转移距离不宜超过10km，铲刀距地面宜为400mm，不得用高速档行驶和急转弯，不得长距离倒退行驶，并在行走过程中应经常检查和润滑行走装置。

㉓在推土机下面检修时，内燃机必须熄火，铲刀应放下或垫稳。

第二节　铲　运　机

一、铲运机的用途和分类

1. 铲运机的用途

铲运机是一种能独立完成铲土、运土、卸土和填筑的土方施工机械，与挖掘机、装载机、自卸载重汽车配合施工相比较，具有较高生产率和经济性。铲运机由于其斗容量大，作业范围广，主要用于大土方量的填挖和运输作业，广泛用于公路、铁路、工业建筑、港口建筑、水利、矿山等工程中。

2. 铲运机的分类

铲运机按运行方式不同有拖式和自行式两种。

拖式铲运机如图4-3所示，是利用履带式拖拉机为牵引装置拖动铲土斗进行作业。拖式铲运机铲土斗几何容量为6～7m^3，适于在100～300m作业范围内使用。

自行式铲运机如图4-4所示，采用专门底盘并与铲土斗铰接在一起进行铲、运作业。自行式铲运机铲土斗几何容量最大可达40m^3以上，并且行驶速度较快，适于在300～350m作业范围内使用，是近年来发展较快的施工机械。

铲运机按铲土斗几何容量，分为小型（斗容量在4m^3以下）、中型（斗容量为4～10m^3）和大型（斗容量在10m^3以上）三种，按操纵方式不同，铲运机分为液压式和钢丝绳操纵式两种。

铲运机按卸土方式的不同，可分为强制式、半强制式和自由式三种。

二、铲运机的构造组成和性能参数

1. 铲运机的构造

拖式铲运机构造如图4-3所示，由拖把、辕架、工作液压缸、机架、前轮、后车轮和铲斗等组成。铲斗由斗体、斗门和卸土板组成。斗体底部的前面装有刀片，用于切土。斗体可以升降，斗门可以相对斗体转动，即打开或关闭斗门，以适应铲土、运土和卸土等不同作业的要求。

自行式铲运机多为轮胎式，一般由单轴牵引车和单轴铲运斗两部分组成。图4-4所示为CL7型自行式铲运机，是斗容量为7～9m^3的中型、液压操纵、强制卸土的国产自行式铲运机。单轴牵引车采用液力机械传动、全液压转向、最终轮边行星减速和内涨蹄式气制动等机构。铲运斗由辕架、提升液压缸、斗门、斗门液压缸、铲斗、卸土板、卸土液压

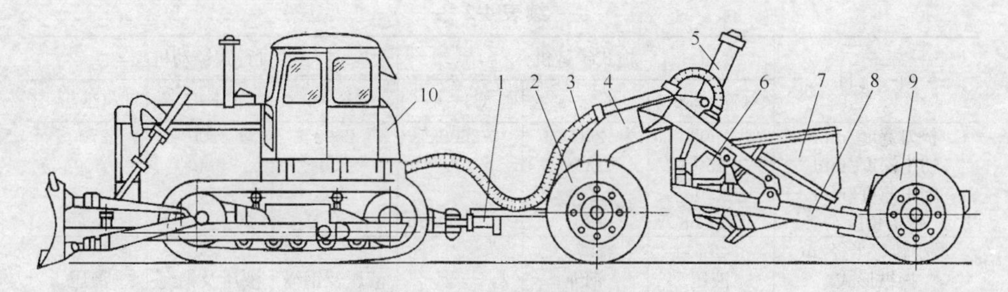

图 4-3 拖式铲运机的构造

1. 拖把 2. 前车轮 3. 油管 4. 辕架 5. 工作液压缸 6. 斗门 7. 铲斗 8. 机架 9. 后车轮 10. 拖拉机

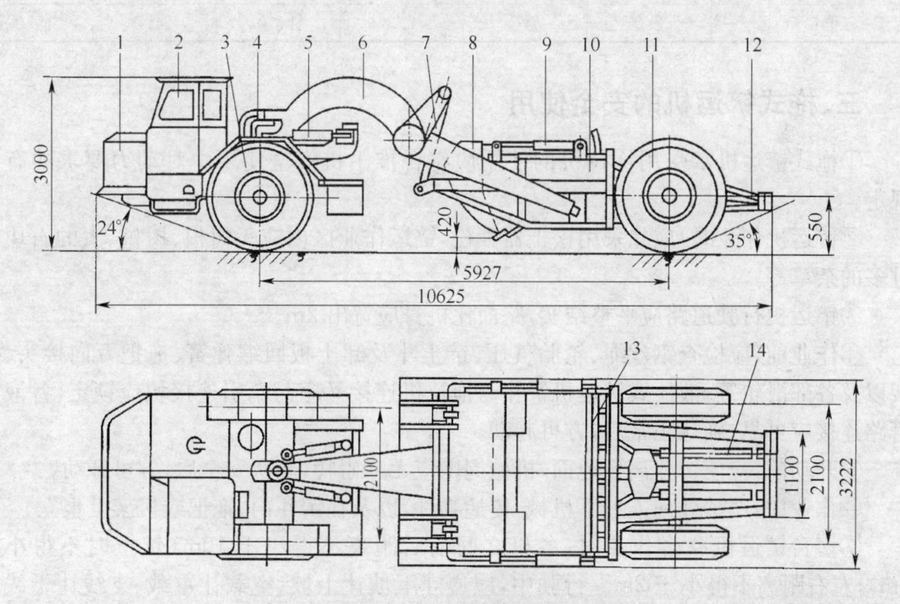

图 4-4 CL7 型铲运机

1. 发动机 2. 单轴牵引车 3. 前轮 4. 转向支架 5. 转向液压缸 6. 辕架 7. 提升液压 8. 斗门 9. 斗门液压缸 10. 铲斗 11. 后轮 12. 尾架 13. 卸土板 14. 卸土液压缸

缸、后轮和尾架等组成，采用液压操纵。

2. 铲运机的性能参数

铲运机的性能参数见表 4-2。

表 4-2 铲运机的性能参数

项 目	拖式铲运机			自行式铲动机		
	C6～2.5	C5～6	C3～6	C3～6	C4～7	CL7
铲斗几何容量/m^3	2.5	6.0	6.0～8.0	6.0	7.0	7.0
堆尖容量/m^3	2.75	8.0	—	8.0	9.0	9.0

续表 4-2

项目	拖式铲运机			自行式铲动机		
	C6～2.5	C5～6	C3～6	C3～6	C4～7	CL7
铲刀宽度/mm	1900	2600	2600	2600	2700	2700
切土深度/mm	150	300	300	300	300	300
铺土厚度/mm	230	380	—	380	400	—
铲土角度/°	35～68	30	30	30	—	—
最小转弯半径/m	2.7	3.75	—	—	67	—
操纵形式	液压	钢绳	—	液压及钢绳	液压及钢绳	液压
功率/hP	60	100	—	120	160	180
卸土方式	自由	强制式	—	强制式	强制式	—
外形尺寸(长×宽×高)/m	5.6×2.44×2.4	8.77×3.12×2.54	8.77×3.12×2.54	10.39×3.07×3.06	9.7×3.1×2.8	9.8×3.2×2.98
重量/t	2.0	7.3	7.3	14.0	14.0	15.0

三、拖式铲运机的安全使用

①拖式铲运机牵引用拖拉机的使用应符合推土机安全使用中对动力要求的有关规定。

②铲运机作业时，应先采用松土器翻松，铲运作业区内应无树根、树桩、大的石块和过多的杂草等。

③铲运机行驶道路应平整结实，路面比机身应宽出 2m。

④作业前，应检查钢丝绳、轮胎气压、铲土斗及卸土板回缩弹簧、拖把万向接头、撑架以及各部滑轮等；液压式铲运机铲斗与拖拉机连接叉座与牵引连接块应锁定，各液压管路连接应可靠，确认正常后，方可起动。

⑤开动前，应使铲斗离开地面，机械周围应无障碍物，确认安全后，方可开动。

⑥作业中，严禁任何人上下机械，传递物件，以及在铲斗内、拖把或机架上坐立。

⑦多台铲运机联合作业时，各机之间前后距离不得小于 10m（铲土时不得小于 5m），左右距离不得小于 2m。行驶中，应遵守下坡让上坡、空载让重载、支线让干线的原则。

⑧在狭窄地段运行时，未经前机同意，后机不得超越。两机交会或超越平行时应减速，两机间距不得小于 0.5m。

⑨铲运机上、下坡道时，应低速行驶，不得中途换档，下坡时不得空档滑行，行驶的横向坡度不得超过 6°，坡宽应大于机身 2m 以上。

⑩在新填筑的土堤上作业时，离堤坡边缘不得小于 1m。需在斜坡横向作业时，应先将斜坡挖填，使机身保持平衡。

⑪在坡道上不得进行检修作业。在陡坡上严禁转弯、倒车或停车。在坡上熄火时，应将铲斗落地、制动牢靠后再行起动。下陡坡时，应将铲斗触地行驶，帮助制动。

⑫铲土时，铲土斗与机身应保持直线行驶。助铲时应有助铲装置，应正确掌握斗门开启的大小，不得切土过深。两机动作应协调配合，做到平稳接触，等速助铲。

⑬在下陡坡铲土时，铲斗装满后，在铲斗后轮未达到缓坡地段前，不得将铲斗提离

地面，应防铲斗快速下滑冲击主机。

⑭在不平地段行驶转弯时，应放低铲斗，不得将铲斗提升到最高位置。

⑮拖拉陷车时，应有专人指挥，前后操作人员应协调，确认安全后，方可起步。

⑯作业后，应将铲运机停放在平坦地面，并应将铲斗落在地面上。液压操纵的铲运机应将液压缸缩回，将操纵杆放在中间位置，进行清洁、润滑后，锁好门窗。

⑰非作业行驶时，铲斗必须用锁紧链条挂牢在运输行驶位置上，机上任何部位均不得载人或装载易燃、易爆物品。

⑱修理斗门或在铲斗下检修作业时，必须将铲斗提起后用销子或锁紧链条固定，再用垫木将斗身顶住，并用木楔楔住轮胎。

四、自行式铲运机的安全使用

①自行式铲运机的行驶道路应平整坚实，单行道宽度不应小于5.5m。

②多台铲运机联合作业时，前后距离不得小于20m（铲土时不得小于10m），左右距离不得小于2m。

③作业前，应检查铲运机的转向和制动系统，并确认灵敏可靠。

④铲土或在利用推土机助铲时，应随时微调转向盘，铲运机应始终保持直线前进。不得在转弯情况下铲土。

⑤下坡时，不得空档滑行，应踩下制动踏板辅助以内燃机制动，必要时可放下铲斗，以降低下滑速度。

⑥转弯时，应采用较大回转半径低速转向，操纵转向盘不得过猛；重载行驶或在弯道上、下坡时，应缓慢转向。

⑦不得在大于15°的横坡上行驶，也不得在横坡上铲土。

⑧沿沟边或填方边坡作业时，轮胎离路肩不得小于0.7m，并应放低铲斗，降速缓行。

⑨在坡道上不得进行检修作业。遇在坡道上熄火时，应立即制动，下降铲斗，把变速杆放在空档位置，然后方可起动内燃机。

⑩穿越泥泞或软地面时，铲运机应直线行驶，当一侧轮胎打滑时，可踏下差速器锁止踏板。当离开不良地面时，应停止使用差速器锁止踏板。不得在差速器锁止时转弯。

⑪夜间作业时，前后照明应齐全完好，前大灯应能照至30m；当对方来车时，应在100m以外将大灯光改为小灯光，并低速靠边行驶。非作业行驶时，铲斗必须用锁紧链条挂牢在运输行驶位置上，机上任何部位均不得载人或装载易燃、易爆物品。

第三节　平　地　机

一、平地机的用途和分类

1. 平地机的用途

平地机属于连续作业的轮式土方施工机械。平地机具有平整、疏松、拌和、耙平材料的功能，广泛用于高等级公路（高速公路）修建、机场建设、水利工程及农田基本建设等大面积场地的平整、路基修筑、清除机场跑道和广场积雪等施工作业。

2. 平地机的分类

平地机按发动机功率可分轻型、中型、重型和超重型四种。发动机功率在56kW以下的为轻型平地机；56～60kW的为中型平地机；90～149kW的为重型平地机；149kW以上的为超重型平地机。

平地机按工作装置的操纵方式分为机械操纵和液压操纵两种。目前，自行式平地机的工作装置基本都采用液压操纵。

平地机按机架结构形式分整体机架式平地机和铰接机架式平地机，如图4-5所示。整体机架是将后车架与弓形前车架铰接为一体，车架的刚度好，转弯半径较大。铰接式机架是将后车架与弓形前车架铰接在一起，用液压缸控制其转动角，转弯半径小，有更好的作业适应性。

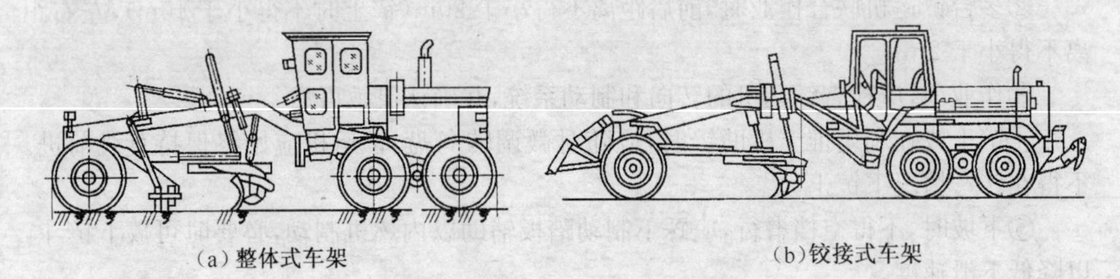

图4-5 平地机的机架结构

二、平地机的构造组成和性能参数

1. 平地机的构造组成

国产平地机主要为PY160型和PY180型液压平地机，其构造是由柴油机、传动系统、液压系统、制动系统、行走转向系统、工作装置、驾驶室和机架等组成如图4-6所示。

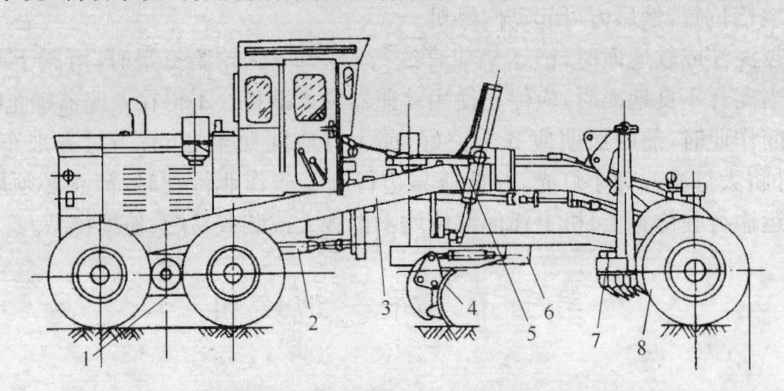

图4-6 自行式液压平地机结构示意图

1. 平衡箱 2. 传动轴 3. 车架 4. 铲土刀 5. 铲刀升降液压缸
6. 铲刀回转盘 7. 松土器 8. 前轮

工作装置有铲土刀和松土器以及辅助作业的推土板。铲土刀装置由牵引架、回转盘、铲土刀等组成，由升降液压缸、回转液压缸、侧伸液压缸及切土角变换液压缸等操纵，可使铲刀处于各种工作状态。切土角的变换为45°～60°。

2. 平地机的性能参数

平地机的主要技术性能参数见表4-3。

表4-3 平地机的主要技术性能参数

项目 \ 型号		PY160A	PY180	PY250(16G)	140G	GD505A-2	BG300A-1	MG150
型式		整体	铰接	铰接	铰接	铰接	铰接	铰接
标定功率/kW		119	132	186	112	97	56	68
铲刀	宽×高/mm	3705×555	3965×610	4877×78	3658×610	3710×655	3100×580	3100×585
	提升高度/mm	540	480	419	464	430	330	340
	切土深度/mm	500	500	470	438	505	270	285
前桥摆动角(左、右)/°		16	15	18	32	30	26	—
前轮转向角(左、右)/°		50	45	50	50	36	36.6	48
前轮倾斜角(左、右)/°		18	17	18	18	20	19	20
最小转弯半径/mm		800	7800	8600	7300	6600	5500	5900
最大行驶速度/(km/h)		35.1	39.4	42.1	41.0	43.4	30.4	34.1
最大牵引力/kN		78	156	—				—
整机质量/t		14.7	15.4	24.85	13.54	10.88	7.5	9.56
外形尺寸(长×宽×高)/mm		8146×2575×3253	10280×2595×3305	1014×2140×3537	—	—	—	—

三、平地机的安全使用

①在平整不平度较大的地面时，应先用推土机推平，再用平地机平整。

②平地机作业区应无树根、石块等障碍物。对土质坚实的地面，应先用齿耙翻松。

③作业区的水准点及导线控制桩的位置、数据应清楚，放线、验线工作应提前完成。

④作业前，重点检查项目应符合下列要求：照明、音响装置齐全有效；燃油、润滑油、液压油等符合规定；各连接件无松动；液压系统无泄漏现象；轮胎气压符合规定。

⑤不得用牵引方法强制起动内燃机，也不得用平地机拖拉其他机械。

⑥起动后，各仪表指示值应符合要求，待内燃机运转正常后，方可开动。

⑦起步前，检视机械周围应无障碍物及行人，先鸣笛示意后，用低速档起步，并应测试确认制动器灵敏有效。

⑧作业时，应先将刮刀下降到接近地面，起步后再下降刮刀铲土。铲土时，应根据

铲土阻力大小，随时少量调整刮刀的切土深度，刮刀的升降量差不宜过大，防止造成波浪形工作面。

⑨刮刀的回转、铲土角的调整以及向机外侧斜，都必须在停机时进行；但刮刀左右端的升降动作，可在机械行驶中随时调整。

⑩各类铲刮作业都应低速行驶，角铲土和使用齿耙时必须用一档；刮土和平整作业可用二、三档。换档必须在停机时进行。

⑪遇到坚硬土质需用齿耙翻松时，应缓慢下齿，不得使用齿耙翻松石块或混凝土路面。

⑫使用平地机清除积雪时，应在轮胎上安装防滑链，并应逐段探明路面的深坑、沟槽情况。

⑬平地机在转弯或调头时，应使用低速档；在正常行驶时，应采用前轮转向，当场地特别狭小时，方可使用前、后轮同时转向。

⑭行驶时，应将刮刀和齿耙升到最高位置，并将刮刀斜放，刮刀两端不得超出后轮外侧。行驶速度不得超过使用说明书规定。下坡时，不得空档滑行。

⑮作业中，应随时注意变矩器油温，超过 120℃时应立即停止作业，待降温后再继续工作。

⑯作业后，应停放在平坦、安全的地方，将刮刀落在地面上，拉上手制动器。

第四节 挖 掘 机

一、挖掘机的用途、分类和特点

1. 挖掘机的用途

挖掘机主要通过铲斗挖掘、装载土或石块，并旋转至一定的卸料位置（一般为运输车辆上方）卸载，为一种集挖掘、装载、卸料于一体的高效土方施工机械。一台斗容量为 $1m^3$ 的挖掘机，其台班生产率相当于 300～400 人的日工作量。挖掘机广泛用于各种建筑物基础坑的开挖，以及市政、道路、桥梁、机场、港口、农田、水利工程，对减轻工人繁重的体力劳动、加快工程进度、提高劳动生产率有十分重要的作用。

2. 挖掘机的分类和特点

单斗挖掘机按动力传递和控制方式不同，可分为机械式和液压式两种，目前建筑工地常用的挖掘机为单斗液压挖掘机。

单斗挖掘机按行走方式不同，分为履带式、轮式两种。履带式挖掘机由于履带与地面的附着面积大、压强小，不需要支腿即可作业，工作适应性强，允许在相对潮湿或软土层上作业，因而被广泛应用。轮式挖掘机行驶速度快、机动性好，允许在城市一般道路上行驶，但由于行走传动系统为机械式，作业时需用支腿，适应性较差。

单斗挖掘机按铲斗类型分为正铲、反铲、拉铲和抓铲四种。

图 4-7 所示为正铲、反铲液压挖掘机。正铲挖掘机主要挖掘停机面以上的土方，最

大挖掘高度和最大挖掘半径是它的主要作业尺寸，主要用于土方量比较集中的工程和大型建筑基坑的开挖。反铲挖掘机主要挖掘停机面以下的土方，最大挖掘深度和最大挖掘半径是它的主要作业尺寸，主要用于Ⅰ～Ⅲ级土壤的开挖，开挖深度一般不超过4m，如开挖一般建筑基坑、路堑、沟渠等。

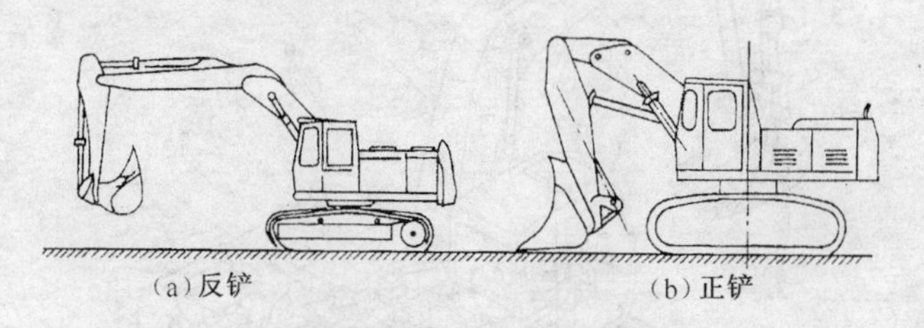

图 4-7 正铲、反铲挖掘机

图 4-8 所示为拉铲挖掘机。拉铲挖掘机适于挖掘停机面以下较松软的土，可挖掘较深而宽的基坑、沟渠和河床。

图 4-9 所示为抓铲挖掘机。抓铲挖掘机适于抓取散状物料，如碎石、砂、煤、泥及河底污物等，也可以用于冲抓表面窄而深的桩坑或连续墙等。抓斗的形式较多，分为液压抓斗和钢丝绳抓斗两类。

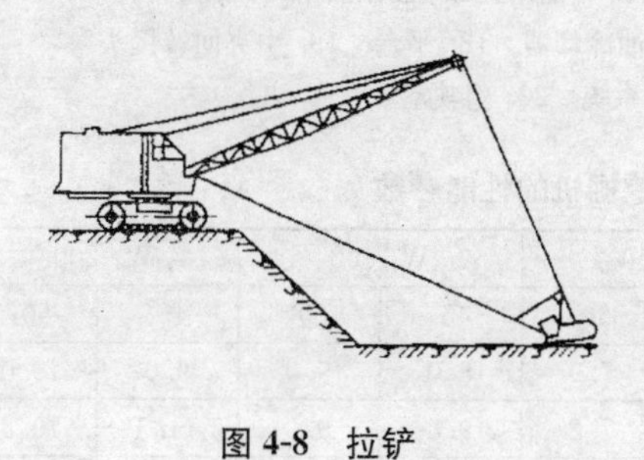

图 4-8 拉铲

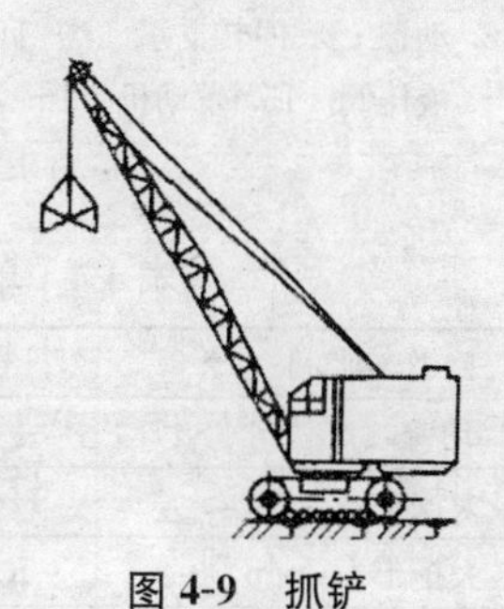

图 4-9 抓铲

二、挖掘机的构造组成和性能参数

1. 挖掘机的构造组成

单斗液压挖掘机主要由工作装置、回转机构、回转平台、行走装置、动力装置、液压系统、电气系统和辅助系统等组成。工作装置可根据作业对象和施工要求更换成反铲、正铲、抓斗、起重和装载装置等，以发挥挖掘机的效能。图 4-10 所示为 EX200V 型单斗液压挖掘机构造简图。

如图 4-10 所示，正、反铲工作装置主要由动臂、斗杆、铲斗、连杆、摇杆及动臂液压缸、斗杆液压缸及铲斗液压缸等组成。各部件之间的连接，以及工作装置与回转平台的连接全部采用铰接，通过三个液压缸伸缩配合，实现挖掘机的挖掘、提升和卸土等动作。

2. 挖掘机的性能参数

挖掘机的性能参数见表 4-4、表 4-5。

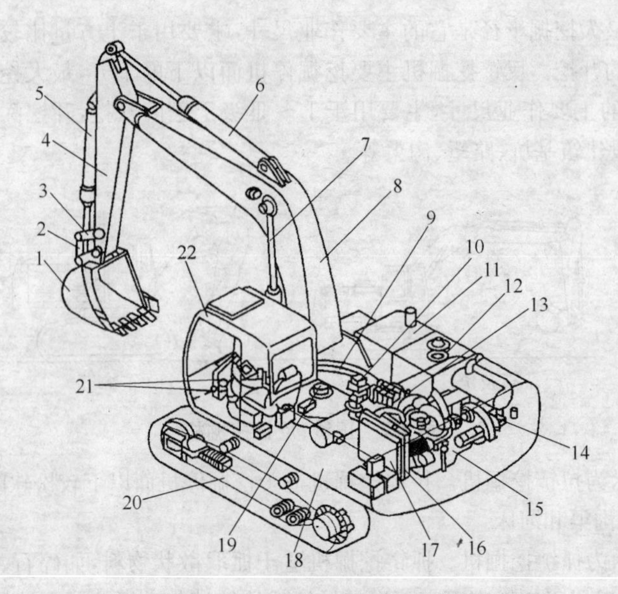

图 4-10 EX200 V 型液压挖掘机总体构造简图

1. 铲斗 2. 连杆 3. 摇杆 4. 斗杆 5. 铲斗液压缸 6. 斗杆液压缸 7. 动臂液压缸 8. 动臂 9. 回转支承 10. 回转驱动装置 11. 燃油箱 12. 液压油箱 13. 控制阀 14. 液压阀 15. 发动机 16. 水箱 17. 液压油冷却器 18. 平台 19. 中央回转接头 20. 行走装置 21. 操作系统 22. 驾驶室

表 4-4 单斗正铲液压挖掘机的性能参数

工作项目	符号	W_1-50		W_1-100		W_1-200	
动臂倾角/°	α	45°	60°	45°	60°	45°	60°
最大挖土高度/m	H_1	6.5	7.9	8.0	9.0	9.0	10.0
最大挖土半径/m	R	7.8	7.2	9.8	9.0	11.5	10.8
最大卸土高度/m	H_2	4.5	5.6	5.6	6.8	6.0	7.0
最大卸土高度时卸土半径/m	R_2	6.5	5.4	8.0	7.0	10.2	8.5
最大卸土半径/m	R_3	7.1	6.5	8.7	8.0	10.0	9.6
最大卸土半径时卸土高度/m	H_3	2.7	3.0	3.3	3.7	3.75	4.7
停机面处最大挖土半径/m	R_1	4.7	4.35	6.4	5.7	7.4	6.25
停机面处最小挖土半径/m	R_1'	2.5	2.8	3.3	3.6	—	—

注：W_1-50 型斗容量为 0.5m^3；W_1-100 型斗容量为 1.0m^3；W_1-200 型斗容量为 2.0m^3。

表 4-5 单斗反铲液压挖掘机的性能参数

名称	符号	机型			
		WY40	WY60	WY100	WY160
铲斗容量/m^3		0.4	0.6	1～1.2	1.6
动臂长度/m		—	—	5.3	—

续表 4-5

名 称	符号	机 型			
		WY40	WY60	WY100	WY160
斗柄长度/m		—	—	2.0	2.0
停机面上最大挖掘半径/m	A	6.9	8.2	8.7	9.8
最大挖掘深度时挖掘半径/m	B	3.0	4.7	4.0	4.5
最大挖掘深度/m	C	4.0	5.3	5.7	6.1
停机面上最小挖掘半径/m	D	—	3.2	—	3.3
最大挖掘半径/m	E	7.18	8.63	9.0	10.6
最大挖掘半径时挖掘高度/m	F	1.97	1.3	1.8	2.0
最大卸载高度时卸载半径/m	G	5.27	5.1	4.7	5.4
最大卸载高度/m	H	3.8	4.48	5.4	5.83
最大挖掘高度时挖掘半径/m	I	6.37	7.35	6.7	7.8
最大挖掘高度/m	J	5.1	6.0	7.6	8.1

三、挖掘机的主要作业尺寸

图 4-11 所示为一台单斗液压挖掘机反铲工作装置的挖掘图。图中的曲线表示挖掘机斗齿的极限运动轨迹，曲线包容的面积为挖掘机斗齿的极限运动范围。选择挖掘机时，应使挖掘机的挖掘图满足开挖基坑的断面尺寸。

挖掘机的主要作业尺寸包括最大工作半径(A)、最大挖掘深度(B)、最大挖掘高度(C)、最大卸载高度(D)四项，它们反映了挖掘机的工作能力。

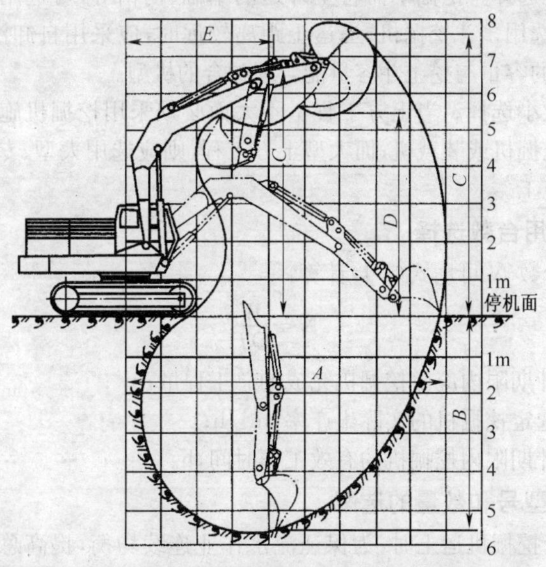

图 4-11 单斗液压挖掘机反铲工作装置的挖掘图

1. 最大工作半径

最大工作半径也称最大挖掘宽度，指铲斗斗齿尖所能伸出的最远点至挖掘机回转中心线间的水平距离。

2. 最大挖掘深度

最大挖掘深度指铲斗斗齿尖所能达到的最低点到停机面的垂直距离。此时，动臂、斗杆与铲斗三个液压缸活塞杆全收回。

3. 最大挖掘高度

最大挖掘高度指工作装置处在最大举升高度时，铲斗斗齿尖端至停机面的垂直距离。此时，动臂液压缸活塞杆全伸出，斗杆和铲斗液压缸活塞杆全缩回。

4. 最大卸载高度

最大卸载高度指工作装置位于最大举升高度时，翻转后的铲斗斗齿尖与停机面的垂直距离。此时，动臂和铲斗液压缸活塞杆全伸出，斗杆液压缸缩回。

四、挖掘机的选用

1. 挖掘机类型和型号的选择

选择挖掘机类型和型号应根据以下几个方面考虑：

①按施工土方位置选择。当挖掘土方在机械停机面以上时，可选择正铲挖掘机；当挖掘土方在停机面以下时，一般选择反铲挖掘机。

②按土的性质选择。挖取水下或潮湿泥土时，应选用拉铲或反铲挖掘机；挖掘坚硬土或开挖冻土时，应选用重型挖掘机；装卸松散物料时，应采用抓斗挖掘机。

③按土方运距选择。挖掘不需将土外运的基础、沟槽等，可选用挖掘装载机；长距离管沟的挖掘，应选用多斗挖掘机；当运土距离较远时，应采用自卸汽车配合挖掘机运土，选择自卸汽车的容量与挖土斗容量能合理配合的机型。

④按土方量大小选择。当土方工程量不大而必须采用挖掘机施工时，可选用机动性能好的轮胎式挖掘机或装载机；而大型土方工程，则应选用大型、专用的挖掘机，并采用多种机械联合施工。

2. 挖掘机需用台数选择

挖掘机需用台数 N 可用式(4-1)计算：

$$N=\frac{W}{QT} \tag{4-1}$$

式中 W——设计期限内应由挖掘机完成的总工程量，m^3；

Q——所选定挖掘机的实际生产率，m^3/h；

T——设计期限内挖掘机的有效工作时间，h。

3. 运输机械型号和数量的选配

运输机械配合挖掘机运土时，为保证流水作业连续均衡，提高总的生产效率，如采用自卸汽车时，汽车的车厢容量应是挖掘机斗容量的整倍数，一般选用3倍，即3～4斗装满一车。

挖掘机与自卸汽车联合施工时，自卸汽车的数量应保证挖土、运土作业连续、不间断，每台挖掘机应配自卸汽车的台数可按式(4-2)计算：

$$N_{汽}=\frac{T_{汽}}{nt_{挖}} \tag{4-2}$$

式中　$T_{汽}$——汽车运土循环时间，min；

$t_{挖}$——挖掘机工作循环时间，min；

n——每台汽车装土的斗数。

五、挖掘机的安全使用

①单斗挖掘机的作业和行走场地应平整坚实，松软地面应垫枕木或垫板，沼泽地区应先作路基处理，或更换湿地专用履带板。

②轮胎式挖掘机使用前应支好支腿并保持水平位置，支腿应置于作业面方向，转向驱动桥应置于作业面后方。采用液压悬挂装置的挖掘机，应锁住两个悬挂液压缸。履带式挖掘机的驱动轮应置于作业面后方。

③作业前重点检查项目应符合下列要求：照明、信号及报警装置等齐全有效；燃油、润滑油、液压油符合规定；各铰接部分连接可靠；液压系统无泄漏现象；轮胎气压符合规定。

④起动前，应将主离合器分离，各操纵杆放在空档位置，驾驶员应发出信号，确认安全后方可起动设备，并应按照JGJ33—2012《建筑机械使用安全技术规程》有关规定起动内燃机。

⑤起动后，接合动力输出，应先使液压系统从低速到高速空载循环10～20min，无吸空等不正常噪音，工作有效，并检查各仪表指示值，待运转正常再接合主离合器，进行空载运转，顺序操纵各工作机构并测试各制动器，确认正常后，方可作业。

⑥作业时，挖掘机应保持水平位置，将行走机构制动，并将履带或轮胎楔紧。

⑦平整作业场地时，不得用铲斗进行横扫或用铲斗对地面进行夯实。

⑧挖掘岩石时，应先进行爆破。挖掘冻土时，应采用破冰锤或爆破法使冻土层破碎。

⑨挖掘机作业时，除松散土壤外，其最大开挖高度和深度不应超过机械本身性能规定。在拉铲或反铲作业时，履带距工作面边缘距离应大于1.0m，轮胎距工作面边缘距离应大于1.5m。

⑩遇较大的坚硬石块或障碍物时，应待清除后方可开挖，不得用铲斗破碎石块、冻土，或用单边斗齿硬啃。

⑪在坑边进行挖掘作业发现有塌方危险时，应立即处理或将挖掘机撤至安全地带。作业面不得留有伞沿及松动的大块石。

⑫作业时，应待机身停稳后再挖土，当铲斗未离开工作面时，不得作回转、行走等动作。回转制动时，应使用回转制动器，不得用转向离合器反转制动。

⑬作业时，各操纵过程应平稳，不宜紧急制动。铲斗升降不得过猛，下降时，不得撞碰车架或履带。

⑭斗臂在抬高及回转时，不得碰到洞壁、沟槽侧面或其他物体。

⑮向运土车辆装车时，应降低挖铲斗卸落高度，不得偏装或砸坏车厢。回转时，严禁铲斗从运输车驾驶室顶上越过。

⑯作业中，当液压缸伸缩将达到极限位时，应动作平稳，不得冲撞极限块。

⑰作业中当需制动时，应将变速阀置于低速档位置。

⑱ 作业中，当发现挖掘力突然变化时，应停机检查，严禁在未查明原因前擅自调整分配阀压力。

⑲作业中不得打开压力表开关，且不得将工况选择阀的操纵手柄放在高速档位置。

⑳反铲作业时，斗臂应停稳后再挖土。挖土时，斗柄伸出不宜过长，提斗不得过猛。

㉑作业中，履带式挖掘机短距离行走时，主动轮应在后面，斗臂应在正前方与履带平行，制动回转机构，铲斗应离地面1m。上、下坡道不得超过机械本身允许最大坡度，下坡应慢速行驶。不得在坡道上变速和空档滑行。

㉒轮胎式挖掘机行驶前，应收回支腿并固定好，监控仪表和报警信号灯应处于正常显示状态。轮胎气压应符合规定，工作装置应处于行驶方向的正前方，铲斗应离地面1m。长距离行驶时，应采用固定销将回转平台锁定，并将回转制动板踩下后锁定。

㉓当在坡道上行走且内燃机熄火时，应立即制动并揳住履带或轮胎，待重新发动后，方可继续行走。

㉔作业后，挖掘机不得停放在高边坡附近和填方区，应停放在坚实、平坦、安全的地带，将铲斗收回平放在地面上，所有操纵杆置于中位，关闭操纵室和机棚。

㉕履带式挖掘机转移工地应用平板拖车装运。短距离自行转移时，应低速缓行。

㉖保养或检修挖掘机时，除检查内燃机运行状态外，必须将内燃机熄火，并将液压系统卸荷，铲斗落地。

㉗利用铲斗将底盘顶起进行检修时，应使用垫木将抬起的履带或轮胎垫稳，并用木楔将落地履带或轮胎揳牢，然后将液压系统卸荷，否则，严禁进入底盘下工作。

第五节　装　载　机

一、装载机的用途和分类

1. 装载机的用途

装载机的外形如图4-12所示。装载机可用来进行散状物料的铲、挖、装、运、卸等作业，也可以用来清理或平整场地，更换相应的工作装置后还能完成棒料装卸、重物起吊和搬运集装箱等。在缺乏牵引车辆的场所，装载机又可作牵引动力之用。

2. 装载机的分类

①装载机根据行走装置的不同，分为轮式和履带式两种。

轮式装载机具有自重轻、行走速度快、机动性好、作业循环时间短和工作效率高等特点。因此，轮式装载机发展较快。我国铰接车架、轮式装载机的生产已形成了系列，定型的斗容量有0.5～5m³。

履带式装载机如图 4-13 所示。履带式装载机具有重心低、稳定性好、接地比压小，在松软的地面附着性能强、通过性好等特点，特别适合在潮湿、松软的地面、工作量集中、不需要经常转移和地形复杂的地区作业，但是当运输距离超过 30m 时，使用成本将会明显增大。履带式装载机转移工地时需用平板拖车拖运。

图 4-12　国产 ZL50 型装载机

图 4-13　国产 Z120 型履带式装载机

②装载机按卸料方式不同，分为前卸式、回转式和后卸式三种。

目前，国内外生产的轮式装载机大多为前卸式，因其结构简单，工作安全可靠，视野好，故应用广泛。图 4-12、4-13 所示均为前卸式装载机。

图 4-14 所示为回转式装载机。回转式装载机的工作装置可以相对车架转动一定角度，使得装载机在工作时可以与运输车辆成任意角度，装载机原地不动依靠回转卸料。回转式装载机可在狭窄的场地作业，但其结构复杂，侧向稳定性不好。

后卸式装载机前端装料，向后卸料，作业时不需调头，可直接向停在装载机后面的运输车辆卸载。但卸载时，铲斗必须越过驾驶室，不安全，所以应用不广，一般用于井巷作业。

图 4-14　回转式装载机

③装载机按铲斗的额定装载重量分为小型（<10kN）、轻型（10～30kN）、中型（30～80kN）、重型（>80kN）四种。轻、中型装载机一般配有可更换的多种作业装置，主要用于建筑施工和装载作业。

装载机型号中的数字部分表示额定装载量。例如，ZL50 表示其额定装载重量为 50kN。

二、装载机的构造组成和性能参数

1. 装载机的构造组成

如图 4-15 所示，装载机主要由工作装置、行走装置、发动机、传动系统、转向制动系统、液压系统、操作系统和辅助系统组成。

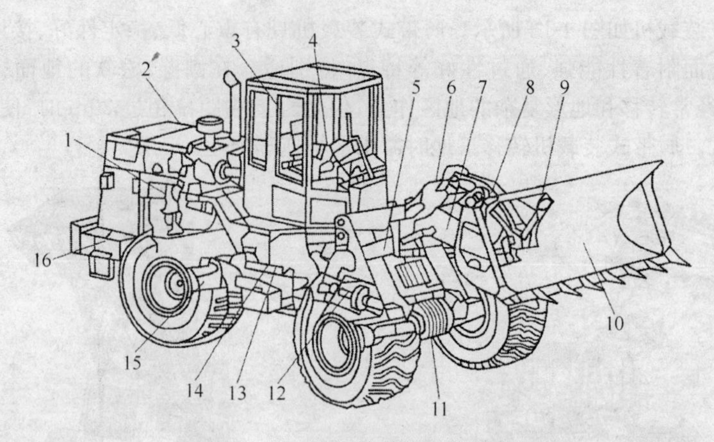

图 4-15 轮式装载机总体结构

1. 发动机 2. 变矩器 3. 驾驶室 4. 操纵系统 5. 动臂油缸 6. 转斗油缸 7. 动臂 8. 摇臂 9. 连杆 10. 铲斗 11. 前驱动桥 12. 传动轴 13. 转向油缸 14. 变速箱 15. 后驱动桥 16. 车架

装载机的工作装置主要由动臂、摇臂、铲斗、连杆等部件组成。动臂和动臂油缸铰接在前车架上，动臂油缸的伸或缩使工作装置举升或下降，从而使铲斗举起或放下。转斗油缸的伸或缩使摇臂前或后摆动，再通过连杆控制铲斗的上翻收斗或下翻卸料。由于作业的要求，在装载机的工作装置设计中，应保证铲斗的举升平移和下降放平，这是装载机工作装置的一个重要特性。

2. 装载机的性能参数

装载机的性能参数见表 4-6。

表 4-6 装载机的性能参数

技术参数	单　位	ZL10 型铰接式装载机	ZL20 型铰接式装载机	ZL30 型铰接式装载机	ZL40 型铰接式装载机	ZL50 型铰接式装载机
发动机型号		495	695	6100	6120	6135Q-1
最大功率/转速	kW/(r/min)	40/2400	54/2000	75/2000	100/2000	160/2000
最大牵引力	kN	31	55	72	105	160
最大行驶速度	km/h	28	30	32	35	35
爬坡能力		30°	30°	30°	30°	30°
铲斗容量	m	0.5	1.0	1.5	2.0	3.0
装载质量	t	1.0	2.0	3.0	3.6	5.0
最小转弯半径	mm	4850	5065	5230	5700	—
传动方式		液力机械式	液力机械式	液力机械式	液力机械式	液力机械式
变矩器型式		单蜗轮式	双蜗轮式	双蜗轮式	双蜗轮式	双蜗轮式
前进档数		2	2	2	2	2

续表 4-6

技术参数	单 位	ZL10 型铰接式装载机	ZL20 型铰接式装载机	ZL30 型铰接式装载机	ZL40 型铰接式装载机	ZL50 型铰接式装载机
倒退档数		1	1	1	1	1
工装操纵型式	液压	液压	液压	液压	液压	液压
轮胎型号	—	—	—	—	—	—
长	mm	4454	5660	6000	6445	6760
宽	mm	1800	2150	2350	2500	2850
高	mm	2610	2700	2800	3170	2700
机重	t	4.2	7.2	9.2	11.5	16.5

三、轮胎式装载机的安全使用

①装载机运距超过合理距离时，应与自卸汽车配合装运作业。自卸汽车的车箱容积应与铲斗容量相匹配。

②装载机不得在倾斜度超过出厂规定的场地上作业。作业区内不得有障碍物及无关人员。

③装载机作业场地和行驶道路应平坦。在石方施工场地作业时，应在轮胎上加装保护链条或用钢质链板直边轮胎。

④作业前重点检查项目应符合下列要求：照明、音响装置齐全有效；燃油、润滑油、液压油符合规定；各连接件无松动；液压及液力传动系统无泄漏现象；转向、制动系统灵敏有效；轮胎气压符合规定。

⑤起动内燃机后，应怠速空运转，各仪表指示值应正常，各部管路密封良好，待水温达到 55℃、气压达到 0.45MPa 后，可起步行驶。

⑥起步前，应先鸣笛示意，宜将铲斗提升离地 0.5m。行驶过程中应测试制动器的可靠性。行走路线应避开路障或高压线等。除规定的操作人员外，不得搭乘其他人员，严禁铲斗载人。

⑦高速行驶时应采用前两轮驱动；低速铲装时，应采用四轮驱动。行驶中，应避免突然转向。铲斗装载后升起行驶时，不得急转弯或紧急制动。

⑧在公路上行驶时应遵守交通规则，下坡不得空档滑行。

⑨装料时，应根据物料的密度确定装载量，铲斗应从正面铲料，不得铲斗单边受力。卸料时，举臂翻转铲斗应低速缓慢动作。

⑩操纵手柄换向时，不应过急、过猛。满载操作时，铲臂不得快速下降。

⑪在松散不平的场地作业时，应把铲臂放在浮动位置，使铲斗平稳地推进；当推进阻力过大时，可稍稍提升铲臂。

⑫铲臂向上或向下动作到最大限度时，应速将操纵杆回到空档位置。

⑬不得将铲斗提升到最高位置运输物料。运载物料时，宜保持铲臂下铰点离地面

0.5m，并保持平稳行驶。

⑭铲装或挖掘应避免铲斗偏载。铲斗装满后，应举臂到距地面约0.5m时，再后退、转向、卸料，不得在收斗或举臂过程中行走。

⑮当铲装阻力较大，出现轮胎打滑时，应立即停止铲装，排除过载后再铲装。

⑯在向自卸汽车装料时，铲斗不得在汽车驾驶室上方越过。当汽车驾驶室顶无防护板，装料时，驾驶室内不得有人。

⑰在向自卸汽车装料时，宜降低铲斗，减小卸落高度，不得偏载、超载和砸坏车箱。

⑱在边坡、壕沟、凹坑卸料时，轮胎离边缘距离应大于1.5m，铲斗不宜过于伸出。在大于3°的坡面上，不得前倾卸料。

⑲作业时，内燃机水温不得超过90℃，变矩器油温不得超过110℃，当超过上述规定时，应停机降温。

⑳作业后，装载机应停放在安全场地，铲斗平放在地面上，操纵杆置于中位，并制动锁定。

㉑装载机转向架未锁闭时，严禁站在前后车架之间进行检修保养。

㉒装载机铲臂升起后，在进行润滑或调整等作业之前，应装好安全销，或采取其他措施支住铲臂。

㉓停车时，应使内燃机转速逐步降低，不得突然熄火，应防止液压油因惯性冲击而溢出油箱。

第五章　起重及垂直运输机械

第一节　起重机械零件

一、钢丝绳

钢丝绳是起重机械作业使用的绳索，具有重量轻、挠性好、能弯曲、强度高、韧性好、能承受冲击载荷等特点。由于钢丝绳整根绳断面相等，在高速运动时无噪声，在破断前有断丝预兆，整根绳不会立即断裂，因此，钢丝绳在起重机械和起重安装作业中被广泛使用。

1. 钢丝绳分类和标记

(1)钢丝绳的分类

钢丝绳通常由多根直径为0.3～0.4mm的细钢丝搓成股，再由股捻成绳。由于细钢丝均为高强度钢丝，所以整根钢丝绳能够承受很大的破断拉力。依据《重要用途钢丝绳》(GB 8918—2006)，钢丝绳有以下几类分类：

①同向捻、交互捻和混合捻钢丝绳。按钢丝绳绕制方法的不同，可分为同向捻、交互捻和混合捻。所谓同向捻钢丝绳，是指钢丝绕成股的方向和股捻成绳的方向相同的钢丝绳。交互捻钢丝绳则是钢丝绕成股的方向和股捻成绳的方向相反。如钢丝绕成股的方向和股捻成绳的方向一部分相同，一部分相反，则称为混合捻钢丝绳。塔式起重机用的是交互捻钢丝绳，其特点是不易松散和扭转。

②单绕绳、双绕绳和三绕绳。根据钢丝绳绕制次数的多少，可分为单绕绳、双绕绳和三绕绳。由若干层钢丝围绕同一绳芯绕制成的钢丝绳，称为单绕绳。先将钢丝绕成股，再由股围绕绳芯绕制成的钢丝绳，叫做双绕绳。以双绕绳围绕绳芯绕成的绳，便是所谓三绕绳。起重机上用的钢丝绳多是双绕绳。

③点接触、线接触和面接触钢丝绳。就钢丝绳中丝与丝的接触状态而言，可分为点接触、线接触和面接触三种不同类型。如股内钢丝直径相等，各层之间钢丝与钢丝互相交叉而呈点状接触的，称为点接触钢丝绳。线接触钢丝绳是采用不同直径钢丝捻制而成，股内各层之间钢丝全长上平行捻制，每层钢丝螺距相等，钢丝之间呈线状接触。钢丝绳股内钢丝形状特殊，钢丝之间呈面状接触的，属于面接触钢丝绳。

④圆股、异型股和多股不扭转钢丝绳。就绳股截面形状而言，钢丝绳可分为圆股、异型股(三角形、椭圆形及扁圆形)和多股不扭转三类。高层建筑施工用塔式起重机以采用多股不扭转钢丝绳最为适宜。此种钢丝绳由两层绳股组成，两层绳股捻制方向相反，采用旋转力矩相互平衡的原理捻制而成，钢丝绳受力时，其自由端不会发生扭转。

⑤有机芯、纤维芯、石棉芯和钢丝芯钢丝绳。按钢丝绳的绳芯材料来区分，可分为有机芯（麻芯或棉芯）、纤维芯、石棉芯和钢丝芯四种不同钢丝绳。起重机用的多是纤维芯或钢丝芯钢丝绳。

（2）钢丝绳的标记

根据国家标准《钢丝绳术语、标记和分类》（GB/T 8706—2006），钢丝绳的标记格式如图 5-1 所示。

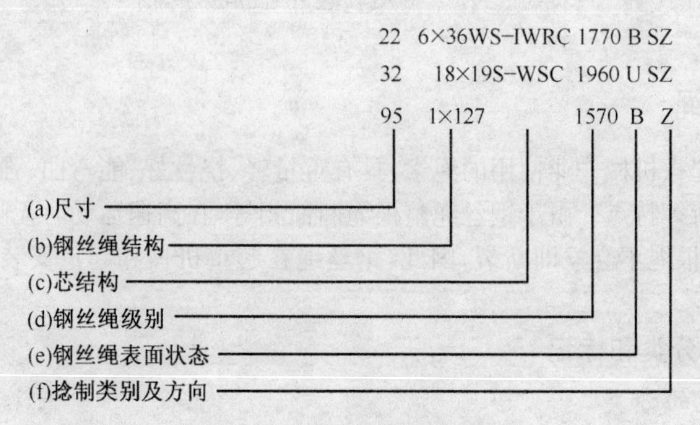

图 5-1 钢丝绳的标记示例

钢丝绳的主要特性标记如图 5-1 所示的顺序排列。

①尺寸。标记中圆钢丝绳尺寸为钢丝绳的公称直径，单位为 mm。圆钢丝绳的直径可用游标卡尺测量，其测量方法如图 5-2 所示。

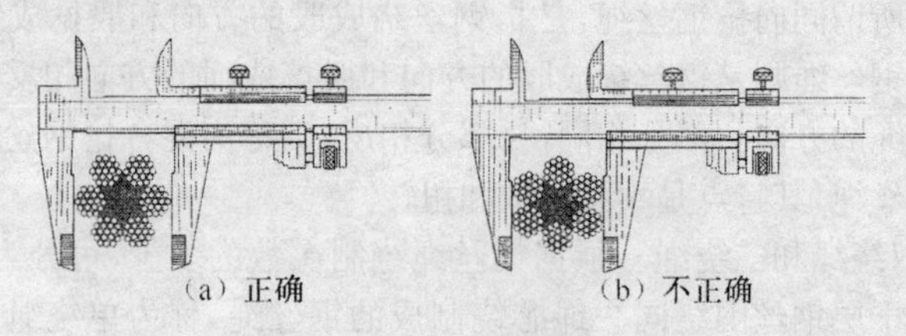

图 5-2 钢丝绳直径测量方法

②钢丝绳结构。多股钢丝绳标记为：外层股数×每个外层股中钢丝的数量及相应股的标记，与芯结构的标记用“-”连接，例如 8×19S—PWRC。

对于多股不旋转钢丝绳（阻旋转钢丝绳），10 个或 10 个以上外层股时标记为：钢丝绳除中心组件外的股的总数，或当中心组件和外层股相同时，钢丝绳中股的总数×每个外层股中钢丝的数量及相应股的标记，与芯的结构标记用“—”连接，例如 18×17—WSC。如果股的层数超过两层，内层股的捻制类型标记在括号中标出。

对于多股不旋转钢丝绳（阻旋转钢丝绳），8 个或 9 个外层股时标记为：外层股数×每个外层股中钢丝的数量及相应股的标记，与芯结构的标记用“：”连接，表示反向捻芯，例如 8×25F：IWRC。

单捻钢丝绳标记为：1×股中钢丝的数量，例如 1×61。

钢丝绳股的标记见表 5-1。

表 5-1　钢丝绳普通类型的股结构代号

结构类型	代号	股结构示例
单捻	无代号	6 即(1—5) 7 即(1—6)
平行捻		
西鲁式	S	17S 即(1—8—8) 19S 即(1—9—9)
瓦林吞式	W	19W 即(1—6—6+6)
填充式	F	21F 即(1—5—5F—10) 25F 即(1—6—6F—12) 29F 即(1—7—7F—14) 41F 即(1—8—8—8F—16)
组合平行捻	WS	26WS 即(1—5—5+5—10) 31WS 即(1—6—6+6—12) 36WS 即(1—7—7+7—14)
组合平行捻	WS	41WS 即(1—8—8+8—16) 41WS 即(1—6/8—8+8—16) 46WS 即(1—9—9+9—18)
多工序捻(圆股)		
点接触捻	M	19M 即(1—6/12) 37M 即(1—6/12/18)
复合捻①	N	35WN 即(1—6—6+6/18)

注:①N 是一个附加代号并放在基本类型代号之后,例如复合西鲁式为 SN,复合瓦林吞式为 WN。

钢丝绳普通类型的股结构类型如图 5-3 所示。

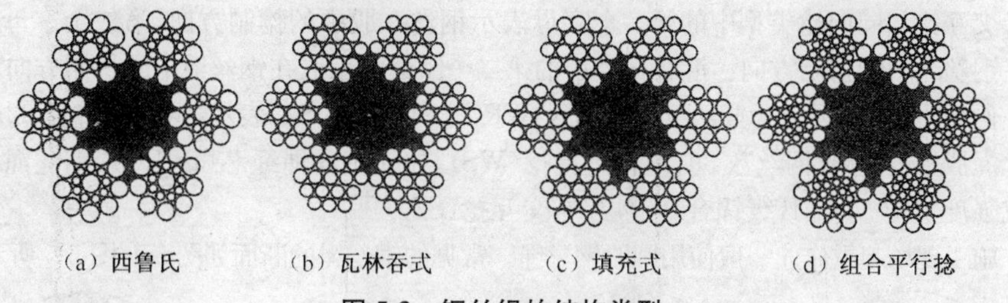

(a) 西鲁氏　(b) 瓦林吞式　(c) 填充式　(d) 组合平行捻

图 5-3　钢丝绳的结构类型

西鲁式:两层具有相同钢丝数的平行捻股结构。

瓦林吞式:外层包含粗细两种交替排列的钢丝,而且外层钢丝数是内层钢丝数 2 倍的平行捻股结构。

填充式:外层钢丝数是内层钢丝数的 2 倍,而且在两层钢丝绳间的间隙中有填充钢丝的平行捻股结构。

组合平行捻：由典型的瓦林吞式和西鲁式股类型组合而成，由三层或三层以上钢丝一次捻制成的平行捻股结构。

③绳芯结构。钢丝绳绳芯的结构按表 5-2 的规定标记。

表 5-2　芯、平行捻密实钢丝绳中心和阻旋转钢丝绳中心组件代号

项目或组件	代　号	项目或组件	代　号
单层钢丝绳		平行捻密实钢丝绳	
纤维芯	FC	平行捻钢丝绳芯	PWRC
天然纤维芯	NFC	压实股平行捻钢丝绳芯	PWRC(K)
合成纤维芯	SFC	填充聚合物的平行捻钢丝绳芯	PWRC(EP)
固态聚合物芯	SPC	阻旋转钢丝绳	
钢芯	WC	中心构件	
钢丝股芯	WSC	纤维芯	FC
独立钢丝绳芯	IWRC	钢丝股芯	WSC
压实股独立钢丝绳芯	IWRC(K)	密实钢丝股芯	KWSC
聚合物包覆独立绳芯	EPIWRC		

④级别。当需要给出钢丝绳级别时，应标明钢丝绳破断拉力级别，即钢丝绳公称抗拉强度(MPa)，如 1770、1570、1960 等。

⑤表面状态。钢丝绳外层钢丝应用下列字母标记：

U—光面无镀层；B—B 级镀锌；A—A 级镀锌；B(Zn/Al)—B 级锌合金镀层；A(Zn/Al)—A 级锌合金镀层。

⑥捻制类型及方向。对于单捻钢丝绳，捻制方向应用下列字母标记：Z—右捻；S—左捻。对于多股钢丝绳，捻制类型和捻制方向应用下列字母标记：SZ—右交互捻；ZS—左交互捻；ZZ—右同向捻；SS—左同向捻；aZ—右混合捻；aS—左混合捻。

交互捻和同向捻类型中的第一个字母表示钢丝在股中的捻制方向，第二个字母表示股在钢丝绳中的捻制方向。混合捻类型的第二个字母表示股在钢丝绳中的捻制方向。

例如，钢丝绳标记为“22　6×36WS-IWRC 1770　B　SZ”表示：钢丝绳直径 22mm，钢丝绳股数 6，每股钢丝数 36，组合平行捻(WS)，独立钢丝绳绳芯(IWRC)，钢丝绳公称抗拉强度 1770MPa，B 级锌合金镀层，右交互捻(SZ)。

施工现场起重作业一般使用圆股钢丝绳。常见的钢丝绳的断面如图 5-4、图 5-5 所示。

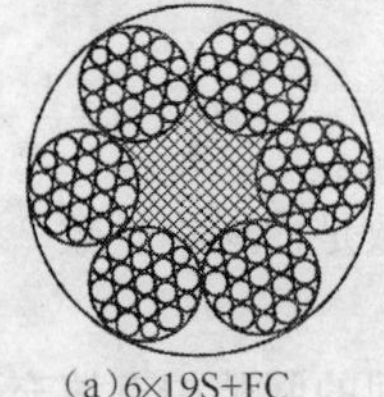

(a)6×19S+FC

(b)6×19S+IWR

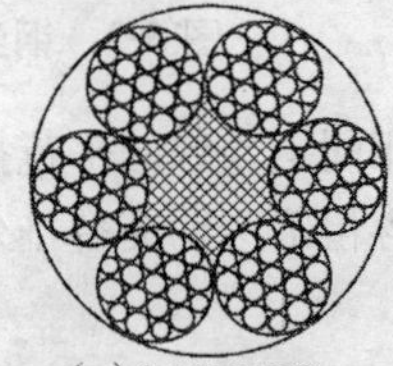

(c)6×19W+FC

(d)6×19W+IWR

图 5-4　6×19 钢丝绳断面图

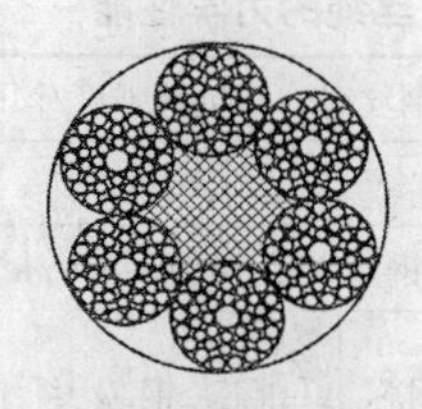
(a) 6×37S+FC

(b) 6×37S+IWR

图 5-5 6×37 钢丝绳断面图

施工现场常用的6×19、6×37两种系列钢丝绳的力学性能见表5-3和表5-4。

表 5-3 6×19 系列钢丝绳的力学性能

钢丝绳公称直径	钢丝绳近似重量/(kg/100m)			钢丝绳公称抗拉强度/MPa									
				1570		1670		1770		1870		1960	
				钢丝绳最小破断拉力/kN									
D/mm	天然纤维芯钢丝绳	合成纤维芯钢丝绳	钢芯钢丝绳	纤维芯钢丝绳	钢芯钢丝绳	纤维芯钢丝绳	钢芯钢丝绳	纤维芯钢丝绳	钢芯钢丝绳	纤维芯钢丝绳	钢芯钢丝绳	纤维芯钢丝绳	钢芯钢丝绳
12	53.10	51.80	58.40	74.60	80.50	79.40	85.60	84.10	90.70	88.90	95.90	93.10	100.00
13	62.30	60.80	68.50	87.50	94.40	93.10	100.00	98.70	106.00	104.00	113.00	109.00	118.00
14	72.20	70.50	79.50	101.00	109.00	108.00	117.00	114.00	124.00	121.00	130.00	127.00	137.00
16	94.40	92.10	104.00	133.00	143.00	141.00	152.00	149.00	161.00	157.00	170.00	166.00	179.00
18	119.00	117.00	131.00	167.00	181.00	178.00	192.00	189.00	204.00	199.00	215.00	210.00	226.00
20	147.00	144.00	162.00	207.00	223.00	220.00	237.00	233.00	252.00	246.00	266.00	259.00	279.00
22	178.00	174.00	196.00	250.00	270.00	266.00	287.00	282.00	304.00	298.00	322.00	313.00	338.00
24	212.00	207.00	234.00	298.00	321.00	317.00	342.00	336.00	362.00	355.00	383.00	373.00	402.00
26	249.00	243.00	274.00	350.00	377.00	372.00	401.00	394.00	425.00	417.00	450.00	437.00	472.00
28	289.00	282.00	318.00	406.00	438.00	432.00	466.00	457.00	494.00	483.00	521.00	507.00	547.00
30	332.00	324.00	365.00	466.00	503.00	495.00	535.00	525.00	567.00	555.00	599.00	582.00	628.00
32	377.00	369.00	415.00	530.00	572.00	564.00	608.00	598.00	645.00	631.00	681.00	662.00	715.00
34	426.00	416.00	469.00	598.00	646.00	637.00	687.00	675.00	728.00	713.00	769.00	748.00	807.00
36	478.00	466.00	525.00	671.00	724.00	714.00	770.00	756.00	816.00	799.00	862.00	838.00	904.00
38	532.00	520.00	585.00	748.00	807.00	795.00	858.00	843.00	909.00	891.00	961.00	934.00	1010.00
40	590.00	576.00	649.00	828.00	894.00	881.00	951.00	934.00	1000.00	987.00	1060.00	1030.00	1120.00

注：钢丝绳公称直径允许偏差0～5%。

表 5-4 6×37 系列钢丝绳的力学性能

钢丝绳公称直径	钢丝绳近似重量/(kg/100m)			钢丝绳公称抗拉强度/MPa									
				1570		1670		1770		1870		1960	
				钢丝绳最小破断拉力/kN									
D/mm	天然纤维芯钢丝绳	合成纤维芯钢丝绳	钢芯钢丝绳	纤维芯钢丝绳	钢芯钢丝绳	纤维芯钢丝绳	钢芯钢丝绳	纤维芯钢丝绳	钢芯钢丝绳	纤维芯钢丝绳	钢芯钢丝绳	纤维芯钢丝绳	钢芯钢丝绳
12	54.70	53.40	60.20	74.60	80.50	79.40	85.60	84.10	90.70	88.90	95.90	93.10	100.00
13	64.20	62.70	70.60	87.50	94.40	93.10	100.00	98.70	106.00	104.00	113.00	109.00	118.00
14	74.50	72.70	81.90	101.00	109.00	108.00	117.00	114.00	124.00	121.00	130.00	127.00	137.00
16	97.30	95.00	107.00	133.00	143.00	141.00	152.00	149.00	161.00	157.00	170.00	166.00	179.00
18	123.00	120.00	135.00	167.00	181.00	178.00	192.00	189.00	204.00	199.00	215.00	210.00	226.00
20	152.00	148.00	167.00	207.00	223.00	220.00	237.00	233.00	252.00	246.00	266.00	259.00	279.00
22	184.00	180.00	202.00	250.00	270.00	266.00	287.00	282.00	304.00	298.00	322.00	313.00	338.00
24	219.00	214.00	214.00	298.00	321.00	317.00	342.00	336.00	362.00	355.00	383.00	373.00	402.00
26	257.00	251.00	283.00	350.00	377.00	372.00	401.00	394.00	425.00	417.00	450.00	437.00	472.00
28	298.00	291.00	328.00	406.00	438.00	432.00	466.00	457.00	494.00	483.00	521.00	507.00	547.00
30	342.00	334.00	376.00	466.00	503.00	495.00	535.00	525.00	567.00	555.00	599.00	582.00	628.00
32	389.00	380.00	428.00	530.00	572.00	564.00	608.00	598.00	645.00	631.00	681.00	662.00	715.00
34	439.00	429.00	483.00	598.00	646.00	637.00	687.00	675.00	728.00	713.00	769.00	748.00	807.00
36	492.00	481.00	542.00	671.00	724.00	714.00	770.00	756.00	816.00	799.00	862.00	838.00	904.00
38	549.00	536.00	604.00	748.00	807.00	795.00	858.00	843.00	909.00	891.00	961.00	934.00	1010.00
40	608.00	594.00	669.00	828.00	894.00	881.00	951.00	934.00	1000.00	987.00	1060.00	1030.00	1120.00
42	670.00	654.00	737.00	913.00	985.00	972.00	1040.00	1030.00	1110.00	1080.00	1170.00	1140.00	1230.00
44	736.00	718.00	809.00	1000.00	1080.00	1060.00	1150.00	1130.00	1210.00	1190.00	1280.00	1250.00	1350.00
46	804.00	785.00	884.00	1090.00	1180.00	1160.00	1250.00	1230.00	1330.00	1300.00	1400.00	1370.00	1480.00
48	876.00	855.00	963.00	1190.00	1280.00	1260.00	1360.00	1340.00	1450.00	1420.00	1530.00	1490.00	1610.00
50	950.00	928.00	1040.00	1290.00	1390.00	1370.00	1480.00	1460.00	1570.00	1540.00	1660.00	1620.00	1740.00
52	1030.00	1000.00	1130.00	1400.00	1510.00	1490.00	1600.00	1570.00	1700.00	1660.00	1800.00	1750.00	1890.00
54	1110.00	1080.00	1220.00	1510.00	1620.00	1600.00	1730.00	1700.00	1830.00	1790.00	1940.00	1890.00	2030.00
56	1190.00	1160.00	1310.00	1620.00	1750.00	1720.00	1860.00	1830.00	1970.00	1930.00	2080.00	2030.00	2190.00
58	1280.00	1250.00	1410.00	1740.00	1880.00	1850.00	1990.00	1960.00	2110.00	2070.00	2240.00	2180.00	2350.00
60	1370.00	1340.00	1500.00	1860.00	2010.00	1980.00	2140.00	2100.00	2260.00	2220.00	2400.00	2330.00	2510.00

注：钢丝绳公称直径允许偏差 0～5%。

在实际生产中，钢丝绳的零件代号往往只标出股数、丝数和直径。

2. 钢丝绳的安全计算

钢丝绳在工作中允许承受的最大拉力为：

$$S \leqslant \frac{S_p}{n} \tag{5-1}$$

式中　S——钢丝绳在工作中允许最大拉力，N；

S_p——钢丝绳的破断拉力，N；

n——钢丝绳的安全系数，见表 5-5。

表 5-5　钢丝绳的安全系数

用　途	安全系数 n	用　途	安全系数 n
一般工作情况	≥5.5	吊索（无弯曲）	6~7
使用频繁或冶炼铸造用	≥6.0	绑扎吊索	8~10
手动起重设备	≥4.5	载人升降机	14

钢丝绳的破断拉力 S_p 可直接从表 5-3、表 5-4 查出。

在施工现场无资料时，破断拉力 S_p 可按下式估算：

$$S_p = 525d^2\varphi \tag{5-2}$$

式中　525——公称抗拉强度为 1400MPa 的钢丝绳（最低级）的强度经验系数 K 值，K=525MPa；

d——钢丝绳的直径，mm；

φ——钢丝绳折减系数，见表 5-6。

表 5-6　钢丝绳折减系数

<table>
<tr><th>钢丝绳构造</th><th>折减系数 φ</th><th>钢丝绳构造</th><th>折减系数 φ</th></tr>
<tr><td>1×7、1×9</td><td>0.90</td><td rowspan="2">6×37、8×37、8×19</td><td rowspan="2">0.82</td></tr>
<tr><td>6×7、6×12、7×7</td><td>0.88</td></tr>
<tr><td>1×37、6×19、7×19
6×24、6×30、18×17</td><td>0.85</td><td>6×61、7×34</td><td>0.80</td></tr>
</table>

(1)起重绳安全计算

将破断拉力的经验估算公式(5-2)代入安全计算公式(5-1)，根据表 5-5 和表 5-6，起重绳直径可按下式计算：

$$d \geqslant \sqrt{\frac{S \times 5.5}{525 \times \varphi}} \tag{5-3}$$

式中　d——起重绳直径，mm；

5.5——机动起重绳安全系数；

525——钢丝绳强度经验系数，MPa；

φ——钢丝绳折减系数，见表 5-6；

S——卷扬机额定拉力，N，如 JK2 型卷扬机的额定拉力为 20000N。

(2)吊索拉力和吊索直径的计算

吊索根据形式不同,分为环形吊索和开口吊索;根据使用的场合不同,又分为直吊索(无弯曲)和绑扎吊索。直吊索两端有特制挂钩或通过卡环与构件连接的环套,如图 5-6 所示。吊索拉力按下式计算:

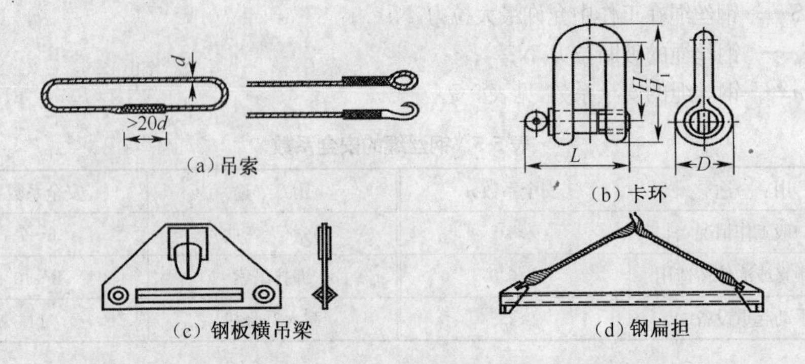

图 5-6 吊装索具

$$S=\frac{K_1K_2K_\alpha Q}{m} \tag{5-4}$$

式中 S——吊索的计算拉力,N;

Q——被吊构件或结构的自重力,N;

m——吊索的吃力分支数,如图 5-2 所示,$m=4$;

K_1——动载荷系数,一般 $K_1=1.1$;

K_2——载荷分配不均系数,一般 $K_2=1.2\sim1.3$;

K_α——随吊索与铅垂线夹角 α 的变化系数,夹角 α 如图 5-7 所示,$K_\alpha=\frac{1}{\cos\alpha}$。$K_\alpha$ 的取值见表 5-7。

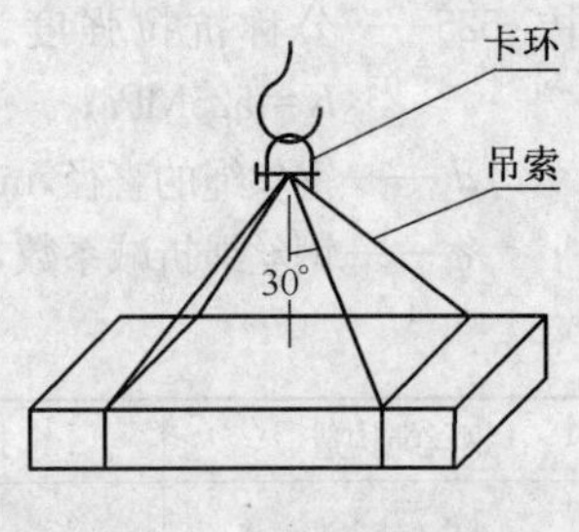

图 5-7 吊索吊装示意图

表 5-7 吊索与铅垂线夹角变化系数 K_α 的取值

α	0°	15°	20°	25°	30°	35°	40°	45°	50°	60°
K_α	1	1.035	1.064	1.103	1.154	1.221	1.305	1.414	1.555	2

为保证吊索安全工作,吊索与铅垂线夹角 α 不得超过 45°,无横吊梁时一般以 30°为宜。吊索直径的计算:将公式 5-2 和 5-4 代入 5-1 式,得出如下公式:

$$d\geqslant\sqrt{\frac{K_1K_2K_\alpha Qn}{525m\varphi}} \tag{5-5}$$

式中 d——吊索钢丝绳计算直径,mm;

n——吊索用钢丝绳安全系数,直吊索时,$n=6$,绑扎吊索 $n=8\sim10$;

其他参数见公式 5-4 和公式 5-2。

构件起吊后,平稳上升或下落时,动荷载逐渐减少直至可忽略,所以,计算吊索直径时,往往把式 5-5 中的折减系数 φ 去掉,即不再考虑折减问题($\varphi=1$),仍在式 5-5 中保留动荷载系

数 K_1。这样既能保证吊索工作中的安全,还可以使吊索的直径不致过大而影响使用,又给计算带来简便。

3. 钢丝绳的安全检查(GB/T 5972—2009)

钢丝绳的检查包括外部检查和内部检查及钢丝绳使用条件的检查。每周应对钢丝绳进行一次外部检查,每月至少进行一次全面、深入细致的详细检查。塔式起重机在长时间停置后重新投入生产之前,应对钢丝绳进行一次全面检查。

(1)钢丝绳的外部检查

钢丝绳的外部检查包括直径检查、磨损检查、断丝检查和润滑检查。

①直径检查。直径是钢丝绳极其重要的参数。直径测量可反映该处直径的变化程度、钢丝绳是否受到过较大的冲击荷载、捻制时股绳张力是否均匀一致、绳芯对股绳是否保持了足够的支撑能力。钢丝绳直径用带有宽钳口的游标卡尺测量。其钳口的宽度要足以跨越两个相邻的股,如图 5-8 所示。

②磨损检查。钢丝绳在使用过程中产生磨损现象不可避免。钢丝绳磨损检查可反映出钢丝绳与匹配轮槽的接触状况,在无法随时进行性能试验的情况下,根据钢丝的磨损程度来推测钢丝绳实际承载能力。

③断丝检查。钢丝绳在投入使用后,肯定会出现断丝现象,尤其是到了使用后期,断丝发展速度会迅速上升。断丝检查不仅可推测钢丝绳继续承载的能力,而且根据出现断丝根数的发展速度,间接预测钢丝绳使用疲劳寿命。

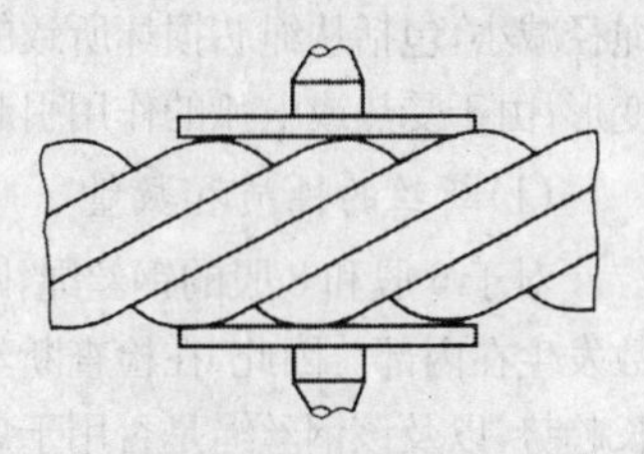

图 5-8　钢丝绳直径测量

④润滑检查。通常情况下,新出厂钢丝绳大部分在生产时已经进行了润滑处理,但在使用过程中,润滑油脂会流失减少。润滑不仅能够对钢丝绳在运输和存储期间起到防腐保护作用,而且能够减少钢丝绳使用过程中钢丝之间、股绳之间和钢丝绳与匹配轮槽之间的摩擦,延长钢丝绳使用寿命。润滑检查的目的是把腐蚀、摩擦对钢丝绳的危害降低到最低程度。尽管有时钢丝绳表面不一定涂覆润滑性质的油脂(例如增摩性油脂),但是,从防腐和满足特殊需要看,润滑检查十分重要。

(2)钢丝绳的内部检查

对钢丝绳进行内部检查要比进行外部检查困难得多,但由于内部损坏(主要由锈蚀和疲劳引起的断丝)隐蔽性更大,为保证钢丝绳安全使用,必须在适当的部位进行内部检查。

如图 5-9 所示,检查时,将两个尺寸合适的夹钳相隔 100～200mm 夹在钢丝绳上反方向转动,股绳便会脱起。操作时,必须十分仔细,以避免股绳被过度移位造成永久变形,导致钢丝绳破坏。如图 5-10 所示,小缝隙出现后,用螺钉旋具或探针拨动股绳并把妨碍视线的油脂或其他异物拨开,对内部润滑、钢丝锈蚀、钢丝及钢丝间相互运动产生的磨痕等情况进行仔细检查。检查断丝时,一定要认真,因为钢丝断头一般不会翘起,因而不容易被发现。检查完毕后,稍用力转回夹钳,以使股绳完全恢复到原来位置。对靠近绳端的绳段特别是对固定钢丝绳应加以注意操作,诸如支持绳或悬挂绳。如果上述过程操作正确,钢丝绳不会变形。图5-10为对靠近绳端装置的钢丝绳尾部作内部检验。

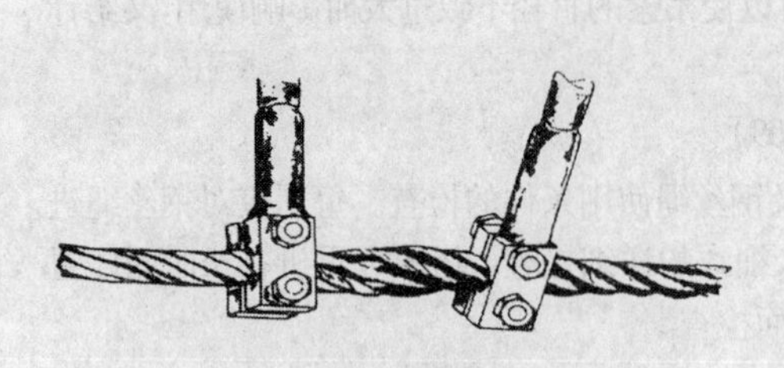

图 5-9　对一段连续钢丝绳作内部检验

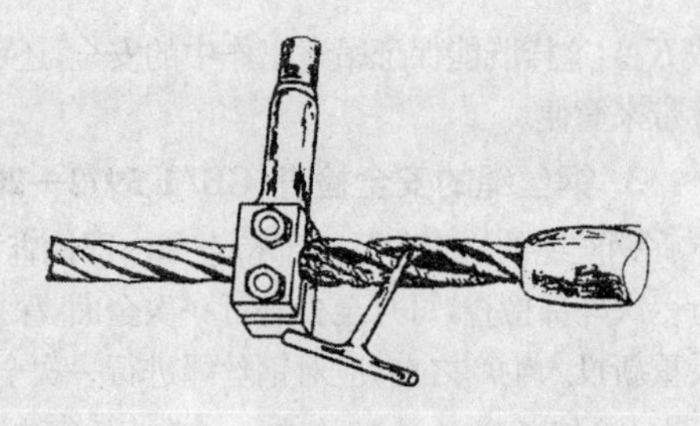

图 5-10　对靠近绳端装置的钢丝绳尾部作内部检验

(3)钢丝绳使用条件检查

除对钢丝绳本身的检查之外，还必须对与钢丝绳使用条件匹配轮槽的表面磨损情况、轮槽几何尺寸及转动灵活性等进行检查，以保证钢丝绳在运行过程中与其始终处于良好的接触状态、运行摩擦阻力最小。

4. 钢丝绳的报废

依据《起重机用钢丝绳检验和报废使用规范》(GB/T 5972—2006)，钢丝绳使用的安全程度由以下项目判定：断丝的性质和数量；绳端断丝；断丝的局部聚集；断丝的增加率；股断裂；绳径减小，包括从绳芯损坏所致的情况；磨损；弹性降低；外部和内部磨损；外部和内部锈蚀；变形；由于受热或电弧的作用引起的损坏；永久伸长率。

(1)断丝的性质和数量

对于 6 股和 8 股的钢丝绳，断丝主要发生在外表。而对于多层绳股的钢丝绳，断丝大多数发生在内部。因此，在检查断丝数时，应综合考虑断丝的部位、局部聚集程度和断丝的增长趋势，以及该钢丝绳是否用于危险品作业等因素。

钢制滑轮上工作的圆股钢丝绳断丝根数在规定长度内的断丝数达到表 5-8 的数值，应报废。

表 5-8　钢制滑轮上工作的圆股钢丝绳中断丝根数的控制标准

外层绳股承载钢丝数① n	钢丝绳典型结构示例②(GB 8918—2006、GB/T 20118—2006)②	起重机用钢丝绳必须报废时与疲劳有关的可见断丝数③							
		机构工作级别							
		M1、M2、M3、M4				M5、M6、M7、M8			
		交互捻		同向捻		交互捻		同向捻	
		长度范围①				长度范围①			
		≤6d	≤30d	≤6d	30d	≤6d	≤30d	≤6d	≤30d
≤50	6×7	2	4	1	2	4	8	2	4
51≤n≤75	6×19S*	3	6	2	3	6	12	3	6
76≤n≤100		4	8	2	4	8	16	4	8
101≤n≤120	8×19S* 6×25Fi*	5	10	2	5	10	19	5	10
121≤n≤140		6	11	3	6	11	22	6	11

续表 5-8

外层绳股承载钢丝数① n	钢丝绳典型结构示例② （GB 8918—2006、GB/T 20118—2006）②	起重机用钢丝绳必须报废时与疲劳有关的可见断丝数③							
		机构工作级别							
		M1、M2、M3、M4				M5、M6、M7、M8			
		交互捻		同向捻		交互捻		同向捻	
		长度范围④				长度范围④			
		≤6d	≤30d	≤6d	30d	≤6d	≤30d	≤6d	≤30d
141≤n≤160	8×25Fi	6	13	3	6	13	26	6	13
161≤n≤180	6×36WS*	7	14	4	7	14	29	7	14
181≤n≤200		8	16	4	8	16	32	8	16
201≤n≤220	6×41WS*	9	18	4	9	18	38	9	18
221≤n≤240	6×37	10	19	5	10	19	38	10	19
241≤n≤260		10	21	5	10	21	42	10	21
261≤n≤280		11	22	6	11	22	45	11	22
281≤n≤300		12	24	6	12	24	48	12	24
300<n		0.04n	0.08n	0.02n	0.04n	0.08n	0.16n	0.04n	0.08n

注：①填充钢丝不是承载钢丝，因此检验中要予以扣除。多层绳股钢丝绳仅考虑可见的外层，带钢芯的钢丝绳，其绳芯作为内部绳股对待，不予考虑。

②统计绳中的可见断丝数时，取整至整数值。对外层绳股的钢丝直径大于标准直径的特定结构的钢丝绳，在表中作降低等级处理，并以＊号表示。

③一根断丝可能有两处可见端。

④d 为钢丝绳公称直径。

⑤钢丝绳典型结构与国际标准的钢丝绳典型结构一致。

钢制滑轮上工作的抗扭（多股不扭转）钢丝绳断丝根数达到表 5-9 的数值，应报废。

表 5-9　钢制滑轮上工作的抗扭钢丝绳中断丝根数的控制标准

达到报废标准的起重机用钢丝绳与疲劳有关的可见断丝数			
机构工作级别 M1、M2、M3、M4		机构工作级别 M5、M6、M7、M8	
长度范围		长度范围	
≤6d	≤30d	≤6d	≤30d
2	4	4	8

注：1. 可见断丝数，一根断丝可能有两处可见端；

2. 长度范围，d 为钢丝绳公称直径。

如果钢丝绳锈蚀或磨损，不同种类的钢丝绳应将表 5-8 和表 5-9 断丝数按表 5-10 折减，并按折减后的断丝数作为判断报废的依据。

表 5-10　锈蚀或磨损的折减系数

钢丝表面磨损或锈蚀量/%	10	15	20	25	30～40	>40
折减系数/%	85	75	70	60	50	0

(2)绳端断丝

当绳端或其附近出现断丝时,即使数量很少也表明该部位应力很高,可能是由于绳端安装不正确所致,应查明损坏原因。如果绳长允许,应将断丝的部位切去重新合理安装。

(3)断丝的局部聚集

如果断丝紧靠一起形成局部聚集,则钢丝绳应报废。如这种断丝聚集在小于 $6d$ 的绳长范围内,或者集中在任一支绳股里,那么,即使断丝数比表 5-8 和表 5-9 的数值少,钢丝绳也应予报废。

(4)断丝的增加率

在某些使用场合,疲劳是引起钢丝绳损坏的主要原因,断丝则是在使用一个时期以后才开始出现,但断丝数逐渐增加,其时间间隔越来越短。为了判定断丝的增加率,应仔细检验并记录断丝增加情况。根据这个"规律"可确定钢丝绳未来报废的日期。

(5)绳股断裂

如果出现整根绳股断裂,则钢丝绳应予以报废。

(6)由于绳芯损坏而引起的绳径减小

绳芯损坏导致绳径减小可由下列原因引起:内部磨损和压痕;钢丝绳中各绳股和钢丝之间的摩擦引起的内部磨损,尤其当钢丝绳经受弯曲时更是如此;纤维绳芯的损坏;钢丝芯的断裂;多层股结构中内部股的断裂。

如果这些因素引起钢丝绳实测直径(互相垂直的两个直径测量的平均值)相对公称直径减小 3%(对于抗扭钢丝绳而言)或减少 10%(对于其他钢丝绳而言),即使未发现断丝,该钢丝绳也应予以报废。

对于微小的损坏,特别是当所有绳股中应力处于良好平衡时,用通常的检验方法可能不明显。然而,这种情况会引起钢丝绳的强度大大降低。所以,有任何内部细微损坏的迹象时,均应对钢丝绳内部进行检验并予以查明。一经证实损坏,该钢丝绳就应报废。

(7)弹性降低

在某些情况下(通常与工作环境有关),钢丝绳的弹性会显著降低,若继续使用则不安全。弹性降低通常伴随下述现象:绳径减小;钢丝绳捻距(螺线形钢丝绳外部钢丝和外部绳股围绕绳芯旋转一整圈或一个螺旋,沿钢丝绳轴向测得的距离)增大;由于各部分相互压紧,钢丝之间和绳股之间缺少空隙;绳股凹处出现细微的褐色粉末;虽未发现断丝,但钢丝绳明显不易弯曲和直径减小,比起单纯是由于钢丝磨损而引起的直径减小要严重得多。这种情况会导致在动载作用下钢丝绳突然断裂,故应立即报废。

(8)外部磨损

钢丝绳外层绳股的钢丝表面的磨损,是由于它在压力作用下与滑轮或卷筒的绳槽接触摩擦所致。这种现象在吊载加速或减速运动时，在钢丝绳与滑轮接触的部位特别明显，并表现为外部钢丝磨成平面状。润滑不足，或不正确的润滑以及还存在灰尘和砂粒都会加剧磨损。磨损使钢丝绳的断面积减小而强度降低。当钢丝绳直径相对于公称直径减小 7%或更多时，即使未发现断丝，该钢丝绳也应报废。

(9)外部及内部腐蚀

钢丝绳在海洋或工业污染的大气中特别容易发生腐蚀。腐蚀不仅使钢丝绳的金属断面减少导致破断强度降低，还将引起表面粗糙、产生裂纹从而加速疲劳。严重的腐蚀还会降低钢丝绳弹性。外部钢丝的腐蚀可用肉眼观察，内部腐蚀较难发现，但下列现象可供参考：钢丝绳在绕过滑轮的弯曲部位直径通常变小，但对于静止段的钢丝绳则常由于外层绳股出现锈蚀而引起钢丝绳直径的增加；钢丝绳外层绳股间的空隙减小，还经常伴随出现外层绳股之间断丝。

如果有任何内部腐蚀的迹象，应对钢丝绳进行内部检验；若有严重的内部腐蚀，则应立即报废。

(10)变形

钢丝绳失去正常形状产生可见的畸形称为“变形”。这种变形会导致钢丝绳内部应力分布不均匀。钢丝绳的变形从外观上区分，主要可分下述几种：

①波浪形。波浪形变形是钢丝绳的纵向轴线成螺旋线形状，如图 5-11 所示。这种变形不一定导致任何强度上的损失，但如变形严重即会产生跳动造成不规则的传动。时间长了会引起磨损及断丝。出现波浪形时，在钢丝绳长度不超过 $25d$ 的范围内，若 $d_1 \geqslant \frac{4}{3}d$（式中 d 为钢丝绳的公称直径；d_1 是钢丝绳变形后包络的直径），则钢丝绳应报废。

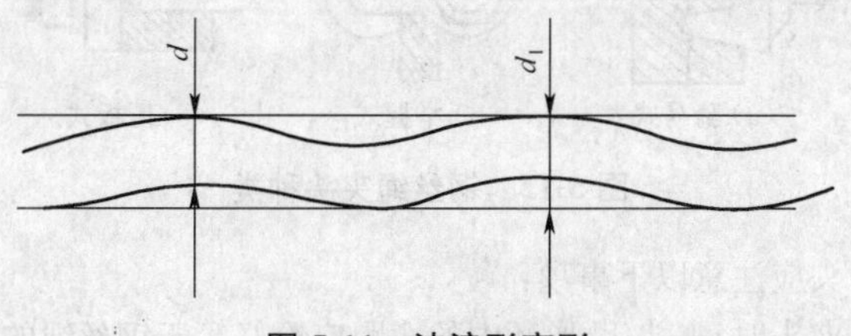

图 5-11　波浪形变形

②笼状畸变。笼状畸变也称“灯笼形”，出现在具有钢芯的钢丝绳上，当外层绳股发生脱节或者变得比内部绳股长的时候就会发生这种变形。笼状畸变的钢丝绳应立即报废。

③绳芯或绳股挤出、扭曲。这种变形是笼状畸变的一种特殊形式，说明钢丝绳不平衡。有绳芯或绳股挤出(隆起)或扭曲的钢丝绳应立即报废。

④钢丝挤出。钢丝挤出是一些钢丝或钢丝束在钢丝绳背对滑轮槽的一侧拱起形成环状的变形。有钢丝挤出的钢丝绳应立即报废。

⑤绳径局部增大。钢丝绳直径发生局部增大，并能波及相当长的一段钢丝绳。这种情况通常与绳股的畸变有关(在特殊环境中，纤维芯由于受潮而膨胀)，结果使外层绳股受力不均衡，造成绳股错位。如果这种情况使钢丝绳实际直径增加 5%以上，钢丝绳

应立即报废。

⑥局部压扁。通过滑轮部分压扁的钢丝绳将会很快损坏，表现为断丝并可能损坏滑轮，有此情况的钢丝绳应立即报废。位于固定索具中的钢丝绳压扁部位会加速腐蚀.如继续使用，应按规定的缩短周期对其进行检查。

⑦扭结。扭结是由于钢丝绳成环状在不允许绕其轴线转动的情况下被绷紧造成的一种变形。其结果是出现捻距不均而引起过度磨损，严重时钢丝绳将产生扭曲，以致仅存极小的强度。有扭结的钢丝绳应立即报废。

⑧弯折。弯折是由外界影响因素引起的钢丝绳的角度变形。有严重弯折的钢丝绳类似钢丝绳的局部压扁，应按局部压扁的要求处理。

(11)受热或电弧引起的损坏

钢丝绳因异常的热影响作用在外表出现可识别的颜色变化时，应立即报废。

5. 钢丝绳夹头

钢丝绳夹头也称为钢丝绳卡子，主要用于缆绳绳头的固定、滑轮组穿绕钢丝绳终端绳头的固定和捆绑吊索的固定等，其形状如图 5-12 所示，分别为骑马式、举握式和压板式。

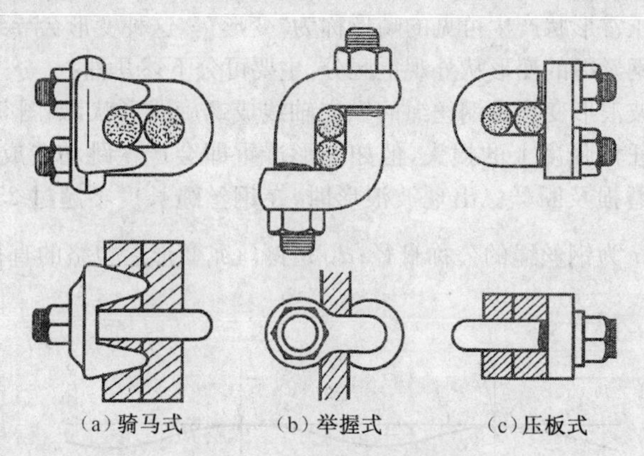

(a)骑马式　(b)举握式　(c)压板式

图 5-12　钢丝绳夹头种类

使用钢丝绳夹头应注意以下事项：

①选用钢丝绳夹头时，夹头 U 形环内的净距应恰好等于钢丝绳的直径，夹头之间的排列间距应为钢丝绳直径的 8 倍左右。根据钢丝绳直径不同，夹头间距和数量可查表 5-11。

表 5-11　钢丝绳夹头间距及数量表

钢丝绳直径 /mm	夹头个数 (骑马式)	夹头间距 /mm	钢丝绳直径 /mm	夹头个数 (骑马式)	夹头间距 /mm
13	3	120	28	4	230
15	3	120	32	5	250
18	3	150	35	5	280
21	4	150	37	5	300
24	4	200	42	6	330

②使用钢丝绳夹头时，应将U形环部分卡在活头一边，如图5-13所示。为防止钢丝绳受力后发生滑动，可增加一个安全夹头，置于距最后一个夹头约500mm处，并将绳头放出一段安全弯后再夹紧。

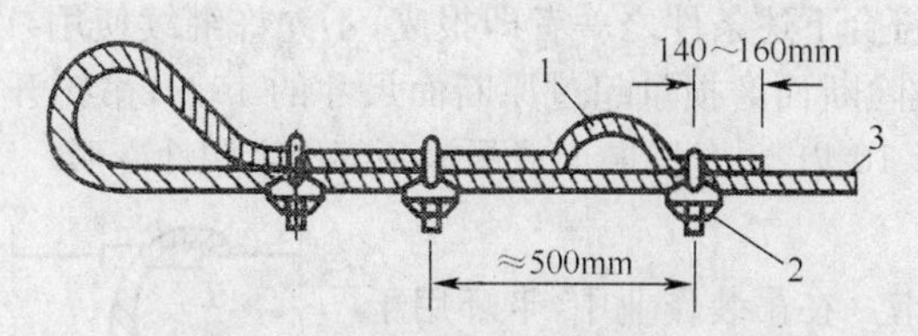

图5-13　钢丝绳夹头正确使用示意图

1. 安全弯　2. 安全夹头　3. 主绳

③使用钢丝绳夹头时，一定要把U形环螺栓拧紧，直到钢丝绳被压扁1/3左右为止。在工作中要检查夹头螺纹部分有无损坏。暂时不用时，螺纹处应稍涂防锈油，并存放在干燥的地方，以防生锈。

二、吊钩和卡环

1. 吊钩

吊钩是起重机械的重要零件，分双钩、单钩和挂钩三种，如图5-14所示。重型起重机一般配置双钩，单钩用于普通起重机和固定式起升设备，挂钩主要用于与钢丝绳插接成吊索。

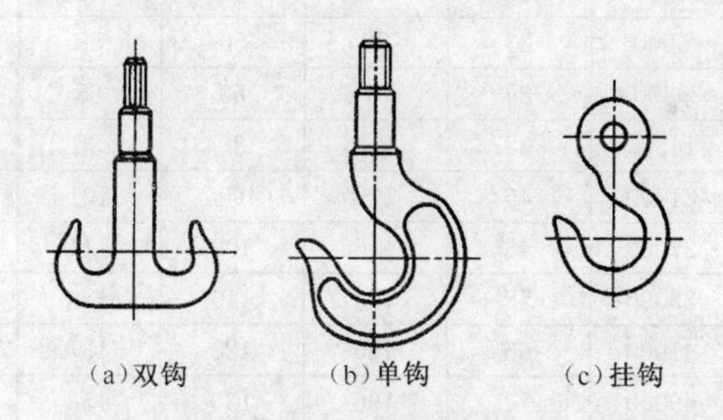

图5-14　吊钩示意图

吊钩一般用20钢锻造并经退火处理而成，其硬度为HB95～135。吊钩是起重作业中的直接受力构件，直接关系着起重作业的安全。吊钩表面应光滑，不得有裂纹和刻痕。吊钩上应有说明其起重能力和生产厂家的标记。吊钩在安装后正式投入使用前应作静荷载和动荷载试验，并检查确认无变形、无裂纹后，方可使用。

吊钩常见的缺陷有产生疲劳裂纹、危险断面磨损、开口度增大、危险断面和颈部产生塑性变形、出现扭转变形。吊钩出现上述损伤时，应根据检验标准和报废标准进行检查鉴定，严格禁止对吊钩进行焊补修理。

(1)吊钩的检验标准

起重机的吊钩和吊环严禁补焊。当出现下列情况之一时应更换：表面有裂纹、破口;危险断面及钩颈永久变形;挂绳处断面磨损超过高度10%;吊钩衬套磨损超过原厚度50%;心轴(销子)磨损超过其直径的5%。

(2)吊钩的报废标准

吊钩在检查时符合下述条件之一者即报废,不允许继续使用,以防发生安全事故:吊钩有裂纹;吊钩危险断面磨损量超过原断面尺寸的10%;吊钩开口度比原尺寸增大10%;吊钩扭转变形10°以上;危险断面或吊钩颈部产生塑性变形。

2. 卡环

卡环又称为卸卡。在吊装作业中,卡环用于吊索与吊钩的固定,或用于吊索与各种构件、吊具的连接。卡环是起重作业中保证施工安全、应用广泛而灵巧的栓连工具。

卡环通过锻造加工并经退火工艺制成,在使用中必须使卡环的横销和弯环两部分均直接受力,如图5-15所示。

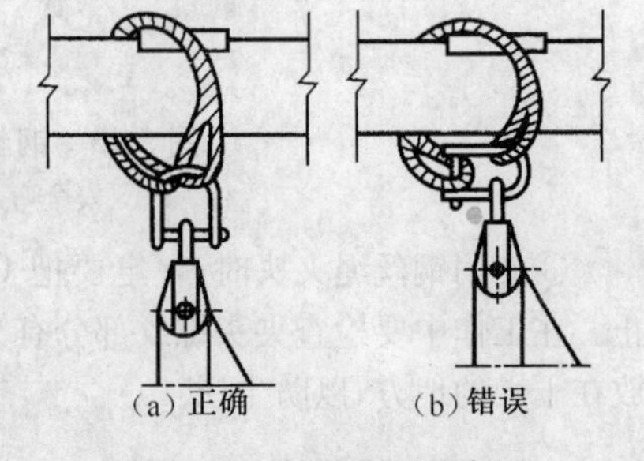

图5-15　卡环使用示意图

卡环规格和允许荷载可参照表5-12表定。

表5-12　卡环的基本参数和许用荷载

卡环号	钢丝绳最大直径/mm	许用载荷/N	D	H_1	H	L	理论质量/kg
0.2	4.7	2000	15	49	35	35	0.039
0.3	6.5	3300	19	63	45	44	0.089
0.5	8.5	5000	23	72	50	55	0.162
0.9	9.5	9300	29	87	60	65	0.304
1.4	13.0	14500	38	115	80	86	0.616
2.1	15.0	21000	46	133	90	101	1.145
2.7	17.5	27000	48	146	100	111	1.560
3.3	19.5	33000	58	163	110	123	2.210
4.1	22.0	41000	66	180	120	137	3.115
4.9	26.0	49000	72	196	130	153	4.050
6.8	28.0	68000	77	225	150	176	6.270
9.0	31.0	90000	87	256	170	197	9.280
10.7	34.0	107000	97	284	190	218	12.400
16.0	43.5	160000	117	346	235	262	20.900

施工现场吊装作业时,常根据卡环的弯环弯曲处和横销的直径来估算卡环的许用荷载,其估算公式为:

$$[P]=4.5\left(\frac{d_1+d}{2}\right)^2 \tag{5-6}$$

式中　$[P]$——卡环的许用荷载,N;d_1——弯环弯曲处直径,mm;

d——横销直径,mm。

三、滑轮和滑轮组

1. 滑轮

滑轮一般用灰口铸铁或铸钢制成。滑轮在荷载不断变化的情况下工作，承受交变应力和冲击力，除了磨损外，还会因润滑不良、加工和装配误差造成加速磨损和损伤、磨损不均、滑轮不转或转动阻滞的故障。

滑轮的主要缺陷有滑轮轮槽工作面磨损使壁厚减小；绳槽径向磨损严重；滑轮贯穿性裂纹；滑轮轴及轴承磨损；滑轮两端面磨损。

滑轮的报废条件为：

①滑轮轮槽工作面壁厚的磨损量超过原壁厚的10%(铸钢滑轮可焊补修复)。

②绳槽径向磨损量超过钢丝绳直径的1/3。

③滑轮有贯穿性裂纹。

④滑轮端面磨损后的总厚度小于原厚度的80%。

当滑轮轴轴颈磨损超过原轴颈的2%时，应更换滑轮轴或予以修复，当滚动轴承径向间隙超过0.20mm时应予更换。

2. 滑轮组

(1)滑轮组的倍率

滑轮按其用途分为定滑轮和动滑轮。定滑轮固定不动，用以改变钢丝绳的方向；动滑轮装在移动的心轴上，与定滑轮一起组成滑轮组，达到省力或增速的目的。钢丝绳依次绕过若干定滑轮和动滑轮组成的装置称为滑轮组。

滑轮组按构造形式，分为单联滑轮组和双联滑轮组。如图5-16所示，双联滑轮组用于桥式起重机中，在工程起重机中则采用带有导向滑轮的单联滑轮组。滑轮组按工作原理分为省力滑轮组和增速滑轮组，如图5-17、5-18所示。起升机构和钢丝绳变幅机构所用的都是省力滑轮组，可用较小的拉力吊起较重的构件和重物。

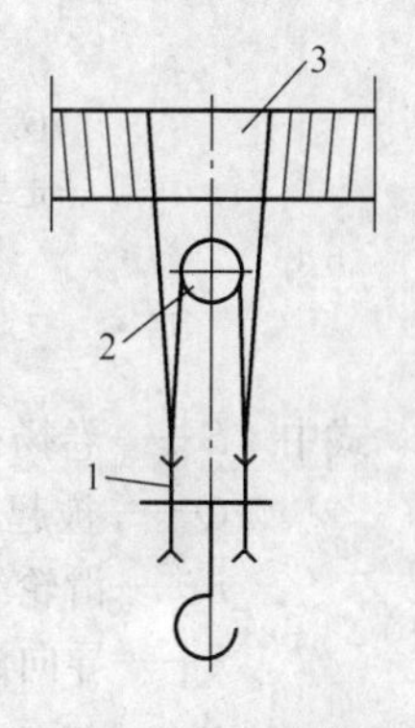

图5-16　双联滑轮组

1. 动滑轮　2. 均衡滑轮　3. 卷筒

省力滑轮组省力的倍数称为滑轮组的倍率，也称为走数。倍率等于动滑轮上钢丝绳的有效分支数与引入卷筒的绳头数之比。单联滑轮组的倍率即钢丝绳承载分支数。起升机构的起重能力按倍率提高的同时，使起升速度按倍率降低，从而满足起重安装不同工况的要求。

图5-19所示为常用的几种单联省力滑轮组的构造形式。图5-19a的单联滑轮组由一个定滑轮和一个动滑轮组成，倍率为2，习惯上称为一、一走二滑轮组。以此类推，图5-19b称为二、一走三滑轮组，图5-19c称为二、二走四滑轮组。

(2)滑轮组拉力的计算

如图5-19所示，起升机构卷扬机在工作中的实际拉力，可由下式进行计算：

$$S = QE^n \frac{E-1}{E^n-1}E^k \qquad (5\text{-}7)$$

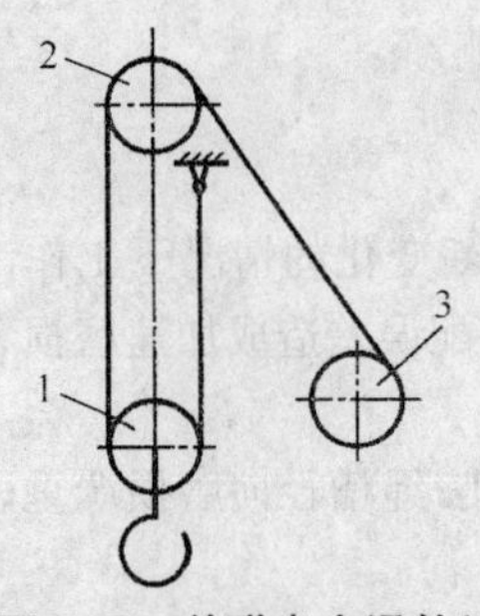

图 5-17　单联省力滑轮组

1. 动滑轮　2. 定滑轮　3. 卷筒

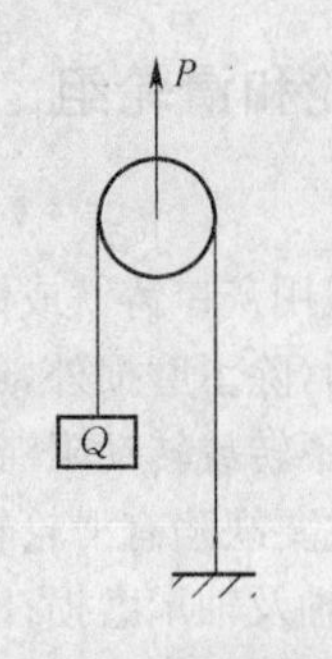

图 5-18　增速滑轮组

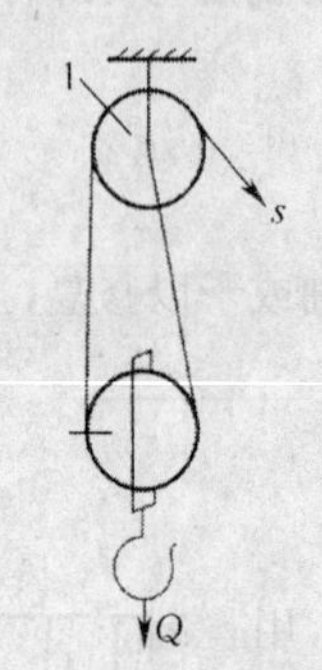

(a) 一、一走二滑轮组

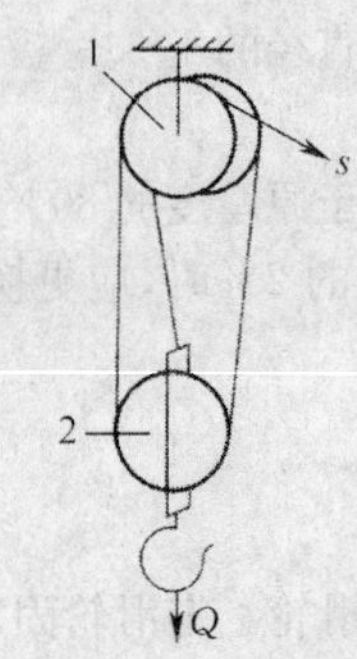

(b) 二、一走三滑轮组

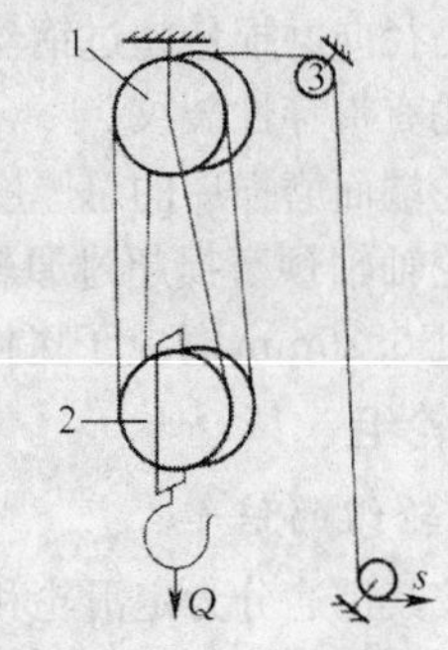

(c) 二、二走四滑轮组

图 5-19　几种单联滑轮组的构造形式示意图

1. 定滑轮　2. 动滑轮　3. 导向滑轮

式中　S——卷扬机在工作中的实际拉力，kN；

Q——被起吊构件或重物的自重力，kN；

n——滑轮组的倍率；

k——导向滑轮个数，导向滑轮如图 5-19c 所示；

E——滑轮轴承的综合摩擦系数，按轴承结构类型的不同，综合摩擦系数取值如下：滚动轴承，$E=1.02$；青铜铜套，$E=1.04$；无衬套时，$E=1.06$；若对轴承无特别说明，计算时取 $E=1.04$。

计算实例：图 5-20 所示为施工现场用于装修工程的高车架，上料平台自重力为 3kN，平台最大承重为 12kN，各滑轮轴承均为青铜套，起重绳为 6×37 型，直径为 11mm，试确定卷扬机型号，并用经验估算法校核起重绳在作

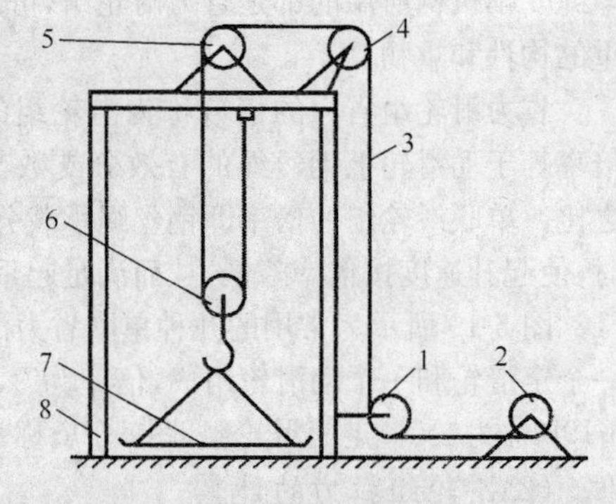

图 5-20　车架示意图

1. 向滑轮　2. 卷扬机　3. 丝绳　4. 向滑轮　5. 滑轮　6. 滑轮　7. 料平台　8. 门架

业中是否安全。

解：已知被吊重物总重为15kN，倍率$n=2$，导向滑轮个数$K=2$，综合摩擦系数$E=1.04$由公式5-7：

$$S=QE^{n}\frac{E-1}{E^{n}-1}E^{k}$$

$$S=15\times1.04^{2}\frac{1.04-1}{1.04^{2}-1}\times1.04^{2}=8.595(\mathrm{kN})$$

查表5-13，应选JK1型卷扬机，其额定拉力为10kN。

查表5-6知，6×37钢丝绳折减系数取$\varphi=0.82$，起重绳直径d根据公式5-3核算：

$$d\geqslant\sqrt{\frac{S\times5.5}{525\times\varphi}}$$

$$d\geqslant\sqrt{\frac{10000\times5.5}{525\times0.82}}=11.3(\mathrm{mm})$$

现有起重绳为6×37，直径11mm小于计算值11.3mm，所以，在作业时不能保证安全。

第二节　卷扬机

一、卷扬机的用途和分类

1. 卷扬机的用途

卷扬机是建筑工地常用、构造最简单的起重设备，既可单独使用，又可作为起重机械的主要工作机构，如起升卷扬机、变幅卷扬机。单独使用时，其可进行水平牵引或完成重物的垂直运输，如采用高车架，还可以用于组装简易起重设备，如桅杆式起重机。

2. 卷扬机的分类

卷扬机按卷筒的数量分为单卷筒、双卷筒和三卷筒三种；按卷扬机收绳的速度分为快速、慢速。

快速卷扬机有单卷筒、双卷筒，钢丝绳牵引速度为25～50m/min，单头牵引力为4.0～80 kN，如配以井架、龙门架、滑车，可作垂直和水平运输用。

慢速卷扬机多为单筒式，钢丝绳牵引速度为6.5～22 m/min，单头牵引力为5～100 kN，如配以拔杆、人字架、滑车组，可作大型构件安装用。

二、卷扬机的构造组成和性能参数

1. 卷扬机的构造组成

图5-21所示为JJKD1型卷扬机，主要由7.5kW电动机、联轴器、圆柱齿轮减速器、光面卷筒、双瓦块式电磁制动器、机座等组成。

图5-22所示为JJKX1型卷扬机，主要由电动机、行星齿轮传动装置、离合器、制动器、机座等组成。

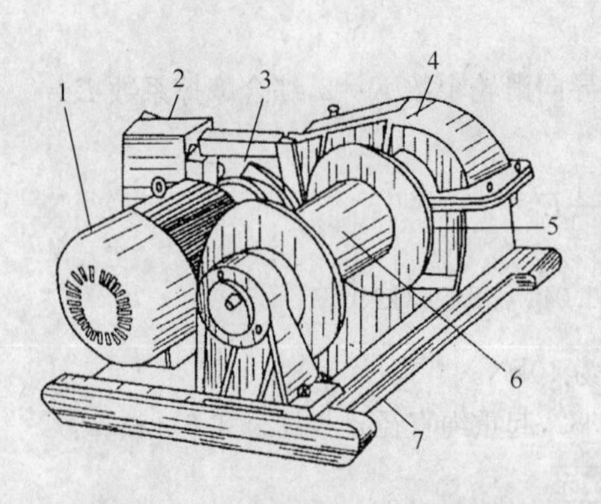

图 5-21 JKD1 型卷扬机外形图

1. 电动机 2. 制动器 3. 弹性联轴器 4. 圆柱齿轮减速器 5. 十字联轴器 6. 光面卷筒 7. 机座

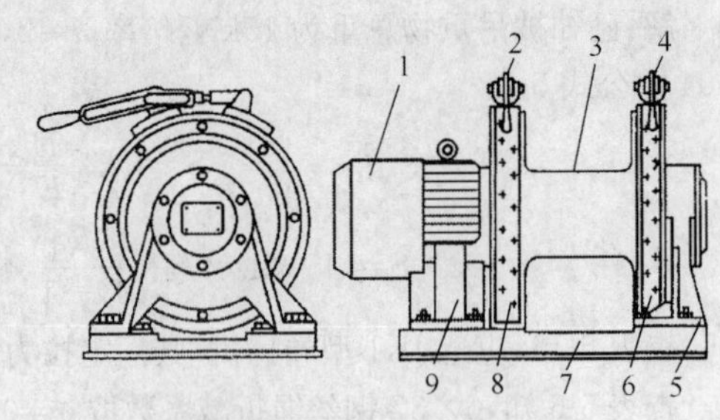

图 5-22 JJKX1 型卷扬机

1. 电动机 2. 制动手柄 3. 卷筒 4. 起动手柄 5. 轴承支架 6. 带式离合器 7. 机座 8. 带式制动器 9. 电机托架

2. 卷扬机的性能参数

卷扬机的基性能参数包括钢丝绳额定拉力、钢丝绳额定速度、钢丝绳和卷筒直径及卷筒容绳量等，详见表 5-13。

钢丝绳的额定拉力又称为额定牵引力，是卷扬机的主要性能参数。如 JK2 型卷扬机为快速卷扬机，其额定拉力为 20.0kN。所谓额定拉力是指卷筒最外层钢丝绳，在工作中允许承受的最大静拉力，表示卷扬机的工作能力。

表 5-13 卷扬机型号和性能参数

种类	型号	牵引力/kN	卷筒				钢丝绳			电动机		
			直径/mm	长度/mm	转速/(r/min)	绳容量/m	规格	直径/mm	绳速/(m/min)	型号	功率/kW	转速/(r/min)
单筒快速卷扬机	JK0.5	5.0	236	441	27.0	100	6×19	9.3	20.0	JO42-4	2.8	1430
	JK1	10.0	190	370	46.0	110	6×19	11.0	35.4	JO$_2$51-4	7.5	1450
	JK2	20.0	325	710	24.0	180	6×19	15.5	28.8	JR71-6	14.0	950
	JK3	30.0	350	500	30.0	300	6×19	17.0	42.3	JR81-8	28.0	720
	JK5	50.0	410	700	22.0	300	6×19	23.5	43.6	JQ83-6	40.0	960
双筒快速卷扬机	J2K2	20.0	300	450	20.0	250	6×19	14.0	25.0	JR71-6	14.0	950
	J2K3	30.0	350	520	20.0	300	6×19	17.0	27.5	JR81-6	28.0	960
	J2K5	50.0	420	600	20.0	500	6×19	22.0	32.0	JR82-AK8	40.0	960
单筒慢速卷扬机	JM3	30.0	340	500	7.0	100	6×19	15.5	8.0	IZR31-8	7.5	702
	JM5	50.0	400	800	6.3	190	6×19	23.5	8.0	IZR41-8	11.0	715
	JM8	80.0	550	1000	4.6	300	6×19	28.0	9.9	JZR51-8	22.0	718
	JM10	100.0	550	968	7.3	350	6×19	33.0	8.1	JZR51-8	22.0	723
	JM12	120.0	650	1200	3.5	600	6×19	37.0	9.5	JZR$_2$52-8	30.0	725
	JM20	150.0	850	1324	3.0	1000	6×19	40.5	9.6	IZR92-8	55.0	720

三、卷扬机的安全使用

1. 卷扬机的固定

卷扬机必须用地锚予以固定，以防工作时产生滑动或倾覆。根据受力大小，固定卷扬机有螺栓锚固法、水平锚固法、立桩锚固法和压重锚固法四种，如图 5-23 所示。

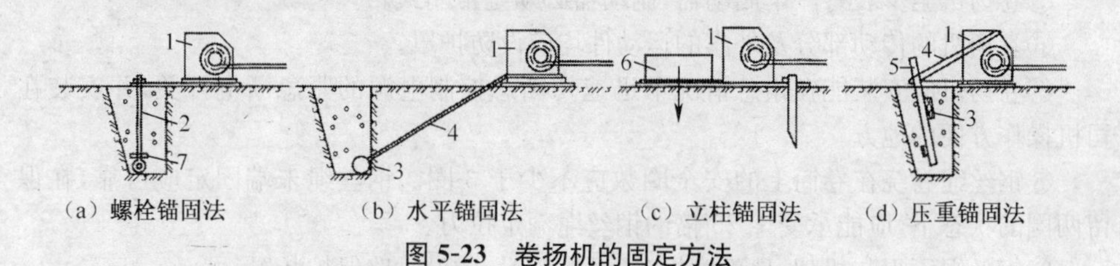

图 5-23 卷扬机的固定方法

1. 卷扬机 2. 地脚螺栓 3. 横木 4. 拉索 5. 木桩 6. 压重 7. 压板

2. 卷扬机的安装

①卷扬机安装时，可利用机座上的预留孔或用钢丝绳盘绕机座固定在锚桩上，并选择地势较高、视野良好、地基坚实的地方。卷扬机固定应牢固可靠，机架后部要加压铁，以防卷扬机在使用过程中产生位移、侧滑甚至倾倒。

②为保证钢丝绳在卷筒上正确缠绕，应将右旋钢丝绳固定在卷筒的右侧(左旋绳固定在卷筒左侧)；钢丝绳从卷筒下方引出，出绳方向要接近水平；卷筒中心与前面的第一导向滑轮中心轴线垂直，两者之间的距离 l 应大于 15m，起重绳绕到卷筒的两侧倾角不得超过 1.5°，如图 5-24 所示。

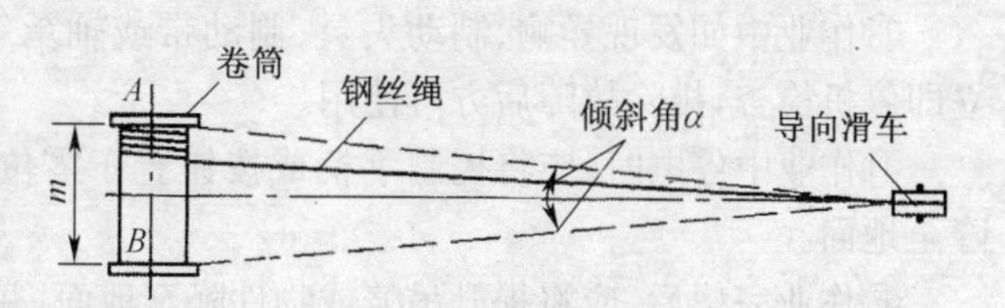

图 5-24 卷扬机的平面位置

③为确保卷扬机的安全运行，第一导向滑轮严禁使用开口滑轮；钢丝绳在卷筒上不应全部放出，当重物位于最低位置时，钢丝绳除被压板固定的圈数外，应留有不少于 3 圈的余量。

④安装后，应检查卷扬机各部螺栓是否紧固，钢丝绳连接是否可靠，润滑是否充分。

3. 卷扬机的调整

①单筒快速卷扬机的调整部位，主要是制动瓦块与制动轮之间的间隙，一般为 0.6～0.8mm；部分单筒快速卷扬机的调整部位，是制动器刹车带与大内齿轮槽之间的间隙，间隙为 1.0～1.2mm。

②慢速卷扬机的主要调整部位，是制动瓦块与制动轮之间的间隙，一般为 1.5～1.75mm

4. 卷扬机的安全使用

①安装时，基面平稳牢固、周围排水畅通、地锚设置可靠，并应搭设工作棚。

②操作人员的位置应在安全区域，并能看清指挥人员和拖动或起吊的物件。

③卷扬机设置位置必须满足以下条件：卷筒中心线与导向滑轮的轴线位置应垂直，且导向滑轮的轴线应在卷筒中间位置；卷筒轴心线与导向滑轮轴心线的距离：对光卷筒不应小于卷筒长度的 20 倍，对有槽卷筒不应小于卷筒长度的 15 倍。

④作业前，应检查卷扬机与地面的固定，弹性联轴器不得松旷，并应检查安全装置、防护设施、电气线路、接零或接地线、制动装置和钢丝绳等，全部合格后方可使用。

⑤卷扬机至少装有一个制动器，制动器必须是常闭式。

⑥卷扬机的传动部分及外露的运动件均应设防护罩。

⑦卷扬机应安装能在紧急情况下迅速切断总控制电源的紧急断电开关，并安装在司机操作方便的地方。

⑧钢丝绳卷绕在卷筒上的安全圈数应不少于 3 圈。钢丝绳末端固定应可靠，在保留两圈的状态下，应能承受 1.25 倍的钢丝绳额定拉力。

⑨钢丝绳不得与机架、地面摩擦；通过道路时，应设过路保护装置。

⑩建筑施工现场不得使用摩擦式卷扬机。

⑪卷筒上的钢丝绳应排列整齐，当重叠或斜绕时，应停机重新排列，严禁在转动中用手拉脚踩钢丝绳。

⑫作业中，操作人员不得离开卷扬机，物件或吊笼下面严禁人员停留或通过。人员休息时应将物件或吊笼降至地面。

⑬作业中如发现异响、制动失灵、制动带或轴承等温度剧烈上升等异常情况时，应立即停机检查，排除故障后方可使用。

⑭作业中停电时，应将控制手柄或按钮置于零位，并切断电源，将提升物件或吊笼降至地面。

⑮作业完毕后，应将提升吊笼或物件降至地面，并应切断电源，锁好开关箱。

第三节　起重机的主要性能参数和选择

一、起重机的主要性能参数

起重机是对重物能同时完成垂直升降和水平移动的机械，在工业与民用建筑工程中作为主要施工机械而得到广泛应用。建筑施工常用的起重机有塔式起重机、汽车式起重机、轮胎式起重机和履带式起重机。

起重机主要性能参数包括起重量、起升高度、幅度、各机构工作速度和重量指标等。塔式起重机还包括起重力矩和轨距等参数。这些参数表明了起重机的工作性能和技术经济指标，是设计起重机的技术依据，同时也是建筑工程选择起重机类型和型号的依据。

1. 起重量

起重机起吊重物的质量值称为起重量，通常以 Q 表示，单位为 t。起重机的起重量参数通常以额定起重量表示。额定起重量是指起重机在各种工况下，安全作业所允许起吊重物的最大质量值，随着幅度的增大而减少。

起重机的起重量一般不包括吊钩的质量。但对塔式起重机和具有特殊取物装置的自行式起重机,起重量往往包括吊具的质量和抓斗或电磁吸盘的质量,所以也称为总起重量。

汽车起重机、轮胎起重机、履带起重机铭牌上标定的起重量通常以最大额定起重量表示。最大额定起重量是指使基本臂处于最小幅度时,所能起吊重物的最大质量。由于此时幅度太小,当支腿跨距较大时,重物一般都在支腿的内侧,所以最大额定起重量并没有实用意义,它只标志起重机名义上的起重能力,所以又称为名义起重量。

起重量是起重机的主要技术参数,国家对于起重机的最大额定起重量,制定了系列标准。

2. 幅度

幅度也称工作幅度或回转半径,通常以 R 表示,单位为 m,如图 5-25 所示。所谓幅度指起重机回转中心轴线至吊钩中心的水平距离。幅度表示起重机不移位时的工作范围,反映了水平运输的能力,所以,幅度也是衡量起重机起重能力的一个重要参数。如图 5-25 所示,为了反映起重机的实际工作能力,往往还以有效幅度 A 表示。

3. 起升高度

起升高度指起重机的停机面(支撑面或轨面)至吊钩中心的垂直距离,通常以 H 表示,单位为 m。在标定起重机性能参数时,通常以额定起升高度表示。额定起升高度是指满载时吊钩上升到最高极限位置,自吊钩中心至停机面的垂直距离。对于动臂式起重机,当吊臂长度一定时,起升高度随工作幅度的增加而减小。当吊具需放到地面以下吊取或安装构件时,则地面以下深度称为下放深度。此时,下放深度和起升高度两项之和称为总起升高度。

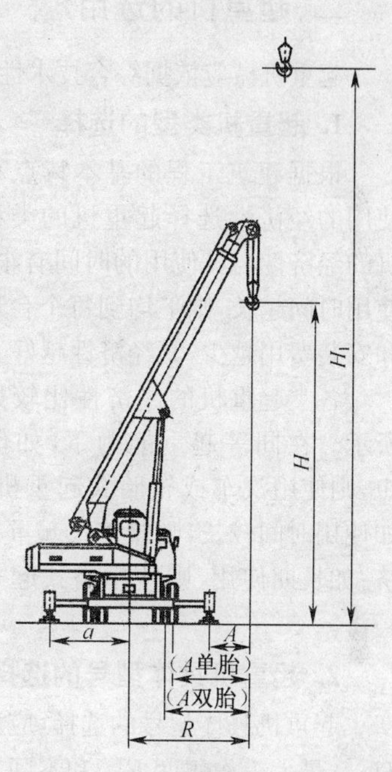

图 5-25 起重机幅度和起升高度

4. 起重力矩

起重机的工作幅度与相应此幅度下的起重量的乘积称为起重力矩,通常用 M 表示,即 $M=R\times Q$,单位为 t·m。起重力矩综合了起重量和幅度两个主要技术参数,因而,能比较全面、确切地反映起重机的起重能力,特别是塔式起重机的起重能力,通常在具体型号上以起重力矩的吨米(t·m)数来表示。对于塔式起重机,我国是以最大工作幅度与相应的额定起重量的乘积为起重力矩的标定值。

5. 工作速度

起重机工作速度主要包括起升、变幅、回转和行走的速度,伸缩臂式起重机还包括吊臂伸缩速度和支腿收放速度。

起升速度指起重吊钩起升或下降的速度,以 V_q 表示,单位为 m/min;变幅速度指吊钩自最大幅度到最小幅度的平均线速度，以 V_b 表示，单位为 m/min；回转速度指起重机转台每分钟的转数，以 n 表示，单位为 r/min；自行式起重机行走速度，单位为km/h，沿轨道行走的塔式起重机单位为 m/min。

起重机的工作速度对起重机的性能有很大影响。一般来说，当起重量一定时，工作速度高，生产效率也高。但速度高，在工作时会使惯性力增大，起动、制动时引起的动荷载增大，起重机的工作稳定性变差，从而使各工作机构的驱动功率增加，结构的稳定性和强度需要增加。特别是因受起动、制动惯性力矩的限制，回转速度取得很低；由于变幅运动对起重机的工作平稳性和安全性有很大影响，一般也较低。

二、起重机的选用

起重机械应依据综合技术性能和经济性能两方面因素进行选择。

1. 起重机类型的选择

根据建筑工程的基本特点和起重机使用的经济性选择起重机的类型。起重机的经济性与其使用的时间有很大关系。使用时间越长，则平均到每个台班的运输和安装费用越少，其经济性越好。

各类起重机的经济性比较如图 5-26 所示。在同等起重能力下，如使用时间短，则使用汽车或轮胎式起重机最经济；如使用时间较长，则履带式起重机较为经济；如长期使用，则使用塔式起重机为最经济。

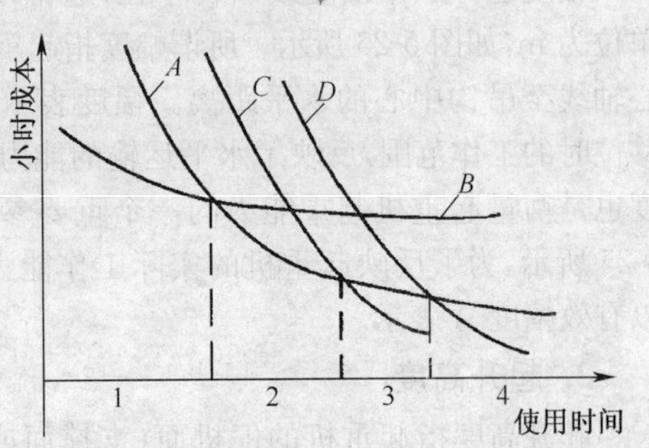

图 5-26 各类起重机经济比较曲线

A 轮胎起重机 *B* 汽车起重机
C 履带起重机 *D* 塔式起重机

2. 起重机具体型号的选择

起重机具体型号的选择，应满足建筑工程对所需的最大起重量 Q_{max}、最大起重高度 H_{max}、最大工作幅度 R_{max} 和不同工作幅度所需的起重力矩的要求。

(1)起重量

起重机起重量必须大于所吊装的工程最大构件重量与索具重量之和。

$$Q \geqslant Q_1 + Q_2 \tag{5-8}$$

式中 Q——起重机的起重量，kN；

Q_1——构件的重量，kN；

Q_2——索具的重量，kN。

(2)建筑工程所需最大起升高度

起重机的起升高度必须满足建筑工程的吊装高度要求，如图 5-27 所示。

$$H_{max} \geqslant h_1 + h_2 + h_3 + h_4 \tag{5-9}$$

式中 H_{max}——建筑工程所需最大起升高度，m，从停机面至吊钩钩口；

h_1——建筑物设计总体高度，m，从停机面起；

h_2——建筑物顶层人员安全生产所需高度(一般取2m)或安装间隙(应不小于0.3 m);

h_3——构件起吊高度即绑扎点至构件吊起后底面的距离,m;

h_4——索具高度,m,绑扎点至吊钩钩口的距离,视具体情况而定。

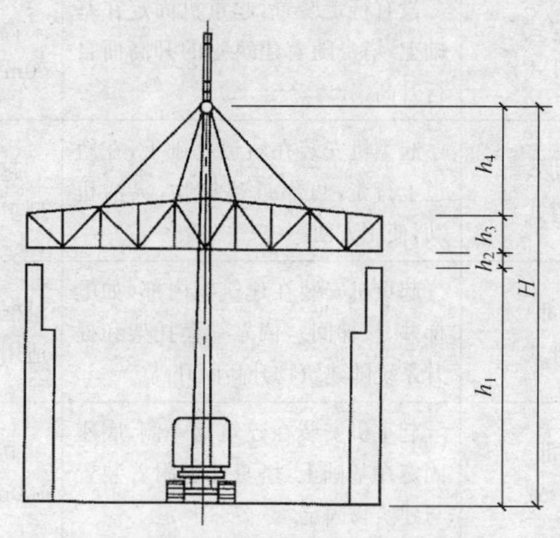

图 5-27 起重机的起升高度

(3)建筑工程所需最大工作幅度

在起重机吊装作业前,应验算当起重机的工作幅度为一定值时,起重量与起升高度能否满足工程要求。一般根据所需的Q_{max}、H_{max}初步选定起重机型号,按式(5-10)计算:

$$R_{max}=F+L\cos\alpha \tag{5-10}$$

式中 R_{max}——起重机的起重半径,m;

F——起重臂下铰点中心至起重机回转中心的水平距离,m,其数值由起重机技术参数表查得;

L——起重臂长度,m;

α——起重臂的中心线与水平夹角。

第四节 塔式起重机

一、塔式起重机的分类、特点及其适用范围

塔式起重机是一种具有竖直塔身的全回转臂式起重机,起重臂安装在塔身顶部,具有较高的有效高度和较大的工作半径,适用于多层和高层的工业与民用建筑施工。

塔式起重机的分类、特点及其适用范围,见表5-14。

二、塔式起重机的构造组成和性能参数

1. 塔式起重机的构造组成

图5-28所示为QTZ100型塔式起重机的构造示意图。塔式起重机由金属结构、工

作机构、电器设备及控制、液压顶升及附着装置等部分组成。

表 5-14　塔式起重机的分类、特点及其适用范围

类型		主要特点	适用范围
按行走机构分类	固定式（自升式）	没有行走装置，起重机固定在基础上，塔身随着建筑物的升高而自行升高	高层建筑施工，高度可达50m以上
	移动式（轨道式）	起重机安装在轨道基础上，在轨道上行走，可靠近建筑物，灵活机动，使用方便	起升高度在50m以内的小型工业和民用建筑施工
按爬行部位分类	内部爬升式	起重机安装在建筑物内部（如电梯井、楼梯间），依靠一套托架和提升系统随建筑物升高而升高	框架结构的高层建筑施工，适用于施工现场狭窄的环境
	外部附着式	起重机安装在建筑物一侧，底座固定在基础上，塔身几道附着装置与建筑物固定	高层建筑施工，高度可达100m以上
按起重臂变幅方法分类	俯仰变幅起重臂	起重臂与塔身铰接，变幅时可调整起重臂的仰角，负荷随起重臂一起升降	吊高、吊重大，适用于重构件吊装，这类变幅结构我国已较少采用
	小车变幅起重臂	起重臂固定在水平位置，下弦装有起重小车，依靠调整起重小车的距离来改变起重机的幅度，这种变幅装置操作方便，速度快，并能接近机身，还能带负荷变幅	自升式塔式起重机都采用这种结构，工作覆盖面大、适用于高层大型建筑工程
按回转方式分类	上回转塔式起重机	塔身固定，塔顶上安装起重臂及平衡臂。能作360°回转，可简化塔身与门架的连接，结构简单，安装方便，但重心提高，须增加中心压重	大、中型塔式起重机都采用上回转结构，能适应多种形式建筑物的需要
	下回转塔式起重机	塔身与起重臂同时回转，回转机构在塔身下部，所有传动机构都装在下部，重心低，稳定性好，但回转机构较复杂	适用于整体架设，整体拖运的小型塔式起重机，适用于分散施工
按起重量分类	轻型塔式起重机	起重量为0.5～3t	5层以下民用建筑施工
	中型塔式起重机	起重量为3～15t	高层建筑施工
	重型塔式起重机	起重量为20～40t	重型工业厂房及设备吊装

(1)金属结构部分

塔式起重机的金属结构部分包括底架、塔身、塔帽、起重臂和平衡臂及爬梯等。底架又称为龙门架,是整个塔式起重机的基础。塔身由矩形截面格架式结构的标准节通过高强度螺栓连接形成。塔帽为一锥体形框架,下部设置有回转支承装置。在平衡臂端装有一定数量的平衡重,形成起重稳定力矩。

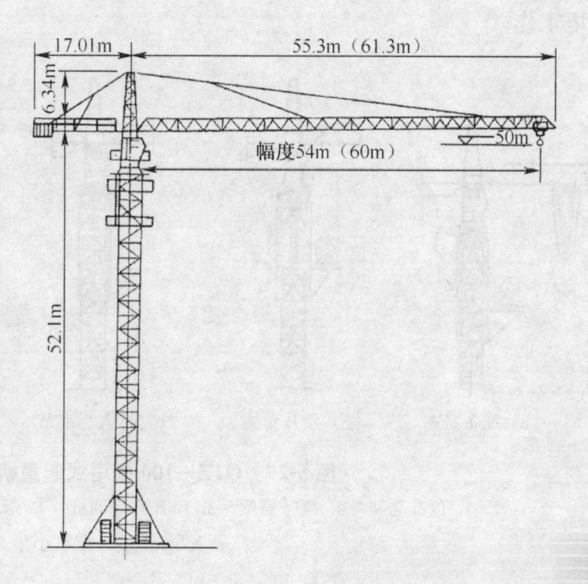

图 5-28 QTZ100 型塔式起重机的外形

(2)工作机构部分

塔式起重机的工作机构主要包括起升机构、变幅机构、回转机构和行走机构。

①起升机构。起升机构包括电动机、联轴节、变速箱、制动器、卷筒等,还包括滑轮组和吊钩及吊钩高度限位装置。

②变幅机构。塔式起重机的变幅机构由一台变幅卷扬机完成变幅动作。对于水平吊臂式塔式起重机,变幅机构又称小车牵引机构,由电动机经联轴节和安装在卷筒内部的行星齿轮减速器驱动卷筒,通过钢丝绳牵引小车沿水平吊臂上的轨道行走。

③回转机构。回转机构主要包括电动机、减速器、回转装置等。塔式起重机的回转机构有两套,对称布置在大齿圈两侧,均由电动机经行星摆线针轮减速器,驱动回转小齿轮,带动起重机上部回转。每套回转机构均装有两套弹性支座,以减少制动时的冲击。

④行走机构。行走机构由两个主动行走台车和两个从动台车组成。一般主、从动台车按对角线对称布置。主动行走台车由电动机经液力耦合器、蜗轮减速器和开式齿轮减速后驱动行走轮。为适应塔式起重机的转弯要求,塔式起重机的行走机构有两个行走台车或行走轮被装在与起重机底架铰接的摆动支架上,起重机转弯时,摆动支架、台车绕垂直轴一起转动。

(3)液压顶升系统

塔式起重机的液压顶升系统用于完成塔身的顶升接高工作。当需要接高塔身时,塔式起重机吊起一节塔身标准中间节,开动油泵电动机,使顶升液压油缸工作,顶起顶升套架及上部结构。如图 5-29 所示,当顶升到超过一个塔身标准节高度时,将套架定位销就位锁紧,并提起液压顶升油缸的活塞杆,形成引入标准节的空间。当吊起的标准节引入后,安装连接螺栓将其紧固在塔身上,再次使顶升套架落下,紧固过渡节和刚接高的标准节相连的螺栓,完成顶升接高工作。按图 5-29 相反顺序即可完成自行拆塔工作。

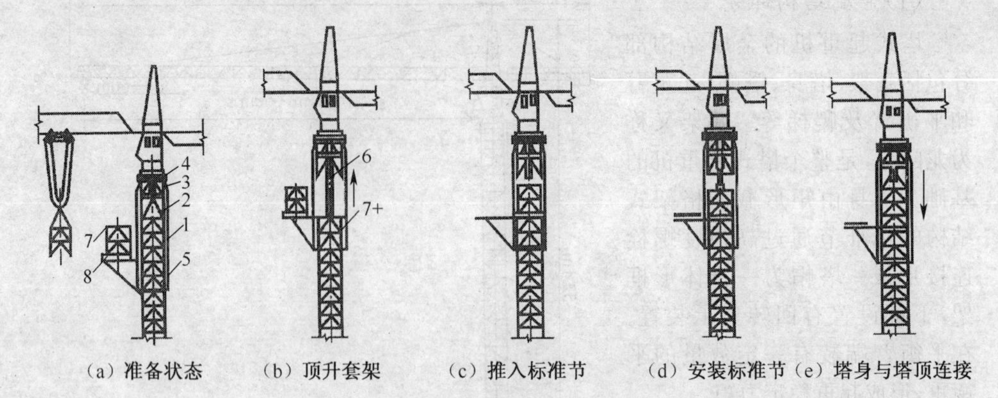

（a）准备状态 （b）顶升套架 （c）推入标准节 （d）安装标准节（e）塔身与塔顶连接

图 5-29 QTZ—100 型塔式起重机顶升过程

1. 顶升套架 2. 顶升横梁 3. 顶升液压油缸 4. 承座 5. 定位销 6. 过渡节 7. 标准节 8. 摆渡小车

图 5-30 为液压顶升系统工作图，采用了平衡回路，提高顶升套架落下时的稳定性，使顶升过程可靠、安全。

(4)附着装置

图 5-31 所示为塔式起重机附着装置示意图。通常随建筑物的不断升高，通过附着装置将塔身锚固在建筑物上，锚固的间隔距离根据不同塔式起重机的设计要求确定。

附着装置由撑杆 2、框架 1 和撑杆支座 3 等部件所组成，使塔身和建筑物连成一体，提高塔身的刚度和塔式起重机的整体稳定性。

图 5-30 液压顶升系统

1. 滤油器 2. 齿轮泵 3. 电动机 4. 手动换向阀 5. 平衡阀 6. 液压顶升油缸 7. 精滤器 8. 压力表 9. 溢流阀 10. 油箱

2. 塔式起重机的性能参数

上回转塔式起重机主要性能参数，见表 5-15。

三、塔式起重机的安全保护装置

塔式起重机必须设有安全保护装置，否则，不得出厂和使用。塔式起重机常用的安全保护装置有起升高度限位器、幅度限位器、小车行程限位器、大车行程限位器、起重量限制器、起重力矩限制器、夹轨钳及夜间警戒灯等。

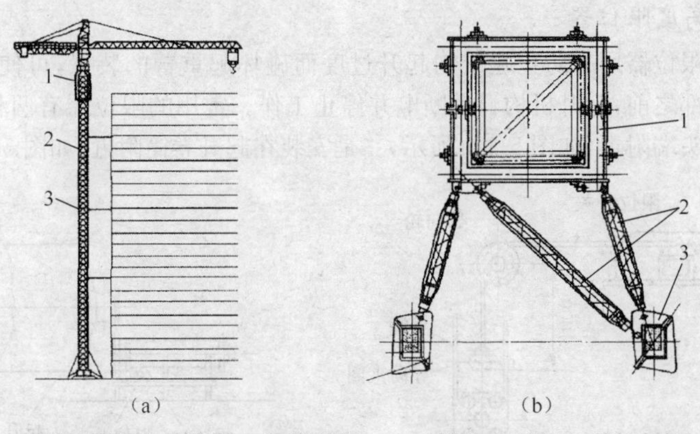

1.顶升套架　2.标准节　3.附着装置　　1.框架　2.撑杆　3.撑杆支座

图 5-31　附着式塔式起重机及附着装置

表 5-15　上回转塔式起重机主要性能参数

型　号		TQ60/80 (QT60/80)	QTZ50	QTZ60	QTZ63	QT80A	QTZ100
起重力矩/(kN·m)		600/700/800	490	600	630	1000	1000
最大幅度/起重荷载/(m/kN)		30/20,25/32,20/40	45/10	45/11.2	48/11.9	50/15	60/12
最小幅度/起重荷载/(m/kN)		10/60,10/70,10/80	12/50	12.25/60	12.76/60	12.5/80	15/80
起升高度/m	附着式	—	90	100	101	120	180
	轨道行走式	65/55/45	36	—	—	45.5	—
	固定式	—	36.0	39.5	41.0	45.5	50.0
	内爬升式	—	—	160	—	140	—
工作速度/(m/min)	起升(2绳)	21.5	10~80	32.7~100	12~80	29.5~100	10~100
	(4绳)	(3绳)14.3	50~40	16.3~50	6~40	14.5~50	5~50
	变幅	8.5	24~36	30~60	22~44	22.5	34~52
	行走	17.5	—	—	—	18	—
电动机功率/kW	起升	22	24	22	30	30	30
	变幅(小车)	7.5	4.0	4.4	4.5	3.5	5.5
	回转	3.5	4.0	4.4	5.5	3.7×2.0	4.0×2.0
	行走	7.5×2	—	—	—	7.5×2.0	—
	顶升	—	4.0	5.5	4.0	7.5	7.5
质量/t	平衡重	5/5/5	2.9~5.04	12.9	4.0~7.0	10.4	7.4~11.1
	压重	46/30/30	12	52	14	56	26
	自重	41/38/35	23.5~24.5	33.0	31.0~32.0	49.5	48.0~50.0
	总重	92/73/70	—	97.9	—	115.9	—
起重臂长/m		15~30	45	35/40/45	48	50	60
平衡臂长/m		8	13.5	9.5	14.0	11.9	17.01
轴距×轨距/(m×m)		4.8×4.2	—	—	—	5×5	—

(1)起升高度限位器

起升高度限位器用来防止起重钩起升过度而碰坏起重臂的装置,可使起重钩在接触到起重臂头部之前,起升机构自动断电并停止工作。常用的限位器有两种型式:一是安装在起重臂头端附近,如图 5-32a 所示,二是安装在起升卷筒附近,如图 5-32b 所示。

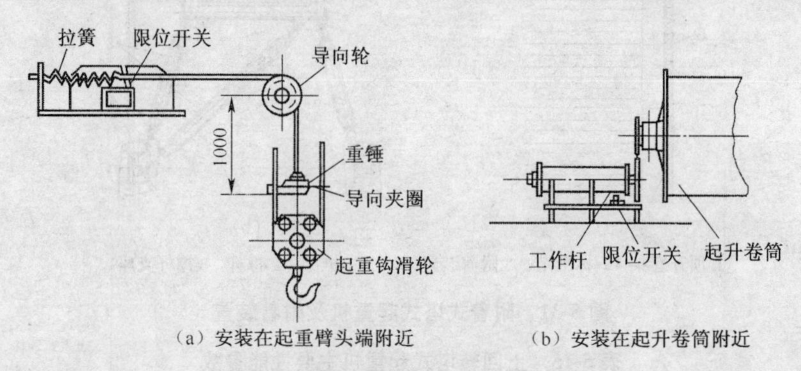

(a) 安装在起重臂头端附近　(b) 安装在起升卷筒附近

图 5-32　起升高度限位器工作原理图

安装在起重臂端头的起升高度限位器是以起重钢丝绳为中心,从起重臂端头悬挂重锤,当起重钩到达限定位置时,托起重锤,在拉簧作用下,限位开关的杠杆转过一个角度,使起升机构的控制回路断开,切断电源,停止起重钩上升。安装在起升卷筒附近的起升高度限位器是卷筒的回转通过链轮和链条或齿轮带动螺纹杆转动,并通过螺纹杆的转动,使控制块移动到一定位置时,限位开关断电。

(2)幅度限位器

幅度限位器用来限制起重臂在俯仰时不得超过极限位置的装置。一般情况下,起重臂与水平夹角最大为 60°～70°,最小为 10°～12°。

(3)小车行程限位器

小车行程限位器设于小车变幅式起重臂的头部和根部,包括终点开关和缓冲器(常用的有橡胶和弹簧两种),用来切断小车牵引机构的电路,防止小车越位而造成安全事故,如图 5-33 所示。

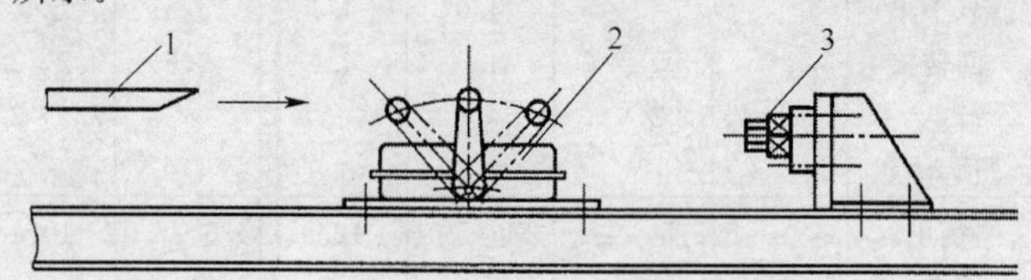

图 5-33　小车行程限位器

1. 起重小车止挡块　2. 限位开关　3. 缓冲器

(4)大车行程限位器

大车行程限位器设于轨道两端,有止动缓冲装置、止动钢轨以及装在起重机行走台车上的终点开关,防止起重机脱轨事故的发生。

图 5-34 所示为塔式起重机采用的一种大车行程限位装置。当起重机按图示箭头方向行进时，终点开关的杠杆即被止动断电装置（如斜坡止动钢轨）所转动，电路中的触点断开，行走机构则停止运行。

（5）起重量限制器

起重量限制器是用来限制起重钢丝绳单根拉力的一种安全保护装置，根据构造，可装在起重臂根部、头部、塔顶以及浮动的起重卷扬机机架附近。

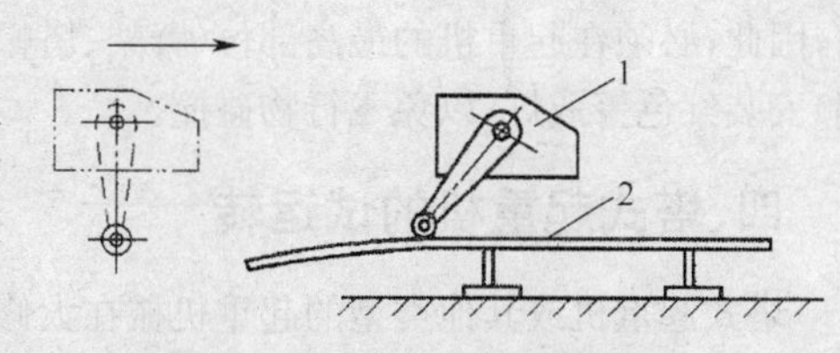

图 5-34　大车行程限位装置

1. 终点开关　2. 止动断电装置

（6）起重力矩限制器

起重力矩限制器是当起重机在某一工作幅度下，起吊荷载接近、达到该幅度下的额定荷载时发出警报，进而切断电源的一种安全保护装置，用来限制起重机在起吊重物时，所产生的最大力矩不超越该塔机所允许的最大起重力矩。

根据构造和塔式起重机形式（动臂式或小车式）不同，起重力矩限制器可装在塔帽、起重臂根部和端部。

机械式起重力矩限制器如图 5-35a 所示，通过钢丝绳的拉力、滑轮、控制杆及弹簧进行组合，检测荷载，通过与臂架俯仰相连的凸轮转动、检测幅度，由此再使限位开关工作。电动式起重力矩限制器如图 5-35b 所示，起重臂根部附近安装“测力传感器”代替弹簧，安装电位式或摆动式幅度检测器代替凸轮，进而通过设在操纵室的力矩限制器合成这两种信号，在过载时切断电源。其优点是可在操纵室里的刻度盘（或数码管）上直接显示出荷载和工作幅度，并可事先把不同臂长时的起重性能曲线编入控制器内，因此，使用较多。

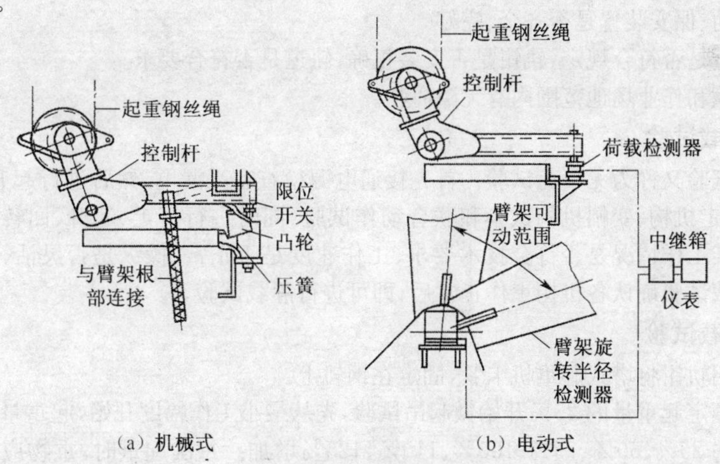

图 5-35　动臂式起重力矩限制器工作原理图

（7）夹轨钳

夹轨钳装在行走底架（或台车）的金属结构上，用来夹紧钢轨，防止起重机在大风情况下被风力吹动。夹轨钳如图 5-36 所示，由夹钳和螺栓等组成。在起重机停放时，拧紧螺栓,使夹钳紧夹住钢轨。

(8)夜间警戒灯

塔式起重机的设置位置一般比正在建造中的建筑物高,因此,必须在起重机的最高部位(臂架、塔帽或人字架顶端)安装红色警戒灯,以免飞行物碰撞。

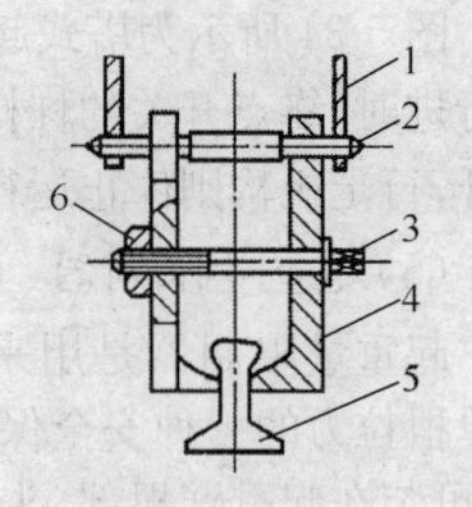

图 5-36 夹轨钳

1. 侧架立柱 2. 轴 3. 螺栓 4. 夹钳 5. 钢轨 6. 螺母

四、塔式起重机的试运转

塔式起重机或其他类型的起重机械在大修和转移场地安装后,需要进行一系列的试运转和检验工作,检验合格后,方可交付使用。

塔式起重机的试运转包括试运转前的技术检查、空载试验和有负荷试验,有负荷试验包括静载试验和动载试验。

1. 试运转前的技术检查

试运转前的技术检查包括以下内容:

①安装后,塔身与水平面的垂直度误差是否小于 3/1000。

②螺栓、铆钉的连接有无松动。

③焊缝有无脱焊、假焊等情况,塔架、吊臂等结构有无变形。

④钢丝绳及滑轮是否符合技术要求,钢丝绳穿绕是否正确,绳头固定是否牢固可靠,吊具是否符合技术要求。

⑤电器设备是否符合技术要求,保护装置是否齐全、完好。

⑥操纵开关是否良好。

⑦制动、保安装置是否齐全、完好。

⑧配重是否符合规定,轨钳是否安装正确,轨道是否符合要求。

⑨试验和作业场地范围内有无障碍物。

2. 空载试验

空载试验又称为无负荷试验。首先接通电源检查有无漏电,然后进行起升机构、回转机构、行走机构、变幅机构试验和联合动作试验(同时进行行走、起升、回转或变幅动作),检查其工作情况是否符合技术要求、工作速度是否正常、操纵是否灵活、制动是否有效。空载试验确认各机构工作正常后,即可进行静载试验。

3. 静载试验

①使用轨钳将塔式起重机卡紧,固定在钢轨上。

②以额定起重量的 25%开始做起吊试验,先从最小工作幅度开始,起重量逐步按额定起重量的 25%、50%、75%、100%、110%、125%增加。每次起重时,重物应吊离地面 100~150mm,停留 5~10min,应无缓降情况。

③最小工作幅度试验合格后,再逐步增大幅度,直至增到最大幅度为止。

④静载试验后,应检查各部件有无变形、擦碰等情况。

4. 动载试验

静载试验合格后方允许进行动载试验。动载试验仅在出厂前和大修后,检验结构质量时进行。

①以额定起重量110%的重物起吊，吊至10m高度，同时做回转试验。

②起吊时，在任意高度应随时可以停止，重物下降时亦如此。回转时，在任意回转角应随时可以停止。

③在转移现场安装后，可做接近满负荷的动载试验，并同时进行三个动作的联合试验，即起升、行走及回转或变幅。试验应严格按操作规程进行。

④动载试验后，应对各机件进行全面检查，经检查没有问题时，可确定检验合格，检验记录由有关人员签字后，方可交付使用。

五、塔式起重机的安全使用

1. 塔式起重机的工作环境

①塔式起重机的工作环境温度为−20℃～40℃。

②塔式起重机在工作时，司机室内噪声不应超过80dB(A)；距各传动机构边缘1m、底面上方1.5m处测得的噪声值不应大于90dB(A)。

③无易燃、易爆气体和粉尘等危险场所。

④海拔高度1000m以下。

⑤当塔式起重机在强磁场区域(如电视发射台、发射塔、雷达站附近等)安装使用时，应指派人员采取保护措施，以防塔式起重机运行切割磁力线发电而对人员造成伤害，并应确认磁场不会对塔式起重机控制系统(采用遥控操作时应特别注意)造成影响。

⑥当塔式起重机在航空站、飞机场和航线附近安装使用时，使用单位应向相关部门报告并获得许可。

⑦配电箱应设置在塔机3m范围内或轨道中部，且明显可见；电箱中应设置保险式断路器及塔机电源总开关；电缆卷筒应灵活有效，不得拖缆；塔机应设置短路、过流、欠压、过压及失压保护、等位保护、电源错相及断相保护。

⑧动臂式和尚未附着的自升式塔式起重机塔身上不得悬挂标语牌。

2. 塔式起重机的安全距离

塔式起重机的安全距离是指在安全生产的前提下塔式起重机的运动部分作业时，与障碍物应保持的最小距离。塔式起重机的安全距离有以下要求：

①塔式起重机平衡臂与相邻建筑物之间的安全距离不少于0.6m。

②塔式起重机包括吊物等任何部位与输电线之间的距离应符合表5-16安全距离要求。

表5-16　塔式起重机与外输电线路的最小安全距离

安全距离＼电压/kV	<1	1～15	20～40	60～110	220
沿垂直方向/m	1.5	3.0	4.0	5.0	6.0
沿水平方向/m	1.0	1.5	2.0	4.0	6.0

③同一施工地点有两台以上起重机时，两机间任何接近部位的(包括吊重物)距离不得小于2m。

④塔式起重机除应考虑与其他塔式起重机、建筑物、外输电线路有可靠的安全距离外，还应考虑毗邻的公共场所(包括学校、商场等)、公共交通区域(包括公路、铁路、航运等)等因素。塔式起重机及其荷载不能避开这类障碍时，应向政府有关部门咨询。

⑤塔式起重机基础应避开任何地下设施，无法避开时，应对地下设施采取保护措施，预防灾害事故发生。

3. 对塔式起重机司机的基本要求

①司机必须进行专门培训，经劳动部门考核发特种作业操作证方可独立操作。

②司机应每年进行身体检查，酒后或身体不适者不能操作。

③实行专人专机制度，严格执行交接班制度，非司机不准操作。

④司机应熟知机械原理、保养规则、安全操作规程、指挥信号并严格遵照执行。

⑤新安装和经修复的塔式起重机，必须按规定进行试运转，经有关部门确认合格后方可使用。

⑥司机必须按所驾驶塔式起重机的起重性能进行作业。

4. 操作前的安全检查

①轨道式起重机作业前，应检查轨道基础平直无沉陷，鱼尾板连接螺栓及道钉无松动，并应清除轨道上的障碍物，松开夹轨器并向上固定好。

②塔式起重机各主要螺栓、销轴应连接牢固，钢结构焊缝不得有裂纹或开焊。

③开机前应检查工地电源状况，塔式起重机接地是否良好，电缆接头是否可靠，电缆线是否有破损及漏电等现象，检查完毕并确认符合要求后，方可接通塔式起重机电源。

④起动前应重点检查以下项目，并符合下列要求：金属结构和工作机构的外观情况正常；各安全装置和各指示仪表齐全完好；机械传动减速机的润滑油量和油质；液压油箱的油位符合规定；主要部位连接螺栓无松动；钢丝绳磨损情况及各滑轮穿绕符合规定；供电电缆无破损。

⑤检查制动器。检查各工作机构的制动器应动作灵活，制动可靠。液压油箱和制动器储油装置中的油量应符合规定，并且油路无泄漏。

⑥吊钩及各部滑轮、导绳轮等应转动灵活，无卡塞现象；各部钢丝绳应完好，固定端应牢固可靠。

⑦按使用说明书检查高度限位器的距离。

⑧检查塔式起重机与周围障碍物的安全操作距离。

⑨送电前，各控制器手柄应在零位。接通电源后，应检查供电系统有无漏电。

⑩作业前，应进行空载运转，试验各工作机构是否运转正常，有无噪音及异响，各机构的制动器及安全防护装置是否有效。司机在作业前必须经下列各项检查，确认完好，方可开始作业：空载运转一个作业循环；试吊重物；核定和检查大车行走、起升高度、幅度等限位装置及起重力矩、起重量限制器等安全保护装置。

⑪对于附着式塔式起重机，应对附着装置进行检查。

⑫起重机遭到风速超过 25m/s 的暴风(相当于 9 级风)袭击,或经过中等地震后,必须进行全面检查,经企业主管技术部门认可,方可投入使用。

5. 塔式起重机的安全操作

①司机必须熟悉所操作的塔式起重机的性能,操作时必须集中精力,并严格按说明书的规定作业。起吊重物时,重物和吊具的总重量不得超过起重机相应幅度下规定的起重量。

②司机必须熟练掌握标准规定的通用手势信号和有关的各种指挥信号,并与指挥人员密切配合;司机必须服从指挥人员的指挥;当指挥信号不明时,司机应发出"重复"信号询问,明确指挥意图后,方可操作。

③塔式起重机开始作业时,司机应首先发出音响信号,以提醒现场作业人员注意;在吊运过程中,司机对任何人发出的"紧急停止"信号都应服从。

④起重机司机起吊重物必须严格执行"十不吊"的原则,即作业中遇有下列情况应停止作业:吊装物质量不明或被吊物质量超过起重性能允许范围;信号不清、夜间作业照明不良;吊物下方有人或吊物上站人;吊拔埋在地下或粘接在地面、设备上的重物;斜拉斜牵;散物捆绑不牢或棱刃物与捆绑绳间无衬垫;立式构件、大灰斗、大模板等不用卡环;零碎物无容器或罐体内盛装液体过满;机械故障;5～6 级大风和恶劣气候。

⑤起吊时,必须先将重物吊离地面 0.5m 左右停住,确定制动、物料捆扎、吊点和吊具无问题后,方可按照指挥信号操作。

⑥在起升过程中,当吊钩滑轮组接近起重臂 5m 时,应用低速起升,严防与起重臂顶撞。

⑦严禁采用自由下落的方法下降吊钩或重物;当重物下降距就位点约 1m 处时,必须采用慢速就位。

⑧在吊钩提升、起重小车运行到限位装置前或行走大车运行到距限位开关碰块约 3m 处限位装置前,均应减速缓行到停止位置,并应与限位装置保持一定距离。严禁采用限位装置作为停止运行的控制开关。

⑨作业中平移起吊重物时,重物高出其所跨越障碍物的高度不得小于 1m。

⑩应根据起吊重物和现场情况,选择适当的工作速度,操纵各控制器时应从停止点(零点)开始,依次逐级增加速度,严禁越档操作。在变换运转方向时,应将控制器手柄扳到零位,待电动机停转后再转向另一方向,不得直接变换运转方向、突然变速或制动。

⑪动臂式起重机的变幅应单独进行;允许带载变幅的,当荷载达到额定起重量的 90%及以上时,严禁变幅。

⑫提升重物作水平移动时,应高出其跨越的障碍物 0.5m 以上。

⑬对于无中央集电环及起升机构不安装在回转部分的起重机,在作业时,不得沿一个方向连续回转。

⑭当停电或电压下降时,应立即将控制器扳到零位,并切断电源。如吊钩上挂有重物,应稍松稍紧反复使用制动器,使重物缓慢地下降到安全地带。

⑮采用涡流制动调速系统的起重机,不得长时间使用低速档或慢就位速度作业。

⑯作业中如遇风速大于 10.8m/s(六级)大风或阵风时,应立即停止作业,锁紧夹轨

器，将回转机构的制动器完全松开，起重臂应能随风转动。轻型俯仰变幅起重机应将起重臂落下并与塔身结构锁紧在一起。

⑰作业中，操作人员临时离开操纵室时，必须切断电源。

⑱起重机载人专用电梯严禁超员，其断绳保护装置必须可靠，当起重机作业时，严禁开动电梯。电梯停用时，应降至塔身底部位置，不得长时间悬在空中。

⑲非工作状态时，必须松开回转制动器，塔机回转部分在非工作状态应能自由旋转；行走式塔机应停放在轨道中间位置，小车及平衡重应置于非工作状态，吊钩宜升到离起重臂顶端2～3m处。

⑳停机时，应将每个控制器拨回零位，依次断开各开关，关闭操纵室门窗，下机后，应锁紧夹轨器，断开电源总开关，打开高空指示灯。

㉑塔式起重机在作业中，严禁对传动部分、运动部分以及运动件所及区域做维修、保养、调整等工作。检修人员上塔身、起重臂、平衡臂等高空部位检查或修理时，必须系好安全带。

㉒起重机在无线电台、电视台或其他电磁波发射天线附近施工时，与吊钩接触的作业人员，应戴绝缘手套和穿绝缘鞋，并应在吊钩上挂接临时放电装置。

6. 每班作业后的要求

①当轨道式塔式起重机作业结束后，司机应把塔式起重机停放在不妨碍回转的位置。

②在停止作业后，凡是回转机构带有止动装置或常闭式制动器的塔式起重机，司机必须松开制动器；禁止限制起重臂随风转动。

③动臂式塔式起重机将起重臂放到最大幅度位置；小车变幅塔式起重机把小车开到说明书中规定的位置，并且将吊钩起升到最高点，吊钩上严禁吊挂重物。

④各控制器拉到零位，切断总电源，收好工具，关好所有门窗并加锁，夜间打开红色障碍指示灯。

⑤凡是在底架以上无栏杆的各个部位做检查、维修、保养、加油等工作时，必须系安全带。

⑥停用起重机的电动机、电器柜、变阻器箱、制动器等，应严密遮盖。

⑦填好当班履历表及各种记录。

⑧锁紧夹轨器。

⑨每月或连续大雨后，应及时对轨道基础进行全面检查，检查内容包括轨距偏差、钢轨顶面的倾斜度、轨道基础的沉降、钢轨的不直度及轨道的通过性能等。混凝土基础应检查其是否有不均匀的沉降。

⑩至少每月一次对塔机工作机构、所有安全装置、制动器的性能及磨损情况、钢丝绳的磨损及端头固定、液压系统、润滑系统、螺栓销轴等连接处等进行检查；根据工作环境和繁忙程度检查周期可缩短。

六、塔式起重机的安装和拆卸

从事塔式起重机安装、拆卸活动的单位，应依法取得建设主管部门颁发的起重设备安装工程专业承包资质和建筑施工企业安全生产许可证，并在其资质许可范围内承揽建筑起重机械安装、拆卸工程。新安装和经修复的塔式起重机，必须按规定进行试运转，经有关部门确认合格后方可使用。

塔式起重机安装与拆卸的操作人员必须经过专业培训，并经建设主管部门考核合格，取得建筑施工特种作业人员操作资格证书。

塔式起重机使用单位和安装单位应当签订安装、拆卸合同，明确双方的安全生产责任；实行施工总承包的，施工总承包单位应当与安装单位签订建筑起重机械安装工程安全协议书。

1. 对塔式起重机的轨道基础和混凝土基础的要求

①路基承载能力应满足塔式起重机使用说明书要求。

②每间隔 6m 应设轨距拉杆一个，轨距允许偏差为公称值的 1/1000，且不超过±3mm。

③在纵横方向上，钢轨顶面的倾斜度不得大于 1/1000；塔机安装后，轨道顶面纵、横方向上的倾斜度，对于上回转塔机应不大于 3/1000；对于下回转塔机应不大于 5/1000。在轨道全程中，轨道顶面任意两点的高差应小于 100mm。

④钢轨接头间隙不得大于 4mm，并应与另一侧轨道接头错开，错开距离不得小于 1.5m，接头处应架在轨枕上，两轨顶高度差不得大于 2m。

⑤距轨道终端 1m 处必须设置缓冲止挡器，其高度不应小于行走轮的半径。在轨道上应安装限位开关碰块，且安装位置应保证塔机在与缓冲止挡器或与同一轨道上其他塔机相距大于 1m 处能完全停住，此时电缆线还应有足够的长度。

⑥鱼尾板连接螺栓应紧固，垫板应固定牢靠。

⑦塔式起重机的混凝土基础应符合下列要求：混凝土基础按塔机制造厂的使用说明书要求制作，使用说明书中混凝土强度未明确的，混凝土强度等级不低于 C30；基础表面平整度允许偏差 1/1000；预埋件的位置、标高和垂直度以及施工工艺符合使用说明书要求。

⑧起重机的轨道基础或混凝土基础应验收合格后，方可使用。

⑨起重机的轨道基础、混凝土基础应修筑排水设施，排水设施应与基坑保持安全距离。

⑩起重机的金属结构、轨道及所有电气设备的金属外壳，应有可靠的接地装置，接地电阻不应大于 4Ω。

2. 对塔式起重机拆装作业的要求

①起重机的拆装必须由取得建设行政主管部门颁发的起重设备安装工程承包资质，并符合相应等级的单位进行，拆装作业时，应有技术和安全人员在场监护。

②起重机拆装前，应编制拆装施工方案，由企业技术负责人审批，并应向全体作业人员交底。

③拆装作业前应重点检查以下项目，并应符合下列要求：混凝土基础或路基和轨道铺设应符合技术要求；对所拆装起重机的各机构、结构焊缝、重要部位螺栓、销轴、卷扬机构和钢丝绳、吊钩、吊具以及电气设备、线路等进行检查，使隐患排除于拆装作业之前；对自升塔式起重机顶升液压系统的液压缸和油管、顶升套架结构、导向轮、顶升支撑

(爬爪)等进行检查,及时处理存在的问题;对拆装人员所使用的工具、安全带、安全帽等进行检查,不合格者立即更换;检查拆装作业中配备的起重机、运输汽车等辅助机械应状况良好,技术性能应保证拆装作业的需要;拆装现场电源电压、运输道路、作业场地等应具备拆装作业条件;安全监督岗的设置及安全技术措施的贯彻落实已达到要求。

④起重机的拆装作业应在白天进行。当遇大风、浓雾和雨雪等恶劣天气时,应停止作业。

⑤指挥人员应熟悉拆装作业方案,遵守拆装工艺和操作规程,使用明确的指挥信号进行指挥。所有参与拆装作业的人员,都应听从指挥,如发现指挥信号不清或有错误时,应停止作业,待联系清楚后再进行。

⑥拆装人员在进入工作现场时,应穿戴安全保护用品,高处作业时应系好安全带,熟悉并认真执行拆装工艺和操作规程,当发现异常情况或疑难问题时,应及时向技术负责人反映,不得自行其是,应防止处理不当而造成事故。

⑦拆装顺序、要求、安全注意事项必须按批准的专项施工方案进行。

⑧采用高强度螺栓连接的结构,必须使用原厂制造生产的连接螺栓;连接螺栓时,应采用扭矩扳手或专用扳手,并应按装配技术要求拧紧。高强度螺栓和销轴的连接应符合以下要求:高强度螺栓应有性能等级符号标记和合格证书;塔身标准节、回转支撑等受力连接用高强度螺栓应提供楔荷载合格证明;标准节连接螺栓应不采用捶击即可顺利穿入,螺栓按规定紧固后主肢端面接触面积不小于应接触面积的70%;销轴连接应有可靠的轴向定位。

⑨在拆装作业过程中,当遇天气剧变、突然停电、机械故障等意外情况,短时间不能继续作业时,必须使已拆装的部位达到稳定状态并固定牢靠,经检查确认无隐患后,方可停止作业。

⑩安装起重机时,必须将大车走行缓冲止挡器和限位开关碰块安装牢固可靠,并应将各部位的栏杆、平台、扶杆、护圈等安全防护装置安装齐全。

⑪在拆除因损坏或其他原因而不能用正常方法拆卸的起重机时,必须按照技术部门批准的安全拆卸方案进行。

⑫起重机安装过程中,必须分阶段进行技术检验。整机安装后,应进行整机技术检验和调整,各机构动作应正确、平稳、制动可靠、各安全装置应灵敏有效;在无荷载情况下,塔身的垂直度允许偏差为4/1000,经分阶段及装机检验合格后,应填写检验记录,经技术负责人审查签证后,方可交付使用。

3. 对塔身升降的要求

①升降作业过程必须有专人指挥,专人照看电源,专人操作液压系统,专人拆装螺栓。非作业人员不得登上顶升套架的操作平台。操纵室内应只准一人操作,必须听从指挥信号。

②升降应在白天进行,特殊情况需在夜间作业时,应有充分的照明。

③在作业中风力突然增大达到8.0m/s(四级)及以上时,必须立即停止,并应紧固上、下塔身各连接螺栓。

④顶升前,应预先放松电缆,其长度宜大于顶升总高度,并应紧固好电缆卷筒。下

降时应适时收紧电缆。

⑤升降时,必须调整好顶升套架滚轮与塔身标准节的间隙,并应按规定使起重臂和平衡臂处于平衡状态,并将回转机构制动住,当回转台与塔身标准节之间的最后一处连接螺栓(销子)拆卸困难时,应将其对角方向的螺栓重新插入,再采取其他措施。不得以旋转起重臂动作来松动螺栓(销子)。

⑥升降时,顶升撑脚(爬爪)就位后,应插上安全销,方可继续下一动作。

⑦升降完毕后,各连接螺栓应按规定扭力紧固,液压操纵杆回到中间位置,并切断液压升降机构电源。

4. 对塔式起重机的附着锚固的要求

①起重机附着的建筑物,其锚固点的受力强度应满足起重机的设计要求。附着杆系的布置方式、相互间距和附着距离等,应按出厂使用说明书规定执行。有变动时,应另行设计。

②装设附着框架和附着杆件,应采用经纬仪测量塔身垂直度,并应采用附着杆进行调整,在最高锚固点以下垂直度允许偏差为2/1000。

③在附着框架和附着支座布设时,附着杆倾斜角不得超过10°。

④附着框架宜设置在塔身标准节连接处,箍紧塔身。塔架对角处在无斜撑时应加固。

⑤塔身顶升接高到规定锚固间距时,应及时增设与建筑物的锚固装置。塔身高出锚固装置的自由端高度,应符合出厂规定。

⑥起重机作业过程中,应经常检查锚固装置,发现松动或异常情况时,应立即停止作业,故障未排除,不得继续作业。

⑦拆卸起重机时,应随着降落塔身的进程拆卸相应的锚固装置。严禁在落塔之前先拆锚固装置。

⑧当风速大于8m/s(四级)时,严禁进行安装或拆卸锚固装置作业。

⑨锚固装置的安装、拆卸、检查和调整,均应有专人负责,工作时应系安全带和戴安全帽,并应遵守高处作业有关安全操作的规定。

⑩轨道式起重机作附着式使用时,应提高轨道基础的承载能力和切断行走机构的电源,并应设置阻挡行走轮移动的支座。

5. 对塔式起重机内爬升的要求

①内爬升作业应在白天进行,当风速大于8m/s时,应停止作业。

②内爬升时,应加强机上与机下之间的联系以及上部楼层与下部楼层之间的联系,遇有故障及异常情况,应立即停机检查,故障未排除,不得继续爬升。

③内爬升过程中,严禁进行起重机的起升、回转、变幅等各项动作。

④起重机爬升到指定楼层后,应立即拔出塔身底座的支承梁或支腿,通过内爬升框架固定在楼板上,并应顶紧导向装置或用楔块塞紧。

⑤内爬升塔式起重机的固定间隔应符合使用说明书要求。

⑥当内爬升框架设置在的楼层楼板上时,该方案应经土建施工企业确认,并在楼板下面应增设支柱作临时加固。搁置起重机底座支承梁的楼层下方两层楼板,也应设置

支柱作临时加固。

⑦起重机完成内爬升作业后，楼板上遗留下来的开孔，应立即采用混凝土封闭。

⑧起重机完成内爬升作业后，应检查内爬升框架的固定，确保支撑梁的紧固以及楼板临时支撑的稳固，确认可靠后，方可进行吊装作业。

第五节 施工升降机

一、施工升降机的用途和分类

1. 施工升降机的主要用途

施工升降机又称建筑施工电梯，是高层建筑施工、装修和维修的主要的垂直运输设备，属于人货两用电梯，附着在外墙或其他结构上，随建筑物升高，架设高度可达200m以上，国外施工升降机的提升高度已达645m。

2. 施工升降机的分类

施工升降机按传动形式分为齿轮齿条式、钢丝绳牵引式和混合式三种。

(1)齿轮齿条式

如图5-37所示，齿轮齿条式是一种通过布置在吊笼传动装置中的齿轮与布置在导

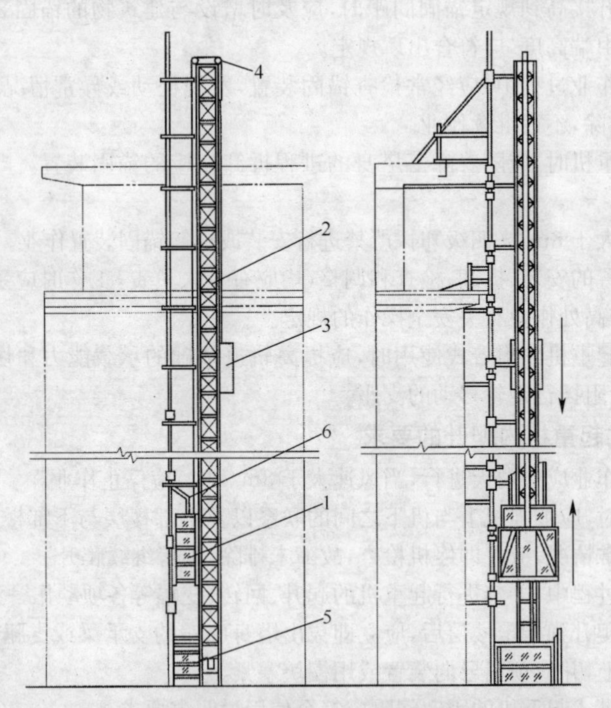

图5-37 齿轮齿条式升降电梯

1. 吊笼 2. 导轨架 3. 平衡重箱 4. 天轮 5. 底笼 6. 吊笼传动装置

轨架上的齿条相啮合，吊笼沿导轨架运动，完成人员和物料输送的施工升降机。其结构特点是传动装置驱动齿轮，使吊笼沿导轨架的齿条运动；导轨架为标准节拼接组成，截面形式分为矩形和三角形；导轨架由附墙架与建筑物相连，增加刚性；导轨架加节接高由自身辅助系统完成。吊笼分为双笼和单笼，升降机通过配重（平衡重箱）来平衡吊笼重量，提高运行平衡性。

(2)钢丝绳牵引式

如图 5-38 所示，钢丝绳牵引式是由提升钢丝绳，通过布置在导轨架上的导向滑轮，用设置在地面的卷扬机，使吊笼沿导轨架作上下运动。导轨架分单导、双导和复式井架等形式。单导和双导轨架由标准节组成，类似塔式起重机的塔身机构。复式井架为组合拼接形式，无标准节，整体拼接，一次性达到架设高度。吊笼可分为单笼、双笼和三笼等。导轨架可由附墙架与建筑物相连接，也可采用缆风绳形式固定。

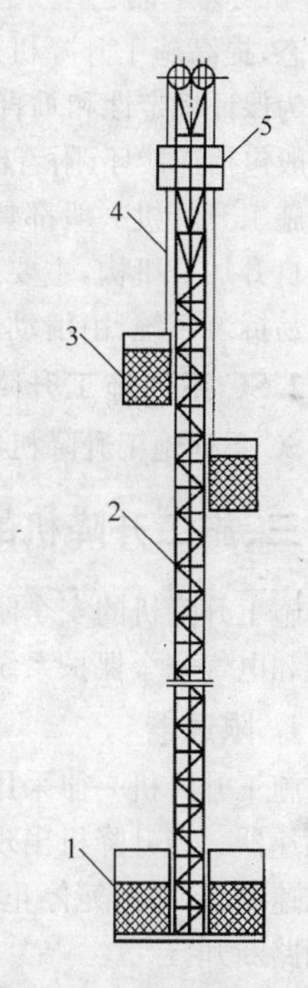

图 5-38　钢丝绳式升降机

1. 底笼　2. 导轨架　3. 吊笼　4. 外套架　5. 工作平台

(3)混合式

混合式是一种把齿轮齿条式和钢丝绳式升降机组合为一体的施工升降机。一个吊笼由齿轮齿条驱动，另一个吊笼采用钢丝绳提升。这种结构的特点是工作范围大，速度快，由单根导轨架、矩形截面的标准节组成，有附墙架。

二、施工升降机的构造组成和性能参数

1. 施工升降机的构造组成

我国施工升降机生产厂家生产 SC 型升降机居多。SC 型施工升降机由导轨架、传动装置、吊笼、对重、附墙架、导轨架拆装系统及基础围栏等组成。

为保证施工升降机正常工作，以及导轨架的强度、刚度和稳定性，当导轨架达到较大高度时，每隔一定距离要设置横向附墙架或锚固绳。附墙架的间隔一般为 8～9m，导轨架顶部悬臂自由高度为 10～11m。

SC 型施工升降机上的传动装置，由机架、电动机、减速机、制动器、弹性联轴器、齿轮、靠轮等组成。随着液压技术的不断发展，施工升降机上出现了液力机械传动装置，可无级调速，具有起动制动平稳的特点。传动装置的制动器采用摩擦片式制动器，安装在电动机尾部，也有的用电磁式制动器，失电时，线圈无电流，电磁铁与衔铁脱离，弹簧使内外摩擦片压紧，联轴器停止转动，传动装置处于制动状态。

吊笼是施工升降机中用以载人和载物的部件，为封闭式结构，吊笼顶部及门之外的侧面应有围护，进料和出料两侧设有翻板门，其他侧面由钢丝网围成。SC 型施工升降机在吊笼外挂有司机室，司机室为全封闭结构。

对重用来平衡吊笼的重量，降低主电动机的功率，节省能源，同时改善导轨架的受

力状态，提高施工升降机运行的平稳性。

为保证稳定性和垂直度，每隔一定距离用附墙架将导轨架和建筑物连接起来。附墙架一般包括连接环、附着桁架和附着支座组成。附着桁架常见的是两支点式和三支点式。

施工升降机一般都具有自身接高加节和拆装系统，常见的有类似自升式塔式起重机的自升加节机构，主要由外套架、工作平台、自升动力装置、电动葫芦等组成。另一种是简易拆装系统，由滑动套架和套架上设置的手摇吊杆组成。

2. SC 系列施工升降机的性能参数

SC 系列施工升降机的性能参数见表 5-17。

三、施工升降机的安全防护装置

施工升降机的安全防护装置，包括限速器、断绳保护装置、联锁开关和终端开关、缓冲器和电气安全保护系统等。

1. 限速器

施工升降机一律采用机械式限速器，不得采用手动、电气、液压或气动控制等形式的限速器。当升降机出现非正常加速运行，瞬时速度达到限速器调定的动作速度时，其可迅速制动，将吊笼停止在导轨架上或缓慢下降。同时，行程开关动作将传动系统的电控回路断开。

(1)瞬时式限速器

这种限速器主要用于卷扬机驱动的钢丝绳式施工升降机，与断绳保护装置配合使用。其工作原理如图 5-32 所示。

如图 5-39 所示，当槽轮 7 在与吊笼上的断绳保护装置带动的限速钢丝绳，以额定转速旋转时，离心块 1 产生的离心力还不足以克服弹簧力张开，限速器正常旋转；当提升钢丝绳拉断或松脱，吊笼以超过正常的运行速度坠落时，限速钢丝绳带动限速器槽轮超速旋转，离心块在较大的离心力作用下张开，并抵在挡块 4 上，槽轮停止转动。当吊笼继续坠落时，停转的限速器槽轮靠摩擦力拉紧限速钢丝绳，通过带动系统杆件驱动断绳保护装置制停吊笼。在瞬时限速器上还装有限位开关，当限速器动作时，能同时切断施工升降机动力电源。瞬时式限速器的制动距离短，动作猛烈，冲击较大，制动力大小无法控制。

(2)渐进式限速器

这种限速器制动力是固定的，或者逐渐增加，制动距离较长，制动平稳，冲击力小，主要用于齿轮齿条式施工升降机。渐进式限速器按施工升降机有无对重可分为两种，无对重时采用单向限速器，有对重时采用双向限速器。这种限速器本身具有制动器功能，所以也叫限速制动器。

单向限速器用离心块来实现限速，随着离心块绕轴旋转时所处位置不同，重力和离心力的夹角时刻变化。两者重合时，离心块摆动幅度最大。单向限速器的制动部分是一个带式制动器，升降机正常运行时，制动轮内的凸齿不与离心块接触，轮上没有制动力矩。当吊笼超速时，离心块甩出，与制动轮内凸齿相嵌，迫使制动轮与制动带摩擦产生制动力矩。

表 5-17　SC 系列施工升降机的性能参数

升降机型号	额定值				最大提升高度/m	吊笼			导轨架标准节			电动机功率/kw	小吊杆吊重/kg	对重/(kg/台)
	载重量/kg	乘员人数/(人/笼)	提升速度/(m/min)	安装载重量/kg		数量	尺寸/m 长×宽×高	单重/kg	断面尺寸/m×m	长度/m	重量/kg			
SCD100	1000	12	34.2	500	100	1	3×1.3×2.8	1730	—	1.508	117	5	200	1700
SCD100/100	1000	12	34.2	500	100	2	3×1.3×2.8	1730	—	1.508	161	5	200	1700
SC120 Ⅰ型	1200	12	26	500	80	1	2.5×1.6×2	700	—	1.508	80	7.5	100	—
SC120 Ⅱ型	1200	12	32	500	80	1	2.5×1.6×2	950	—	1.508	80	5.5	100	—
SCD200 型	2000	24	40	500	100	1	3×1.3×2.7	1800	—	1.508	117	7.5	200	1700
SCD200/200 Ⅰ型	2000	24	40	500	100	2	3×1.3×2.7	1800	—	1.508	161	7.5	200	1700
SCD200/200 Ⅱ型	2000	24	40.	500	150	2	3×1.3×3.0	1950	—	1.508	220	7.5	250	1700
SC80	800	8	24	—	60	1	2×1.3×2.0	—	△ 0.45×0.45	1.508	83	7.5	100	—
SCD100/100A	1000	12	37	—	100	2	3×1.3×2.5	—	□ 0.8×0.8	1.508	163	11	—	1800
SCD200/200	2000	15	36.5	—	150	2	3×1.3×2.5	—	□ 0.8×0.8	1.508	163	7.5	—	1300
SCD200/200A	2000	15	31.6	—	220	2	3×1.3×216	2100	□ 0.8×0.8	1.508	190	11	240	2000
SC120 型	1200	12	32	—	80	1	2.5×1.6×2.0	—	△ 0.45×0.45	1.508	83	7.5	—	—
SF12A	1200	—	35	—	100	1	3×1.3×2.6	1971	—	1.508	—	7.5	—	1765
SC100	1000	12	35	—	100	1	3×1.3×2.8	□ 0.65×0.5	1.508	150	7.5	—	—	—
SC100/100	1000	12	35	—	100	2	3×1.3×2.8	—	□ 0.65×0.65	1.508	175	7.5	—	—
SC200—D	2000	24	37	—	100	1	3×1.3×2.8	□ 0.65×0.65	1.508	150	7.5	—	1200	—
SC200/200D	2000	24	37	—	100	2	3×1.3×2.8	—	□ 0.65×0.65	1.508	180	7.5	—	1200

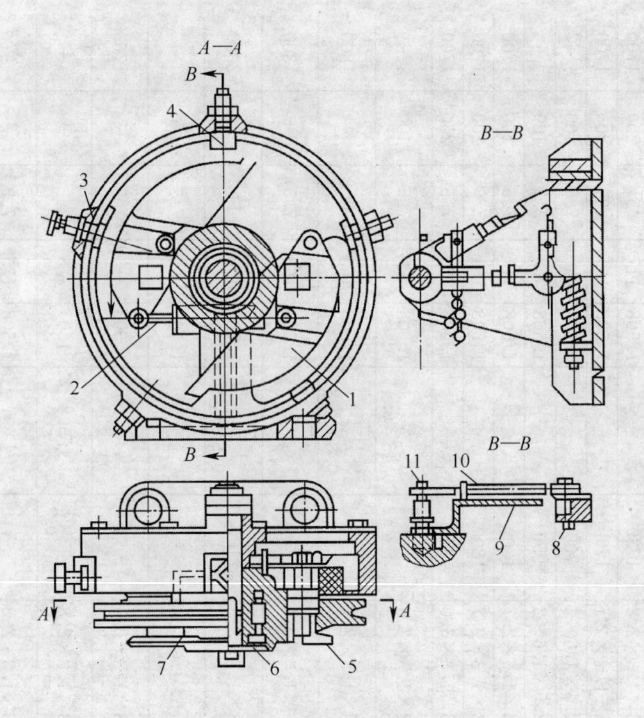

图 5-39 瞬时限速器

1. 离心块 2. 拉杆 3. 活动挡块 4. 固定挡块 5. 销轴 6. 悬臂轴 7. 槽轮 8、11. 销 9. 支架 10. 弹簧

双向限速器的工作原理和单向限速器相同，都是靠离心块来实现限速。不同的是双向限速器上下两个方向都能产生制动力矩。

2. 断绳保护装置

断绳保护装置只允许采用机械式控制方式，主要用于钢丝绳牵引式施工升降机。当吊笼的提升钢丝绳或对重悬挂钢丝绳裂断时，迅即产生制动动作，将吊笼或对重制停在导轨架上。断绳保护装置按结构形式分为瞬时式和阻尼式两种。

(1)瞬时式断绳保护装置

瞬时式断绳保护装置的布置方式取决于施工升降机构的形式。对整体架设的施工升降机，其布置方式如图 5-40 所示。限速器 1 装在导轨架基础节上不动，限速钢丝绳一端绕过导轨架上部导向滑轮 3，通过夹块 4 与杠杆 5 相连，另一端绕过限速器槽轮 12，再通过连接张紧锤 11 的导轨架下部导向滑轮 10，回到夹块与杠杆相连。当吊笼超速坠落时，装在吊笼 7 上的杠杆与相连的夹块，通过限速钢丝绳带动限速器超速旋转，甩开离心块，将限速器槽轮制动。当吊笼继续坠落时，制动的限速器槽轮反过来通过限速钢丝绳牵动杠杆克服弹簧 6 的拉力，顺时针旋转，再通过杠杆系统和捕捉器楔块的拉杆 8 向上提升楔块 9，楔紧导轨，停止吊笼坠落。

(2)阻尼式断绳保护装置

阻尼式断绳保护装置又叫偏心轮式捕捉器，按弹簧激发方式可分为扭转弹簧激发式和压缩弹簧激发式两种。

3. 联锁开关和终端开关

施工升降机上多处设有联锁开关，如吊笼的进料门、出料门、基础防护围栏门（底笼）、吊笼顶部的安全出口、司机室门、限速器和断绳保护装置。终端开关包括强迫减速开关、限位开关、极限开关。

强制减速开关安装在导轨架的顶端和底部，当吊笼失控冲向导轨架顶部或底部时，经过强制减速开关，此时迅速动作，保证吊笼有足够的减速距离。

限位开关由上限位开关和下限位开关组成。如果强制减速开关未能使吊笼减速、停止，限位开关动作，迫使吊笼停止。

极限开关由上下极限开关组成，当吊笼运行超过限位开关和越程后，极限开关将切断总电源使吊笼停止运行。极限开关是非自动复位的，动作后需手动复位才能使吊笼重新起动。

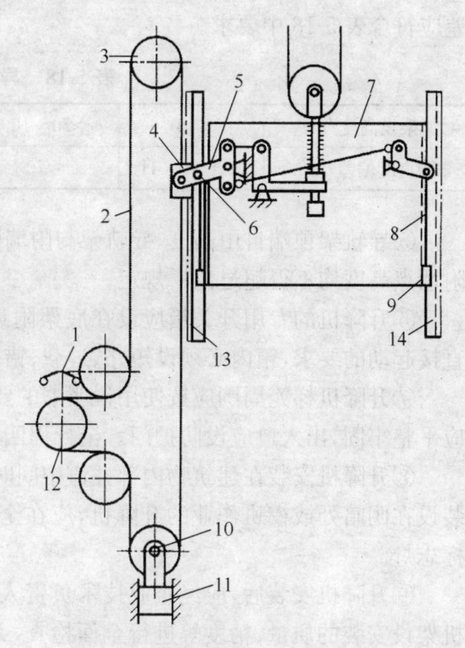

图 5-40　断绳保护装置的布置

1. 限速器　2. 限速绳　3. 上导向滑轮　4. 夹块　5. 杠杆　6. 弹簧　7. 吊笼　8. 楔块拉杆　9. 楔块　10. 下导向滑轮　11. 张紧锤　12. 槽轮　13、14. 导轨

4. 缓冲器

当施工升降机额定起升速度≤1.6m/s时，使用蓄能型或耗能型缓冲器；额定起升速度大于1.6m/s时，使用带缓冲复位运动的蓄能型或耗能型缓冲器。

5. 电气安全保护系统

施工升降机电气设备的保护系统，主要有相序保护、急停开关、短路保护、零位保护、报警系统、照明等。

四、施工升降机的安全使用

1. 施工升降机的安装要求

①施工升降机的安装和拆卸工作必须由取得建设行政主管部门颁发的起重设备安装工程承包资质的单位负责施工，并必须由经过专业培训，取得操作证书的专业人员进行操作和维修。

②地基应浇制混凝土基础，必须符合施工升降机使用说明书要求说明书无要求时其承载能力应大于150kPa，地基上表面平整度允许偏差为±10mm，并应有排水设施。

③应保证升降机的整体稳定性，升降机导轨架的纵向中心线至建筑物外墙面的距离宜选用说明书提供的较小的安装尺寸。

④导轨架安装时，应用经纬仪对升降机在两个方向进行测量校准，其垂直度允许偏

差应符合表5-18中要求。

表5-18　导轨架垂直度

架设高度/m	≤70	>70～100	>100～150	>150～200	>200
垂直度偏差/mm	≤1/1000H	≤70	≤90	≤110	≤130

⑤导轨架顶端自由高度、导轨架与附墙距离、导轨架的两附墙连接点间距离和最低附墙点高度均不得超过出厂规定。

⑥升降机的专用开关箱应设在底架附近便于操作的位置，馈电容量应满足升降机直接起动的要求，箱内必须设短路、过载、错相、断相及零位保护等装置。

⑦升降机梯笼周围应按使用说明书的要求，设置稳固的防护栏杆，各楼层平台通道应平整牢固，出入口应设防护门。全行程四周不得有危害安全运行的障碍物。

⑧升降机安装在建筑物内部井道中间时，应在全行程范围井壁四周搭设封闭屏障；装设在阴暗处或夜班作业的升降机，应在全行程上装设足够的照明和明亮的楼层编号标志灯。

⑨升降机安装后，应经企业技术负责人会同有关部门对基础和附墙支架以及升降机架设安装的质量、精度等进行全面检查，并应按规定程序进行技术试验（包括坠落试验），经试验合格签证后，方可投入运行。

⑩升降机的防坠安全器，只能在有效的标定期限内使用，有效标定期限不应超过一年。使用中不得任意拆检调整。

⑪升降机安装后，在投入使用前，必须经过坠落试验。升降机在使用中每隔3个月，应进行一次坠落试验。试验程序应按说明书规定进行，梯笼坠落试验制动距离不得超过1.2m；试验后以及正常操作中每发生一次坠落动作，均必须由专门人员进行复位。

2. 施工升降机的安全操作

①作业前应重点检查以下项目，并应符合下列要求：各部结构无变形，连接螺栓无松动；齿条与齿轮、导向轮与导轨均接合正常；各部钢丝绳固定良好，无异常磨损；运行范围内无障碍。

②起动前，应检查并确认电缆、接地线完整无损，控制开关在零位。电源接通后，应检查并确认电压正常，应测试无漏电现象。应试验并确认各限位装置、梯笼、围护门等处的电器联锁装置良好可靠，电器仪表灵敏有效。起动后，应进行空载升降试验，测定各传动机构制动器的效能，确认正常后，方可开始作业。

③升降机在每班首次载重运行时，当梯笼升离地面1～2 m时，应停机试验制动器的可靠性；当发现制动效果不良时，应调整或修复后方可运行。升降机应按使用说明书要求，进行维护保养，并按使用说明书规定，定期检验制动器的可靠性，制动力矩必须达到使用说明书要求。

④梯笼内乘人或载物时，应使荷载均匀分布，不得偏重；严禁超载运行。

⑤操作人员应根据指挥信号操作。作业前应鸣声示意。在升降机未切断总电源开关前，操作人员不得离开操作岗位。

⑥当升降机运行中发现有异常情况时，应立即停机并采取有效措施将梯笼降到底层，排除故障后方可继续运行。在运行中发现电气失控时，应立即按下急停按钮；在未排除故障前，不得打开急停按钮。

⑦升降机在风速 10.8m/s（六级）及以上大风、大雨、大雾以及导轨架、电缆等结冰时，必须停止运行，并将梯笼降到底层，切断电源。暴风雨后，应对升降机各有关安全装置进行一次检查，确认正常后，方可运行。

⑧升降机运行到最上层或最下层时，严禁用行程限位开关作为停止运行的控制开关。

⑨当升降机在运行中由于断电或其他原因而中途停止时，可以进行手动下降，将电动机尾端制动电磁铁手动释放拉手缓缓向外拉出，使梯笼缓慢地向下滑行。梯笼下滑时，不得超过额定运行速度，手动下降必须由专业维修人员进行操纵。

⑩作业后，应将梯笼降到底层，各控制开关拨到零位，切断电源，锁好开关箱，闭锁梯笼门和围护门。

第六节 轮式起重机

汽车式起重机和轮胎式起重机，都是安装在轮胎底盘上的起重机，统称为轮式起重机。

一、轮式起重机的用途、分类及特点

1. 轮式起重机的用途

①汽车式起重机的主要用途。汽车式起重机适合频繁转移工地，完成构件装卸和结构的吊装作业，进行塔式起重机设备的拆装工作。大型汽车起重机可用于工业厂房的构件吊装。起重量达到 100t 以上的汽车式起重机，可用于重型构件的吊装。

②轮胎式起重机的主要用途。轮胎式起重机适应于工作场地较固定，较少在公路上移动的施工场地，可用于一般工业厂房的结构吊装。

2. 轮式起重机的分类及特点

①按底盘的特点可分为汽车起重机和轮胎起重机。汽车起重机行驶速度高，机动灵活，接近汽车行驶速度，但起重作业时必须下放支腿；轮胎起重机则具有转弯半径小、全轮转向、按规定吊重行驶等特点。

②按起重量可分为小型、中型、大型和超大型起重机。小型起重量在 12t 以下，中型起重量为 16～40t，大型起重量大于 40t，超大型起重量在 100t 以上。

③按起重吊臂形式可分为桁架臂式和箱形臂式。桁架臂式起重机，其桁架臂自重轻，可接长到数十米，属于大型起重机。箱形臂式起重机，其吊臂在工作时逐节外伸到所需长度，但吊臂自重较大，在起重幅度大时起重性能较差，并带有折叠式的副吊臂。

目前，100t 以上的桁架吊臂的轮胎式起重机，吊臂长度在 60～70m，部分达 100 多米。起重量超过 100t 的箱形伸缩臂的轮胎式起重机（最大为 250t），由于受到结构、材料、行驶尺寸和臂端挠曲等限制，箱形吊臂长度一般在 40m 以内，个别的在

50m 左右。

④按传动装置的形式可分为机械传动方式、电力机械传动方式和液力机械传动方式。电力机械传动式仅在大型的桁架臂轮胎式起重机中采用。液力机械传动式具有结构紧凑、传动平稳、操纵省力、元件尺寸小、重量轻等特点，是轮胎式起重机的发展方向。

二、轮式起重机的构造组成和性能参数

1. 汽车式起重机的构造组成和性能参数

(1)汽车式起重机的构造组成

如图 5-41 所示，汽车式起重机由下车行走部分、回转支撑部分和上车回转部分三大部分组成。

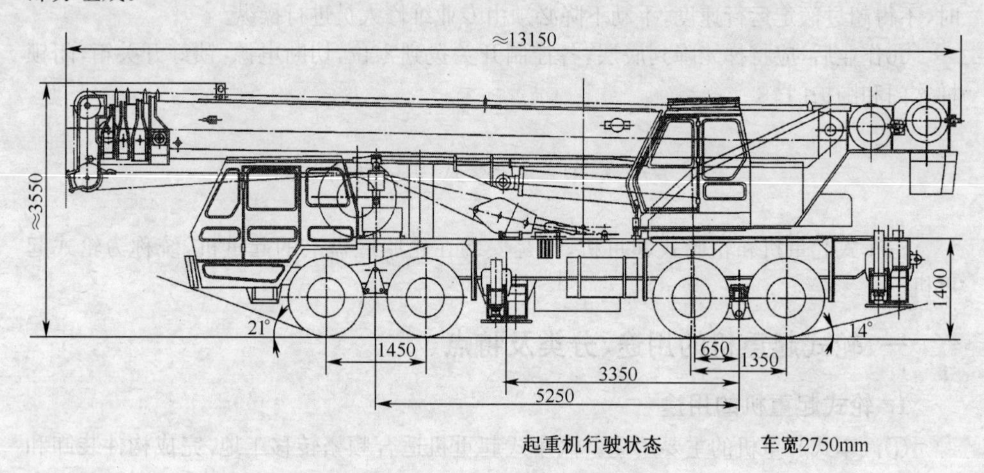

图 5-41 QY50 型汽车式起重机外形

下车行走部分又称为底盘，小吨位汽车起重机一般采用标准的汽车底盘，大、中型汽车起重机则采用专用特制的汽车底盘。

回转支撑部分是安装在下车行走部分上用以支撑上部回转的装置。通过回转支撑装置将上车回转部分的各种荷载传到下车行走部分的底架和支腿上，以保持上车回转部分围绕旋转中心轴线灵活地转动，保证上车回转部分有足够的稳定性。

上车回转部分又称为转台，转台上装有起升机构、变幅机构、回转机构和操纵室及其他装置。

(2)汽车式起重机性能参数

QY20B/20R/20H 型(北京)汽车式起重机性能参数见表 5-19。

2. 轮胎式起重机的构造组成和性能参数

(1)轮胎式起重机的构造组成

轮胎起重机是安装在专用轮胎式行走底盘上的起重机，其底盘为专门设计制造。轮胎起重机行驶速度不超过 30km/h，只有一个操纵驾驶室，操纵行走、起升、变幅、回转等所有工作机构。

表 5-19　QY20B/20R/20H 型(北京)汽车式起重机性能参数

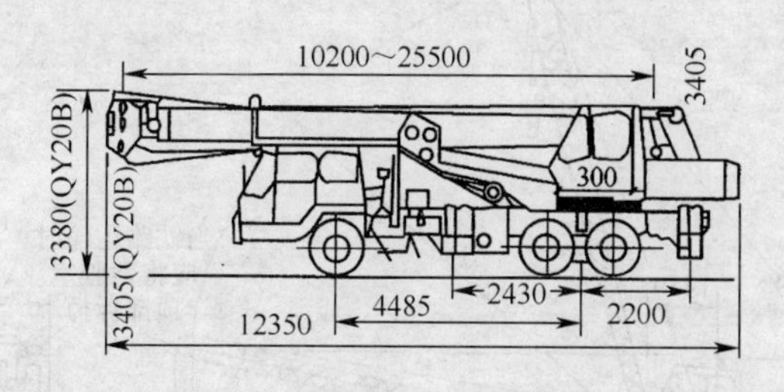

工作幅度/m	主臂长/m							主臂＋副臂/m
	10.2	12.58	14.97	17.35	19.73	22.12	24.5	24.5＋7.5
	起重量/t							
3.0	20.0							
3.5	17.2	15.9						
4.0	14.6	14.6	12.6					
4.5	12.75	12.7	11.7	10.5				
5.0	11.6	11.3	11.3	9.7				
5.5	10.45	10.0	10.0	9.1	8.1			
6.0	9.3	9.0	9.0	8.5	7.6	6.9		
7.0	7.24	7.3	7.41	7.2	6.7	6.1	5.5	
8.0	5.99	6.1	6.17	6.2	5.9	5.4	5.0	
9.0		5.13	5.21	5.25	5.3	4.8	4.5	
10.0		4.35	4.43	4.48	4.52	4.4	4.0	2.1
12.0			3.26	3.32	3.36	3.39	3.41	1.7
14.0				2.49	2.53	2.56	2.58	1.4
16.0					1.90	1.94	1.96	1.2
18.0						1.45	1.47	1.0
20.0							1.08	0.88
22.0							0.76	0.75
24.0								0.63
27.0								0.5

注：表中数值不包括吊钩及吊具自重。

图 5-42 为 QLD16 型轮胎起重机的外形图。QLD16 型轮胎起重机为全回转、桁架动臂、机械—电力—机械传动的自行式起重机。动力装置为 4135C—1 型柴油机带动 ZQE—45 型直流发电机，再利用电能分别驱动起升、回转、变幅和行走机构进行工作。工作机构、行驶制动和行驶转向分别采取电气、气动和液压操纵。

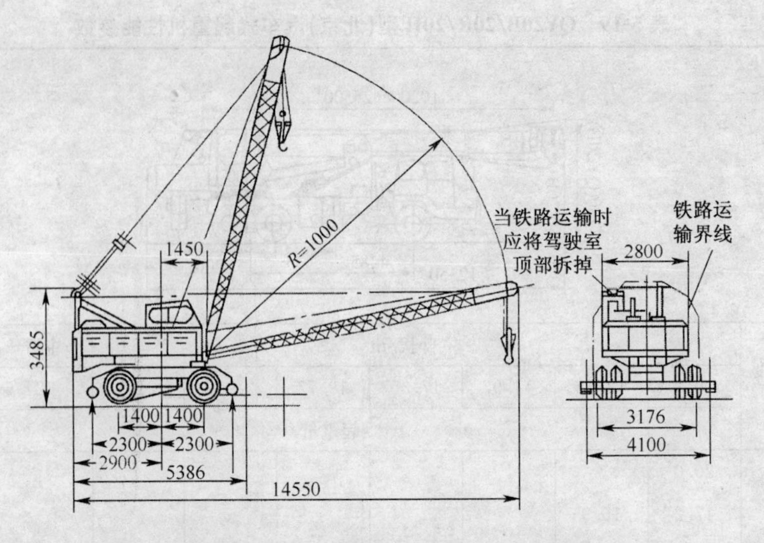

图 5-42　QLD16 型轮胎起重机的外形图

(2)轮胎式起重机性能参数

QLD16 型轮胎起重机性能参数,见表 5-20。

表 5-20　QLD16 型轮胎起重机性能参数

臂长/m 工作方式 幅度/m	12			18			24		
	起重量/t		起升高度/m	起重量/t		起升高度/m	起重量/t		起升高度/m
	用支腿	不用支腿		用支腿	不用支腿		用支腿	不用支腿	
3.5		6.5	10.7						
4.0	16.0	5.7	10.6						
4.5	14.0	5.0	10.5		4.9	16.5			
5.0	11.2	4.3	10.4	11.0	4.1	16.4			
5.5	9.4	3.7	10.3	9.2	3.5	16.3	8.0		22.4
6.5	7.0	2.9	9.7	6.8	2.7	16.1	6.7		22.3
8.0	5.0	2.0	9.0	4.8	1.9	15.6	4.7		22.0
9.5	3.8	1.5	8.1	3.6	1.4	15.0	3.5		21.5
11.0	3.0		6.6	2.9	1.1	14.2	2.7		20.9
12.5				2.3		13.1	2.2		20.2
14.0				1.9		11.6	1.8		19.4
15.5				1.6		10.2	1.5		18.4
17.0							1.2		17.2

注:1. 起升钢丝绳的最大作用拉力为 23kN,起吊 16t 时,倍率为 7;

2. 当臂长 12m 时,不使用支腿,允许在平坦路面上,按不使用支腿的额定起重量的 75%吊重行驶,但行驶速度<5km/h。

三、轮式起重机的安全使用

①起重机工作的场地应保持平坦坚实，地面松软不平时，支腿应用垫木垫实；起重机应与沟渠、基坑保持安全距离。

②起重机起动前应重点检查以下项目，并符合下列要求：各安全保护装置和指示仪表齐全完好；钢丝绳及连接部位符合规定；燃油、润滑油、液压油及冷却水添加充足；各连接件无松动；轮胎气压符合规定。

③起重机起动前，应将各操纵杆放在空档位置，手制动器应锁死，并应按照本规程有关规定起动内燃机。在怠速运转3～5min后中高速运转，检查各仪表指示值，运转正常后接合液压泵，液压达到规定值，油温超过30℃时，方可开始作业。

④作业前，应全部伸出支腿，调整机体使回转支撑面的倾斜斜度在无荷载时不大于1/1000（水准居中）。支腿有定位销的必须插上。底盘为弹性悬挂的起重机，插支腿前应先收紧稳定器。

⑤作业中严禁扳动支腿操纵阀。调整支腿必须在无荷载时进行，并将起重臂转至正前或正后方可再行调整。

⑥应根据所吊重物的重量和提升高度，调整起重臂长度和仰角（无资料可查时，仰角最大不得超过78°），并应估计吊索和重物本身的高度，留出适当空间，以防被吊物体发生摆动或在起升过程中与起重臂相撞。

⑦起重臂伸缩时，应按规定程序进行，在伸臂的同时应下降吊钩。当制动器发出警报时，应立即停止伸臂。起重臂缩回时，仰角不宜太小。

⑧起重臂伸出后，或主副臂全部伸出后，变幅时不得小于各长度所规定的仰角。

⑨汽车式起重机起吊作业时，汽车驾驶室内不得有人，重物不得得超越驾驶室上方，且不得在车的前方起吊。

⑩起吊重物达到额定起重量的50%及以上时，应使用低速档。

⑪作业中发现起重机倾斜、支腿不稳等异常现象时，应立即使重物下降至安全的地方，下降中严禁制动。

⑫重物在空中需要较长时间停留时，应将起升卷筒制动锁住，操作人员不得离开操纵室。

⑬起吊重物达到额定起重量的90%以上时，严禁下降起重臂，严禁同时进行两种及以上的操作动作。

⑭起重机带载回转时，操作应平稳，避免急剧回转或停止，换向应在停稳后进行。

⑮当轮胎式起重机带载行走时，道路必须平坦坚实，荷载必须符合出厂规定，重物离地面不得超过500mm，并应拴好拉绳，缓慢行驶。

⑯严禁起重机在架空输电线下作业，若在架空输电线下通过或沿一侧行驶或作业时，起重臂最高点应与架空输电线保持一定的安全距离。起重臂、钢丝绳或起重物与高、低压输电线路的垂直、水平安全距离均不得小于表5-21所规定的数值。

⑰起重作业时，严禁起重臂下站人。禁止斜拉重物，禁止起吊埋在地下或冻住的重物。

表 5-21 汽车起重机起重臂距输电线路的安全距离

输电线路电压/kV	垂直安全距离/m	水平安全距离/m
1	1.5	1.5
1～20	1.5	2.0
35～110	2.5	4.0
154	2.5	5.0
220	2.5	6.0

⑱起重作业时，应注意风力的影响，若风力超过 6 级，起重机应停止作业。

⑲作业后，应将起重臂全部缩回放在支架上，再收回支腿。吊钩专用钢丝绳挂牢；应将车架尾部两撑杆分别撑在尾部下方的支座内，并用螺母固定；应将阻止机身旋转的销式制动器插入销孔，并将取力器操纵手柄放在脱开位置，最后应锁住起重操纵室门。

⑳行驶前，应检查并确认各支腿的收存无松动，轮胎气压应符合规定。行驶时水温应在 80℃～90℃范围内，水温未达到 80℃时，不得高速行驶。

㉑行驶时应保持中速，不得紧急制动，过铁道口或起伏路面时应减速，下坡时严禁空档滑行，倒车时应有人监护。

㉒行驶时，严禁人员在底盘走台上站立或蹲坐，并不得堆放物件。

第七节 履带式起重机

一、履带式起重机的用途、分类及其特点

1. 履带式起重机的用途和特点

履带式起重机是在行走的履带底盘上，装有起升装置的自行式、全回转起重机械，是建筑工程常用的起重机械，具有重心低、接地比压小和起重量大等特点。由于履带接触地面的面积较大，接地比压在行走时一般不超过 0.2MPa，起重时不超过 0.4MPa，因而可以在较为坎坷不平、松软的地面行驶和工作（必要时可垫路基箱）。

全液压履带起重机起重量可达 150t，吊臂具有伸缩性能，臂长可达 100m。但履带起重机行走时对路面易造成损伤，因而转移工地较困难，行走速度通常不超过 4km/h，大型履带起重机行走速度更低，仅 0.8～1km/h。履带起重机也不宜作长距离行走，因此，转移工地时应使用大型平车装运。

2. 履带式起重机的分类

履带式起重机按传动方式不同，可分为机械式（QU）、液压式（QUY）和电动式（QUD）三种。目前常用液压式，电动式不适用于需要经常转移作业场地的建筑工程。

二、履带式起重机的构造组成和性能参数

1. 履带式起重机的构造组成

图 5-43 所示为 KH180—3 型液压履带起重机外形图。履带式起重机由履带行走装

置、起升机构、变幅机构、回转机构和安全装置及操作控制系统组成。

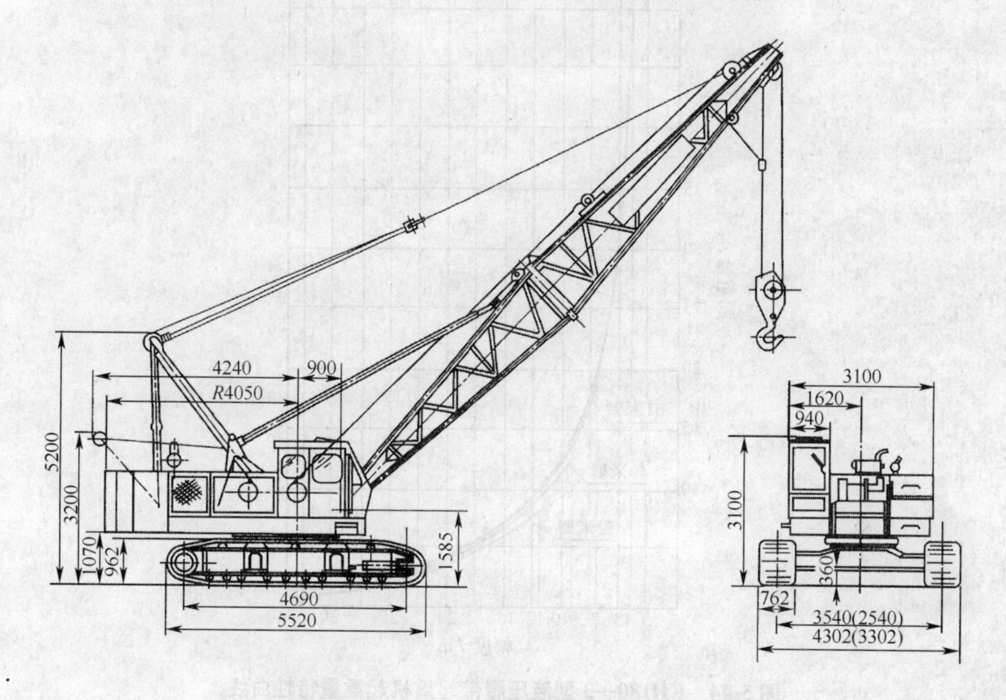

图 5-43　KH180—3 型液压履带起重机外形图

2. 履带式起重机的性能参数

KH180—3 型履带起重机最大起重量为 50t，最大起重力矩为 185t·m，起重量特性曲线如图 5-44 所示，起升高度曲线如图 5-45 所示。

三、履带式起重机的安全使用

①起重机应在平坦坚实的地面上作业、行走和停放。在作业时，工作坡度不得大于 5%，并应与沟渠、基坑保持安全距离。

②起重机起动前应重点检查以下项目，并符合下列要求：各安全防护装置及各指示仪表齐全完好；钢丝绳及连接部位符合规定；燃油、润滑油、液压油、冷却水等添加充足；各连接件无松动。

③起重机起动前应将主离合器分离，各操纵杆放在空档位置，并按照本规程规定起动内燃机。

④内燃机起动后，应检查各仪表指示值，待运转正常再接合主离合器，进行空载运转，按顺序检查各工作机构及其制动器，确认正常后，方可作业。

⑤作业时，起重臂的最大仰角不得超过使用规定。当无资料可查时，不得超过 78°。

⑥起重机变幅应缓慢平稳，严禁在起重臂未停稳前变换档位。

⑦在起吊荷载达到额定起重量的 90%及以上时，升降动作应慢速进行，严禁同时进

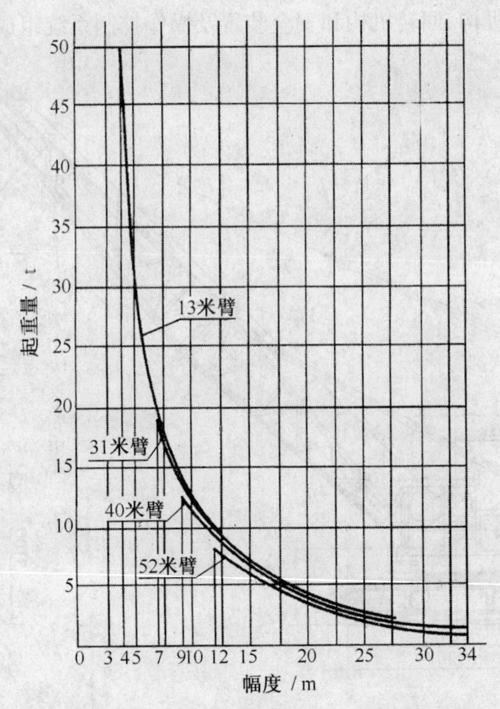

图 5-44　KH180—3 型液压履带起重机起重量特性曲线

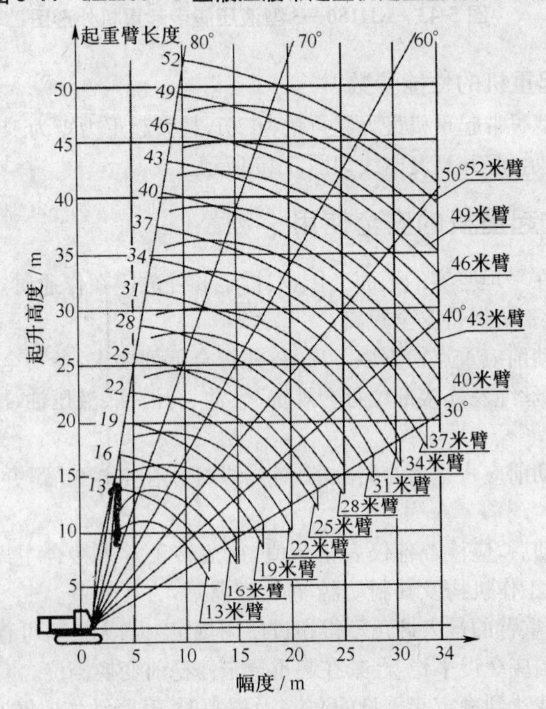

图 5-45　KH180—3 型液压履带起重机提升高度曲线

行两种及以上动作，严禁下降起重臂。

⑧起吊重物时，应先稍离地面试吊，当确认重物已挂牢，起重机的稳定性和制动器的可靠性均良好时，再继续起吊。在重物升起过程中，操作人员应把脚放在制动踏板上，密切注意起升重物，防止吊钩冒顶。当起重机停止运转而重物仍悬在空中时，即使制动踏板被固定，脚仍应踩在制动踏板上。

⑨采用双机抬吊作业时，应选用起重性能相似的起重机进行。抬吊时应统一指挥，动作应配合协调，荷载应分配合理，起吊重量不得超过两台起重机在该工况下允许起重量总和的75%，单机的起吊荷载不得超过允许荷载的80%。在吊装过程中，两台起重机的吊钩滑轮组应保持垂直状态。

⑩当起重机带载行走时，起重量不得超过相应工况额定起重量的70%，行走道路应坚实平整，起重臂位于行驶方向正前方，荷载离地面高度不得大于200mm，并应拴好拉绳，缓慢行驶。不宜长距离带载行驶。

⑪起重机行走时，转弯不应过急；当转弯半径过小时，应分次转弯。

⑫起重机上下坡道时应无载行走。上坡时应将起重臂仰角适当放小，下坡时应将起重臂仰角适当放大。严禁下坡空档滑行。严禁在坡道上带载回转。

⑬起重机工作时，在起升、回转、变幅三种动作中，只允许同时进行其中两种动作的复合操作。

⑭作业结束后，起重臂应转至顺风方向，并降至40°～60°之间，吊钩提升到接近顶端的位置，关停内燃机，将各操纵杆放在空档位置，各制动器加保险固定，操纵室和机棚应关门加锁。

⑮起重机转移工地用火车或平板拖车运输起重机时，所用跳板的坡度不得大于15°；起重机装上车后，应将回转、行走、变幅等机构制动，并采用木楔楔紧履带两端，再牢固绑扎；后部配重用枕木垫实，不得使吊钩悬空摆动。

⑯起重机需自行转移时，应卸去配重，拆短起重臂，主动轮应在后面，机身、起重臂、吊钩等必须处于制动位置，并应加保险固定。

⑰起重机通过桥梁、水坝、排水沟等构筑物时，必须先查明允许荷载后再通过。必要时应对构筑物采取加固措施。通过铁路、地下水管、电缆等设施时，应铺设木板保护，并不得在上面转弯。

第六章　混凝土机械

第一节　混凝土搅拌机

混凝土搅拌机是将一定配合比的水泥、砂、石和水拌和成匀质的混凝土(有时还加入一些混合材料或外加剂)的机械,是建筑施工现场、混凝土构件厂及商品混凝土搅拌站(楼)生产混凝土的重要机械设备之一。

一、搅拌机的类型、特点和应用

混凝土搅拌机按进料、搅拌、出料是否连续,可分为周期作业式和连续作业式两种。周期作业式混凝土搅拌机,按其搅拌原理分为自落式和强制式两种。

混凝土搅拌机按出料方式可分为倾翻式和反转出料式。倾翻式靠搅拌筒倾翻出料,反转出料式依靠搅拌筒反转出料。按搅拌筒外形分为鼓形和锥形、槽形和盘形,其中槽形和盘形多为强制式搅拌机。锥形、反转出料和鼓形为自落式搅拌机,鼓形自落式已列为淘汰产品。混凝土搅拌机按移动方式还可分为固定式和移动式。

1. 自落式搅拌机

自落式搅拌机的搅拌原理是物料由固定在旋转搅拌筒内壁的叶片带至高处,靠自重下落而进行搅拌。

自落式搅拌机可以搅拌流动性和塑性混凝土拌合物。由于其结构简单、磨损小、维修保养方便、能耗低,虽然它的搅拌性能不如强制式搅拌机,但仍得到广泛应用,特别是对流动性混凝土拌合物,选用自落式混凝土搅拌机,不仅搅拌质量稳定,而且不漏浆,比强制式搅拌机经济。

自落式搅拌机不能搅拌坍落度较小的混凝土,适用于一般施工现场。

2. 强制式搅拌机

强制式搅拌机的搅拌原理是物料由处于不同位置和角度的旋转叶片,强制改变其运动方向,产生交叉料流而进行搅拌。

强制式搅拌机可以搅拌各种稠度的混凝土拌合物和轻骨料混凝土拌合物。这种搅拌机拌和时间短、生产率高,以拌和干硬性混凝土为主,在混凝土预制构件厂和商品混凝土搅拌站中占主导地位。

强制式搅拌机按主轴类型,可分为立轴式和卧轴式两种。卧轴式按轴的数目又分为单轴式和双轴式。立轴强制式搅拌机具有搅拌均匀、时间短、密封性好的特点,适用于干硬混凝土和轻质混凝土。卧轴强制式搅拌机能搅拌干硬性、塑性、轻骨料混凝土以及各种砂浆、灰浆和硅酸盐等混合物,是一种多功能的搅拌机械。

二、搅拌机的构造组成和性能参数

1. 混凝土搅拌机的构造组成

(1)锥形反转出料混凝土搅拌机

锥形反转出料搅拌机为自落式，主要由传动系统、搅拌机构、上料装置、供水系统、卸料机构、行走机构及电气部分等组成，如图 6-1 所示。

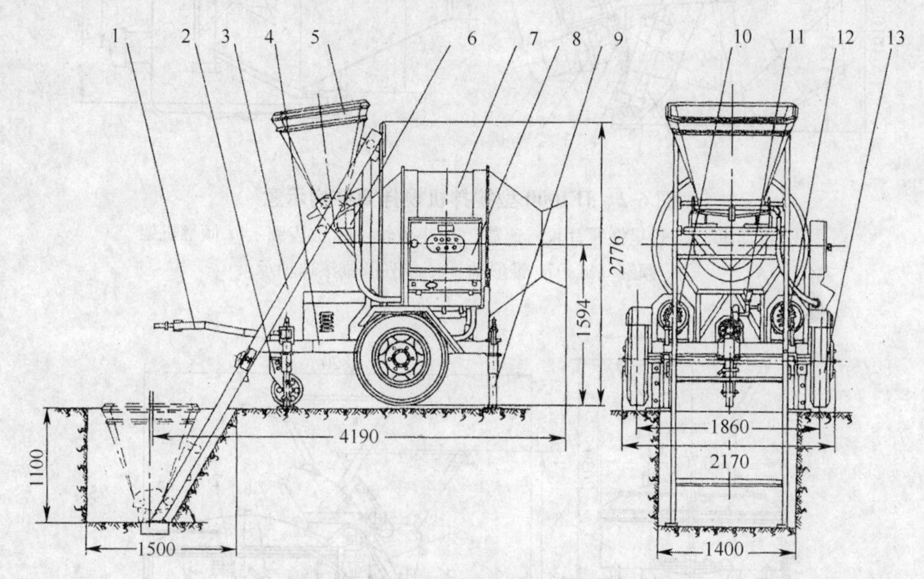

图 6-1　锥形反转出料搅拌机结构外形

1. 牵引架　2. 前支轮　3. 上料架　4. 底盘　5. 料斗　6. 中间料斗　7. 拌筒　8. 电器箱　9. 支腿　10. 搅拌传动机构　11. 供水系统　12. 卷扬系统　13. 行走轮

(2)锥形倾翻出料混凝土搅拌机

锥形倾翻出料搅拌机为自落式，搅拌筒为锥形，进出料在同一口。搅拌时，搅拌筒轴线具有约 15°倾角；出料时，搅拌筒向下旋转俯角 50°～60°，将拌和料卸出。这种搅拌机卸料快，拌筒容积利用系数大，能搅拌大骨料的混凝土，适用于搅拌站。锥形倾翻出料搅拌机有 JF1000、JF1500、JF3000 等型号。

图 6-2 为 JF1000 型搅拌机搅拌筒结构示意图，主要由电动机、行星摆线针轮减速器、倾翻机架、倾翻气缸组成搅拌系统和倾翻机构，加料、配水装置及空气压缩机等需另行配置，因其用作混凝土搅拌站主机，可以相互配套使用。

(3)立轴强制式混凝土搅拌机

立轴强制式搅拌机有涡桨式和行星式两种。涡桨式主要有 JW250、JW350、JW500、JW1000 等规格，JW1000 型用于搅拌站。图 6-3 为 JW250 型移动涡桨强制式搅拌机，其进料容量为 375L，出料容量为 250L。该机主要由搅拌机构、传动机构、进、出料机构和供水系统等组成。

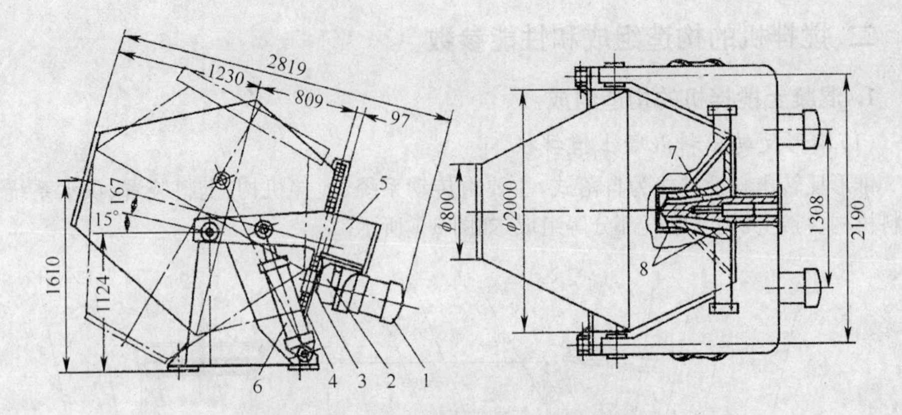

图 6-2 JF1000 型搅拌机搅拌筒结构示意

1. 电动机 2. 行星摆线针轮减速器 3. 小齿轮 4. 大齿圈 5. 倾翻机架
6. 倾翻气缸 7. 锥形轴 8. 单列圆锥滚珠轴承

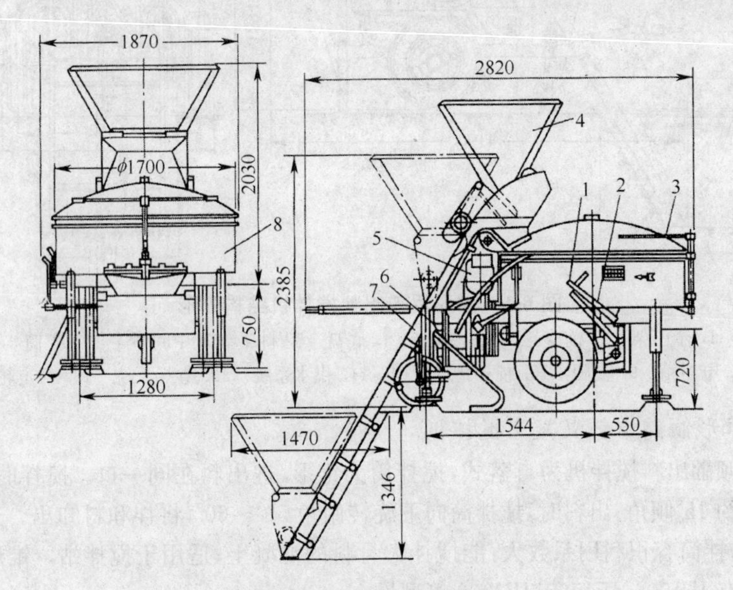

图 6-3 JW250 型搅拌机

1. 上料手柄 2. 料斗下降手柄 3. 出料手柄 4. 上料斗
5. 水箱 6. 水泵 7. 上料斗导轨 8. 搅拌筒

(4)卧轴强制式混凝土搅拌机

卧轴强制式混凝土搅拌机分单卧轴和双卧轴。双卧轴搅拌机生产效率高，能耗低，噪声小，搅拌效果比单卧轴好，但结构较复杂，适于较大容量的混凝土搅拌作业，一般用作搅拌站的配套主机，或用于大、中型混凝土预制厂。单卧轴有 JD250、JDY350 等规格型号，双卧轴有 JS350、JS500、JS1000 等规格型号。图 6-4 所示为 JS500 型双卧轴强制式混凝土搅拌机。该机主要由搅拌机构、上料机构、传动机构、卸料装置等组成。

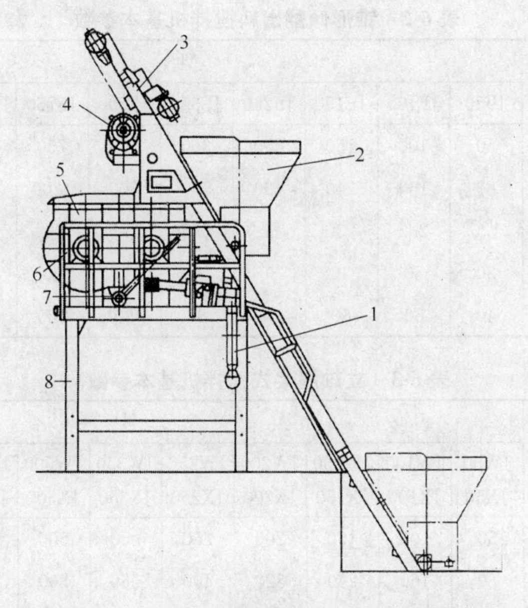

图 6-4 JS500 型双卧轴强制式混凝土搅拌机

1. 供水系统 2. 上料斗 3. 上料架 4. 卷扬装置 5. 搅拌筒 6. 搅拌装置 7. 卸料门 8. 机架

2. 搅拌机的性能参数

混凝土搅拌机的性能参数主要有出料容量、进料容量、搅拌机额定功率、每小时工作循环次数和骨料最大直径。JB1536—75 标准中规定，混凝土搅拌机一律以每筒出料并经捣实后的体积(m^3)作为搅拌机的额定容量，这一容量即性能参数中的出料容量。

出料容量与进料容量在数量上的关系为：

$$出料容量(m^3)=进料容量(L)\times\frac{5}{8}\div1000 \tag{6-1}$$

各类搅拌机的性能参数见表 6-1、表 6-2、表 6-3 和表 6-4。

表 6-1 锥形反转出料搅拌机基本参数

基本参数	型号					
	JZ150	JZ200	JZ250	JZ350	JZ500	JZ750
出料容量/L	150	200	250	350	500	750
进料容量/L	240	320	400	560	800	1200
搅拌额定功率/kW	3	4	4	5.5	10	15
每小时工作循环次数≥	30	30	30	30	30	30
骨料最大粒径/mm	60	60	60	60	60	80

表 6-2　锥形倾翻出料搅拌机基本参数

基本参数	型号									
	JF50	JF100	JF150	JF250	JF350	JF500	JF750	JF1000	JF1500	JF3000
出料容量 L	50	100	150	250	350	500	750	1000	15000	3000
进料容量/L	80	160	240	400	560	800	1200	1600	2400	4800
搅拌额定功率/kW	1.5	2.2	3	4	5.5	7.5	11	15	20	40
每小时工作循环次数≥	30	30	30	30	30	30	30	25	25	20
骨料最大粒径/mm	40	60	60	60	80	80	120	120	150	250

表 6-3　立轴涡桨式搅拌机基本参数

基本参数	型号									
	JW50 JX50	JW100 JX100	JW150 JX150	JW200 JX200	JW250 JX250	JW350 JX350	JW500 JX500	JW750 JX750	JW1000 JX1000	JW1500 JX1500
出料容量/L	50	100	150	200	250	350	500	750	1000	1500
进料容量/L	80	160	240	320	400	560	800	1200	1600	2400
搅拌额定功率/kW	4	7.5	10	13	15	17	30	40	55	80
每小时工作循环次数≥	50	50	50	50	50	50	50	45	45	45
骨料最大粒径/mm	40	40	40	40	40	40	60	60	60	80

表 6-4　单卧轴、双卧轴搅拌机基本参数

基本参数	型号					
	JD50	JD100	JD150	JD200	JD250	JD350 JS350
出料容量/L	50	100	150	200	250	350
进料容量/L	80	160	240	320	400	560
搅拌额定功率/kW	2.2	4	5.5	7.5	10	15
每小时工作循环次数≥	50	50	50	50	50	50
骨料最大粒径/mm	40	40	40	40	40	40
出料容量/L	500	750	1000	1500	3000	
进料容量/L	800	1200	1600	2400	4800	
搅拌额定功率/kW	17	22	33	44	95	
每小时工作循环次数≥	50	45	45	45	40	
骨料最大粒径/mm	60	60	60	80	120	

三、搅拌机的选择

混凝土搅拌机的选择与使用是否适当，将直接影响到工程造价、进度和质量。因此，必须根据工程量的大小、搅拌机的使用期限、施工条件及所设计的混凝土组成特性（如骨料最大粒径、坍落度大小、粘聚性等）来正确选择混凝土搅拌机的类型、出料容量和台数，并合理使用。在选择混凝土搅拌机的具体型号和数量时应注意以下几点：

①从工程量和工期方面考虑。若混凝土工程量大，且工期长，宜选用中型或大型固定式混凝土搅拌机群、搅拌站；若混凝土需求量不太大，且工期不太长，则宜选用中型固定式或中、小型移动式搅拌机组；若混凝土需求零散且用量较小，则选用中小型或小型移动式搅拌机。

②从动力方面考虑。若电源充足，则选用电动搅拌机；在无电源或电源不足的场合，则选用以内燃机驱动的搅拌机。

③从工程所需混凝土的性质考虑。混凝土为塑性、半塑性时，宜选用自落式搅拌机；若要求混凝土为高强度、干硬性或细石骨料混凝土时，则宜选用强制式搅拌机。

④从混凝土的组成特性和稠度方面考虑。若混凝土稠度小，且骨料直径大，宜选用容量大的自落式搅拌机；若稠度大且骨料粒径较大，宜选用搅拌筒旋转速度快的自落式搅拌机；若稠度大，且骨料直径小（直径不大于60mm的卵石或直径不大于40mm的碎石），宜选用强制式搅拌机或中小容量的锥形反转出料式搅拌机。

四、搅拌机的安全使用

①搅拌机安装应平稳牢固，并应搭设定型化、装配式操作棚，且具有防风、防雨功能。操作棚应有足够的操作空间，顶部在任一0.1×0.1m区域内应能承受1.5kN的力而无永久变形。

②作业区应设置排水沟渠、沉淀池及除尘设施。

③搅拌机操作台处应视线良好，操作人员应能观察到各部工作情况。操作台应铺垫橡胶绝缘垫。

④作业前应重点检查以下项目，并符合下列规定：料斗上、下限位装置灵敏有效，保险销、保险链齐全完好。钢丝绳断丝、断股、磨损未超标准；制动器、离合器灵敏可靠；各传动机构、工作装置无异常。开式齿轮、皮带轮等传动装置的安全防护罩齐全可靠。齿轮箱、液压油箱内的油质和油量符合要求；搅拌筒与托轮接触良好，不窜动、不跑偏；搅拌筒内叶片紧固不松动，与衬板间隙应符合说明书规定。

⑤作业前，应先进行空载运转，确认搅拌筒或叶片运转方向正确。反转出料的搅拌机应进行正、反转运转。空载运转无冲击和异常噪音。

⑥供水系统的仪表计量准确，水泵、管道等部件连接无误，正常供水无泄漏。

⑦搅拌机应达到正常转速后进行上料，不应带荷载起动。上料量及上料程序应符合说明书要求。

⑧料斗提升时，严禁作业人员在料斗下停留或通过；当需要在料斗下方进行清理或检修时，应将料斗提升至上止点并用保险销锁牢。

⑨搅拌机运转时，严禁进行维修、清理工作。当作业人员需进入搅拌筒内作业时，必须先切断电源，锁好开关箱，悬挂“禁止合闸”的警示牌，并派专人监护。

⑩作业完毕后，应将料斗降到最低位置，并切断电源。冬季应将冷却水放净。

⑪搅拌机在场内移动或远距离运输时，应将料斗提升至上止点，并用保险销锁牢。

第二节 混凝土搅拌运输车

一、混凝土搅拌运输车的用途、特点和分类

1. 混凝土搅拌运输车的特点和用途

混凝土搅拌运输车如图 6-5 所示，是在载重汽车底盘上装备一台混凝土搅拌机，也称为汽车式混凝土搅拌机。混凝土搅拌运输车是专门运输混凝土工厂生产的商品混凝土的配套设备。

混凝土搅拌运输车的特点是在运量大、运距远的情况下，能保持混凝土的质量均匀，不发生泌水、分层、离析和早凝现象，适于道路、机场、水利工程、大型建筑工程施工，是发展商品混凝土必不可少的设备。

2. 混凝土搅拌运输车的使用方式

使用混凝土搅拌运输车运送混凝土有以下两种方式：

①当运送距离小于 10km 时，将拌和好的混凝土装入搅拌筒内，运送途中，搅拌筒不断地作低速旋转，这样，混凝土在筒内便不会产生分层、离析或早凝等现象.保证至工地卸出时混凝土拌合物均匀。这种方法实际上是把混凝土搅拌运输车作为混凝土的专用运输工具使用。

②当运送距离大于 10km 时，为了减少能耗和机械磨损，可将搅拌站按配合比要求配好的混凝土干混料直接装入搅拌筒内，拌和用水注入水箱内，待车行至浇筑地点前15～20min行程时，开动搅拌机，将水箱中的水定量注入搅拌筒内进行拌和，即在途中边运输、边搅拌，到浇筑地点卸出已拌和好的混凝土。

3. 混凝土搅拌运输车的分类

混凝土搅拌运输车按搅拌容量大小可分为小型（搅拌容量为 $3m^3$ 以下）、中型（搅拌容量为 $3\sim8m^3$）和大型（搅拌容量为 $8m^3$ 以上）。中型车较为通用，特别是容量为 $6m^3$ 的最为常用。

搅拌运输车的搅拌筒驱动装置有机械式和液压式两种，当前已普遍采用液压式。根据发动机的动力引出形式不同，又可分为飞轮取力和搅拌装置设专用柴油机的单独驱动形式。

二、混凝土搅拌运输车构造组成和性能参数

1. 混凝土搅拌运输车构造组成

混凝土搅拌运输车由载重汽车、水箱、搅拌筒、装料斗、传动系统和卸料机构等组成，如图 6-5 所示。

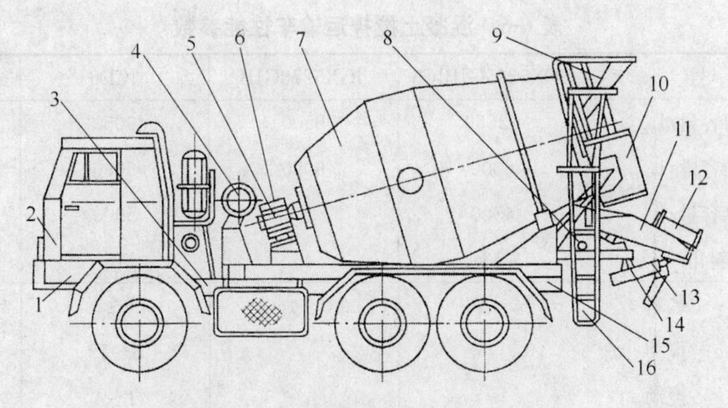

图 6-5　混凝土搅拌输送车外形结构

1. 液压泵　2. 取力装置　3. 油箱　4. 水箱　5. 液压马达　6. 减速器　7. 搅拌筒　8. 操纵机构　9. 进料斗　10. 卸料槽　11. 出料斗　12. 加长斗　13. 升降机构　14. 回转机构　15. 机架　16. 爬梯

2. 混凝土搅拌运输车性能参数

混凝土搅拌运输车机型较多，以使用较多的机型为例，其主要技术性能见表 6-5 及表 6-6。

表 6-5　新宇建机系列混凝土搅拌运输车性能参数

型　号	$6m^3$ 三菱 FV415JMCLDUA	$7m^3$ 斯太尔 1491H280/B32	$8m^3$ 斯太尔 1491H310/B38
发动机	8DC9－2A	WD615.67	WD615.67
发动机额定功率	300PS/r/min (220kW/r/min)	280PS/r/min (260kW/r/min)	310PS/2400r/min (228kW/2400r/min)
输送车外形尺寸/mm	7190×2490×3790	8413×2490×3768	9317×2490×3797
空车质量/kg	10280	11960	12070
重车总质量/kg	25130	29140	31090
搅拌筒容量/m^3	8.9	10.2	13.6
搅拌容量/m^3	5	6	7
搅动容量/m^3	6	7	8
搅拌筒进料/(r/min)	1～17	1～17	1～17
搅拌筒搅拌/(r/min)	8～12	8～12	8～12
搅拌筒搅动/(r/min)	1～5	1～5	1～5
搅拌筒出料/(r/min)	1～17	1～17	1～17
液压泵	PV22	PV22	PV22
液压马达	MF22	MF22	MF22
液压油箱容量/L	80	80	80
水箱容量/L	250	250	250

表 6-6　混凝土搅拌运输车性能参数

型　号		SDX5265GJBJC6	JGX5270GJB	JCD6	JCD7
拌筒几何容量/L		12660	9500	9050	11800
最大搅动容量/L		6000	6090	6090	7000
最大搅拌容量/L		4500		5000	
拌筒倾斜角/°		13	16	16	15
拌筒转速 /(r/min)	装料	0～16	0～16	1～8	6～10
	搅拌			8～12	1～3
	搅动			1～4	
	卸料				8～14
供水系统	供水方式	水泵式	压水箱式	压力水箱式	气送或电泵送
	水箱容量/L	250	250	250	800
搅拌驱动方式		液压驱动	液压驱动	F4L912 柴油机驱动	液压驱动 前端取力
底盘型号		尼桑 NISSAN CWA45HWL	T815P 13208	T815P 13208	FV413
底盘发动机功率/kW		250			
外形尺寸 /mm	长	7550	8570	8570	8220
	宽	2495	2500	2500	2500
	高	3695	3630	3630	3650
质量/kg	空车	123000	11655	12775	
	重车	26000	26544	27640	

三、混凝土搅拌运输车的安全使用

①混凝土搅拌运输车的内燃机和行驶部分应符合第一章建筑机械动力装置第一节柴油机四、柴油机的安全使用规定和运输机械的安全使用规定。

②液压系统、气动装置的安全阀、溢流阀的调整压力必须符合说明书要求。卸料槽锁扣及搅拌筒的安全锁定装置应齐全完好。

③燃油、润滑油、液压油、制动液及冷却液应添加充足，无渗漏，质量应符合要求。

④搅拌筒及机架缓冲件无裂纹或损伤，筒体与托轮接触良好。搅拌叶片、进料斗、主辅卸料槽应无严重磨损和变形。

⑤装料前，应先起动内燃机空载运转，各仪表指示正常、制动气压达到规定值。并应低速旋转搅拌筒 3～5min，确认无误方可装料。装载量不得超过规定值。

⑥行驶前，应确认操作手柄处于"搅动"位置并锁定，卸料槽锁扣应扣牢。搅拌行驶时最高速度不得大于 50km/h。

⑦行驶在不平路面或转弯处应降低车速至 1.5 km/h 及以下，并暂停搅拌筒旋转。通过桥、洞、门等设施时，不得超过其限制高度及宽度。

⑧搅拌装置连续运转时间不宜超过 8 h。

⑨出料作业时应将搅拌运输车停靠在地势平坦处，应与基坑及输电线路保持安全距离，并将制动系统锁定。

⑩进入搅拌筒进行维修、铲除清理混凝土作业前，必须将发动机熄火，操作杆置于空档。并将发动机钥匙取出并设专人监护，悬挂安全警示牌。

第三节　混凝土泵和泵车

一、混凝土泵和泵车的用途、特点和分类

1. 混凝土泵和泵车的用途和特点

混凝土泵是利用压力将混凝土拌合物沿管道连续输送到浇筑地点的设备。

混凝土泵与独立的布料装置配合使用，能同时完成水平输送和垂直输送，与混凝土搅拌运输车配合使用，实现了混凝土运输过程的完全机械化，适用于大体积混凝土施工，特别是大型高层建筑施工，大大提高了混凝土的运输效率和混凝土工程的进度和质量。混凝土泵已成为现代建筑施工必不可少的主要设备。

将混凝土泵和布料装置安装在载重汽车底盘上，即形成混凝土泵车。布料装置为液压折叠式臂架。臂架具有变幅、曲折和回转三个动作，在其活动范围内可任意改变混凝土浇筑位置，在有效幅度内进行水平与垂直方向的混凝土输送，具有机动性强、布料灵活等特点。

2. 混凝土泵的分类

混凝土泵按移动方式分为固定式、拖式、汽车式、臂架式等。按构造和工作原理分为活塞式、挤压式和风动式，其中，活塞式混凝土泵又因传动方式不同而分为机械式和液压式。现代建筑施工混凝土工程大量使用双缸液压往复活塞式混凝土泵，其工作原理如图 6-6 所示。

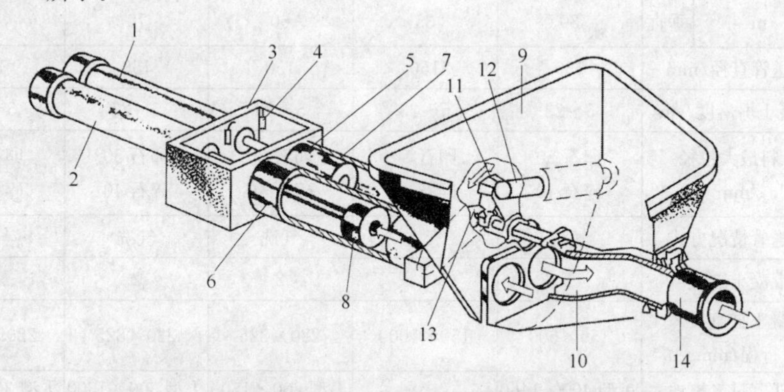

图 6-6　双缸液压往复活塞式混凝土泵工作原理示意图

1、2. 主液驱动油缸　3. 水箱　4. 换向机构　5、6. 混凝土缸　7、8. 混凝土活塞
9. 料斗　10. 分配阀　11. 摆臂　12、13 摆动液压缸 1 出料口

二、混凝土泵的构造组成和性能参数

1. 混凝土泵的构造组成

双缸液压往复活塞式混凝土泵，主要由分配阀及料斗、推送机构、液压系统、电气系统、机架及行走装置、润滑系统、罩壳和输送管道等组成，其结构如图 6-7 所示。

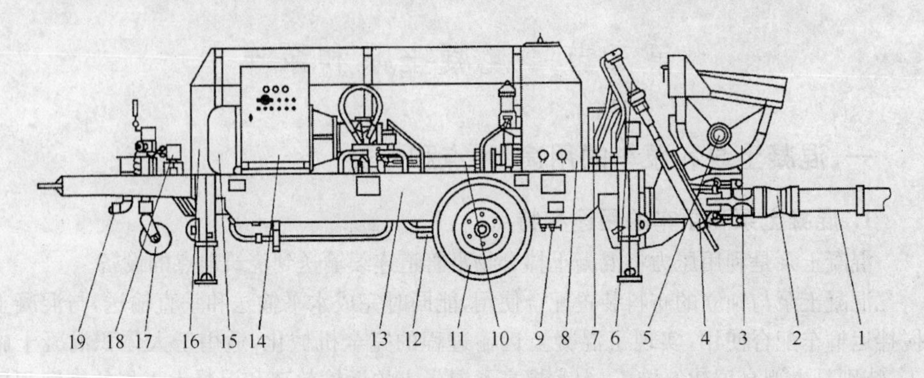

图 6-7 混凝土泵的基本构造

1. 输送管道 2. Y 形管组件 3. 料斗总成 4. 滑阀总成 5. 搅拌装置 6. 滑阀油缸 7. 润滑装置 8. 油箱 9. 冷却装置 10. 油配管总成 11. 行走装置 12. 推送机构 13. 机架总成 14. 电气系统 15. 主动力系统 16. 罩壳 17. 导向轮 18. 水泵 19. 水配管

2. 混凝土泵的性能参数

混凝土泵的性能参数见表 6-7。

表 6-7 混凝土泵的性能参数

	型号		HB8	HB15	HB30	HB30B	HB60
性能	排量/(m^3/h)		8	10～15	30	15;30	～60
	最大输送距离/m	水平	200	250	350	420	390
		垂直	30	35	60	70	65
	输送管直径/mm		150	150	150	150	150
	混凝土坍落度/cm		5～23	5～23	5～23	5～23	5～23
	骨料最大粒径/mm		卵石 50 碎石 40	卵石 50 碎石 40	卵石 50 碎石 40	卵石 50 碎石 40	卵石 50 碎石 40
	输送管情况方式		气洗	气洗	气洗	气洗	气洗
规程	混凝土缸数		1	2	2	2	2
	混凝土缸直径×行程/mm		150×600	150×1000	220×825	220×825	220×1000
	料斗容量×离地高度(L×mm)		A 型 400×1460 B 型 400×1690	400×1500	Ⅰ型 300×1300 Ⅱ型 300×1160	Ⅰ型 300×1300 Ⅱ型 300×1160	Ⅰ型 300×1290 Ⅱ型 300×1185
	主电动机功率/kW		—	—	45	45	55

续表 6-7

	型　号	HB8	HB15	HB30	HB30B	HB60
规程	主油泵型号	—	—	YB—B_{114}C	CBY_{2040}	CBY $\frac{3100}{3063}$
	额定压力/MPa	—	—	10.5	16	20
	排量/(L/min)	—	—	169.6	119	43
	总重/kg	A 型 2960 B 型 3260	4800	Ⅰ型 Ⅱ型 4500	4500	Ⅰ型 5900 Ⅱ型 5810 Ⅲ型 5500
	外形尺寸/mm (长×宽×高)	A 型 3134×1590× 1620 B 型 3134×1590× 1850	4458×2000× 1718	Ⅰ型 4580×1830×1300 Ⅱ型 3620×1360×1160		Ⅰ型 4980×1840× 1420 Ⅱ型 4075×1360× 1315 Ⅲ型 4075×1360× 1240
	备　注	A 型不带行走轮 B 型带行走轮		Ⅰ型　轮胎式 Ⅱ型　轨道式		Ⅰ型　轮胎式 Ⅱ型　轨道式 Ⅲ型　固定式

三、混凝土泵车的构造组成和性能参数

1. 混凝土泵车的构造组成

混凝土泵车是将混凝土泵安装在汽车底盘上，并用液压式折叠臂架管道输送混凝土的设备，因而又称为汽车式混凝土泵。混凝土泵车还装有液压支腿装置。混凝土泵车的外形如图 6-8 所示。

2. 混凝土泵车的性能参数

混凝土泵车的性能参数见表 6-8。

四、混凝土泵及泵车的安全使用

1. 混凝土泵的安全使用

①混凝土泵应安放在平整、坚实的地面上，周围不得有障碍物，放下支腿并调整后，应使机身保持水平和稳定，轮胎应揳紧。

②混凝土输送管道的敷设应符合下列要求：管道敷设前检查管壁的磨损减薄量应在说明书允许范围内，并不得有裂纹、砂眼等缺陷。新管或磨损量较小的管应敷设在泵出口附近；管道应使用支架与建筑结构固定牢固；底部弯管应依据泵送高度、混凝土排量等设置独立的基础，并能承受最大荷载；敷设垂直向上的管道时，垂直管不得直接与泵的输出口连接，应在泵与垂直管之间敷设长度不小于 15m 的水平管，并加装逆止阀；

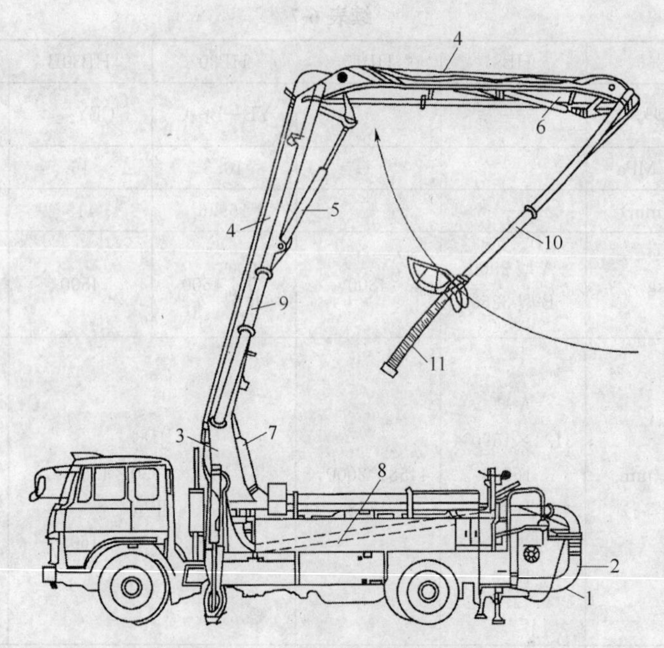

图 6-8　混凝土输送泵车外形

1. 混凝土泵　2. 泵送管道　3. 布料杆回转支承装置　4. 布料杆臂架
5、6、7. 控制布料杆摆动的液压缸　8、9、10. 输送管　11. 橡胶软管

表 6-8　混凝土泵车的性能参数

<table>
<tr><td colspan="3">型　　号</td><td>B—HB20</td><td>IPF85B</td><td>HBQ60</td></tr>
<tr><td rowspan="5">性
能</td><td colspan="2">排量/(m^3/h)</td><td>20</td><td>10～85</td><td>15～70</td></tr>
<tr><td rowspan="2">最大输送距离
/m</td><td>水平</td><td>270
(管径 150)</td><td>310～750
(因管径而异)</td><td>340～500
(因管径而异)</td></tr>
<tr><td>垂直</td><td>50
(管径 150)</td><td>80～125
(因管径而异)</td><td>65～90
(因管径而异)</td></tr>
<tr><td colspan="2">容许骨料的
最大尺寸/mm</td><td>40(碎石)
50(卵石)</td><td>25～50
(因管径和骨料种类而异)</td><td>25～50
(因管径和骨料种类而异)</td></tr>
<tr><td colspan="2">混凝土坍落度
适应范围/cm</td><td>5～23</td><td>5～23</td><td>5～23</td></tr>
<tr><td rowspan="2">泵
体
规
格</td><td colspan="2">混凝土缸数</td><td>2</td><td>2</td><td>2</td></tr>
<tr><td colspan="2">缸径×行程/mm</td><td>180×1000</td><td>195×1400</td><td>180×1500</td></tr>
<tr><td colspan="3">清洗方式</td><td>气、水</td><td>水</td><td>气、水</td></tr>
</table>

续表 6-8

型　号			B—HB20	IPF85B		HBQ60	
汽车底盘	型　号		黄河 JN150	IPF85B—2 ISUZU CVR144	IPF85B ISUZUK—SJR461	罗曼 R10,215F	
汽车底盘	发动机最大功率[马力/(r/min)]		160/1800	188/2300	188/2300	215/2200	
臂架	最大水平长度/m		17.96	17.40		17.70	
臂架	最大垂直高度/m		21.20	20.70		21.00	
总重/kg			约 15000	14740	15330	约 15500	
外形尺寸/mm（长×宽×高）			9490×2470×3445	9030×2490×3270	9000×2495×3280	8940×2500×3340	
性能	排量/(m^3/h)		70	大排量时 15～90	高压时 10～45	10～75	
性能	最大输送距离/m	水平	270～530（因管径而异）	470～1720（因管径、压力而异）		250～600（因管径而异）	
性能	最大输送距离/m	垂直	70～110（因管径而异）	90～200（因管径、压力而异）		50～95（因管径而异）	
性能	容许骨料的最大尺寸/mm		25～50（因管径和骨料种类而异）	25～50（因管径和骨料种类而异）		25～50（因管径和骨料种类而异）	
性能	混凝土坍落度适应范围/cm		5～23	5～23		5～23	
泵体规格	混凝土缸数		2	2		2	
泵体规格	缸径×行程/mm		180×1500	190×1570		195×1400	
清洗方式			气、水	气、水		气、水	
汽车底盘	型　号		三菱 EP117J 型 8t 车	日产 K—CK20L		ISUZU SLR450	日野 KB721
汽车底盘	发动机最大功率[马力/(r/min)]		215/2500	185/2300		195/2300	190/2350
臂架	最大水平长度/m		17.70	18.10		17.40	
臂架	最大垂直高度/m		21.20	20.60		20.70	
总重/kg			15350	约 16000		15430	15290
外形尺寸/mm（长×宽×高）			8840×2475×3400	9135×2490×3365		8900×2490×3490	

敷设向下倾斜的管道时，应在泵与斜管之间敷设长度不小于 5 倍落差的水平管；当倾斜度大于 7°时，应加装排气阀。

③作业前，应检查确认管道各连接处管卡扣牢不泄漏。防护装置齐全可靠，各部位操纵开关、手柄等位置正确，搅拌斗防护网完好牢固。

④砂石粒径、水泥标号及配合比应按出厂规定,满足泵机可泵性的要求。

⑤起动后,应空载运转,观察各仪表的指示值,检查泵和搅拌装置的运转情况,确认一切正常后,方可作业。泵送前应向料斗加入10L清水和0.3m^{3}的水泥砂浆润滑泵及管道。

2. 混凝土泵车的安全使用

①混凝土泵车应停放在平整坚实的地方,与沟槽和基坑的安全距离应符合说明书的要求。臂架回转范围内不得有障碍物,与输电线路的安全距离应符合《施工现场临时用电安全技术规范》JGJ46的有关规定。

②混凝土泵车作业前,应将支腿打开,用垫木垫平,车身倾斜度不应大于3°。

③作业前应重点检查以下项目,并符合下列规定:安全装置齐全有效,仪表指示正常;液压系统、工作机构运转正常;料斗网格完好牢固;软管安全链与臂架连接牢固。

④伸展布料杆应按出厂说明书的顺序进行。布料杆升离支架后方可回转。严禁用布料杆起吊或拖拉物件。

⑤当布料杆处于全伸状态时,不得移动车身。作业中,需要移动车身时,应将上段布料杆折叠固定,移动速度不得超过10km/h。

⑥严禁延长布料配管和布料软管。

五、混凝土布料机的安全使用

①设置混凝土布料机前,应确认现场有足够的作业空间,混凝土布料机任一部位与其他设备及构筑物的安全距离不应小于0.6m。

②固定式混凝土布料机的工作面应平整坚实。当设置在楼板上时,其支撑强度必须符合说明书的要求。

③混凝土布料机作业前应重点检查以下项目,并符合下列规定:各支腿打开垫实并锁紧;塔架的垂直度符合说明书要求;配重块应与臂架安装长度匹配;臂架回转机构润滑充足,转动灵活;机动混凝土布料机的动力装置、传动装置、安全及制动装置符合要求;混凝土输送管道连接牢固。

④手动混凝土布料机,臂架回转速度应缓慢均匀,牵引绳长度应满足安全距离的要求。严禁作业人员在臂架下停留。

⑤输送管出料口与混凝土浇筑面保持1m左右的距离,不得被混凝土堆埋。

⑥严禁作业人员在臂架下方停留。

⑦当风速达到10.8m/s以上或大雨、大雾等恶劣天气应停止作业。

第四节 混凝土喷射机

一、混凝土喷射机的用途及分类

混凝土喷射机是将速凝混凝土喷向岩石或结构物表面,从而使结构物得到加强或保护。特别适用于地下构筑物的混凝土支护或喷锚支护。

混凝土喷射机按喷射方法可分为干式和湿式两种。目前我国生产的都属干式，即混凝土在微潮（水灰比为0.1～0.2）状态下输送到喷嘴处加水喷出。

混凝土喷射机按结构型式可分为罐式、螺旋式和转子式三种。

二、混凝土喷射机的构造组成和性能参数

1. 混凝土喷射机的构造组成

(1)罐式混凝土喷射机的构造组成

罐式混凝土喷射机有 HP_1—0.8、WG—25g、HP_1—4、HP_1—5、HP_1—5A 等型式，均为垂直排列双罐式，具有结构简单、工作可靠的特点，但不能连续加料，因而操作频繁。其中，WG—25g 型喷射机采用气压连锁装置，操纵更加简单可靠。图 6-9 所示为 WG—25g 型罐式混凝土喷射机的结构外形。

如图 6-9 所示，上罐 6 作为储料室，下罐 3 实际是起给料器作用。搬动杠杆，打开阀门，上罐中的拌和料即落入下罐中；关闭阀门通入压缩空气，开动电动机、经 V 带传动、蜗杆蜗轮传动、竖轴驱动搅拌给料叶轮回转，连续均匀地把拌和料送至出料口。压缩空气一面自上挤压拌和料，同时又在叶轮附近把拌和料吹松，送向出料口。

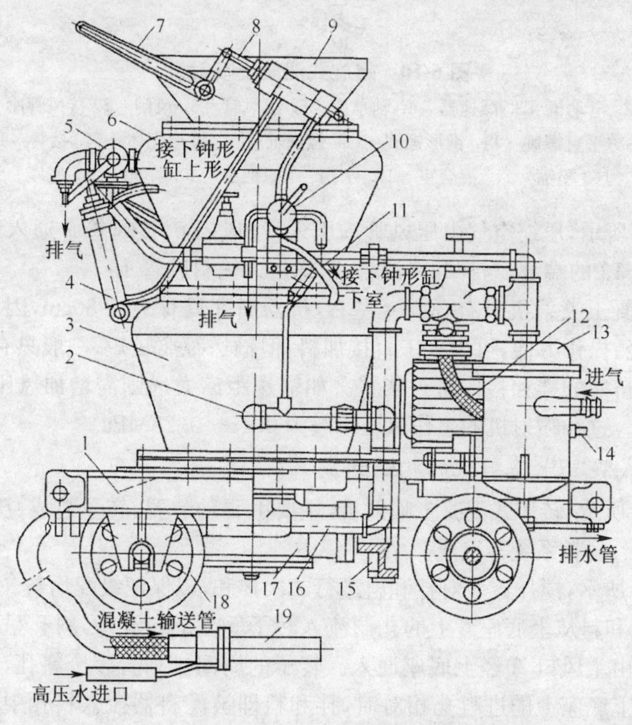

图 6-9　WG—25g 型喷射机结构外形示意图

1. 车架　2. 下罐进气管　3. 下罐　4. 三通阀操纵气缸　5. 三通阀　6. 上罐　7. 手把　8. 上钟门操纵气缸　9. 加料斗　10. 操纵阀　11. 气压表　12. 电动机　13. 油水分离器　14. 电源线　15. V 带轮　16. 主吹气管　17. 蜗轮蜗杆减速器　18. 车轮　19. 喷嘴

上、下罐的加料口加垫橡胶密封圈，以防漏气。当下罐处于给料状态时，上罐再进行加料。如操作得当，使上罐的加料时间远小于下罐的给料时间，则喷射工作可连续地进行。

(2)螺旋式混凝土喷射机的构造组成

螺旋式混凝土喷射机是一种用螺旋作给料器，把从漏斗口下来的拌和料，推挤到吹送室进行吹送的混凝土喷射机，如图 6-10 所示，主要由料斗、套筒、螺旋轴以及车架等组成。

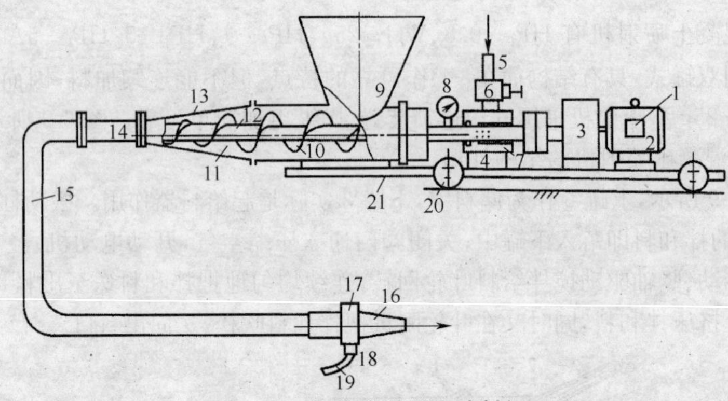

图 6-10　螺旋式混凝土喷射机

1. 接线盒　2. 电动机　3. 减速器　4. 轴承座　5. 压风管　6. 风门　7. 接风管座　8. 压力表　9. 加料斗　10. 平直螺旋　11. 锥形螺旋　12. 螺旋轴　13. 锥形壳体　14. 接管　15. 橡胶软管　16. 喷嘴　17. 混合室　18. 水阀　19. 把手　20. 车轮　21. 底座

如图 6-10 所示，压缩空气由压风管 5 引入，经风门 6、接风管 7 通入中空的螺旋轴 12 至锥形壳体 13 的端部，与拌和料混合、吹送进入输料软管 15。

螺旋式混凝土喷射机只有 300kg 左右，机器高度只有 70～80cm，因而，造价低、机构简单、质量轻、操作方便，可由人工直接加料，但输送距离较短，一般只有十几米，因为它是靠螺旋及挤实的拌和料作密封装置。如输送距离太远则需增加风压，但会出现储料器返风现象。这种喷射机的工作风压一般为 0.15～0.25MPa。

(3)转子式混凝土喷射机的构造组成

如图 6-11 所示，转子式混凝土喷射机，主要由驱动装置、转子总成、压紧机构、给料系统、气路系统、输料系统等组成。

如图 6-11 所示，搅拌器 2 对拌和料进行二次拌和，以保证级配均匀。配料器 3 及变量夹板 4，使拌和料从上底座 6 上的孔洞流入转子 5 上的料孔中，料孔呈直筒形穿通转子。压缩空气由主风口 A 经上底座通入。转子的周向排列着多个料孔，当转子转动至某一个料孔与上底座上的进料孔相对时，拌和料即被配料器拨入料孔中。转子在竖置的电动机 26 经联轴器、齿轮减速箱 27 及传动轴 15 的带动下回转，当装有拌和料的料孔，转到上孔口与上底座的进风口相对、下孔口与下底座上的出料口相对时，拌和料就被压缩空气吹送着，顺出料弯管 17、软管 18 至喷嘴 19，与压力水混合后喷射到支护面上。

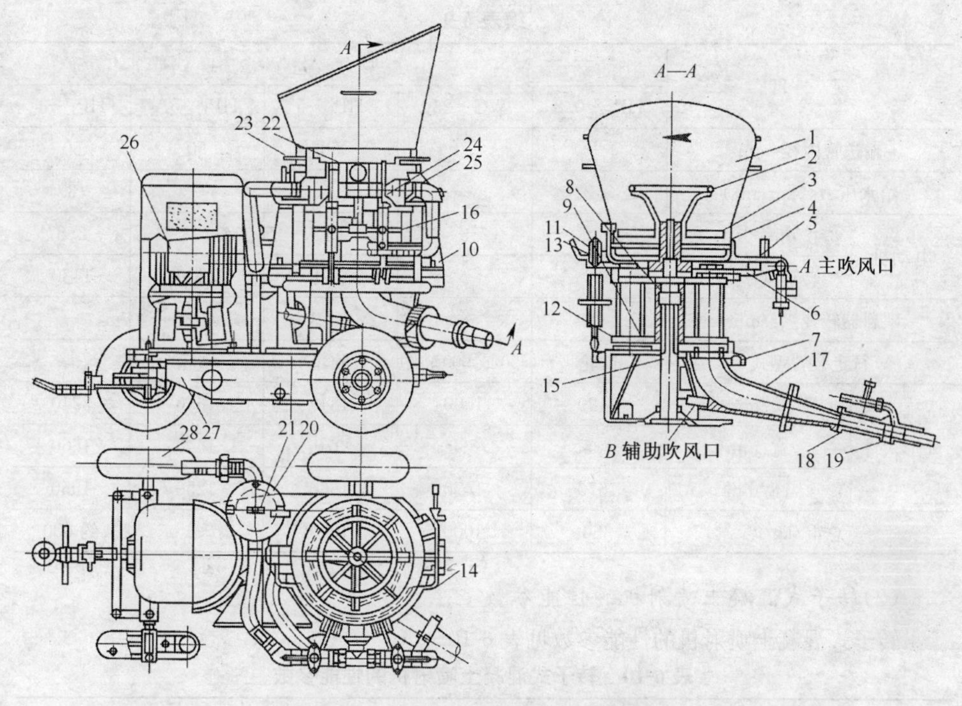

图 6-11　直筒料孔转子式喷射机

1. 储料斗　2. 搅拌器　3. 配料器　4. 变量夹板　5. 转子　6. 上底座　7. 下底座　8. 上结合胶板　9. 下结合胶板　10. 支座　11. 拉杆　12. 衬板　13. 橡胶弹簧　14. 冷却水管　15. 传动轴　16. 转向指示箭头　17. 出料弯管　18. 输送软管　19. 喷嘴　20. 油水分离器　21、22. 风压表　23. 压气开关　24. 堵管信号器　25. 压气阀　26. 电动机　27. 齿轮减速箱　28. 走行轮胎

2. 混凝土喷射机的性能参数

(1)罐式混凝土喷射机的性能参数

罐式混凝土喷射机的性能参数见表 6-9。

表 6-9　罐式混凝土喷射机的性能参数

项　目	型　号				
	HP_1—0.8	WG—25g	HP_1—5	HP_1—5A	HP_1—4
喷射量/(m^3/h)	0.5～0.8	4～5	4～5	4～5	4
最大骨料粒径/mm	8～10	25	25	25	25
骨料过筛尺寸/mm	—	20×20	20×20	20×20	20×20
压缩空气压力/(kg/m^2)	2.5	1～6	1.5～6	1.5～5.5	1.5～5.5
耗气量/(m^3/min)	3.5	6～8	9	6～8	4
最大水平输送距离/m	—	200	240	—	200
最大垂直输送距离/m	—	40	—	—	40

续表 6-9

项　目		型　号				
		HP_1—0.8	WG—25g	HP_1—5	HP_1—5A	HP_1—4
输送管内径/mm		—	50	50	50	50
给水压力/(kg/cm^2)		3.2	—	2	—	3
电动机	功率/kW	1.1	3	3	2.8	2.8
	转速/(r/min)	930	—	950	1420	1430
喂料器转速/(r/min)		—	—	15.3	—	—
行走装置型式		铁轮	600或900轨距	胶轮	铁轮	—
外形尺寸	长/mm	1420	1500	1849	1650	2240
	宽/mm	885	830	970	1640	1660
	高/mm	1670	1470	1660	1250	1050
总重/kg		380	1000	1000	—	约800

(2)转子式混凝土喷射机的性能参数

转子式混凝土喷射机的性能参数见表 6-10。

表 6-10　转子式混凝土喷射机的性能参数

<table>
<tr><th colspan="3" rowspan="2">项　目</th><th colspan="5">型　号</th></tr>
<tr><th>HPZ2T
HPZ2U</th><th>HPZ4T
HPZ4U</th><th>HPZ6T
HPZ6U</th><th>HPZ9T
HPZ9U</th><th>HPZ13T
HPZ13U</th></tr>
<tr><td colspan="2">最大生产率</td><td>m^3/h</td><td>2</td><td>4</td><td>6</td><td>9</td><td>13</td></tr>
<tr><td rowspan="2">骨料粒径</td><td>最大</td><td>mm</td><td>20</td><td>25</td><td>30</td><td colspan="2">30</td></tr>
<tr><td>常用</td><td>mm</td><td><14</td><td colspan="2"><16</td><td colspan="2"><16</td></tr>
<tr><td colspan="2">最大垂直输送高度</td><td>m</td><td>40</td><td colspan="2">60</td><td colspan="2">60</td></tr>
<tr><td rowspan="2">水平输送距离</td><td>最佳</td><td>m</td><td colspan="3">20～40</td><td colspan="2">20～40</td></tr>
<tr><td>最大</td><td>m</td><td colspan="3">240</td><td colspan="2">240</td></tr>
<tr><td colspan="2">配套电动机功率</td><td>kW</td><td>2.2</td><td>4.0～5.5</td><td>5.5～7.5</td><td>10.0</td><td>15.0</td></tr>
<tr><td colspan="2">压缩空气耗量</td><td>m^3/min</td><td>—</td><td>5～8</td><td>8～10</td><td>12～14</td><td>8</td></tr>
<tr><td colspan="2">输送软管内径</td><td>mm</td><td>38</td><td colspan="2">50</td><td colspan="2">65～85</td></tr>
</table>

注：型号末位为变形代号：T—直通型；U型(指料杯形状)。

三、混凝土喷射机的安全使用

①喷射机风源应是符合要求的稳压源，电源、水源、加料设备等均应配套。

②管道安装应正确，连接处应紧固密封。当管道通过道路时，应将其设置在地槽内并加盖保护。

③喷射机内部应保持干燥和清洁，应按出厂说明书规定的配合比配料，不得使用结块的水泥和未经筛选的砂石。

④作业前应重点检查以下项目，并应符合下列要求：安全阀灵敏可靠；电源线无破裂现象，接线牢靠；各部密封件密封良好，对橡胶结合板和旋转板出现的明显沟槽及时修复；压力表指针在上、下限之间，根据输送距离，调整上限压力的极限值；喷枪水环（包括双水环）的孔眼畅通。

⑤起动前，应先接通风、水、电，开启进气阀逐步达到额定压力，再起动电动机空载运转，确认一切正常后，方可投料作业。

⑥机械操作和喷射操作人员应有联系信号，送风、加料、停料、停风以及发生堵塞时，应及时联系，密切配合。

⑦喷嘴前方严禁站人，操作人员应始终站在已喷射过的混凝土支护面以内。

⑧作业中，当暂停时间超过1h时，应将仓内及输料管内的混合料全部喷出。

⑨发生堵管时，应先停止喂料，对堵塞部位进行敲击，迫使物料松散，然后用压缩空气吹通。此时，操作人员应紧握喷嘴，严禁甩动管道，以防伤人。当管道中有压力时，不得拆卸管接头。

⑩转移作业面时，供风、供水系统随之移动，输送软管不得随地拖拉和折弯。

⑪停机时，应先停止加料，再关闭电动机，然后停止供水，最后停送压缩空气。

⑫作业后，应将仓内和输料软管内的混合料全部喷出，并应将喷嘴拆下清洗干净，清除机身内外粘附的混凝土料及杂物，同时应清理输料管，并应使密封件处于放松状态。

第五节　混凝土振动机械

一、混凝土振动机械的作用、分类及适用范围

1. 混凝土振动机械的作用

通过动力传动使振动装置产生一定频率的振动，并将这种振动传递给混凝土的机械称为混凝土振动机械。

混凝土振动机械的作用是浇入模板内的混凝土受到一定频率的振动时，混凝土料粒间的摩擦力和粘结力有所下降，料粒在自重力的作用下，自行填充料粒间的间隙，排出混凝土内部的空气，提高混凝土的密实度。

经过混凝土振动机械的振捣，可避免混凝土构件中形成气孔，并使构件表面光滑、平整，不致出现麻面或露筋；钢筋混凝土构件浇筑后经过振捣可以显著地提高钢筋与混凝土的握裹力，保证和增强混凝土的强度。混凝土振动机械对混凝土的振捣作用不仅保证了工程质量，而且对改善劳动条件、提高模板的周转率、加快工程进度都有着极为重要的意义。

2. 混凝土振动机械的分类及适用范围

(1)根据传递振动的方式，混凝土振动机械分为内部振动器、外部振动器、表面振动

器和台式振动器。

内部振动器是将振动部分(振动棒)直接插入混凝土内部,多用于较厚的混凝土振捣,如大型建筑物基础、桥墩、柱、梁、灌注桩基础的现浇混凝土施工。

外部振动器一般将其固定在现浇混凝土的模板上,又称为附着式振动器。这种振动器常用于薄壳形构件、空心板梁、拱肋和T形梁等的施工。

表面振动器是将振动器的振动部分的底板,放在混凝土表面进行振捣,使之密实,又称为平板振动器。这种振动器多用于建筑物室内外地面、路面和桥面的施工。

台式振动器即混凝土振动平台。这种振动器适用于混凝土构件预制厂,生产梁柱、板等大型构件,或同型大量混凝土构件的振捣。

(2)根据振动频率的不同,混凝土振动机械分为低频振动器、中频振动器和高频振动器。低频、中频振动器多为外部或表面振动器,振动平台也属于低、中频振动器。低频振动器的振动频率在2000～5000次/min,中频振动器的振动频率在5000～8000次/min。

内部插入式振动器为高频振动器,高频振动器的频率范围在8000～21000次/min。

混凝土振动器的主要参数包括振动力、振动频率和振幅。在一定条件下,频率越高、振幅越小;频率越低,则振幅越大。在混凝土施工中,应根据混凝土的组成特性、施工条件的具体情况,选用合适的结构型式和合理的工作参数的振动器。当混凝土坍落度在30～60mm,骨料最大直径在80～150mm时,可选用频率为6000～7000次/min、振幅为1～1.5mm的振动器;对于小骨料、干硬性的混凝土,可选用频率为7000～9000次/min及其以上的振动器。

二、混凝土振动器的构造组成和性能参数

1. 电动插入式混凝土振动器的构造组成和性能参数

(1)电动插入式混凝土振动器的构造组成

如图6-12所示,插入式振动器由电动机、传动装置、工作装置及防逆装置等构成。

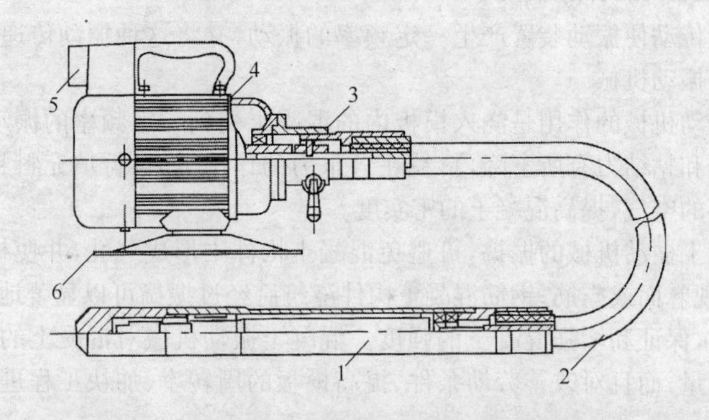

图6-12　电动行星插入式振动器外形结构

1. 振动棒　2. 软轴　3. 防逆装置　4. 电动机　5. 电源开关　6. 电动机底座

传动装置包括增速机构和传动软轴。软轴由4层以上钢丝交错卷绕而成。软轴传动时的旋转方向应使最外层越转越紧，而将内层钢丝包紧，否则会使钢丝扰乱而损坏软轴。因此，凡采用软轴传动的振动器，电动机转子轴上必须设置单向离合器。单向离合器又称为防逆转装置。防逆转装置的作用是当电动机因接线错误而反向运转时，电动机无法带动传动软轴，从而使传动软轴受到保护。

工作装置是一个棒状空心圆柱体，通称振动棒，棒内有振动子，在动力源驱动下，振动子的振动，使整个棒体产生高频微幅的机械振动。按振动子产生振动的原理有偏心振动子与行星振动子。

偏心振动子的结构原理如图6-13所示，依靠偏心轴在振动棒体内旋转时产生的离心力来捣实混凝土。振动频率受偏心轴转速的制约，常用于中频（5000～8000次/min）振动器适用于振捣塑性或半干硬性混凝土。近年来，随着轴承和软轴制造工业的发展，某些偏心振动器的频率可以提高到12000次/min。这种偏心振动器也适用于干性混凝土的振捣。

行星振动子的结构原理如图6-14所示，主要由装在壳体内的滚锥、滚道及万向铰等组成。滚道在滚锥之外称为外滚式，如图6-14a所示，滚道在滚锥内称内滚式，如图6-14b所示。传动轴通过万向铰，带动滚锥在滚道上做行星运动。电动软轴行星式振动器是一种高频振动器，特点是在不提高软轴转速，即无增速机构的情况下，利用振动子的行星运动，来获得较高的振动频率（10000～19000次/min），对于塑性、半塑性、半干硬性以及干硬性混凝土，都可以取得很好的振动效果。

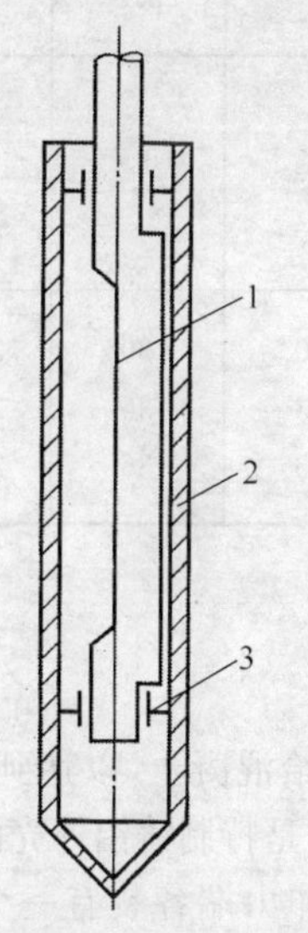

图6-13　偏心振动子的结构原理示意图

1. 偏心轴　2. 外壳　3. 轴承

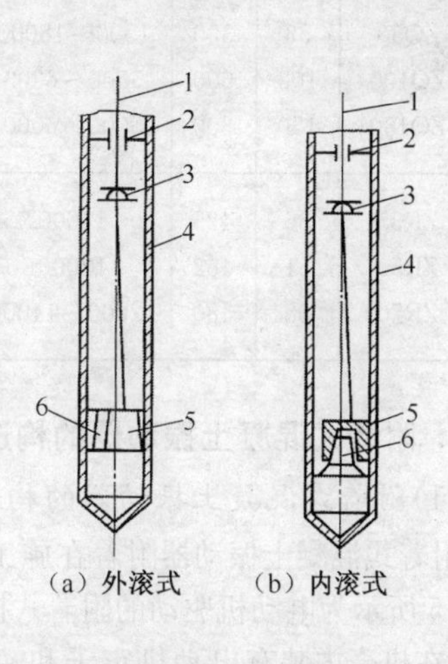

图6-14　行星振动子的结构原理示意图

1. 传动轴　2. 轴承　3. 万向铰
4. 壳体　5. 滚锥　6. 滚道

(2)电动插入式混凝土振动器性能参数

电动插入式混凝土振动器性能参数见表 6-11。

表 6-11 电动插入式混凝土振动器性能参数

型式	型号	振动棒(器)					软轴软管		电动机	
		直径/mm	长度/mm	频率/(次/min)	振动力/kN	振幅/mm	软轴直径/mm	软管直径/mm	功率/kW	转速/(r/min)
电动软轴行星式	ZN25	26	370	15500	2.2	0.75	8	24	0.8	2850
	ZN35	36	422	1300~14000	2.5	0.8	10	30	0.8	2850
	ZN45	45	460	12000	3~4	1.2	10	30	1.1	2850
	ZN50	51	451	12000	5~6	1.15	13	36	1.1	2850
	ZN60	60	450	12000	7~8	1.2	13	36	1.5	2850
	ZN70	68	460	11000~12000	9~10	1.2	13	36	1.5	2850
电动软轴偏心式	ZPN18	18	250	17000	—	0.4	—	—	0.2	11000
	ZPN25	26	260	15000	—	0.5	8	30	0.8	15000
	ZPN35	36	240	14000	—	0.8	10	30	0.8	15000
	ZPN50	48	220	13000	—	1.1	10	30	0.8	15000
	ZPN70	71	400	6200	—	2.25	13	36	2.2	2850
电动直联式	ZDN80	80	436	11500	6.6	0.8	—	0.8	—	11500
	ZDN100	100	520	8500	13	1.6	—	1.5	—	8500
	ZDN130	130	520	8400	20	2	—	2.5	—	8400
风动偏心式	ZQ50	53	350	1500~18000	6	0.44	—	—	—	—
	ZQ100	102	600	5500~6200	2	2.58	—	—	—	—
	ZQ150	150	800	5000~6000	—	2.85	—	—	—	—
内燃行星式	ZR35	36	425	14000	2.28	0.78	10	30	2.9	3000
	ZR50	51	452	12000	5.6	1.2	13	36	2.9	3000
	ZR70	68	480	12000~14000	9~10	1.8	13	36	2.9	3000

2. 附着式混凝土振动器的构造组成和性能参数

(1)附着式混凝土振动器的构造组成

附着式混凝土振动器附着在施工模板上，将振动传给混凝土，以达到捣实的目的。图 6-15 所示为电动机驱动的附着式振动器的构造图。它是特制铸铝外壳的三相二级电动机，在机壳内装有电动机定子和转子，转子轴的两个伸出端各装有一个圆盘形偏心块，电动机回转时，偏心块产生的离心力和振动，通过轴承基座传给模板。振动器两端用端盖封闭。端盖与轴承座、机壳用三只长螺栓紧固，以便于维修。外壳上有 4 个地脚螺钉孔，使用时，用地脚螺栓将振动器固定到模板或平板上。

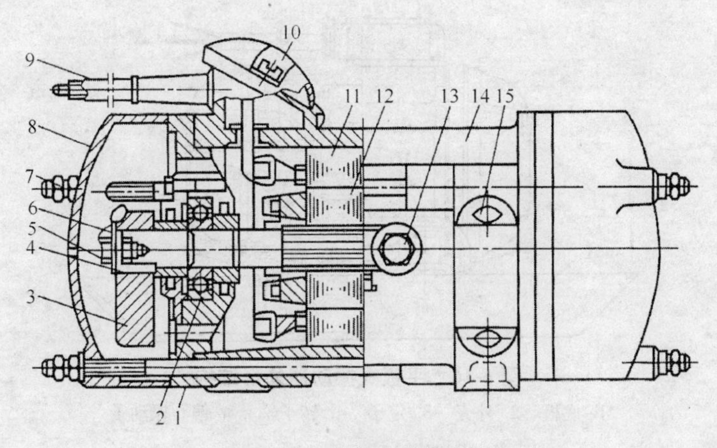

图 6-15　附着振动器结构

1. 轴承座　2. 轴承　3. 偏心块　4. 键　5. 螺钉　6. 转子轴　7. 长螺栓　8. 端盖　9. 电源线
10. 接线盒　11. 定子　12. 转子　13. 定子紧固螺钉　14. 机壳　15. 地脚螺钉孔

(2)附着式混凝土振动器的性能参数

附着式混凝土振动器的性能参数见表 6-12。

表 6-12　附着式混凝土振动器的性能参数

型　号	附着台面尺寸/mm（长×宽）	空载最大激振力/kN	空振振动频率/Hz	偏心力矩/(N·cm)	电动机功率/kW
ZF18—50(ZF1)	215×175	1.0	47.5	10	0.18
ZF55—50	600×400	5	50	—	0.55
ZF80—50(ZW—3)	336×195	6.3	47.5	70	0.8
ZF100—50(ZW—13)	700×500	—	50	—	1.1
ZF150—50(ZW—10)	600×400	5～10	50	5～100	1.5
ZF180—50	560×360	8～10	48.2	170	1.8
ZF220—50(ZW—20)	400×700	10～18	47.3	100～200	2.2
ZF300—50(YZF—3)	650×410	10～20	46.5	220	3

3. 平板式混凝土振动器的构造组成和性能参数

(1)平板式混凝土振动器的构造组成

平板式振动器又称表面振动器，直接浮放在混凝土表面上，可移动进行振捣作业。其构造和附着式混凝土振动器相似，如图 6-16 所示。不同之处是平板式混凝土振动器下部装有钢制振板，振板一般为槽形，两边有操作手柄，可系绳，提拖着移动。

(2)平板式混凝土振动器的性能参数

平板式混凝土振动器的性能参数见表 6-13。

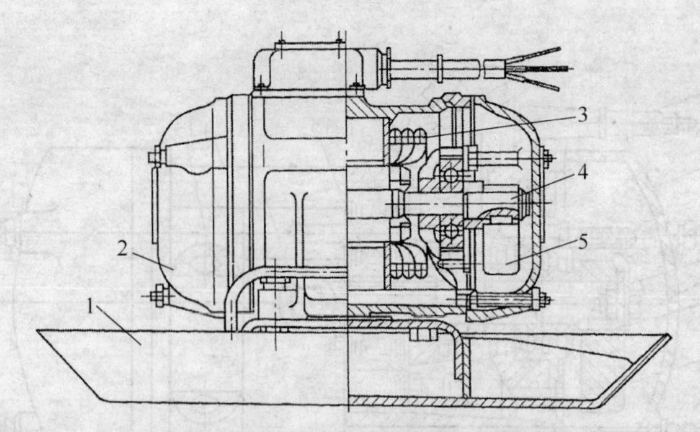

图 6-16　平板式振动器外形结构

1. 底板　2. 外壳　3. 定子　4. 转子轴　5. 偏心振动子

表 6-13　平板式混凝土振动器的性能参数

型　号	振动平板尺寸/mm（长×宽）	空载最大激振力/kN	空载振动频率/Hz	偏心力矩/(N·cm)	电动机功率/kW
ZB55—50	780×468	5.5	47.5	55	0.55
ZB75—50(B—5)	500×400	3.1	47.5	50	0.75
ZB110—50(B—11)	700×400	4.3	48	65	1.1
ZB150—50(B—15)	400×600	9.5	50	85	1.5
ZB220—50(B—22)	800×500	9.8	47	100	2.2
ZB300—50(B—22)	800×600	13.2	47.5	146	3.0

4. 混凝土振动平台的构造组成和性能参数

(1)混凝土振动平台的构造组成

如图 6-17 所示，混凝土振动平台又称台式振动器，是混凝土拌合料的振动成形机械。振动平台由上部框架、下部框架、支承弹簧、电动机、齿轮同步器、振动子等组成。

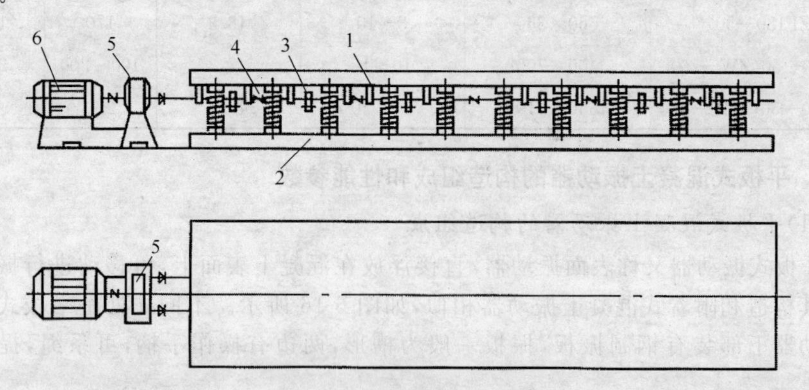

图 6-17　振动台结构示意图

1. 上部框架(台面)　2. 下部框架　3. 振动子　4. 支承弹簧　5. 齿轮同步器　6. 电动机

(2)混凝土振动平台的性能参数

混凝土振动平台的性能参数见表 6-14。

表 6-14　混凝土振动平台的性能参数

型　号	SZT—0.6×1	SZT—1×1	HZ9—1 1×2	HZ9—1×4	HZ9—1.5×4	HZ9—1.5×6	HZ9 1.5×6	HZ9 2.4×6.2
振动频率/(1/min)	2850	2850	2850	2850	2940	2940	1470	1470～2850
激振力/kN	4.52～13.16	4.52～13.16	14.6～30.7	22.0～49.4	63.7～98.0	85～130	145	150～230
振幅/mm	0.3～0.7	0.3～0.7	0.3～0.9	0.3～0.7	0.3～0.7	0.3～0.8	1～2	0.3～0.7
电动机功率/kW	1.1	1.1	7.5	7.5	22	22	22	25

三、混凝土振动机械的安全使用

1. 插入式振捣器的安全使用

①作业前，应检查电动机、软管、电缆线、控制开关等完好无破损，电缆线连接正确。

②操作人员作业时，必须穿戴符合要求的绝缘鞋和绝缘手套。

③电缆线应采用耐气候型橡皮护套铜芯软电缆，并不得有接头。

④电缆线长度不应大于 30m，不得缠绕、扭结和挤压，并不得承受任何外力。

⑤振捣器软管的弯曲半径不得小于 500mm，操作时，应将振动器垂直插入混凝土，深度不宜超过振动器长度的 3/4，应避免触及钢筋及预埋件。

⑥振动器不得在初凝的混凝土、脚手板和干硬的地面上进行试振。在检修或作业间断时，应切断电源。

⑦作业完毕后，应切断电源并将电动机、软管及振动棒清理干净。

2. 附着式、平板式振捣器

①作业前，应检查电动机、电源线、控制开关等完好无破损，附着式振捣器的安装位置正确，连接牢固并应安装减震装置。

②平板式振捣器操作人员必须穿戴符合要求的绝缘胶鞋和绝缘手套。

③平板式振捣器应采用耐气候型橡皮护套铜芯软电缆，并不得有接头和承受任何外力，其长度不应超过 30m。

④附着式、平板式振捣器的轴承不应承受轴向力，使用时，应保持电动机轴线在水平状态。

⑤振捣器不得在初凝的混凝土和干硬的地面上进行试振。在检修或作业间断时，应切断电源。

⑥平板式振捣器作业时，应使用牵引绳控制移动速度，不得牵拉电缆。

⑦在同一个混凝土模板或料仓上同时使用多台附着式振捣器时，各振动器的振频应一致，安装位置宜交错设置。

⑧安装在混凝土模板上的附着式振捣器，每次振动时间不应超过 1mm，当混凝土在

模板内泛浆流动或成水平状即可停振,不得在混凝土初凝状态时再振。

⑨作业完毕后,应切断电源并将振动器清理干净。

3. 混凝土振动台

①作业前,应检查电动机、传动及防护装置完好有效。轴承座、偏心块及机座螺栓紧固牢靠。

②振动台应设有可靠的锁紧夹,振动时将混凝土槽锁紧,严禁混凝土模板在振动台上无约束振动。

③振动台连接线应穿在硬塑料管内,并预埋牢固。

④作业时,应观察润滑油不泄漏、油温正常,传动装置无异常。

⑤在振动过程中,不得调节预置拨码开关,检修作业时,应切断电源。

⑥振动台面应经常保持清洁、平整,发现裂纹及时修补。

第七章　钢筋加工机械

钢筋加工机械包括钢筋的冷拉、冷拔等钢筋强化机械和钢筋的调直、剪切、弯曲等钢筋成型机械及钢筋的对焊、点焊等连接机械。

第一节　钢筋冷加工机械

钢筋冷加工机械是对钢筋进行强化的专用设备。钢筋冷加工的原理是利用机械使钢筋受到超过其屈服点的外力，使钢筋产生不同形式的变形，从而提高钢筋的强度和硬度，减少塑性变形。同时还可以增加钢筋的长度，相应节约了钢材。

一、钢筋冷拉机

钢筋冷拉是在常温下对钢筋进行强力拉伸的一种工艺。经冷拉后，钢筋的屈服极限可提高20%～25%，长度可伸长2.5%～8%，同时还起到拉直钢筋和去除钢筋表面氧化皮的作用。冷拉Ⅰ级钢筋，适用于钢筋混凝土结构中的受力钢筋；冷拉Ⅱ、Ⅲ级钢筋，适用于预应力混凝土结构中的预应力钢筋。

1. 钢筋冷拉机的种类和构造组成

常用的钢筋冷拉机械有卷扬机冷拉机械、阻力轮冷拉机械和液压冷拉机械等，以卷扬机冷拉机械最常见。

(1)卷扬机冷拉机械

如图7-1所示，卷扬机冷拉机械主要是由卷扬机、滑轮组、地锚、导向滑轮、夹具和测力装置等组成。卷扬机冷拉机械的特点是适应性强，可以调节冷拉率和冷拉应力，便于实现单控(只控制冷拉率)和双控(控制冷拉率和冷拉应力)；冷拉行程不受设备限制，可以冷拉不同长度的钢筋；设备简单、成本低、制造维修容易。

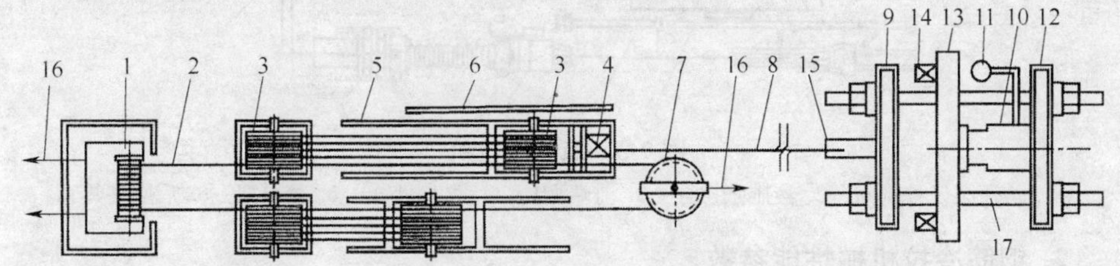

图7-1　卷扬机钢筋冷拉机械

1. 卷扬机　2. 钢丝绳　3. 滑轮组　4. 夹具　5. 轨道　6. 标尺　7. 导向滑轮　8. 钢筋　9. 活动前横梁　10. 千斤顶　11. 油压表　12. 活动后横梁　13. 固定横梁　14. 台座　15. 夹具　16. 地锚　17. 传力杆

(2)阻力轮冷拉机械

如图 7-2 所示,阻力轮冷拉机械由支承架、阻力轮、电动机、减速器、绞轮等组成。阻力轮冷拉机械主要适用于冷拉直径为 6～8mm 的盘圆钢筋,冷拉率为 6%～8%。

如图 7-2 所示,由电动机经减速器带动绞轮旋转,强制地将钢筋通过四个阻力轮绕在绞轮上,并把冷拉后的钢筋以 40m/min 的速度,送入调直机进行调直和切断。绞轮直径一般为 550mm,阻力轮是固定在支承架上的滑轮,直径为 100mm,其中一个阻力轮的高度可以调节,以改变阻力的大小来控制冷拉率。

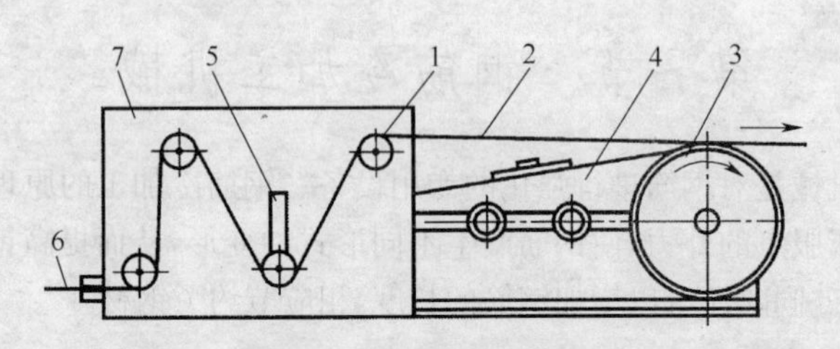

图 7-2　阻力轮冷拉机械

1. 阻力轮　2. 钢筋　3. 绞轮　4. 减速器　5. 调节槽　6. 钢筋　7. 支承架

(3)液压冷拉机械

液压冷拉机的构造与预应力张拉用的液压拉伸机相同,只是其活塞行程比拉伸机大,一般大于 600mm。液压冷拉机的结构如图 7-3 所示,主要由液压泵及控制阀、液压张拉缸、装料小车和夹具等组成。液压冷拉机的特点是结构紧凑、工作平稳、噪声小,而且能正确测定冷拉率和冷拉应力,易于实现自动控制。但液压冷拉机的行程短,因此,使用范围受到一定的限制。

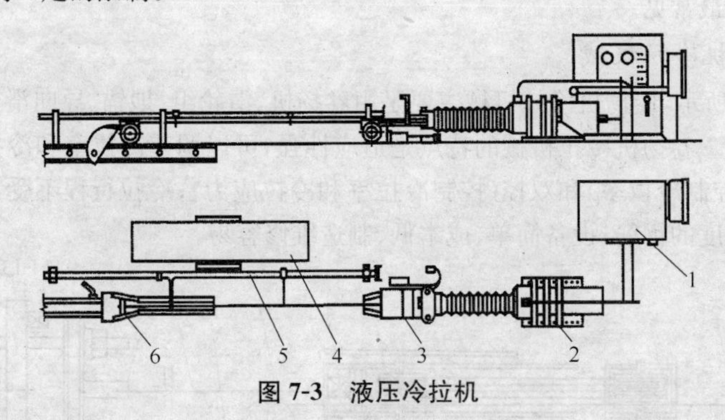

图 7-3　液压冷拉机

1. 液压泵及控制阀　2. 液压张拉缸　3. 前端夹具　4. 装料小车　5. 翻料架　6. 后端夹具

2. 钢筋冷拉机械性能参数

卷扬机冷拉机械性能参数见表 7-1。

3. 钢筋冷拉机械的安全使用

①应根据冷拉钢筋的直径合理选用卷扬机。卷扬钢丝绳应经封闭式导向滑轮,并和被拉钢筋成直角。卷扬机的位置应使操作人员能见到全部冷拉场地,卷扬机与冷拉

中线距离不得小于 5m。

表 7-1　卷扬机冷拉机械性能参数

项　目	粗钢筋冷拉	细钢筋冷拉
卷扬机型号规格	JM5(5t 慢速)	JM3(3t 慢速)
滑轮直径及门数	计算确定	计算确定
钢丝绳直径/mm	24	15.5
卷扬机速度/(m/min)	小于 10	小于 10
测力器形式	千斤顶式测力器	千斤顶式测力器
冷拉钢筋直径/mm	12～36	6～12

②冷拉场地应在两端地锚外侧设置警戒区，并应安装防护栏及警告标志。无关人员不得在此停留。操作人员在作业时必须离开钢筋 2m 以外。

③用配重控制的设备应与滑轮匹配，并应有指示起落的记号，没有指示记号时应有专人指挥。配重框提起的高度应限制在离地面 300mm 以内，配重架四周应有栏杆及警告标志。

④作业前，应检查冷拉夹具，夹齿应完好，滑轮、拖拉小车应润滑灵活，拉钩、地锚及防护装置均应齐全牢固。确认良好后，方可作业。

⑤卷扬机操作人员必须看到指挥人员发出信号，并待所有人员离开危险区后方可作业。冷拉应缓慢、均匀。当有停车信号或见到有人进入危险区时，应立即停拉，并稍稍放松卷扬钢丝绳。

⑥用延伸率控制的装置，应装设明显的限位标志，并应有专人负责指挥。

⑦夜间作业的照明设施，应装设在张拉危险区外。当需要装设在场地上空时，其高度应超过 5m。灯泡应加防护罩。

⑧作业后，应放松卷扬钢丝绳，落下配重，切断电源，锁好开关箱。

二、钢筋冷拔机

冷拔是使直径 6～10mm 的 I 级光圆钢筋，在常温下通过特制的钨合金拔模，进行多次强力冷拔。钢筋通过拔模时，受到拉伸与压缩兼有的合力作用，使钢筋内部晶格变形，以改变其物理、力学性能，从而提高抗拉强度、降低塑性，呈硬钢性质。钢筋经冷拔后成为比原直径小的高强度钢丝，一般冷拔钢丝直径为 3～5mm。冷拔低碳钢丝分为甲、乙两级。甲级钢丝主要用作预应力筋，乙级钢丝用于焊接网、焊接骨架、箍筋和构造钢筋。拔丝模如图 7-4 所示。

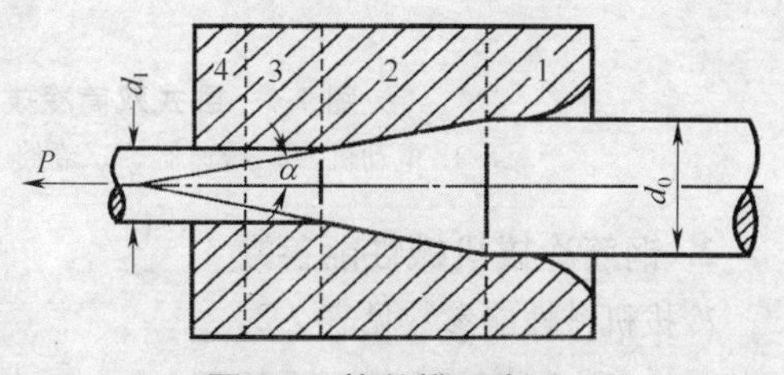

图 7-4　拔丝模示意图

1. 进口区　2. 挤压区　3. 定径区　4. 出口区

1. 钢筋冷拔机的种类和构造组成

冷拔用的拔丝机有立式和卧式两种。图 7-5 所示为立式单筒冷拔机的构造示意图，由电动机、支架、拔丝模、卷筒、阻力轮、盘料架等组成。卧式冷拔机为水平设置，有单筒、双筒之分，常用的为双筒，其构造如图 7-6 所示。

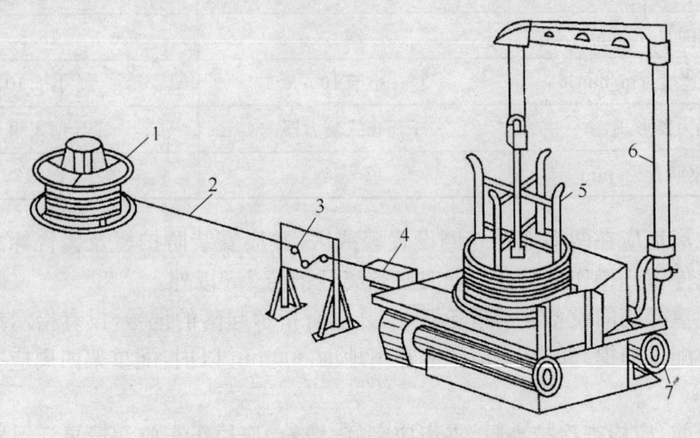

图 7-5　立式单筒冷拔机构造示意

1. 盘料架　2. 钢筋　3. 阻力轮　4. 拔丝模　5. 卷筒　6. 支架　7. 电动机

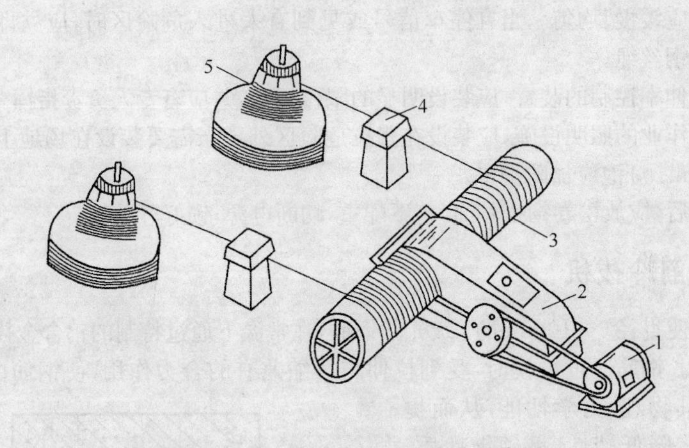

图 7-6　卧式双筒冷拔机的构造示意图

1. 电动机　2. 减速器　3. 卷筒　4. 拔丝模盒　5. 承料架

2. 钢筋冷拔机械性能参数

冷拔机械性能参数见表 7-2。

3. 钢筋冷拔机械的安全使用

①应检查并确认机械各连接件连接牢固，模具无裂纹，轧头和模具的规格配套，然后起动主机空运转，确认正常后，方可作业。

表 7-2　冷拔机械性能参数

指　标	单　位	1/750	4/650
卷筒个数		1	4
卷筒直径	mm	750	650
进/出钢筋直径	mm	9/4	7.1/3～5
卷筒转速	r/min	30	40～60
拔丝速度	m/min	75	80～160
功率/转速	kW/(r/min)	46/750	40/1000、2000
钢筋拉拔后强度极限	MPa	13000	14500
冷却水耗量	L/min	2	4.5
外形尺寸	m×m×m	9.55×3×3.7	1.55×4.15×3.7
总质量	kg	6030	20125

②在冷拔钢筋时，每道工序的冷拔直径应按机械出厂说明书规定进行，不得超量缩减模具孔径，无资料时，可按每次缩减孔径 0.5～1.0mm。

③轧头时，应先使钢筋的一端穿过模具长度达 100～150mm，再用夹具夹牢。

④作业时，操作人员的手和轧辊应保持 300～500mm 的距离。不得用手直接接触钢筋和滚筒。

⑤冷拔模架中应随时加足润滑剂，润滑剂应采用石灰和肥皂水调和晒干后的粉末。钢筋通过冷拔模前，应抹少量润滑脂。

⑥当钢筋的末端通过冷拔模后，应立即脱开离合器，同时用手闸挡住钢筋末端。

⑦拔丝过程中，当出现断丝或钢筋打结乱盘时，应立即停机；在处理完毕后，方可开机。

第二节　钢筋成型机械

钢筋成型机械是将原料钢筋按照各种结构所用钢筋制品的要求，进行成型加工的机械设备。钢筋成型机械主要包括钢筋调直剪切机、钢筋切断机、钢筋弯曲机和钢筋弯箍机等。

一、钢筋调直切断机

钢筋在使用前需要进行调直，否则，结构中的曲折钢筋将会影响构筑物的抗拉和抗弯性能。钢筋调直剪切机用来自动调直并定尺切断钢筋，同时清除钢筋表面的氧化皮和污迹。

1. 钢筋调直切断机的种类和构造组成

钢筋调直剪切机可分为孔模式和斜辊式两种，另外还有自动化程度较高的数控钢筋调直剪切机。数控钢筋调直剪切机，在钢筋切断装置上装有光电测长系统和光电计数装置，能自动控制剪切长度和剪断根数，且能使钢筋切断长度的控制更准确。但其调直、送料和牵引部分与一般钢筋调直剪切机相同。

(1)孔模式钢筋调直剪切机

孔模式钢筋调直剪切机有GT1.6/4、GT3/8、GT6/12和GT10/16等型号。型号中的数字部分表示调直剪断钢筋直径的范围。例如，GT1.6/4加工钢筋直径的范围为1.6～4mm。图7-7所示为GT3/8A型钢筋调直剪切机，主要由导向装置、牵引装置、调直装置、切断装置、定尺装置、承料架、电动机、变速箱、机架等组成。

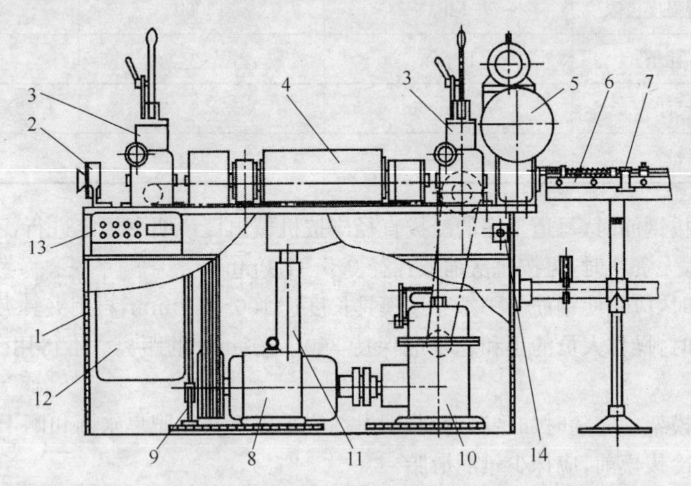

图7-7 GT3/8A型钢筋调直剪切机

1. 机架 2. 导向装置 3. 牵引装置 4. 调直装置 5. 切断装置 6. 承料架 7. 定尺装置 8. 电动机 9. 制动装置 10. 变速箱 11. 集尘漏斗 12. 电控箱 13. 控制盒 14. 急停按钮

钢筋调直剪切机的工作原理如图7-8所示。作业时，绕在盘料架上的钢筋由连续旋转着的牵引辊拉过调直筒，并在下切式或旋切式刀片中间通过，被切断后进入承料架。当被调直的钢筋端头顶动定尺装置后，切断装置按规定动作将钢筋下料切断。钢筋下料后落入承料架，定尺装置复位，调直机进行下一段钢筋的调直。

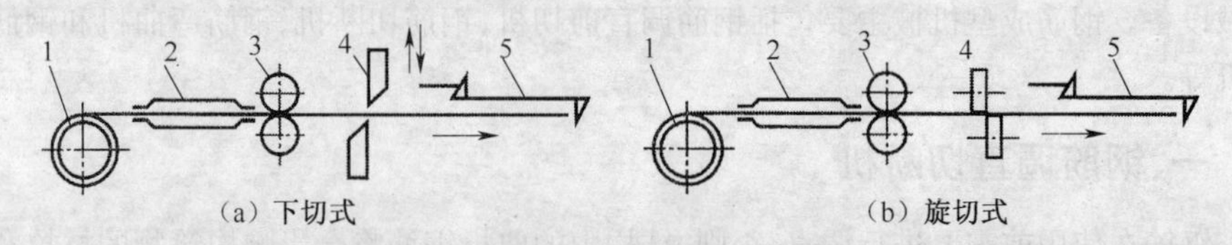

图7-8 钢筋调直剪切机工作原理

1. 盘料架 2. 调直筒 3. 牵引辊 4. 剪刀 5. 定尺装置

调直装置即调直筒，是钢筋调直剪切机的重要部件。孔模式调直剪切机调直筒的结构如图 7-9 所示。调直筒支承在两端轴承上，筒体内有 5～7 个径向洞孔，在洞孔内各放一个工具钢制成的调直模，其轴向通孔可使被调钢筋通过。调直模靠两个螺塞夹住，并调整到各调直模轴向孔的轴线呈蛇形位置。调直筒由电动机通过皮带传动，使其高速旋转（GT3/8A 调直筒转速为 2800r/min），当钢筋通过调直筒内各调直模的轴向孔时，钢筋被调直模反复逼直，同时还可以除掉钢筋表面的氧化皮。

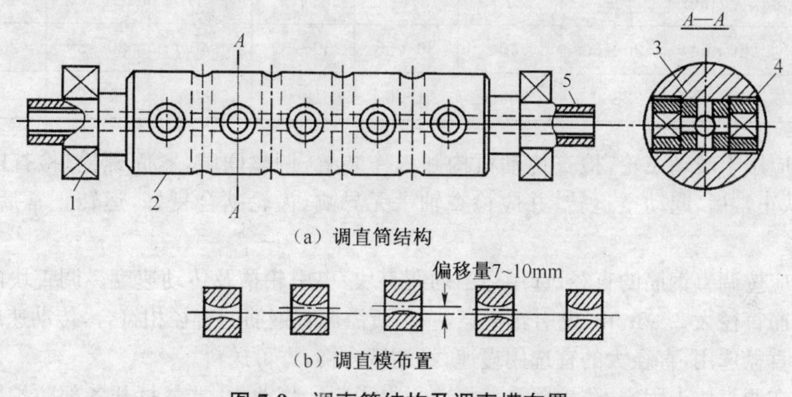

（a）调直筒结构

（b）调直模布置

图 7-9 调直筒结构及调直模布置

1. 轴承 2. 筒体 3. 调直模 4. 螺塞 5. 孔口

（2）斜辊式钢筋调直剪切机

斜辊式钢筋调直剪切机与孔模式钢筋调直剪切机基本相同，所不同之处在于调直装置。如图 7-10 所示，斜辊式钢筋调直剪切机的调直筒由 5～7 个曲线辊组成，曲线辊可以调整角度，与钢筋轴线保持一定的斜角，从而使钢筋产生一定的送料速度。调直筒在高速旋转中使钢筋在曲线辊的作用下反复弯曲，产生塑性变形，从而达到调直钢筋的目的。采用斜辊代替调直模，克服了孔模式钢筋调直剪切机存在的摩擦阻力大、钢筋表面容易损伤、调直模和钢筋损耗大的缺点，尤其适用于冷轧带肋钢筋的调直剪断。

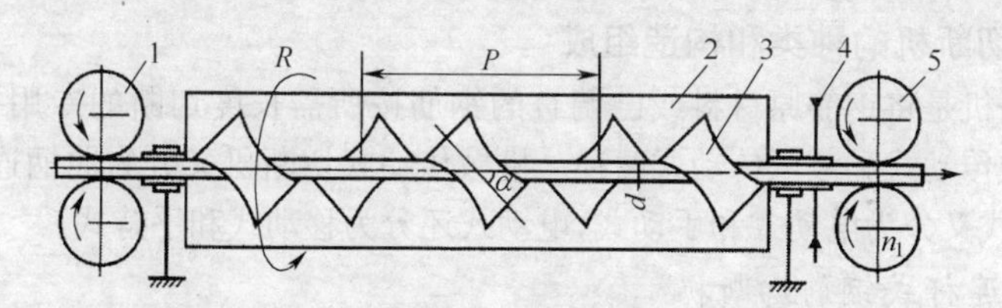

图 7-10 斜辊式钢筋调直剪切机工作原理

1. 送料辊 2. 调直筒 3. 斜辊 4. 传动零件 5. 牵引辊

2. 钢筋调直剪切机性能参数

钢筋调直剪切机性能参数见表 7-3。

3. 钢筋调直切断机的安全使用

①料架、料槽应安装平直，并应对准导向筒、调直筒和下切刀孔的中心线。

表 7-3 钢筋调直剪切机性能参数

型 号	GT1.6/4	GT3/8	GT6/12	GT5/17	LGT4/8	LGT6/14	WGT10/16
钢筋公称直径/mm	1.6～4	3～8	6～12	5～7	4～8	6～14	10～16
钢筋抗拉强度/MPa	650	650	650	1500	800	800	1000
切断长度/mm	300～8000	300～8000	300～8000	300～8000	300～8000	300～8000	300～8000
切断长度误差/mm	1	1	1	1	1	1.5	1.5
牵引速度/(m/min)	20～30	40	30～50	30～50	40	30～50	20～30
调直筒转速/(r/min)	2800	2800	1900	1900	2800	1450	1450

②应用手转动飞轮，检查传动机构和工作装置，调整间隙，紧固螺栓，检查电气系统，确认正常后，起动空运转，并应检查轴承无异响，齿轮啮合良好，运转正常后，方可作业。

③应按调直钢筋的直径，选用适当的调直块，曳引轮槽及传动速度。调直块的孔径应比钢筋直径大 2～5mm，曳引轮槽宽，应和所需调直钢筋的直径相符合，传动速度应根据钢筋直径选用，直径大的宜选用慢速，经调试合格，方可送料。

④在调直块未固定、防护罩未盖好前不得送料。作业中，严禁打开各部防护罩并调整间隙。

⑤送料前，应将不直的钢筋端头切除。导向筒前应安装一根 1m 长的钢管，钢筋应先穿过钢管再送入调直前端的导孔内。

⑥当钢筋送入后，手与曳轮应保持一定的距离，不得接近。

⑦经过调直后的钢筋如仍有慢弯，可逐渐加大调直块的偏移量，直到调直为止。

⑧切断 3～4 根钢筋后，应停机检查其长度，当超过允许偏差时，应调整限位开关或定尺板。

二、钢筋切断机

1. 钢筋切断机的种类和构造组成

钢筋切断机是将钢筋原材料或已调直的钢筋按所需长度切断的专用机械，按传动方式分为机械传动式和液压传动式两种。机械传动式切断机又分为曲柄连杆式和凸轮式，液压传动式又分为电动式和手动式，电动式还分为移动式和手持式。

(1)曲柄连杆式钢筋切断机

图 7-11a 所示为曲柄连杆式钢筋切断机，主要由电动机、传统系统、减速装置、曲柄连杆机构、机体和切断刀等组成。其传动系统如图 7-11b 所示，由电动机 1 驱动，通过皮带传动、圆柱齿轮减速，带动偏心轴(曲柄轴 4)旋转。装在偏心轴上的连杆 8 带动滑块 7 和活动刀片 5，在机座的滑轨中作往复直线运动，与固定在机座上的固定刀片 6 相配合切断钢筋。这种钢筋切断机有 GQ40、GQ50 等型号，型号的数字部分表示加工钢筋的直径范围，例如，GQ40 型可切断直径 6～40mm 以内的钢筋。

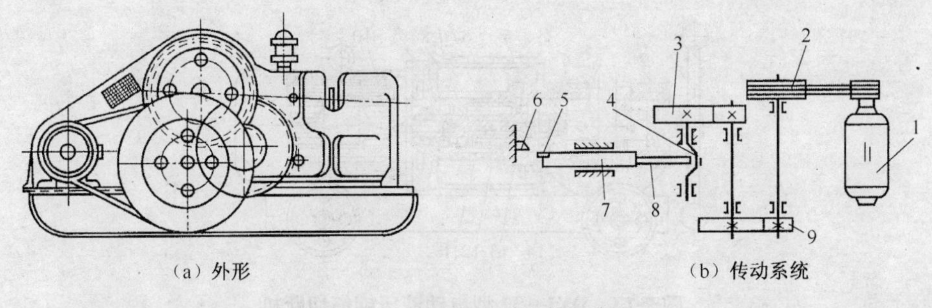

（a）外形　　（b）传动系统

图 7-11　曲柄连杆式钢筋切断机

1. 电动机　2. 带轮　3、9. 减速齿轮　4. 曲柄轴　5. 动刀片　6. 定刀片　7. 滑块　8. 连杆

(2)凸轮式钢筋切断机

图 7-12 所示为凸轮式钢筋切断机，主要由电动机、传动机构、操纵机构和机架等组成。

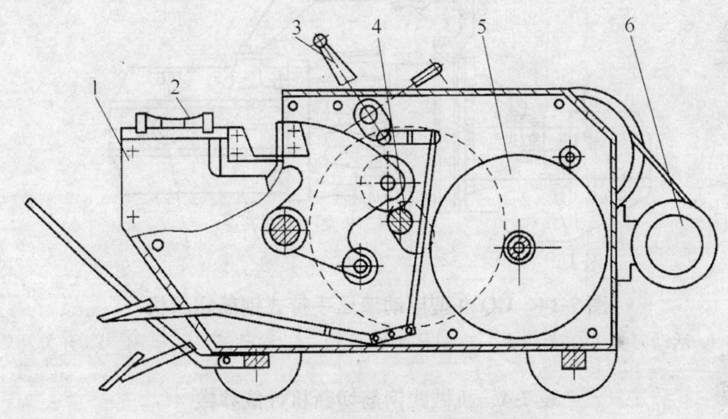

图 7-12　凸轮式钢筋切断机

1. 机架　2. 托料装置　3. 操作机构　4、5. 传动机构　6. 电动机

(3)液压式钢筋切断机

图 7-13 为 DYJ—32 型电动液压钢筋切断机的结构示意图，主要由电动机、油泵缸、缸体、连接架、放油阀、油箱、偏心轴、切刀等组成。如图 7-13 所示，电动机 10 直接带动柱塞式高压泵 11 工作，泵产生的高压油推动活塞 4 运动，从而推动主动刀片 3 实现切断动作。当高压油推动活塞运动到一定位置时，两个回位弹簧被压缩而开启主阀，工作油开始回流。弹簧复位后，方可继续工作。

(4)电动液压手持式钢筋切断机

图 7-14 为 GQ20 型电动液压手持式钢筋切断机，主要由电动机、油箱、工作头和机体等组成。电动液压手持式钢筋切断机自重轻，适合于高空和现场施工作业。

2. 钢筋切断机性能参数

机械式钢筋调直切断机性能参数见表 7-4。液压式钢筋切断机性能参数见表 7-5。

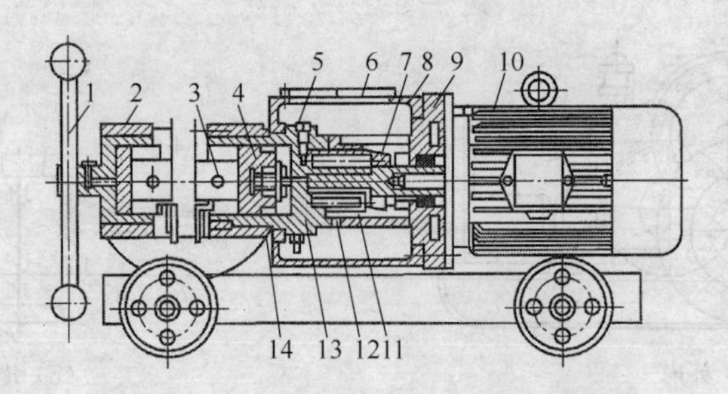

图 7-13　DYJ—32 型电动液压钢筋切断机

1. 手柄　2. 支座　3. 主刀片　4. 活塞　5. 放油阀　6. 观察玻璃　7. 偏心轴　8. 油箱　9. 连接架　10. 电动机　11. 柱塞　12. 油泵缸　13. 缸体　14. 皮碗

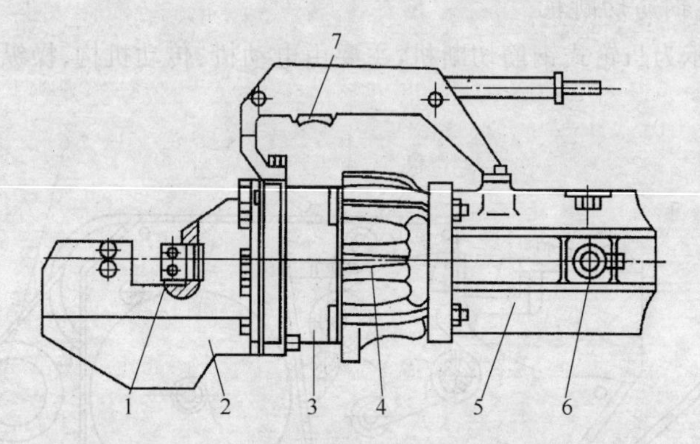

图 7-14　GQ20 型电动液压手持式钢筋切断机

1. 活动刀头　2. 工作头　3. 机体　4. 油箱　5. 电动机　6. 碳刷　7. 开关

表 7-4　机械式钢筋切断机性能参数

项　目	型　号			
	GQ40	CQ40A	CQ40B	CQ50
切断钢筋直径/mm	6～40	6～40	6～40	6～50
切断次数/(次/min)	40	40	40	30
电动机型号	Y100L—2	Y100L—2	Y100L—2	Y132S—4
功率/kW	3	3	3	5.5
转速/(r/min)	2880	2880	2880	1450
外形尺寸　长/mm	1150	1395	1200	1600
宽/mm	430	556	490	695
高/mm	750	780	570	915
整机质量/kg	600	720	450	950
传动原理及特点	开式、插销离合器曲柄	凸轮、滑键离合器	全封闭曲柄连杆转键离合器	曲柄连杆传动半开式

表 7-5 液压式钢筋切断机性能参数

型式		电动	手动	手持	
型号		DYJ—32	SYJ—16	GQ—12	GQ—20
切断钢筋直径/mm		8～32	16	6～12	6～20
工作总压力/kN		320	80	100	150
活塞直径/mm		95	36	—	—
最大行程/mm		28	30	—	—
液压泵柱塞直径/mm		12	8	—	—
单位工作压力/MPa		45.5	79	34	34
液压泵输油率/(L/min)		4.5	—	—	—
压杆长度/mm		—	438	—	—
压杆作用力/N		—	220	—	—
贮油量/kg		—	35	—	—
电动机	型号	Y型	—	单相串激	单相串激
	功率/kW	3	—	0.567	0.750
	转速/(r/min)	1440	—	—	—
外形尺寸	长/mm	889	680	367	420
	宽/mm	396	—	110	218
	高/mm	398	—	185	130
总质量/kg		145	6.5	7.5	14

3. 钢筋切断机的安全使用

①接送料的工作台面应和切刀下部保持水平，工作台的长度应根据加工材料长度确定。

②起动前，应检查并确认切刀无裂纹，刀架螺栓紧固，防护罩牢靠。然后用手转动皮带轮，检查齿轮啮合间隙，调整切刀间隙。

③起动后，应先空运转，检查各传动部分及轴承运转正常后，方可作业。

④机械未达到正常转速时，不得切料。切料时，应使用切刀的中、下部位，紧握钢筋对准刃口迅速投入，操作者应站在固定刀片一侧用力压住钢筋，应防止钢筋末端弹出伤人。严禁用两手分在刀片两边握住钢筋俯身送料。

⑤不得剪切直径及强度超过机械铭牌规定的钢筋和烧红的钢筋。一次切断多根钢筋时，其总截面积应在规定范围内。

⑥剪切低合金钢时，应更换高硬度切刀，剪切直径应符合机械铭牌规定。

⑦待切断钢筋要与切口平放，长度在300mm以下的短钢筋切断时要用钳子夹料送入刀口，不准用手直接送料。

⑧运转中，严禁用手直接清除切刀附近的断头和杂物。钢筋摆动周围和切刀周围

不得停留非操作人员。

⑨当发现机械运转不正常、有异常响声或切刀歪斜时，应立即停机检修。

⑩作业后，应切断电源，用钢刷清除切刀间的杂物，进行整机清洁润滑。

⑪液压传动式切断机作业前，应检查并确认液压油位及电动机旋转方向符合要求。起动后，应空载运转，松开放油阀，排净液压缸内的空气，方可进行切筋。

⑫手动液压式切断机使用前，应将放油阀按顺时针方向旋紧，切割完毕后，应立即按逆时针方向旋松。作业中，手应持稳切断机，并戴好绝缘手套。

⑬被切钢筋的直径和一次切断的根数不得超过切断机性能规定范围。对于 Q235 盘条筋，使用 GQ40 型切断机一次切断的根数详见表 7-6。

表 7-6 GQ40 型切断机一次切断钢筋根数

钢筋直径/mm	6	8	10	12	14～16	18～20	22～40
每次切断根数	15	10	7	5	3	2	1

三、钢筋弯曲机

1. 钢筋弯曲机的种类和构造组成

钢筋弯曲机是将调直、切断后的钢筋，弯曲成所需尺寸和形状的专用设备。在建筑工地广泛使用的台式钢筋弯曲机，按传动方式可分为机械式和液压式两类；其中机械式钢筋弯曲机又分为蜗轮蜗杆式、齿轮式等型式。

钢筋弯曲机的工作过程如图 7-15 所示。首先将钢筋 5 放到工作盘的心轴 1 和成型轴 2 之间，开动弯曲机使工作盘 4 转动，由于钢筋一端被挡铁轴 3 挡住，因而钢筋被成型轴推压，绕心轴进行弯曲。当达到所要求的角度时，自动或手动使工作盘停止，然后使工作盘反转复位。如要改变钢筋弯曲的曲率，可以更换不同直径的心轴。

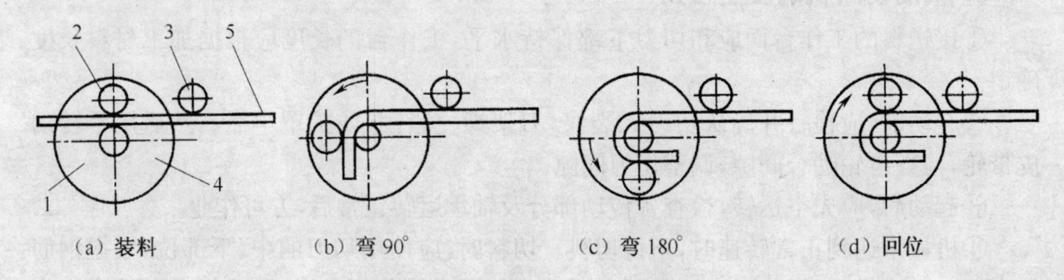

图 7-15 钢筋弯曲机工作过程

1. 心轴 2. 成型轴 3. 挡铁轴 4. 工作盘 5. 钢筋

(1)蜗轮蜗杆式钢筋弯曲机

蜗轮蜗杆式钢筋弯曲机构造如图 7-16 所示，主要由机身、电动机、传动系统、工作机构和孔眼板等组成。

如图 7-17 所示，GW40 型钢筋弯曲机传动系统，由电动机 1 经三角皮带 2、两对齿轮 6、7 和蜗轮 4 蜗杆 3 传动，带动装在蜗轮轴上的工作盘 5 转动。工作盘上一般有 9 个轴孔，中心孔用来插心轴，周围 8 个孔用来插成型轴。通过调整成型轴的位置，即可将被

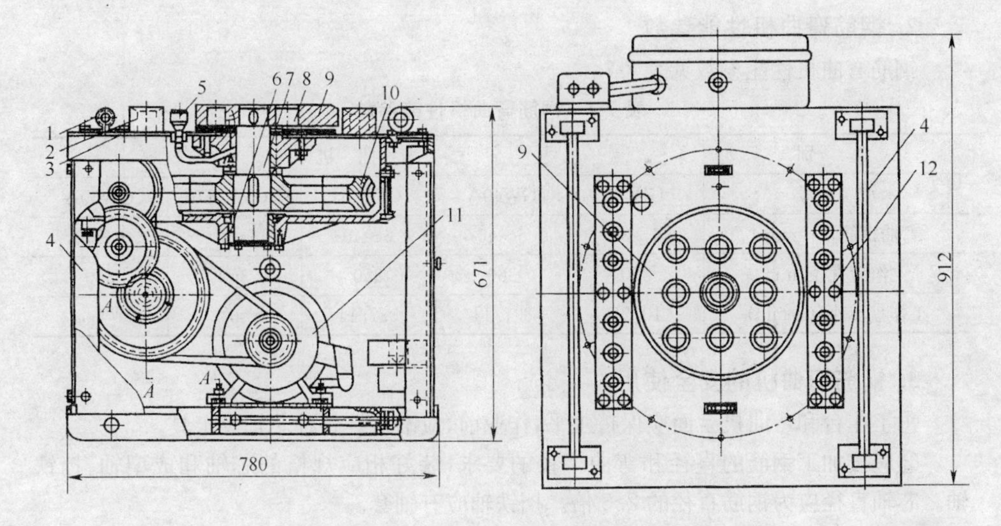

图 7-16　GW40 型钢筋弯曲机构造示意图

1. 机身　2. 工作台　3. 插座　4. 滚轴　5. 油杯　6. 蜗轮箱　7. 工作主轴
8. 轴承　9. 工作圆盘　10. 蜗轮　11. 电动机　12. 孔眼条板

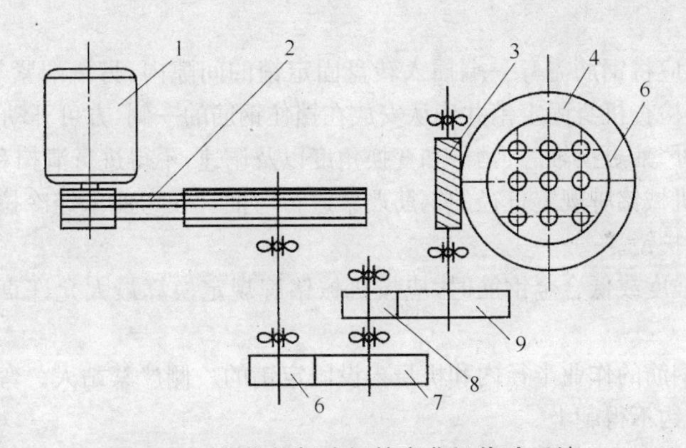

图 7-17　蜗轮蜗杆式钢筋弯曲机传动系统

1. 电动机　2. 三角皮带　3. 蜗杆　4. 蜗轮　5. 工作盘　6、7. 齿轮　8、9. 配换齿轮

加工的钢筋弯曲成所需要的形状。更换齿轮 8、9，可使主轴及工作盘获得不同的转速。一般情况下，工作盘转速为 3.7r/min 时，适合弯曲直径 25～40mm 的钢筋；转速为 7.2r/min 时，适合弯曲直径 18～22mm 的钢筋；转速为 14r/min 时，适合弯曲直径 18mm 以下的钢筋。

为保证钢筋设计的弯曲半径，弯曲机配有不同直径的心轴，有 16、20、25、35、45、60、75、85、100mm 共九种规格，以供选用。

(2)齿轮式钢筋弯曲机

齿轮式钢筋弯曲机以全封闭的齿轮减速箱代替了传统的蜗轮蜗杆传动，并增加了角度自动控制机构及制动装置。

2. 钢筋弯曲机性能参数

钢筋弯曲机性能参数见表7-7。

表7-7 钢筋弯曲机性能参数

类 别	弯 曲 机				
型 号	GW32	GW40A	GW40B	GW40D	GW50A
弯曲钢筋直径/mm	6～32	6～40	6～40	6～40	6～50
工作盘直径/mm	360	360	350	360	360
工作盘转速/(r/min)	10/20	3.7/14	3.7/14	6	6

3. 钢筋弯曲机的安全使用

①工作台和弯曲机台面应保持水平，作业前，应准备好各种芯轴及工具。

②应按加工钢筋的直径和弯曲半径的要求，装好相应规格的芯轴和成型轴、挡铁轴。芯轴直径应为钢筋直径的2.5倍。挡铁轴应有轴套。

③挡铁轴的直径和强度不得小于被弯钢筋的直径和强度。不直的钢筋，不得在弯曲机上弯曲。

④应检查并确认芯轴、挡铁轴、转盘等无裂纹和损伤，防护罩坚固可靠，空载运转正常后，方可作业。

⑤作业时，应将钢筋需弯一端插入转盘固定销的间隙内，另一端紧靠机身固定销，并用手压紧；应检查机身固定销并确认安放在挡住钢筋的一侧，方可开动。

⑥作业中，严禁更换轴芯、销子和变换角度以及调速，不得进行清扫和加油。

⑦对超过机械铭牌规定直径的钢筋严禁进行弯曲。在弯曲未经冷拉或带有锈皮的钢筋时，应戴防护镜。

⑧弯曲高强度或低合金钢筋时，应按机械铭牌规定换算最大允许直径并应调换相应的芯轴。

⑨在弯曲钢筋的作业半径内和机身未设固定销的一侧严禁站人。弯曲好的半成品应堆放整齐，弯钩不得朝上。

⑩转盘换向时，应待停稳后进行。

⑪作业后，应及时清除转盘及孔内的铁锈、杂物等。

⑫为了调节心轴、钢筋和成型轴之间的作业间隙，可以采用在成型轴上加偏心套的方法，如图7-18所示。

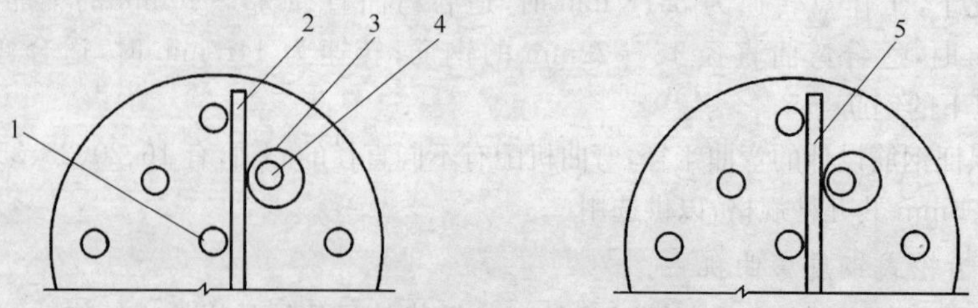

图7-18 成型轴上偏心套的使用

1.心轴 2.细钢筋 3.偏心套 4.成型轴 5.粗钢筋

四、钢筋弯箍机

钢筋弯箍机是适合弯制箍筋的专用弯曲机，弯曲角度能在210°内任意选择，用于弯曲低碳钢筋。钢筋弯箍机的构造如图7-19所示。

钢筋弯箍机有四个工作盘，由一台电动机驱动。电动机通过皮带传动和两对齿轮减速，使偏心圆盘转动，偏心圆盘通过偏心铰带动两个连杆，每个连杆又和一根沿滑道作往复直线运动的齿条相铰接，齿条再带动齿轮，使其轴上的工作盘在一定角度内作往复转动。弯箍机与弯曲机的工作盘工作原理基本相同，只是在弯制钢筋的过程中，弯箍机的工作盘在调整好的角度内作往复转动。钢筋弯箍机台面上的4个工作盘可供4人或2人同时操作，工作台面上还装有固定挡板和定尺板，用螺栓固定在孔或槽上。

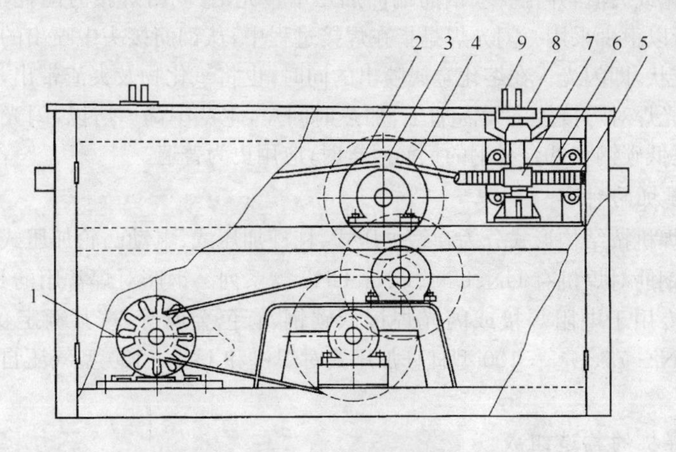

图7-19　钢筋弯箍机

1. 电动机　2. 偏心圆盘　3. 偏心铰　4. 连杆　5. 齿条　6. 滑道　7. 齿轮　8. 工作盘　9. 心轴和成型轴

调整弯箍机弯曲钢筋的角度有两种方法：一是改变齿条与工作盘立轴齿轮开始啮合的位置；二是改变偏心铰在偏心圆盘上的位置，即改变偏心距。钢筋弯箍机可对12mm以下钢筋进行弯制，根据直径的大小确定每次弯曲的根数，详见表7-8。

表7-8　钢筋弯箍机每次弯曲钢筋的根数

钢筋直径/mm	4	6	8	10	12
每次弯曲根数	10	6	3	2	1

第三节　钢筋焊接机械

焊接连接钢筋所用的设备称为钢筋焊接机械。近年来，随着高层建筑的发展和大型桥梁工程的增多，焊接在钢筋连接中得到广泛应用。钢筋焊接机械主要包括对焊机、点焊机、电渣压力焊、气压焊等设备。

一、钢筋对焊机

1. 钢筋对焊机的种类和构造组成

将两根钢筋端部对在一起并焊接牢固的方法称为对焊，完成这种焊接的设备称为对焊机。对焊机属于塑性压力焊接设备，是利用电能转化为热能，将对接的钢筋端头部位加热到接近熔化的高温状态，并施加一定的压力实行顶锻而达到连接的一种工艺。对焊适用于水平钢筋的预制加工。

根据对焊机的工作原理，对焊工艺可分为电阻焊和闪光焊两种。电阻焊是将钢筋的接头加热到塑性状态后切断电源，再加压达到塑性连接。这种焊接工艺容易在接头部位产生氧化或夹渣，并且要求钢筋端面加工平整光洁，同时焊接时能耗很大，需要大功率焊机，所以很少采用。闪光焊是指在焊接过程中，从钢筋接头中喷出的熔化金属微粒，呈现火花状，即闪光。在熔化金属喷出的同时，也将氧化物及夹渣带出，提高对焊接头质量。闪光焊对焊接接头无需加工，加热时间短，生产率高。所以，闪光焊被广泛地应用，尤其是低碳钢和低合金钢的钢筋对接时，应用更为普遍。

(1)对焊机的种类

钢筋对焊机按结构形式分为弹簧加压式、杠杆加压式、电动凸轮加压式和气压自动加压式等。钢筋对焊机有 UN、UN_1、UNs、UNg 等系列。钢筋对焊常用的是 UN_1 系列。这种对焊机专用于电阻焊接或闪光焊接低碳钢、有色金属等，按其额定功率不同，有 UN_1—25、UN_1—75、UN_1—100 型杠杆加压式对焊机和 UN_1—150 型气压自动加压式对焊机等。

(2)对焊机的构造组成

图 7-20 所示为 UN_1 系列对焊机的外形和工作原理图，主要由焊接变压器、固定电极、活动电极、加压机构、控制系统、冷却系统等组成。

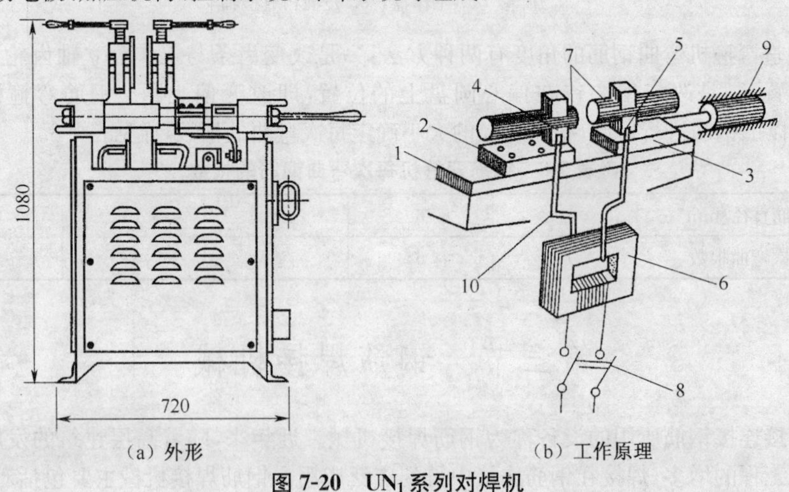

(a) 外形　　　(b) 工作原理

图 7-20　UN_1 系列对焊机

1. 机身　2. 固定平板　3. 滑动平板　4. 固定电极　5. 活动电极　6. 变压器　7. 待焊钢筋　8. 开关　9. 加压机构　10. 变压器次级线圈

2. 钢筋对焊机的性能参数

UN_1钢筋对焊机的性能参数见表7-9。

表7-9 UN_1钢筋对焊机的性能参数

型号		UN1—25	UN1—40	UN1—75	UN1—100	UN1—150
额定容量/kV·A		25	40	75	100	150
初级电压/V		380	380	380	380	380
负载持续率/%		20	20	20	20	20
次级电压调节范围/V		3.28～5.13	4.3～6.5	4.3～7.3	4.5～7.6	7.04～11.5
次级电压调节级数/级		8	8	8	8	8
额定调节级数/级		7	7	7	7	7
最大顶锻力/kN		10	25	30	40	50
钳口最大距离/mm		35	60	70	70	70
最大送料行程/mm		15～20	25	30	40～50	50
低碳钢额定焊接截面/mm^2		260	380	500	800	1000
低碳钢最大焊接截面/mm^2		300	460	600	1000	1200
焊接生产率/(次/h)		110	85	75	30	30
冷却水消耗量/(L/h)		400	450	400	400	400
质量/kg		300	375	445	478	550
外形尺寸	长/mm	1590	1770	1770	1770	1770
	宽/mm	510	655	655	655	655
	高/mm	1370	1230	1230	1230	1230

3. 钢筋对焊机的安全使用

①对焊机应安置在室内，并应有可靠的接地或接零。当多台对焊机并列安装时，相互间距不得小于3m，应分别接在不同相位的电网上，并应分别有各自的刀型开关。

②焊接前，应检查并确认对焊机的压力机构灵活，夹具牢固，气压、液压系统无泄漏，一切正常后，方可施焊。

③焊接前，应根据所焊接钢筋截面，调整二次电压，不得焊接超过对焊机规定直径的钢筋。

④断路器的接触点、电极应定期光磨，二次电路全部连接螺栓应定期紧固。冷却水温度不得超过40℃，排水量应根据温度调节。

⑤焊接较长钢筋时，应设置托架，配合搬运钢筋的操作人员，在焊接时，应防止火花烫伤。

⑥闪光区应设挡板，与焊接无关的人员不得入内。

⑦冬季施焊时，室内温度不应低于8℃。作业后，应放尽机内冷却水。

二、钢筋点焊机

点焊是使相互交叉的钢筋，在其接触处形成牢固焊点的一种压力焊接方法。完成这种焊接的设备称为点焊机。点焊机的工作原理与对焊机基本相同，适合于钢筋预制加工中焊接各种形式的钢筋网。

1. 钢筋点焊机的种类和构造组成

(1)点焊机的种类

按点焊机的时间调节器的形式和加压机构的不同，点焊机分为杠杆弹簧式（脚踏板）、电动凸轮式、气动式和液压式等几种类型。另外的一些如手提式小型点焊机、长臂点焊机和多头点焊机都是上述几种点焊机的变形型式。

(2)点焊机的构造组成

图 7-21 所示为杠杆弹簧式点焊机，主要由焊接变压器、时间调节器（即断电器）、电极、加压机构、脚踏开关等组成。

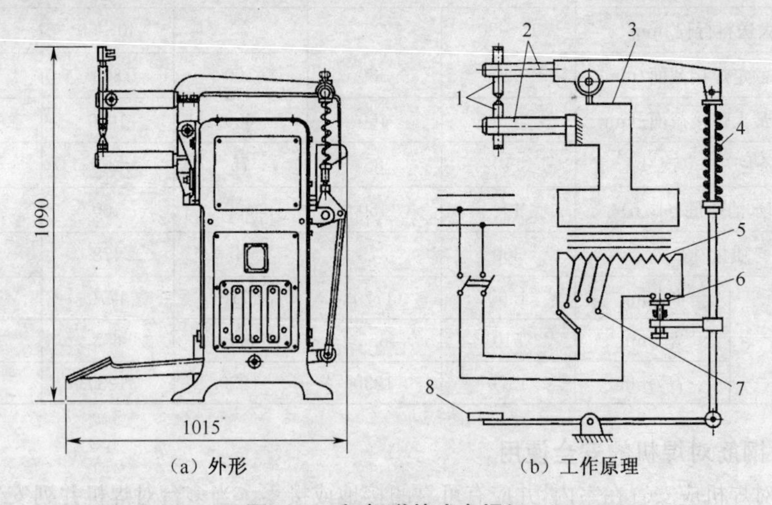

(a) 外形　　(b) 工作原理

图 7-21　杠杆弹簧式点焊机

1. 电极　2. 电极卡头　3. 变压器次级线圈　4. 加压机构　5. 变压器初级线圈　6. 时间调节器　7. 变压器调节级数开关　8. 脚踏板

2. 钢筋点焊机的性能参数

钢筋点焊机的性能参数见表 7-10。

表 7-10　钢筋点焊机的性能参数

指　标	DN—25	DN_1—75	DN—75
型　式	脚踏式	凸轮式	气动式
额定容量/(kV・A)	25	75	75
额定电压/V	220/380	220/380	220/380

续表 7-10

指　标	DN—25	DN_1—75	DN—75
型　式	脚踏式	凸轮式	气动式
初级线圈电流/A	114/66	341/197	
每小时焊点数	600	3000	
次级电压/V	1.76～3052	3.52～7.04	8
次级电压调节数	8(9)	8	8
悬臂有效伸长距离/mm	250	350	800
上电极行程/mm	20	20	20
电极间最大压力/N	1250	1600(2100)	1900
自重/kg	240	455(370)	650

3. 钢筋点焊机的安全使用

①作业前,应清除上、下两电极的油污。

②起动前,应先接通控制线路的转向开关和焊接电流的小开关,调整好极数,再接通水源、气源,最后接通电源。

③焊机通电后,应检查电气设备、操作机构、冷却系统、气路系统及机体外壳有无漏电现象。电极触头应保持光洁。

④作业时,气路、水冷系统应畅通。气体应保持干燥。排水温度不得超过40℃,排水量可根据气温调节。

⑤严禁在引燃电路中加大熔断器。当负载过小使引燃管内电弧不能发生时,不得闭合控制箱的引燃电路。

⑥当控制箱长期停用时,每月应通电加热30min。更换闸流管时应预热30min。正常工作的控制箱的预热时间不得小于5min。

三、钢筋气压焊设备

钢筋气压焊是采用一定比例的氧气和乙炔焰为热源,对需要连接的两钢筋端面接触处进行加热烘烤,使其达到热塑状态,同时对钢筋施加30～40N/mm²的轴向压力,使钢筋接合在一起。这种方法具有设备投资少、施工安全、节约钢材、使用方便等优点。钢筋气压焊不仅适用于竖向钢筋的连接,也适用于各种方向布置的钢筋连接,适用直径为16～40mm的Ⅰ、Ⅱ级钢筋。当不同直径钢筋焊接时,两钢筋直径差不得大于7mm。

1. 气压焊设备

图7-22所示为钢筋气压焊设备的工作示意图,主要包括氧气瓶和乙炔(或液化石油气)瓶、加热器、加压器及钢筋夹具等,辅助设备有用于切割钢筋的砂轮锯、磨平钢筋端头的角向磨光机等。

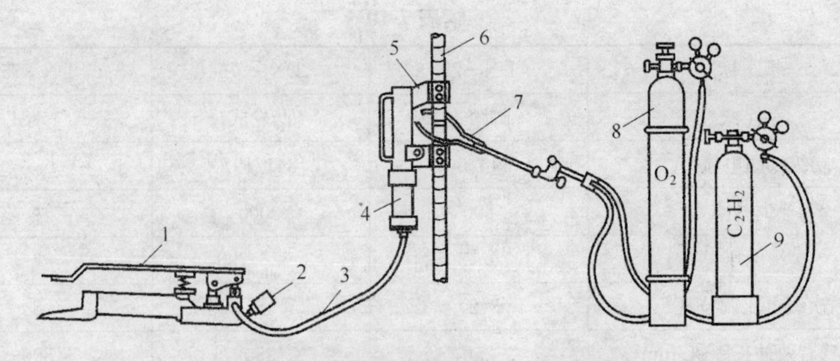

图 7-22　钢筋气压焊设备工作示意图

1. 脚踏液压泵　2. 压力表　3. 液压胶管　4. 油缸　5. 钢筋夹具　6. 被焊接钢筋　7. 多火口烤钳　8. 氧气瓶　9. 乙炔瓶

为使钢筋接头处均匀加热，加热器设计成环状钳形，称为多火口烤钳，如图 7-23 所示，并要求多束火焰燃烧均匀，调整方便。

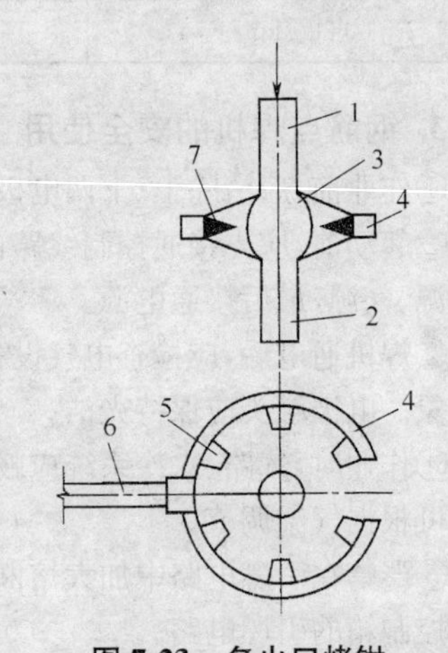

图 7-23　多火口烤钳

1. 上钢筋　2. 下钢筋　3. 镦粗区　4. 环形加热器　5. 火口　6. 混合气管　7. 火焰

2. 钢筋气压焊设备的安全使用

(1)氧气瓶的安全使用

①气瓶每三年必须检验一次，使用期不超过 20 年。严禁用明火检验是否漏气。现场使用的不同气瓶应装有不同的减压器，严禁使用未安装减压器的氧气瓶。氧气瓶应定期进行技术检查，凡使用期满或查检不合格的气瓶，均不能继续使用。氧气瓶中的氧气不得全部用尽，应留 49kPa 以上的剩余压力。

②禁止把氧气瓶和乙炔瓶或其他易燃易爆的物品放在一起，也不能将氧气瓶与这些物品放在一起运输。不得用行车或起重机吊运氧气瓶。

③搬运氧气瓶时，应避免碰撞和剧烈振动。氧气瓶装在车上后，应妥善固定，并将氧气瓶帽旋紧。禁止单人肩扛氧气瓶。氧气瓶上无防振圈或气温在－10℃以下时，禁止用滚动方式搬运气瓶，以防由于撞击产生火花而引起氧气瓶爆炸。氧气瓶装在小车上运输时，手推小车时与地面的角度不应超过 45°。

④氧气瓶在存放、运输和使用时，应防止阳光直接曝晒及其他高温热源的辐照加热。

⑤冬季使用氧气瓶时，若瓶阀冻结，可用热水或蒸汽加热解冻，严禁使用火焰加热或用铁器击打气瓶，更不能猛拧减压器调节螺栓。

⑥氧气瓶应直立放置，并设有支架固定，以防倒下。氧气瓶不应停放在人行道上，如确实需要时，应采取妥善的防护措施。

⑦取瓶帽时，只能用手或扳手旋取，禁止用铁锤等铁器敲击。

⑧在瓶阀上安装氧气减压器之前，应旋动手轮，将瓶阀缓慢开启，以吹掉出气口处的杂质。开启瓶阀时，操作者应站在气体喷出方向的侧面，并避免气流吹向人体、易燃气体或火源。

⑨在瓶阀上安装减压器时，和阀门连接的螺母至少要拧三圈以上，以防止开气时减压器脱落。装上减压器后要缓慢开启瓶阀，否则会因高压氧流速过急而产生静电火花，引起减压器燃烧或爆炸。

⑩严禁让粘有油脂或易燃物质的手套、棉纱和工具等与氧气瓶、瓶阀、减压器及管路等接触，以防在压缩状态下的高压氧与油脂或易燃物产生自燃，从而引起火灾或爆炸。

(2)乙炔瓶的安全使用

①与乙炔相接触的部件中铜或银含量不得超过70%。

②乙炔钢瓶使用时必须设有防止回火的安全装置；同时，使用两种气体作业时，不同气瓶都应安装单向阀，防止气体相互倒灌。

③溶解乙炔瓶不应遭受强烈的振动和撞击，以免瓶内的多孔性填料下沉而占用空间，影响乙炔的贮存。

④溶解乙炔瓶使用时，应直立放置，不能卧置使用，卧放会使丙酮随乙炔流出，甚至会通过减压器而流入乙炔气胶管内。一旦使用已卧放的溶解乙炔瓶，必须先将其直立20分钟，然后再连接乙炔减压器使用。

⑤溶解乙炔瓶体的表面温度不应超过30℃～40℃。因乙炔瓶温度过高会降低丙酮对乙炔气的溶解度，而使瓶内的乙炔压力急剧增高。故当瓶体温度超过规定时，应喷水冷却。

⑥乙炔减压器与溶解乙炔瓶阀的连接必须可靠，严禁在漏气的情况下使用，否则会形成乙炔与空气混合气体，一旦触及明火将造成火灾或爆炸事故。

⑦溶解乙炔瓶内的乙炔不能全部用完，当高压表读数为0.01～0.03MPa时，不可再继续使用，应顺时针转动方孔套筒扳手，将瓶阀关紧，以防漏气。使用的压力在低压表上不允许超过0.15MPa。开启溶解乙炔瓶瓶阀时应缓慢，不要超过1.5转，一般情况只需开启3/4转。

⑧禁止在乙炔瓶上放置物件、工具，或缠绕、悬挂胶管等。

⑨吊装溶解乙炔瓶时应用麻绳，严禁用电磁起重机、铁链或钢丝绳，以免钢瓶滑落或与乙炔瓶摩擦产生火花，从而引起乙炔瓶爆炸。

⑩当乙炔瓶由于凝水而冻结时，绝对禁止用明火烘烤，必要时可用40℃以下的温水解冻。

(3)液化石油气瓶的安全使用

①在室外使用液化石油气瓶时，应将气瓶平稳地放置在空气流通的地面上，与明火(飞溅的火星、火花)或热源的距离必须保持在10m以上。

②液化石油气瓶应加装减压器，禁止用胶管与液化石油气瓶阀直接连接。

③液化石油气瓶严禁用火烘烤，也不得放在暖气片附近。瓶阀冻结时，不能用沸水加热，只可用40℃以下的温水加热解冻。

④液化石油气瓶内若剩余残液，应退回充气站处理，禁止随便倾倒。

(4)钢筋气压焊的安全操作

①操作时，氢气瓶、乙炔瓶应直立放置且必须安放稳固，防止倾倒，不得卧放使用，气瓶存放点温度不得超过40℃。

②乙炔瓶、氧气瓶距气压焊作业点或热源之间的距离不得小于5m。钢筋气压焊作业点距可燃、易燃物之间的距离不得小于10m。未满足上述条件时，应采取隔离措施。

③氧气橡胶软管应为红色，工作压力应为1500kPa；乙炔橡胶软管应为黑色，工作压力应为300kPa。新橡胶软管应经压力试验，未经压力试验或代用品及变质、老化、脆裂、漏气及沾上油脂的胶管均不得使用。软管接头不得采用铜质材料制作。

④不得将橡胶软管放在高温管道和电线上，或将重物及热物件压在软管上，且不得将软管与电焊用的导线敷设在一起。软管经过车行道时，应加护套或盖板。

⑤点燃焊炬时，应先开乙炔阀点火，再开氧气阀调整火焰。关闭时，应先关闭乙炔阀，再关闭氧气阀。氢氧并用时，应先开乙炔气，再开氢气，最后开氧气，再点燃。熄火时，应先关氧气，再关氢气，最后关乙炔气。

⑥点火时，焊枪口严禁对人，正在燃烧的焊枪不得放在工件或地面上，焊枪带有乙炔和氧气时，严禁放在金属容器内，以防气体逸出，发生爆燃事故。

⑦在作业中，发现氧气瓶阀门失灵或损坏不能关闭时，应让瓶内的氧气自动放尽后，再拆卸修理。

⑧乙炔软管、氧气软管不得错装。不得将橡胶软管背在背上操作。当焊枪内带有乙炔、氧气时不得放在金属管、槽、缸、箱内。使用中，当氧气软管着火时，不得折弯软管断气，应迅速关闭氧气阀门，停止供氧。当乙炔软管着火时，应先关熄炬火，可采用弯折前面一段软管将火熄灭。

⑨工作完毕后，应将氧气瓶、乙炔瓶气阀关好，拧上安全罩，检查操作场地，确认无着火危险，方准离开。

⑩冬季在露天施工，当软管和回火防止器冻结时，严禁用火焰烘烤。5～6级以上大风时，禁止在露天进行钢筋气压焊作业。钢筋气压焊作业区发生火灾时，应使用二氧化碳灭火器和干粉灭火器，禁止用水、泡沫灭火器和四氯化碳灭火器。

四、竖向钢筋电渣压力焊机

1. 竖向钢筋电渣压力焊工作原理

钢筋电渣压力焊具有施工简便、节能节材、质量好、成本低、生产率高，因而获得广泛应用。钢筋电渣压力焊主要用于现浇钢筋混凝土结构中竖向或斜向钢筋的连接，一般可焊接Ⅰ、Ⅱ级直径为14～40mm的钢筋，采取一定措施后，可焊Ⅲ级直径为16～40mm的钢筋。

钢筋电渣压力焊机按控制方式分为手动式、半自动式和自动式；按传动方式分为手摇齿轮式和手压杠杆式，主要由焊接电源、控制系统、夹具(机头)和辅件(焊接填装盒、回收工具)等组成。

钢筋电渣压力焊工作原理如图7-24所示。首先利用电流通过上下两钢筋端面之间引燃的电弧，使电能转化为热能，并将周围的焊剂不断熔化，形成渣池。然后将上钢筋端部潜入渣池中，利用电阻热能使钢筋全断面熔化，并形成有利于保证焊接质量的端面形状。最后在断电的同时，迅速进行挤压，排除全部熔渣和熔化金属，形成焊接接头。

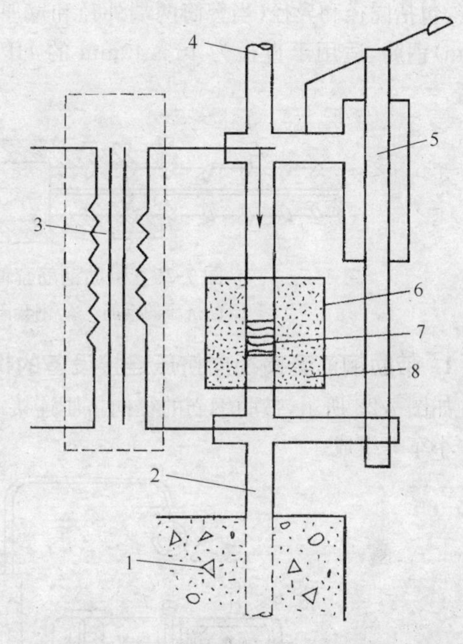

图 7-24　钢筋电渣压力焊工作原理示意图

1. 混凝土　2. 下钢筋　3. 电源　4. 上钢筋　5. 夹具　6. 焊剂盒　7. 铁丝球　8. 焊剂

2. 竖向钢筋电渣压力焊机的安全使用

①应根据施焊钢筋直径选择具有足够输出电流的电焊机。电源电缆和控制电缆连接应正确、牢固。控制箱的外壳应牢靠接地。

②施焊前，应检查供电电压并确认正常，当一次电压降大于 8%时，不宜焊接。焊接导线长度不得大于 30m，截面面积不得小于 50mm²。

③施焊前，应检查并确认电源及控制电路正常，定时准确，误差不大于 5%，机具的传动系统、夹装系统及焊钳的转动部分灵活自如，焊剂已干燥，所需附件齐全。

④施焊前，应按所焊钢筋的直径，根据参数表，标定好所需的电源和时间。一般情况下，时间(s)可为钢筋的直径数(mm)，电流(A)可为钢筋直径的 20 倍数(mm)。

⑤起弧前，上、下钢筋应对齐，钢筋端头应接触良好。锈蚀粘有水泥的钢筋，应用钢丝刷清除，并保证导电良好。

⑥施焊过程中，应随时检查焊接质量。当发现倾斜、偏心、未熔合、有气孔等现象时，应重新施焊。

⑦每个接头焊完后，应停留 5～6min 保温，寒冷季节应适当延长。当拆下机具时，应扶住钢筋，过热的接头不得过于受力。焊渣应待完全冷却后清除。

第四节　钢筋连接机械

钢筋机械连接的方法具有不受钢筋材料焊接性和季节的制约和影响，不用明火和加热，施工简便，工艺性良好，接头质量可靠，连接速度快，对中性好等优点。

一、带肋钢筋套筒径向挤压连接机具

带肋钢筋套筒径向挤压连接工艺，是采用挤压机将钢套筒挤压变形，使之紧密地咬住变形钢筋的横肋，实现两根钢筋的连接，如图 7-27 所示，适用于任何直径变形钢筋的

连接，包括同径和异径(当套筒两端外径和壁厚相同时，被连接钢筋的直径相差不大于5 mm)钢筋，适用于直径为16～40mm的HPB235、HRB400级带肋钢筋的径向挤压连接。

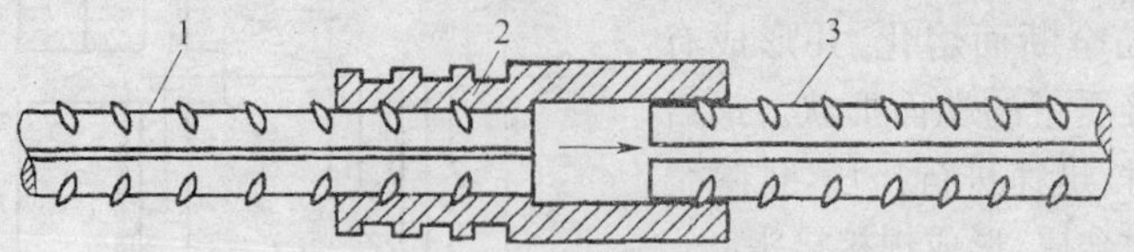

图7-25　带肋钢筋套筒径向挤压连接

1. 已挤压的钢筋　2. 钢套筒　3. 未挤压的钢筋

1. 带肋钢筋套筒径向挤压连接设备的构造组成及其性能参数

如图7-28所示，带肋钢筋的径向挤压连接设备主要由挤压机、超高压泵站、平衡器、吊挂小车等组成。

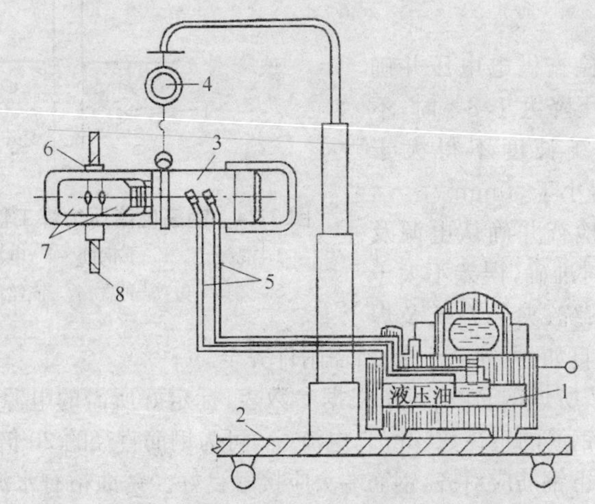

图7-26　带肋钢筋径向挤压连接设备示意

1. 超高压泵站　2. 吊挂小车　3. 挤压机　4. 平衡器　5. 超高压软管　6. 钢套筒　7. 模具　8. 钢筋

(1)YJ32型挤压机

YJ32型挤压机构造如图7-28所示，主要技术性能如下：额定工作油压力为108MPa；额定压力为650kN；工作行程为50mm；挤压一次循环时间≤10s；外形尺寸为130mm×160mm(机架宽)×426mm；自重约28kg。

YJ32型挤压机可用于直径为25～32mm变形钢筋的挤压连接。该机由于采用双作用油路和双作用油缸体，所以压接和回程速度较快。但机架宽度较小，只可用于挤压间距较小(但净距必须大于60mm)的钢筋。

(2)YJ650型挤压机

用于直径32mm以下变形钢筋的挤压连接，其构造如图7-28所示，主要技术性能如下：额定压力为650kN；外形尺寸为144mm×450mm；自重43kg。该机液压源可选用ZB 0.6/630型油泵，额定油压为63MPa。

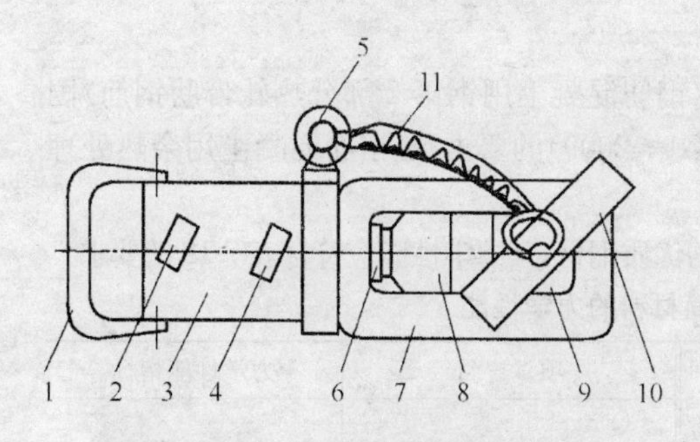

图 7-27 YJ32 型挤压机构造示意

1. 手把 2. 进油口 3. 缸体 4. 回油口 5. 吊环
6. 活塞 7. 机架 8、9. 压模 10. 卡板 11. 链条

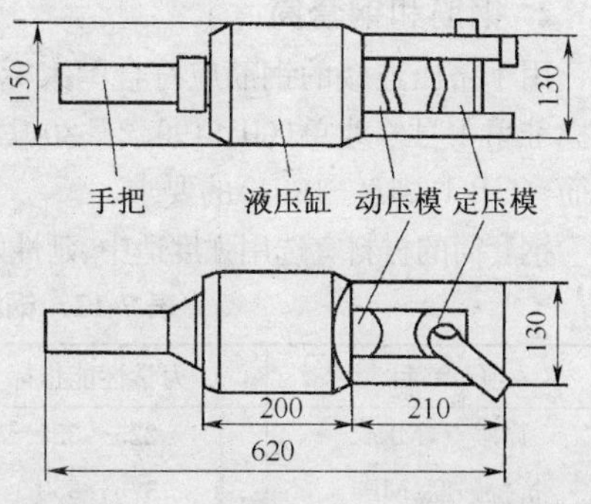

图 7-28 YJ650 型挤压机构造示意

(3)YJ800 型挤压机

用于直径 32mm 以上变形钢筋的挤压连接,主要技术性能如下:额定压力为 800kN;外形尺寸为 170mm×468mm;自重 55kg。该机液压源可选用 ZB4/500 高压油泵,额定油压为 50MPa。

(4)YJH—25 型、YJH—32 型和 YJH—40 型径向挤压设备

YJH—25 型、YJH—32 型和 YJH—40 型径向挤压设备性能见表 7-11。

表 7-11 YJH—25 型、YJH—32 型和 YJH—40 型径向挤压设备性能

设备组成	项目	设备型号及技术参数		
		YJH—25	YJH—32	YJH—40
压接钳	额定压力/MPa	80	80	80
	额定挤压力/kN	760	760	900
	外形尺寸/mm	ϕ150×433	ϕ150×480	ϕ170×530
	质量/kg	23(不带压模)	27(不带压模)	34(不带压模)
压模	可配压模型号	M18、M20、M22、M25	M20、M22、M25、M28、M32	M32、M36、M40
	可连接钢筋的直径/mm	ϕ18、ϕ20、ϕ22、ϕ25	ϕ20、ϕ22、ϕ25、ϕ28、ϕ32	ϕ32、ϕ36、ϕ40
	质量/(kg/副)	5.6	6	7
超高压泵站	电动机	输入电压:380V;频率:50Hz(220V,60Hz);功率:1.5kW		
	高压泵	额定压力:80MPa;高压流量:0.8L/min		
	低压泵	额定压力:2.0MPa;低压流量:4.0~60L/min		
	外形尺寸(长×宽×高)/mm	790×540×785		
	质量/kg	96		
	油箱容积/L	20		
超高压软管	额定压力/MPa	100		
	内径/mm	6.0		
	长度/m	3.0(5.0)		

注:电动机项目中括号内的数据为出口型用。

2. 钢筋和钢套筒

用于挤压连接的钢筋应符合国家标准《钢筋混凝土用钢第 2 部分热轧带肋钢筋》国家标准第 1 号修改单(GB1499.2—2007/XG1—2009)的要求及《钢筋混凝土用余热处理钢筋》(GB 13014—1991)的要求。

钢套筒的材料宜选用强度适中、延性好的优质钢材,其力学性能应符合表 7-12 的要求。

表 7-12 钢套筒材料的力学性能

项 目	力学性能指标	项 目	力学性能指标
屈服点/MPa	225～350	硬度	60～80HRB (或 102～133HB)
抗拉强度/MPa	375～550		
断后伸长率 δ_5/%	≥20		

考虑到尺寸及强度偏差,钢套筒的设计屈服承载力和极限承载力应比钢筋的标准屈服承载力和极限承载力大 10%。

钢套筒的规格和尺寸应符合表 7-13 的规定。其允许偏差:当外径≤50mm 时,外径允许误差为±0.5mm,壁厚允许误差为壁厚尺寸的±12%;外径>50mm 时,外径允许误差为±0.01mm,壁厚允许误差为壁厚尺寸的－10%;长度允许误差为±2mm。

表 7-13 钢套筒的规格和尺寸

钢套筒型号	钢套筒尺寸/mm			压接标志
	外 径	壁 厚	长 度	
G40	70	12	240	8×2
G36	63	11	216	7×2
G32	56	10	192	6×2
G28	50	8	168	5×2
G25	45	7.5	150	4×2
G22	40	6.5	132	3×2
G20	36	6	120	3×2

二、带肋钢筋套筒轴向挤压连接机具

钢筋轴向挤压连接,是采用挤压机和压模对套筒和插入的两根对接钢筋,沿其轴线方向进行挤压,使套筒咬合到变形钢筋的肋间,结合成一体,如图 7-29 所示。与钢筋径向挤压连接相同,适用于同直径或相差一个型号直径的钢筋连接(如 25 与 28、28 与 32)。

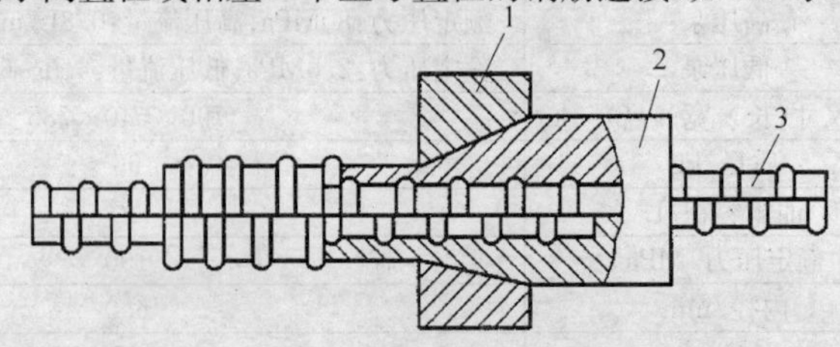

图 7-29 钢筋轴向挤压连接

1. 压模 2. 套筒 3. 钢筋

1. 带肋钢筋套筒轴向挤压连接设备的构造组成及其性能参数

带肋钢筋套筒轴向挤压连接设备主要由挤压机、半挤压机、超高压泵站等组成。

(1)挤压机

挤压机可用于全套筒钢筋接头的压接和少量半套筒钢筋接头的压接，其构造如图7-30所示，主要技术参数见表7-14。

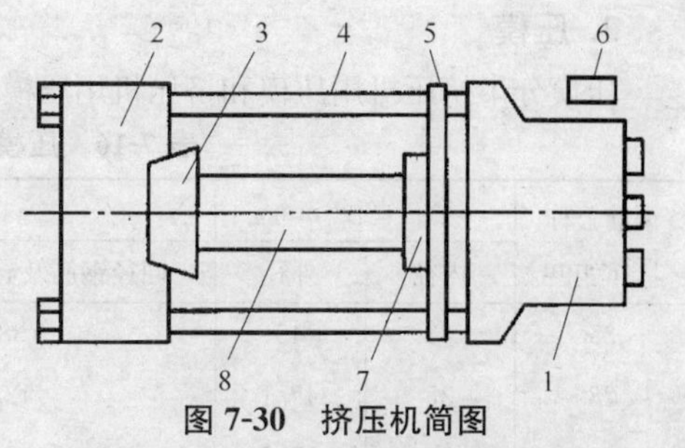

图7-30　挤压机简图

1. 液压缸　2. 压模座　3. 压模　4. 导向杆　5. 撑力架　6. 管拉头　7. 垫块座　8. 套筒

表7-14　挤压机主要技术参数

项　目	技术性能		项　目	技术性能	
	挤压机	半挤压机		挤压机	半挤压机
额定工作压力/MPa	70	70	外形尺寸（长×宽×高）/mm	755×158×215	180×180×780
额定工作推力/kN	400	470			
液压缸最大行程/mm	104	110	质量/kg	65	70

(2)半挤压机

半挤压机适用于半套筒钢筋接头的压接，其构造如图7-31所示，主要技术参数见表7-14。

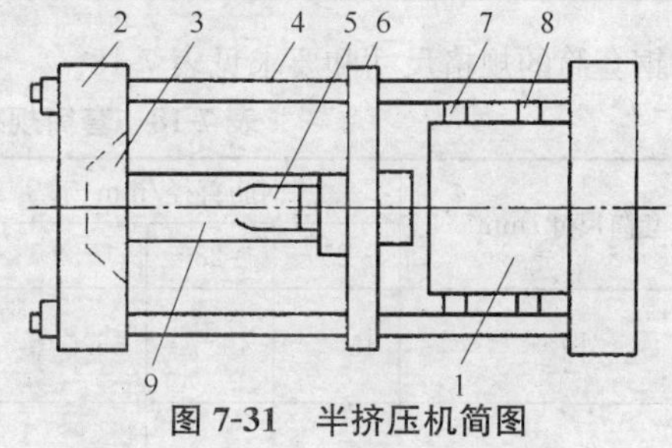

图7-31　半挤压机简图

1. 液压缸　2. 压模座　3. 压模　4. 导向杆　5. 限位器　6. 撑力架　7、8. 管接头　9. 套筒

(3)超高压泵站

超高压泵站为双泵双油路电控液压泵站，由电动机驱动高、低压泵，当三位四通换向阀左边接通时，液压缸大腔进油，当压力达到65MPa时，高压继电器断电，换向阀回到中位；当换向阀右边接通时，油缸小腔进油，当压力达到35MPa时，低压继电器断电，换向阀又回到中位。其技术参数见表7-15。

表7-15　超高压泵站技术性能

项　目	技术性能	
	超高压油泵	低　压　泵
额定工作压力/MPa	70	7
额定流量/(L/min)	2.5	7
继电器调定压力/(N/min)	72	36
电动机(J100L2-4-B5)	电压380V、功率3kW、频率50Hz	

2. 压模

压模分半挤压机用压模和挤压机用压模，使用时，按钢筋的规格选用(表 7-16)。

表 7-16　压模直径的选择

钢筋公称直径/mm	套管直径/mm		压模直径/mm	
	内径	外径	同径钢筋及异径钢筋接头粗径用	异径钢筋接头细径用
25	33	45	38.4±0.2	40±0.02
28	35	49.1	42.3±0.02	45±0.02
32	39	55.5	48.3±0.02	

3. 钢筋和钢套筒

钢筋与上述钢筋径向挤压连接相同。钢套筒材质应为符合现行标准的优质碳素结构钢，其力学性能应符合表 7-17 的要求。

表 7-17　套筒力学性能

项　目	力学性能指标	项　目	力学性能指标
屈服点	≥250MPa	断后伸长率 δ_5	≥24%
抗拉强度	≥420～560MPa	硬度(HRB)	≤75

钢套筒的规格尺寸和要求见表 7-18。

表 7-18　套筒规格尺寸和要求

套筒尺寸/mm	钢筋直径/mm			套筒尺寸/mm		钢筋直径/mm		
	25	28	32			25	28	32
外径	$45^{+0.1}_{0}$	$49^{+0.1}_{0}$	$55.5^{+0.1}_{0}$	长度	钢筋端面紧贴连接时	$190^{+0.3}_{0}$	$200^{+0.3}_{0}$	$210^{+0.3}_{0}$
内径	$33^{0}_{-0.1}$	$35^{0}_{-0.1}$	$39^{0}_{-0.1}$	长度	钢筋端面间隙≤30mm 连接时	$200^{+0.3}_{0}$	$230^{+0.3}_{0}$	$240^{+0.3}_{0}$

三、钢筋冷挤压连接机的安全使用

①有下列情况之一时，应对挤压机的挤压力进行标定：新挤压设备使用前；旧挤压设备大修后；油压表受损或强烈振动后；套筒压痕异常且查不出其他原因时；挤压设备使用超过一年；挤压的接头数超过 5000 个。

②设备使用前后的拆装过程中，超高压油管两端的接头及压接钳、换向阀的进出油接头，应保持清洁，并应及时用专用防尘帽封好。超高压油管的弯曲半径不得小于 250mm，扣压接头处不得扭转，且不得有死弯。

③挤压机液压系统的使用，应符合建筑机械安全使用规程附录 C 的有关规定；高压胶管不得荷重拖拉、弯折和受到尖利物体刻划。

④压模、套筒与钢筋应相互配套使用，压模上应有相对应的连接钢筋规格标记。

⑤挤压前的准备工作应符合下列要求：钢筋端头的锈、泥沙、油污等杂物应清理干

净；钢筋与套筒应先进行试套，当钢筋有马蹄、弯折或纵肋尺寸过大时，应预先进行矫正或用砂轮打磨，不同直径钢筋的套筒不得串用；钢筋端部应划出定位标记与检查标记。定位标记与钢筋端头的距离应为套筒长度的一半，检查标记与定位标记的距离宜为20mm；检查挤压设备情况，应进行试压，符合要求后方可作业。

⑥挤压操作应符合下列要求：钢筋挤压连接宜先在地面上挤压一端套筒，在施工作业区插入待接钢筋后再挤压另一端套筒；压接钳就位时，应对准套筒压痕位置的标记，并应与钢筋轴线保持垂直；挤压顺序宜从套筒中部开始，并逐渐向端部挤压；挤压作业人员不得随意改变挤压力、压接道数或挤压顺序。

⑦作业后，应收拾好成品、套筒和压模，清理场地，切断电源，锁好开关箱，最后将挤压机和挤压钳放到指定地点。

四、钢筋锥螺纹连接机具

钢筋的锥螺纹连接是采用钢筋套丝机在钢筋连接端加工锥螺纹，并按规定力矩拧入连接套内的机械连接方法，适用于在施工现场连接直径为16～40mm的HRB335、HRB400级同径或异径钢筋，不受钢筋含碳量和有无螺纹的限制，所连接钢筋的直径之差不超过9mm。锥螺纹连接的方法应符合《钢筋锥螺纹接头技术规程》(JGJ 107—2010)的要求。

钢筋的锥螺纹连接主要机具包括钢筋套丝机、量规、力矩扳手和砂轮锯等。

钢筋套丝机用于加工钢筋连接端锥螺纹的机器，型号有SZ—50A、GZL—40B等。量规包括牙形规、卡规或环规、塞规，均应由钢筋连接技术提供单位配套提供。图7-32所示为用卡规检查小端直径，图7-33所示为用锥螺纹塞规检查套筒。力矩扳手供钢筋与连接套拧紧用，并用以测力。力矩扳手可以按所连接钢筋直径的大小，设定拧紧力矩值进行控制，达到该值，就发出声响信号。工程中力矩扳手常用的型号及力矩值为：100～360N·m、70～350N·m。砂轮锯用于切断挠曲的钢筋端头。

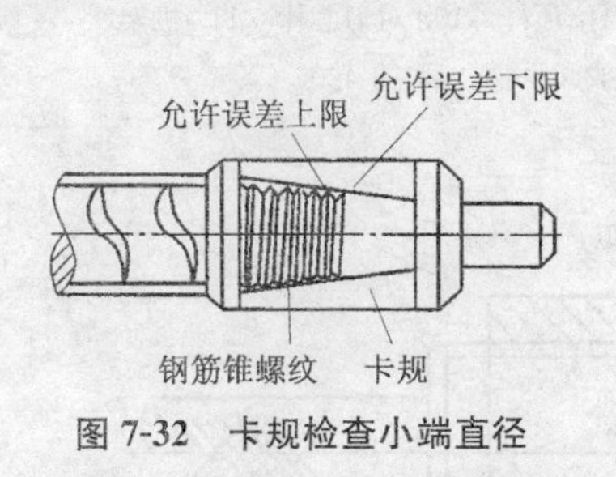

图7-32　卡规检查小端直径

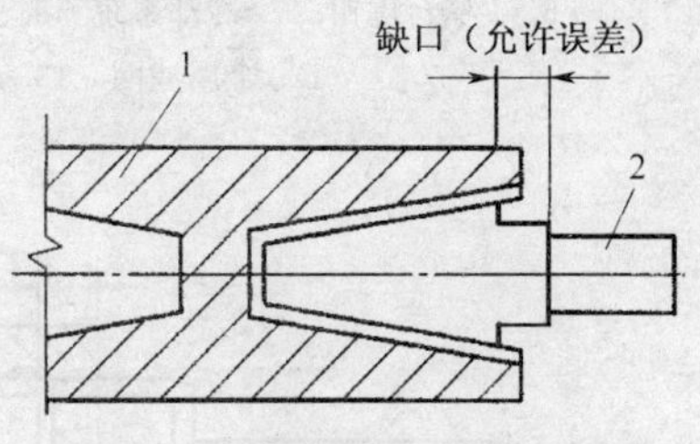

图7-33　用锥螺纹塞规检查套筒

1. 锥螺纹套筒　2. 塞规

五、钢筋冷镦粗直螺纹连接机具

镦粗直螺纹钢筋接头是通过冷镦粗设备，先将钢筋连接端头冷镦粗，再在镦粗端加工成直螺纹丝头，然后，将两根已镦粗并套好螺纹的钢筋连接端，穿入配套加工的连接套筒，旋紧后，即成为一个完整的接头。

钢筋端部经冷镦后不仅直径增大，使加工后的丝头螺纹底部最小直径，不小于钢筋母材的直径，而且钢材冷镦后，还可提高接头部位的强度。因此，该接头可与钢筋母材等强，其性能可达到SA级要求，适用于一切抗震和非抗震设施工程中的任何部位。必要时，在同一连接范围内钢筋接头数目可不受限制。如钢筋笼的钢筋对接、伸缩缝或新老结构连接部位钢筋的对接、滑模施工的筒体或墙体与以后施工的水平结构（如梁）的钢筋连接等。

钢筋冷镦粗直螺纹套筒连接机具，适用于钢筋混凝土结构中直径为16～40mm的HRB335、HRB400级钢筋的连接。冷镦粗直螺纹连接的方法，应符合《镦粗直螺纹钢筋接头》(JG 171—2005)的要求。

钢筋冷镦粗直螺纹套筒连接机具包括切割机、液压冷锻压床、套丝机、普通扳手及量规等。图7-34所示为套丝机构造示意图，图7-35所示为套筒螺纹质量检验工具。镦粗直螺纹机具的性能参数见表7-19。

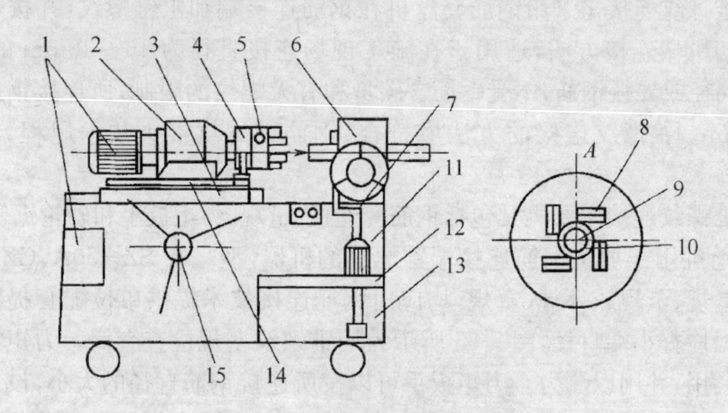

图7-34　套丝机构造示意图

1. 电动机及电气控制装置　2. 减速机　3. 拖板及导轨　4. 切削头　5. 调节蜗杆　6. 夹紧台虎钳　7. 冷却系统　8. 刀具　9. 限位顶杆　10. 对刀芯棒　11. 机架　12. 金属滤网　13. 水箱　14. 拨叉手柄　15. 手轮

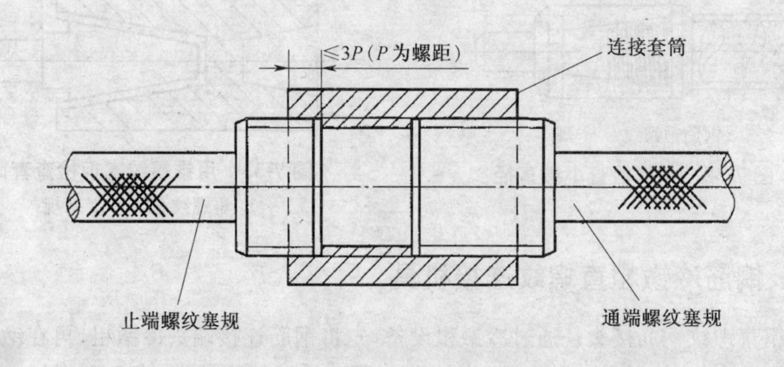

图7-35　套筒螺纹质量检验工具

表 7-19　镦粗直螺纹机具的性能参数

镦机头				套丝机		高压油泵	
型　　号	LD700	LD800	LD1800	型　　号	GSJ—40		
镦压力/kN	700	1000	2000	功率/kW	4.0	电动机功率/kW	3.0
行程/mm	40	50	65	转速/(r/min)	40	最高额定压力/kN	63
适用钢筋直径/mm	16～25	16～32	28～40	适用钢筋直径/mm	16～40	流量/(L/min)	6
质量/kg	200	385	550	质量/kg	400	质量/kg	60
外形尺寸(长×宽×高)/mm	575×250×250	690×400×370	803×425×425	外形尺寸(长×宽×高)/mm	1200×1050×550	外形尺寸(长×宽×高)/mm	645×525×335

注:本表机具设备为北京建硕钢筋连接工程有限公司产品。

六、钢筋螺纹成型机的安全使用

①使用机械前,应检查刀具安装正确,连接牢固,各运转部位润滑情况良好,有无漏电现象,空车试运转确认无误后,方可作业。

②钢筋应先调直再下料。切口端面应与钢筋轴线垂直,不得有马蹄形或挠曲,不得用气割下料。

③加工钢筋锥螺纹时,应采用水溶性切削润滑液;当气温低于0℃时,应掺入15%～20%亚硝酸钠。不得用机油作润滑液或不加润滑液套丝。

④加工时,必须确保钢筋夹持牢固。

⑤机械在运转过程中,严禁清扫刀片上面的积屑杂污,发现工况不良应立即停机检查、修理。

⑥严禁进行加工超过机械铭牌规定直径的钢筋。

⑦作业后,应切断电源,用钢刷清除切刀间的杂物,进行整机清洁润滑。

第五节　预应力钢筋机械

一、钢筋冷镦设备

钢筋冷镦设备是将钢筋或钢丝的端头加工成灯笼形状的圆头,作为预应力钢筋的锚固头的机械。常用的冷镦设备有电动和液压两种类型。其中,液压冷镦设备又分为钢筋冷镦器和钢丝冷镦器两种。YLD—45 型钢筋冷镦器主要用来镦粗直径为 12mm 以下的钢筋。LD—10、LD—20 型钢丝冷镦器中 LD—10 可镦直径为 5mm 钢丝,镦头压力为 32～36 N/mm^2;LD—20 可镦直径为 7mm 钢丝,镦头压力为 40～43 N/mm^2。

1. 电动钢丝冷镦机

电动钢丝冷镦机有固定式和移动式两种。固定式电动钢丝冷镦机的构造和工作原理如图 7-36 所示。冷镦机主要由电动机、带轮、加压凸轮、顶镦凸轮、顶镦滑块及加压杠杆等组成。电动机 1 经两级带传动减速后,带动凸轮轴 4 转动。当凸轮轴上的加压凸轮 5 与加压杠杆 8 上的滚轮 6 相接触时，加压杠杆左端顶起，右端压下，使加压杠杆右端的压模 10 将钢丝压紧；同时顶镦凸轮 7 很快与顶镦滑块 12 左端的滚轮接触，使顶镦滑块沿水平滑道向右运动，滑块右端上的镦模 13 冲击钢丝端头，钢丝端头被冷镦成形。

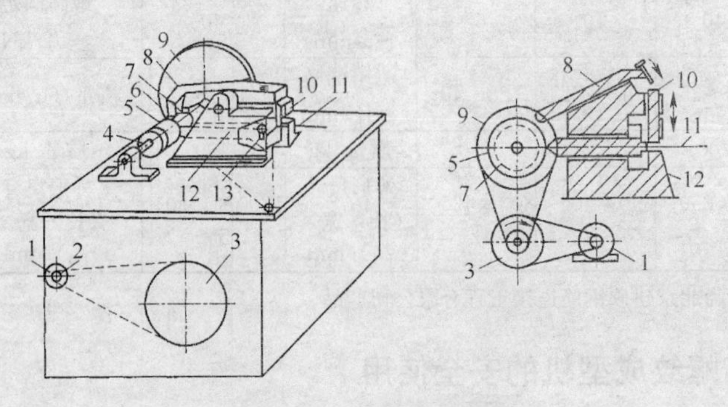

图 7-36　电动钢丝冷镦机

1. 电动机　2、3、9. 带轮　4. 凸轮轴　5. 加压凸轮　6. 加压杠杆滚轮　7. 顶镦凸轮　8. 加压杠杆　10. 压模　11. 钢筋　12. 顶镦滑块　13. 镦模

2. 液压钢丝冷镦机

液压钢丝冷镦机的构造如图 7-37 所示，主要由缸体、夹紧活塞、镦头活塞、顺序阀、回油阀、镦头模、夹片及锚环等组成。工作时，高压油泵供给的高压油，由油嘴 1 进入机体，推动夹紧活塞 11 工作，带动夹片 15 在锥形锚环 13 中逐渐收拢，而将钢丝夹紧；继续进油。当油压高于顺序阀 3 开启压力，顺序阀自动开启，油压开始推动镦头活塞 10 工作，将钢丝镦粗成形。

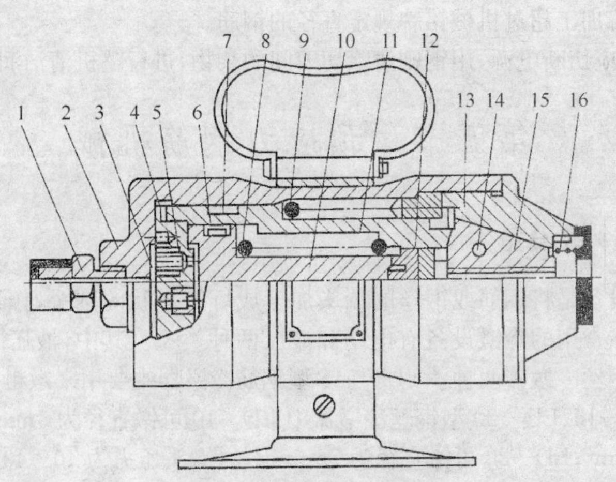

图 7-37　液压钢丝冷镦机

1. 油嘴　2. 缸体　3. 顺序阀　4、6、7. 密封圈　5. 回油阀　8. 镦头活塞回程弹簧　9. 夹紧活塞回程弹簧　10. 镦头活塞　11. 夹紧活塞　12. 镦头模　13. 锚环　14. 夹片张开弹簧　15. 夹片　16. 夹片回程弹簧

3. 钢筋冷镦机的安全使用

①应根据钢筋直径，配换相应夹具。

②应检查并确认模具、中心冲头无裂纹，并应校正上下模具与中心冲头的同心度，紧固各部螺栓，做好安全防护。

③起动后应先空运转，调整上下模具紧度，对准冲头模进行镦头校对，确认正常后，方可作业。

④机械未达到正常转速时，不得镦头。当镦出的头大小不匀时，应及时调整冲头与夹具的间隙。冲头导向块应保持足够的润滑。

二、预应力钢筋液压张拉设备

预应力钢筋液压张拉设备由千斤顶和高压油泵组成。千斤顶分为拉杆式、穿心式、锥锚式三类；高压油泵分为手动式和轴向电动式两种。

1. 拉杆式千斤顶

拉杆式千斤顶主要用于张拉焊有螺丝端杆锚具的粗钢筋、带有锥形螺杆锚具的钢丝束及镦头锚具钢丝束。工程中常用的 L600 型千斤顶，其技术性能见表 7-20。

表 7-20　L600 型千斤顶技术性能

项　目	数　据	项　目	数　据
额定油压/MPa	40	回程液压面积/cm^2	38
张拉缸液压面积/cm^2	162.5	回程油压/(N/mm^2)	<10
理论张拉力/kN	650	外形尺寸/mm	ϕ193×677
公称张拉力/kN	600	净重/kg	65
张拉行程/mm	150	配套油泵	ZB_4—500 型电动油泵

拉杆式千斤顶工作原理如图 7-38 所示，首先将连接器 7 与螺丝端杆 14 连接，顶杆支承在构件端部的预埋铁板上，当高压油进入主缸 1，推动主活塞 2 向右移动时，带动预应力筋 11 向右移动，这样预应力筋就受到了张拉。当达到规定的张拉力后，拧紧螺丝端杆上的螺母 10，将预应力筋锚固在构件的端部，锚固后，改由副缸 4 进油，推动副缸带动主缸和拉杆 9 向左移动，将主缸恢复到开始张拉时的位置。同时，主缸的油也回到油泵中。至此，完成了一次张拉过程。

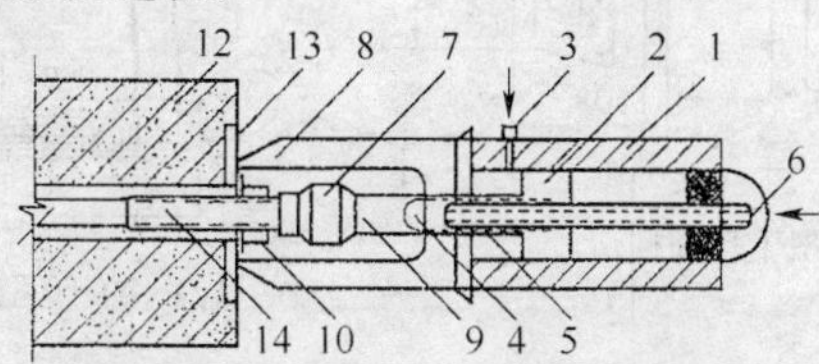

图 7-38　用拉杆式千斤顶张拉单根粗钢筋的工作原理图

1. 主缸　2. 主缸活塞　3. 主缸进油孔　4. 副缸　5. 副缸活塞　6. 副缸进油孔　7. 连接器　8. 传力架　9. 拉杆　10. 螺母　11. 预应力筋　12. 混凝土构件　13. 预埋铁板　14. 螺丝端杆

2. 穿心式千斤顶

穿心式千斤顶是中空通过钢筋束的千斤顶，既可张拉带有夹片锚具或夹具的钢筋束和钢绞线束，配上撑脚、拉杆等附件后，也可作为拉杆式千斤顶用。

穿心式千斤顶根据使用功能不同又可分为 YC 型、YCD 型、YCQ 型、YCW 型等系列。

YC 型又分为 YC18 型、YC20 型、YC60 型、YC120 型等。YC 型技术性能见表7-21。YC 型千斤顶的张拉力一般有 180kN、200kN、600kN、1200kN 和 3000kN，张拉行程由 150mm 至 800mm 不等，基本上已经形成各种张拉力和不同张拉行程的 YC 型千斤顶系列。

图 7-39 所示为 YC60 型千斤顶工作原理示意图。YC60 型千斤顶主要由张拉油缸、顶压油缸、顶压活塞、穿心套、保护套、端盖堵头、连接套、撑套、回程弹簧和动、静密封套等部件组成。

表 7-21　YC 型穿心式千斤顶技术性能

项　目	YC18 型	YC20D 型	YC60 型	YC120
额定油压/MPa	50	40	40	50
张拉缸液压面积/cm^2	40.6	51	162.6	250
公称张拉力/kN	180	200	600	1200
张拉行程/mm	250	200	150	300
顶压缸活塞面积/cm^2	13.5	—	84.2	113
顶压行程/mm	15	—	50	40
张拉缸回程液压面积/cm^2	22	—	12.4	160
顶压方式	弹簧	—	弹簧	液压
穿心孔径/mm	27	31	55	70

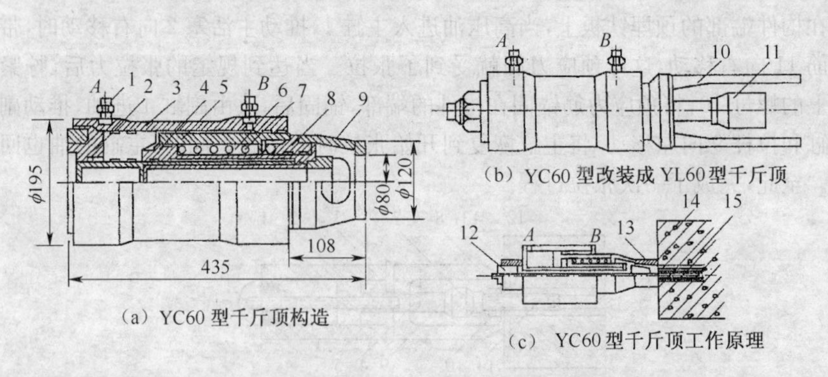

图 7-39　YC60 型千斤顶

1. 端盖螺母　2. 端盖　3. 张拉油缸　4. 顶压活塞　5. 顶压油缸　6. 穿心套　7. 回程弹簧　8. 连接套　9. 撑套　10. 撑脚　11. 连接头　12. 工具锚　13. 预应力筋锚具　14. 构件　15. 预应力筋

3. 锥锚式千斤顶

如图 7-40 所示，锥锚式千斤顶又称双作用或三作用千斤顶，是一种专用千斤顶。锥锚式千斤顶适用于张拉以 KT—Z 型锚具为张拉锚具的钢筋束或钢绞线束和张拉以钢质锥形锚具为张拉锚具的钢绞线束。

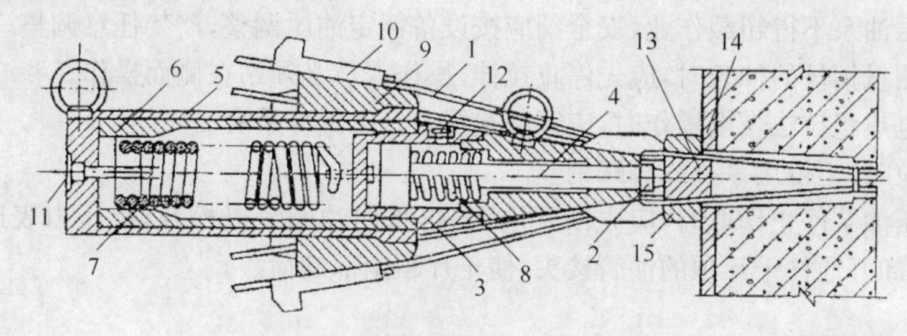

图 7-40　锥锚式千斤顶基本构造

1. 预应力筋　2. 顶压头　3. 副缸　4. 副缸活塞　5. 主缸　6. 主缸活塞　7. 主缸拉力弹簧　8. 副缸压力弹簧　9. 锥形卡环　10. 楔块　11. 主缸油嘴　12. 副缸油嘴　13. 锚塞　14. 混凝土构件　15. 锚环

4. 油泵

选用与千斤顶配套的油泵时，油泵的额定压力应等于或大于千斤顶的额定压力。

油泵按动力方式可分为手动和电动油泵两类。电动油泵又分为径向泵和轴向泵两种型式。小规模生产或无电源情况下，手动油泵仍有一定实用性。而电动油泵则具有工作效率高、劳动强度小和操作方便等优点。ZB4—500 型电动油泵技术性能见表 7-22。

表 7-22　ZB4—500 型电动油泵技术性能

柱塞	直径/mm	10	电动机	型号	JQ$_2$—32-4TZ
	行程/mm	6.8		功率/W	3000
	个数/个	2×3		转数/(r/min)	1430
油泵转数/(r/min)		1430	出油嘴数/个		2
理论排量/(mL/r)		3.2	用油种类		10 号或 20 号机械油
额定压力/MPa		50	油箱容量/L		42
额定排量/(L/min)		2×2	自重/kg		120
			外形/mm		745×494×1052

三、预应力钢丝拉伸设备的安全使用

①作业场地两端外侧应设防护栏杆和警告标志。

②作业前，应检查被拉钢丝两端的镦头，当有裂纹或损伤时，应及时更换。

③固定钢丝镦头的端钢板上圆孔直径应较所拉钢丝的直径大 0.2mm。

④高压油泵起动前，应将各油路调节阀松开，然后开动油泵，待空载运转正常后，再

紧闭回油阀，逐渐拧开进油阀，待压力表指示值达到要求，油路无泄漏，确认正常后，方可作业。

⑤作业中，操作应平稳、均匀。张拉时，两端不得站人。拉伸机在有压力情况下，严禁拆卸液压系统的任何零件。

⑥高压油泵不得超载作业，安全阀应按设备额定油压调整，严禁任意调整。

⑦在测量钢丝的伸长时，应先停止拉伸，操作人员必须站在侧面操作。

⑧用电热张拉法带电操作时，应穿戴绝缘胶鞋和绝缘手套。

⑨张拉时，不得用手摸或脚踩钢丝。

⑩高压油泵停止作业时，应先断开电源，再将回油阀缓慢松开，待压力表退回至零位时，方可卸开通往千斤顶的油管接头，使千斤顶全部卸荷。

第八章　桩 工 机 械

建筑施工的基础一般可分为直接基础、桩基础和沉箱基础。桩基础比采用其他形式的基础具有更大的承载能力，施工也更为方便。用于桩基础施工的机械称为桩工机械。

根据预制桩基础和灌注桩基础施工，桩工机械分为预制桩工机械和灌注桩工机械两大类。预制桩工机械指打桩锤、振动锤一类的机械，灌注桩工机械主要指各种成孔机械。

第一节　桩　　架

一、履带式桩架

1. 履带式桩架的分类和特点

履带式桩架以履带为行走装置，机动性好，使用方便。履带式桩架有悬挂式桩架、三支点桩架和多功能桩架三种。目前国内外生产的液压履带式主机既可作为起重机使用，也可作为打桩架使用。

(1)悬挂式桩架

如图 8-1 所示，悬挂式桩架以通用履带起重机为底盘，卸去吊钩，将吊臂顶端与桩架连接，桩架立柱 1 底部有支撑杆 7 与回转平台连接。桩架立柱可用圆筒形，也可用方形或矩形横截面的桁架。为增强桩架作业时的整体稳定性，在原有起重机底盘上，需附加配重。底部支撑架是可伸缩的杆件，调整底部支撑杆 7 的伸缩长度，立柱 1 就可从垂直位置改变成倾斜位置，这样可满足打斜桩的需要。由于这类桩架的侧向稳定性主要由起重机下部的支撑杆 7 保证，侧向稳定性较差，只能用于小桩的施工。

(2)三支点式履带桩架

三支点式履带桩架为专用桩架。桩架的立柱上部由两个斜撑杆与机体连接，立柱下部与机体托架连接，因而称为三支点桩架。斜撑杆支撑在横梁的球座上，横梁下有液压支腿。

图 8-2 所示为 JUS100 型三支点式履带桩架，采用液压传动，动力采用柴油机。桩架由履带主机、托架、桩架立柱、顶部滑轮组、后横梁、斜撑杆以及前后支腿等组成。托架 7 用四个销子与主机 12 相连，托架的上部有两个转向滑轮，用于主副吊钩起重钢丝绳的转向。导向架和主机通过两根斜撑杆 9 支撑。后斜撑杆为管形杆与斜撑液压缸连接而成。斜撑液压缸的支座与后横梁 13 伸出部位相连，构成了三点式支撑结构。在后横梁 13 两侧有两个后支腿 14，上面各有一个支腿液压缸，主要用于打斜桩时克服桩架后

倾压力。在前托架左右两侧装有两个前支腿液压缸，可以支撑导向架，使其不能前倾。

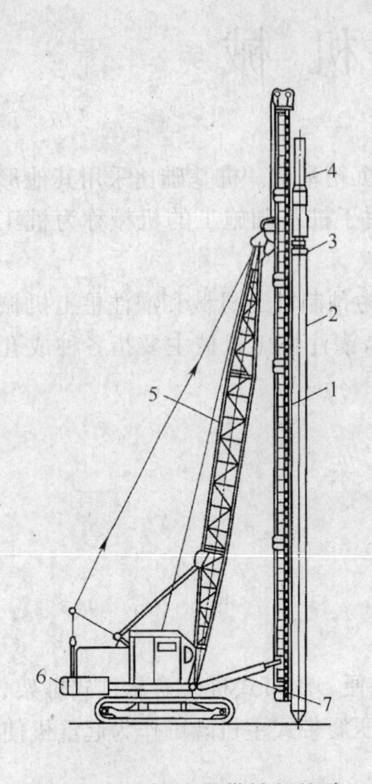

图 8-1 悬挂式履带桩架构造

1. 桩架立柱 2. 桩 3. 桩帽
4. 桩锤 5. 起重锤 6. 机体
7. 支撑杆

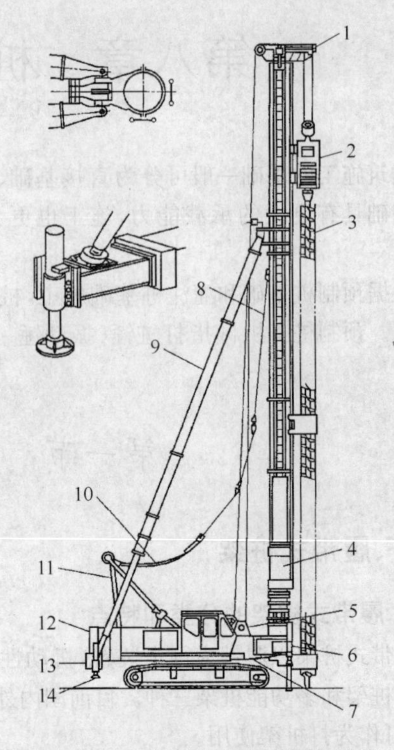

图 8-2 JUS100 型三支点式履带桩架

1. 顶部滑轮 2. 钻机动力头 3. 长螺旋钻杆
4. 柴油锤 5. 前导向滑轮 6. 前支腿 7. 托架
8. 桩架 9. 斜撑 10. 导向架起升钢丝绳
11. 三脚架 12. 主机 13. 后横梁 14. 后支腿

(3) 多功能履带桩架

图 8-3 所示为意大利土力公司的 R618 型多功能履带桩架总体构造图，由立柱、立柱伸缩液压缸、卷扬机、伸缩钻杆、回转平台等组成。回转平台可 360°全回转。这种多功能履带桩架可以安装回转斗、短螺旋钻孔器、长螺旋钻孔器、柴油锤、液压锤、振动锤和冲抓斗等工作装置，还可以配上全液压套管摆动装置，进行全套管施工作业。另外，其还可以进行地下连续墙施工和逆循环钻孔，可一机多用。

这种多功能履带桩架自重 65t，最大钻深 60m，最大桩径 2m，钻进力矩 172kN · m，配上不同的工作装置，可用于砂土、泥土、砂砾、卵石、砾石和岩层等成孔作业。

2. 履带式桩架的安全使用

(1) 三支点式打桩架安装要点

①打桩机的安装、拆卸应严格按出厂说明书规定的程序进行。安装前，应对地基进行处理，要求达到平坦、坚实。如地基承载能力较低时，可在履带下铺设路基箱或 30mm

厚的钢板。

②履带张紧应在无配重情况下进行，张紧时，上部回转平台应与履带成90°。

③导杆底座安装完毕后，应对水平微调液压缸进行试验，确认无问题时，将活塞杆回缩，以准备安装导杆。

④安装导杆时，履带驱动液压马达应置于后部，履带前倾覆点处，用专用铁楔块填实，按一定扭矩将导杆之间连接螺栓扭紧。

⑤主机位置确定后，将回转平台与底盘之间用销固定，伸出水平伸缩臂，并用销轴定好位，然后安装垂直液压缸，下面铺好木垫板，顶实液压缸，使主机保持平衡。

⑥导杆安装完毕后，应在主轴孔处装上保险销，再将导杆支座上的支座臂拉出，用千斤顶顶实，按一定扭矩将导杆连接，然后穿绕后支撑定位钢丝绳。

(2)三点式打桩架施工安全作业要点

①桩机的行走、回转及提升桩锤，不得同时进行。

②严禁偏心吊桩。正前方吊桩时，桩机中心线至桩身的水平距离，要求混凝土预制桩不得大于4m，钢管桩不得大于7m。

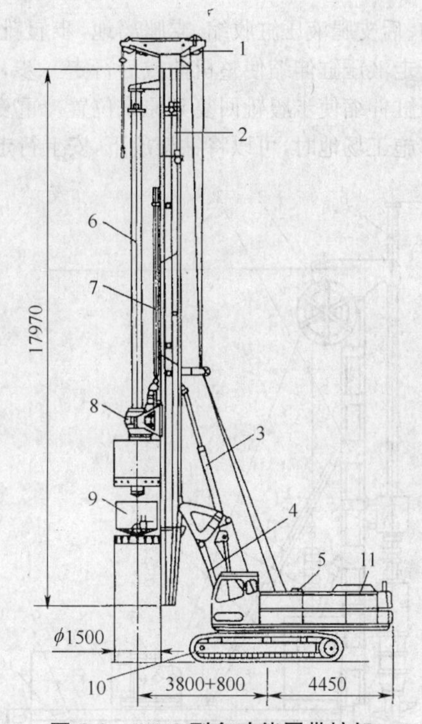

图8-3　R618型多功能尾带桩架

1. 滑轮架　2. 立柱　3. 立柱伸缩液压缸　4. 平行四边形机构　5. 主、副卷扬机　6. 伸缩钻杆　7. 进给液压缸　8. 液压动力头　9. 回转斗　10. 履带装置　11. 回转平台

③使用双向导杆时，须待导杆转向到位，并用锁销将导杆与基杆锁住后，方可起吊。

④风速超过15m/s时，应停止作业，导杆上应设置缆风绳。当风速大到30m/s时，应将导杆放倒。当导杆长度在27m以上时，预测风速达25m/s时，导杆也应提前放下。

⑤当桩入土深度大于3m时，严禁采用桩机行走或回转来纠正桩的倾斜。

⑥拖拉斜桩时，应先将桩锤提升到预定位置，并将桩吊起，套入桩帽，桩尖插入桩位后再仰起导杆。严禁导杆后仰以后桩机回转及行走。

⑦桩机带锤行走时，应先将桩锤放至最低位置，以降低整机重心，行走时，驱动液压马达应在尾部位置。

⑧上下坡时，坡度不大于9°，并将桩机重心置于斜坡的上方，严禁在斜坡上回转。

⑨作业后，应将桩架落下，切断电源及电路开关，使全部制动生效。

二、步履式桩架

图8-4所示为DZB1500型液压步履式钻孔机，由短螺旋钻孔器和步履式桩架组成。步履式桩架包括平台、下转盘、步履靴、前支腿、后支腿、卷扬机构、操作室、电缆卷筒、电气系统和液压系统等。步履式桩架移位时靠液压缸伸缩，使步履靴前后移动。行走时，

前、后支腿液压缸收缩，支腿离地，步履靴支撑整机，钻架整个工作重量落在步履靴上，行走液压缸伸缩使整机前或后行走一步，然后让支腿液压缸伸出，步履靴离地，行走液压缸伸缩使步履靴回复到原来位置。重复上述动作可使整个钻机行走到指定位置。转移施工场地时，可以将钻架放下，安上行走轮胎。

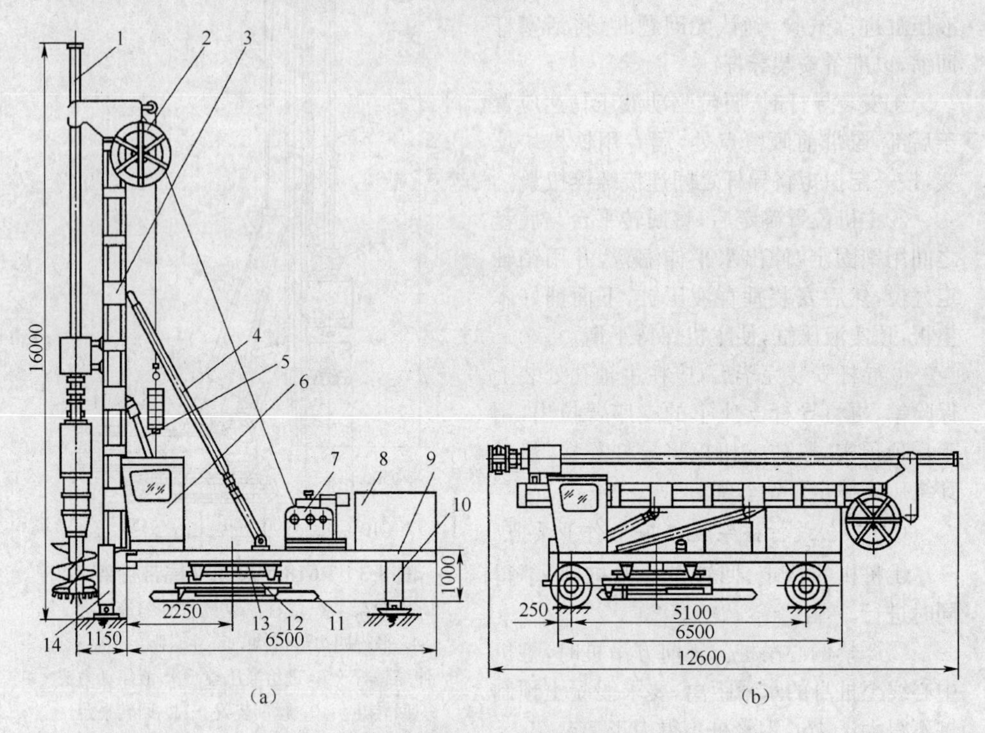

图 8-4　DZB1500 型液压步履式短螺旋钻孔机

1. 钻机部分　2. 电缆卷筒　3. 臂架　4. 斜撑　5. 起落架液压缸　6. 操纵室　7. 卷扬机　8. 液压系统　9. 平台　10. 后支腿　11. 步履靴　12. 下转盘　13. 上转盘　14. 前支腿

第二节　预制桩桩工机械

一、柴油打桩锤

柴油锤实质上是一个单缸二冲程自由活塞式发动机，利用活塞和气缸的相对往复运动来进行捶击打桩。柴油锤和桩架合在一起称为柴油打桩机。柴油锤可分为筒式和导杆式两种。导杆式柴油锤仅用于小型轻质桩的施工。

柴油锤的优点是构造简单，本身既是发动机，又是工作机，不需要其他辅助设备，冲击能量大，而且可根据外界阻力自动调整。但柴油锤作业时的振动和噪声比较大，燃烧时柴油雾化和与空气混合的质量较差，燃烧不彻底，排出的废气污染严重。因此，柴油锤在施工中造成的公害问题较为突出。

1. 导杆式柴油锤

如图 8-5 所示，导杆式柴油打桩锤的冲击部分是气缸，气缸可沿两导杆上下移动。导杆上端是横梁，导杆下端固定安装在底座上。底座上有活塞，活塞的头部装有喷油器，喷油器通过油管与喷油泵相连。喷油泵的工作由运动的气缸驱动。

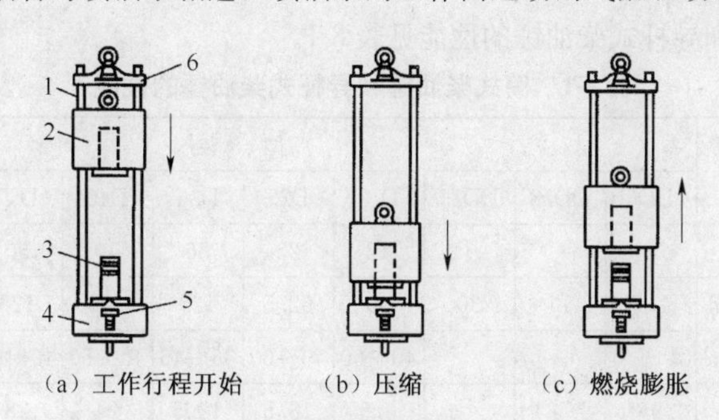

图 8-5 导杆式柴油锤的工作原理

1. 导杆 2. 气缸 3. 活塞 4. 底座 5. 喷油泵 6. 横梁

2. 筒式柴油锤

筒式柴油锤的冲击部分是上活塞，其头部与下活塞头部构成燃烧室，上活塞的表面呈球形，下活塞表面为凹形球面，以便储存由燃油泵喷出的燃油。下活塞承受上活塞的冲击并传给桩头。图 8-6 所示为筒式柴油打桩锤的构造和工作原理示意图。

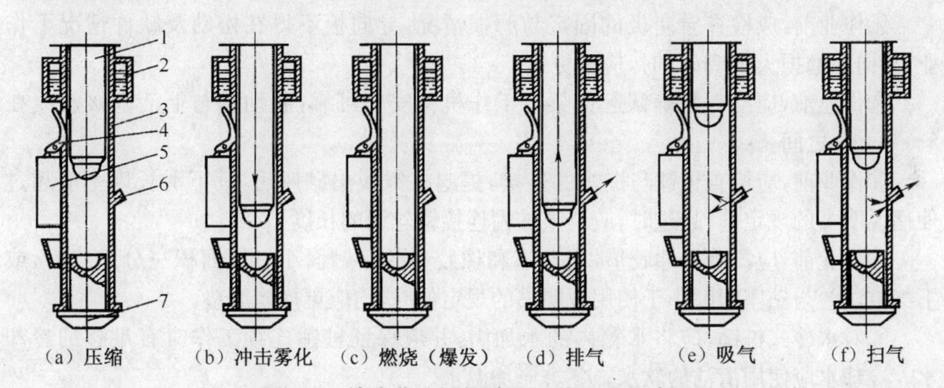

图 8-6 筒式柴油锤构造和工作原理示意图

1. 上活塞 2. 柴油箱 3. 上气缸 4. 燃油泵曲臂 5. 燃油泵 6. 进、排气孔 7. 锤座

筒式柴油锤在运行过程中应注意：

①在运行过程中，根据桩的下沉及气缸内的燃烧情况，合理调节供油量，并观测上活塞的跳起高度是否正常。

②柴油锤的机箱工作状态，每 10 锤桩的贯入度应为 50mm，过小的贯入度对桩锤的使用不利。

③上活塞为惯性润滑时，油应从油孔流出；若为自动润滑时，应经常打开接头检查润滑油的情况；当下活塞无自动润滑时，应每隔 10～20min 用油压枪压入过热气缸

油5～6次。

④连续运转时，应保证水箱中有足够的冷却水。当发现早期着火时，应停止工作，冷却20～30min。为加速冷却，可将下活塞从气缸中滑出。

3. 柴油锤的主要技术性能

筒式柴油锤和导杆式柴油锤的性能见表8-1。

表8-1 筒式柴油锤和导杆式柴油锤的性能

名称	单位	型号									
		DD6	DD18	DD25	D12	D25	D36	D40	D50	D60	D72
冲击体质量	kN				12	25	36	40	50	60	72
冲击能量	kN·m	7.5	14	30	30	62.5	120	100	125	160	180
冲击次数	次/min				40～60	40～60	36～46	40～60	40～60	35～60	40～60
燃油消耗	l/h				6.5	18.5	12.5	24	28	30	43
冲程	m				2.5	2.5	3.4	2.5	2.5	2.67	2.5
锤总重	kN	12.5	31	42	27	65	84	93	105	150	180
锤总高	m	3.5	4.2	4.5	3.83	4.87	5.28	4.87	5.28	5.77	5.9

注：型号DD6、DD18、DD25为导杆式，D12～D72为筒式。

4. 柴油打桩锤的安全使用

①作业前，应检查导向板的固定与磨损情况，导向板不得在松动及缺件情况下作业，导向面磨损大于7mm时，应予更换。

②作业前，应检查并确认起落架各工作机构安全可靠，起动钩与上活塞接触线在5～10mm之间。

③作业前，应检查桩锤与桩帽的连接，提起桩锤脱出砧座后，其下滑长度不应超过使用说明书的规定值，超过时，应调整桩帽连接钢丝绳的长度。

④作业前，应检查缓冲胶垫，当砧座和橡胶垫的接触面小于原面积三分之二时，或下气缸法兰与砧座间隙小于使用说明书的规定值时，均应更换橡胶垫。

⑤对水冷式桩锤，应将水箱内的水加满，并应保证桩锤连续工作时有足够的冷却水。冷却水应使用清洁的软水。冬季应加温水。

⑥桩帽上应有足够厚度的缓冲垫木，垫木不得偏斜，以保证作业时捶击桩帽中心。对金属桩，垫木厚度应为100～150mm；对混凝土桩，垫木厚度应为200～250mm。作业中，应观察垫木的损坏情况，损坏严重时应予更换。

⑦桩锤起动前，应使桩锤、桩帽和桩在同一轴线上，不应偏心打桩。

⑧在软土上打桩时，应先关闭油门冷打，待每击贯入度小于100mm时，方可起动桩锤。

⑨桩锤运转时，应目测冲击部分的跳起高度，严格执行使用说明书的要求，达到规定高度时，应减小油门，控制落距。

⑩当上活塞下落而柴油锤未燃爆时，上活塞可发生短时间的起伏，此时，起落架不

得落下，以防撞击碰块。

⑪打桩过程，应有专人负责拉好曲臂上的控制绳；在意外情况下，可使用控制绳紧急停锤。

⑫桩锤起动后，应提升起落架，在捶击过程中，起落架与上气缸顶部之间的距离不应小于 2m。

⑬作业中，应重点观察上活塞的润滑油是否从油孔中泄出。下活塞的润滑油应按使用说明书的要求加注。

⑭作业中，最终 10 击的贯入度应符合使用说明书的规定，当每 10 击贯入度小于 20mm 时，宜停止捶击或更换桩锤。

⑮柴油锤出现早燃时，应停止工作，按使用说明书的要求进行处理。

⑯作业后，应将桩锤放到最低位置，盖上气缸盖和吸排气孔塞子，关闭燃料阀，将操作杆置于停机位置，起落架升至高于桩锤 1m 处，锁住安全限位装置。

⑰长期停用的桩锤，应从桩机上卸下，放掉冷却水、燃油及润滑油，将燃烧室及上、下活塞打击面清洗干净，并应做好防腐措施，盖上保护套，入库保存。

二、振动打桩锤

振动锤是利用激振器产生垂直强迫振动，使土颗粒产生位移，以减少沉桩阻力。其方法是将振动锤安装在桩头上，使桩产生振动（振动频率一般为 700～1800 次/min），并在桩的重力或附加压力的作用下沉入土中。

振动锤具有以下特点：功能多，不但可以沉预制桩，而且可用于拔桩，还可以用作灌注桩施工；使用方便，不用设置导向桩架，只要用起重机吊起即可工作；工作时不损伤桩头；工作噪声小，不排出任何有害气体。

1. 振动打桩锤构造组成和性能参数

(1)振动打桩锤构造组成

如图 8-7 所示，振动锤的主要组成部分是原动机、振动器、夹桩器和减震装置。

①原动机。绝大多数的振动锤均采用鼠笼异步电动机作为原动机，只有个别小型振动锤使用汽油机。近年来，为对振动器的频率进行无级调节，开始使用液压马达，采用液压马达驱动，由地面控制，可以实现无级调频。

②振动器。振动器是振动锤的振源。振动锤均采用定向机械振动器，最常用的是双轴振动器。大功率的振动锤也有采用四轴或六轴甚至八轴振动器的。

如图 8-8 所示，双轴振动器箱体内有两根装有偏心块的轴。每根轴上装有两组偏心块，每组偏心块由一个固定块与一个活动块组成。两者的相互位置通过定位销轴固定。调整两者的相互位置可改变偏心力矩，也就是改变振动器所产生的激振力，以适应各种不同的桩，以及适应沉桩和拔桩的要求。

③夹桩器。振动锤工作时必须与桩刚性相连，这样才能把振动锤所产生的不断变化大小和方向（向上、向下）的激振力传给桩身。因此，振动锤下部都设有夹桩器。夹桩器将桩夹紧，使桩与振动锤成为一体，一起振动。大型振动锤均采用液压夹桩器。小型振动锤采用手动杠杆式、手动液压式或气动式夹桩器。

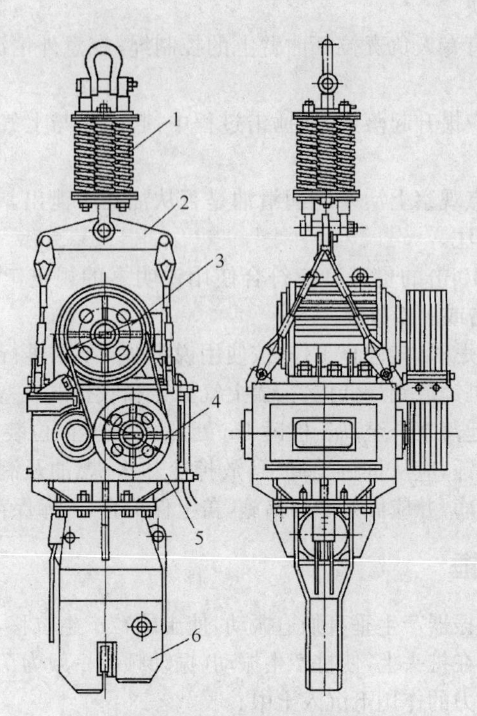

图 8-7　振动锤的构造

1. 减震装置　2. 扁担梁　3. 电动机　4. 传动机构　5. 振动器　6. 夹桩器

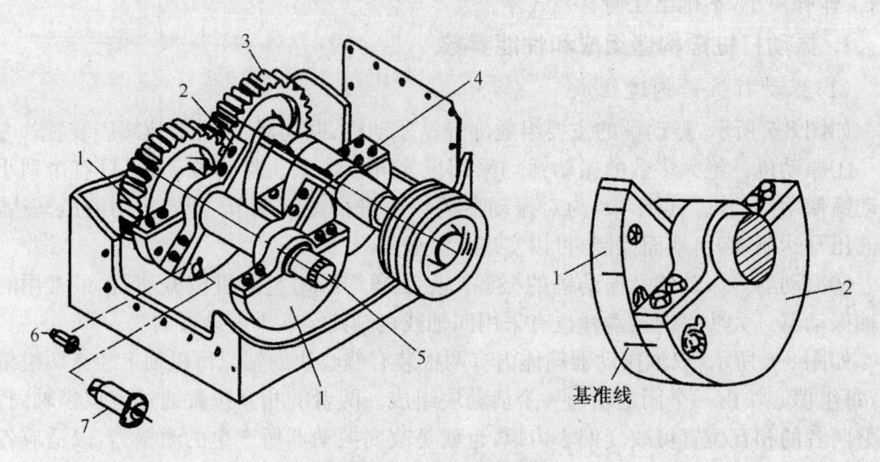

图 8-8　双轴激振器

1. 固定偏心块　2. 可动偏心块　3. 同步齿轮　4. 固定偏心块
5. 传动轴　6. 定位卡子　7. 固定销轴

④减震装置。减震装置由几组组合弹簧与起吊扁担构成，其作用是用以防止振动器的振动传到桩架或起重机上去。

(2)振动打桩锤的性能参数

振动打桩锤的性能参数见表8-2。

表8-2　振动打桩锤的性能参数

性能指标	产品型号						
	DZ22	DZ90	DZJ60	DZJ90	DZJ240	VM2—4000E	VM2—1000E
电动机功率/kW	22	90	60	90	240	60	394
静偏心力矩/(N·m)	13.2	120	0～353	0～403	0～3528	300、360	600、800、1000
激振力/kN	100	350	0～477	0～546	0～1822	335、402	669、894、1119
振动频率/Hz	14	8.5	—	—	—	—	—
空载振幅/mm	6.8	22	0～7.0	0～6.6	0～12.2	7.8、9.4	8、10.6、13.3
允许拔桩力/kN	80	240	215	254	686	250	500

2. 振动打桩锤的安全使用

①作业前,应检查并确认振动桩锤各部位螺栓、销轴连接牢靠,减震装置的弹簧、轴和导向套完好。

②应检查各传动胶带的松紧度,过松或过紧时,应进行调整。

③应检查夹持片的齿形。当齿形磨损超过4mm时,应更换或用堆焊修复。使用前,应在夹持片中间放一块10～15mm厚的钢板进行试夹。试夹中,液压缸应无渗漏,系统压力应正常,不得在夹持片之间无钢板时试夹。

④应检查振动桩锤的导向装置是否牢靠,与立柱导轨的配合间隙应符合使用说明书的规定。

⑤悬挂振动桩锤的起重机吊钩必须有防松脱的保护装置。振动桩锤悬挂钢架的耳环应加装保险钢丝绳。

⑥起动振动桩锤应监视起动电流和电压,一次起动时间不应超过10s。起动困难时,应查明原因,排除故障后,方可继续起动。起动后,应待电流降到正常值时,方可转到运转位置。

⑦夹持器工作时,夹持器和桩的头部之间不应有空隙,待液压系统压力稳定在工作压力后才能起动桩锤,振幅达到规定值时,方可指挥起重机作业。

⑧沉桩前,应以桩的前端定位,调整导轨与桩的垂直度,倾斜度不应超过2°。

⑨沉桩时,吊桩的钢丝绳应紧跟桩下沉速度而放松,并应注意控制沉桩速度,以防止电流过大,损坏电机。当电流急剧上升时,应停止运转,待查明原因和排除故障后,方可继续作业;沉桩速度过慢时,可在振动桩锤上加一定量的配重。

⑩拔桩时,当桩身埋入部分被拔起1.0～1.5m时,应停止振动,拴好吊桩用钢丝绳,再起振拔桩。当桩尖在地下只有1～2m时,应停止振动,由起重机直接拔桩。待桩完全拔出后,在吊桩钢丝绳未吊紧前,不得松开夹持器。

⑪拔钢板桩时，应按沉入顺序的相反方向起拔。夹持器在夹持板桩时，应靠近相邻一根，工字桩应夹紧腹板的中央。如钢板桩和工字桩的头部有钻孔时，应将钻孔焊平或将钻孔以上割掉，亦可在钻孔处焊加强板，应严防拔断钢板桩。

⑫振动桩锤起动运转后，当振幅正常后仍不能拔桩时，应停止作业，改用功率较大的振动桩锤。拔桩时，拔桩力不应大于桩架的负荷能力。

⑬作业中，应保持振动桩锤减振装置各摩擦部位具有良好的润滑。

⑭作业中不应松开夹持器。停止作业时，应先停振动桩锤，待完全停止运转后再松开夹持器。

⑮作业过程中，振动桩锤减振器横梁的振幅长时间过大时，应停机查明原因。

⑯作业中，当液压软管破损、液压操纵箱失灵或停电时，应立即停机，并应采取安全措施，不得让桩从夹持器中脱落。

⑰作业后，应将振动桩锤沿导杆放至低处，并用木块垫实，带桩管的振动桩锤可将桩管沉入土中 3m 以上。

⑱长期停用时，应卸下振动桩锤，并应采取防雨措施。

三、静力压桩机

静力压桩机是依靠静压力将桩压入地层的施工机械。当静压力大于沉桩阻力时，桩就沉入土中。压桩机施工时无振动，无噪声，无污染，对地基及周围建筑物影响较小，能避免冲击式打桩机因连续击桩而引起桩头和桩身的破坏。静力压桩机适用于软土地层及沿海和沿江淤泥地层的施工。

1. 静力压桩机的构造组成和性能参数

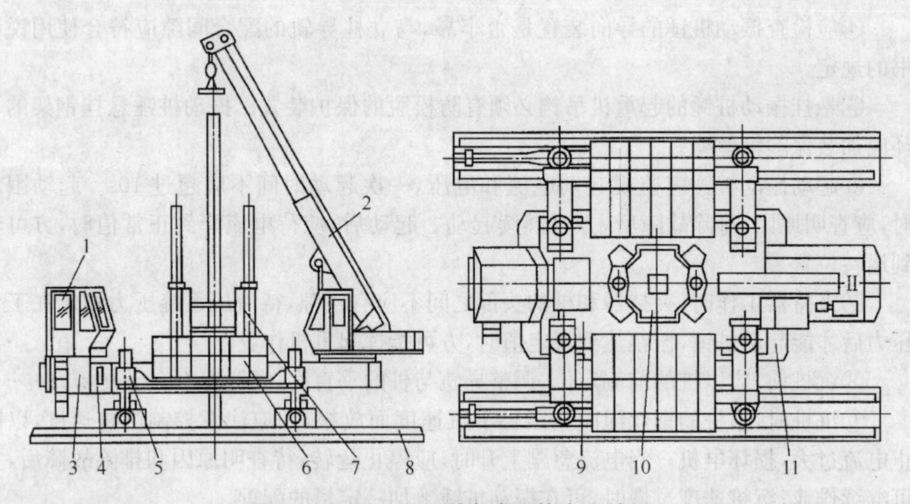

图 8-9 YZY—500 型全液压静力压桩机

1. 操作室 2. 起重机 3. 液压系统 4. 电气系统 5. 支腿 6. 配重块 7. 导向压桩架 8. 长船行走机构 9. 平台机构 10. 夹持机构 11. 短船行走及回转机构

(1)静力压桩机的构造组成

图 8-9 所示为 YZY—500 型全液压静力压桩机，主要由支腿平台结构、长船行走机构、短船行走机构、夹持机构、导向压桩机构、起重机、液压系统、电气系统和操作室等部分组成。支腿平台由底盘、支腿、顶升液压缸和配重梁等组成。底盘的作用是支承导向压桩架、夹持机构、液压系统装置和起重机。夹持液压缸通过夹板将桩夹紧，然后压桩液压缸伸长，使夹持机构 10 在导向压桩架 7 内向下运动，将桩压入土中。压桩液压缸行程满后，松开夹持液压缸，压桩液压缸回缩，重复上述程序，将桩全部压入地下。

(2)静力压桩机的性能参数

YZY 系列静力压桩机的性能参数见表 8-3。

2. 静力压桩机的安全使用

①静力压桩机的安装、试机、拆卸应按使用说明书的要求进行。

表 8-3　YZY 系列静力压桩机的性能参数

参数 \ 型号		200	280	400	500
最大压入力/kN		2000	2800	4000	5000
单桩承载能力（参考值）/kN		1300—1500	1800—2100	2600—3000	3200—3700
边桩距离/m		3.9	3.5	3.5	4.5
接地压力/MPa 长船/短船		0.08/0.09	0.094/0.12	0.097/0.125	0.09/0.137
压桩桩段截面尺寸（长×宽）/m	最小	0.35×0.35	0.35×0.35	0.35×0.35	0.4×0.4
	最大	0.5×0.5	0.5×0.5	0.5×0.5	0.55×0.55
行走速度（长船）/(m/s)	伸程	0.09	0.088	0.069	0.083
压桩速度/(m/s) 慢(2缸)/快(4缸)		0.033	0.038	0.025/0.079	0.023/0.07
一次最大转角/rad		0.46	0.45	0.4	0.21
液压系统额定工作压力/MPa		20	26.5	24.3	22
配电功率/kW		96	112	112	132
工作吊机	起重力矩/(kN·m)	460	460	480	720
	用桩长度/m	13	13	13	13
整机质量	自质量/t	80	90	130	150
	配质量/t	130	210	290	350
拖运尺寸（宽×高）/m		3.38×4.2	3.38×4.3	3.39×4.4	3.38×4.4

②压桩机行走时，长、短船与水平坡度不应超出使用说明书的允许值。纵向行走

时，不得单向操作一个手柄，应两个手柄一起动作。短船回转或横向行走时，不应碰触长船边缘。

③当压桩引起周围土体隆起，影响桩机行走时，应将桩机前进方向隆起的土铲平，不得强行通过。

④压桩机爬坡或在松软场地与坚硬场地之间过渡时，应正向纵向行走，严禁横向行走。

⑤压桩机升降过程中，四个顶升缸应两个一组交替动作，每次行程不得超过100mm。当单个顶升缸动作时，行程不得超过50mm。压桩机在顶升过程中，船形轨道不应压在已入土的单一桩顶上。

⑥压桩作业应有统一指挥，压桩人员和吊桩人员应密切联系，相互配合。

⑦起重机吊桩进入夹持机构进行接桩或插桩作业时，应确认在压桩开始前吊钩已安全脱离桩体。

⑧压桩时，应按桩机技术性能表作业，不得超载运行。操作时，动作不应过猛，避免冲击。

⑨桩机发生浮机时，严禁起重机吊物。若起重机已起吊物体，应立即将起吊物卸下，暂停压桩，待查明原因，采取相应措施后，方可继续施工。

⑩压桩时，非工作人员应离机10m以外。起重臂及桩机配重下方严禁站人。

⑪压桩时，人员的手足不得伸入压桩台与机身的间隙之中。

⑫压桩过程中，应保持桩的垂直度，如遇地下障碍物使桩产生倾斜时，不得采用压桩机行走的方法强行纠正，应先将桩拔起，待地下障碍物清除后，重新插桩。

⑬压桩过程中，夹持机构与桩侧出现打滑时，不得任意提高液压缸压力，强行操作，而应找出打滑原因，排除故障后，方可继续进行。

⑭接桩时，上一级应提升350～400mm，此时，不得松开夹持板。

⑮当桩的贯入阻力太大，使桩不能压至标高时，不得任意增加配重。应保护液压元件和构件不受损坏。

⑯当桩顶不能最后压到设计标高时，应将桩顶部分凿去，不得用桩机行走的方式，将桩强行推断。

⑰作业完毕，应将短船运行至中间位置，停放在平整地面上，其余液压缸应全部回程缩进，起重机吊钩应升至最上部，并应使各部制动生效，最后应将外露活塞杆擦干净。

⑱作业后，应将控制器放在"零位"，并依次切断各部电源，锁闭门窗，冬季应放尽各部积水。

⑲转移工地时，应按规定程序拆卸后，用汽车装运。所有油管接头处应加闷头螺栓，不得让尘土进入。

第三节　灌注桩工机械

灌注桩工机械主要指取土成孔的设备，主要有螺旋钻孔机、冲抓斗成孔机、回转斗成孔机、潜水钻机和逆循环成孔机等。

一、螺旋钻孔机

利用钻头的刃口切削土,并且沿螺旋输送土的机械称为螺旋钻孔机。螺旋钻孔机配合桩架使用,分长螺旋钻孔机和短螺旋钻孔机两种。

1. 螺旋钻孔机的构造组成和性能参数

(1)长螺旋钻孔机的构造组成

图 8-10 所示为装在履带底盘上的长螺旋钻孔机外形,其钻具由电动机、减速器、钻杆、钻头等组成,整套钻具悬挂在钻架上,钻具的就位、起落均由履带底盘控制。

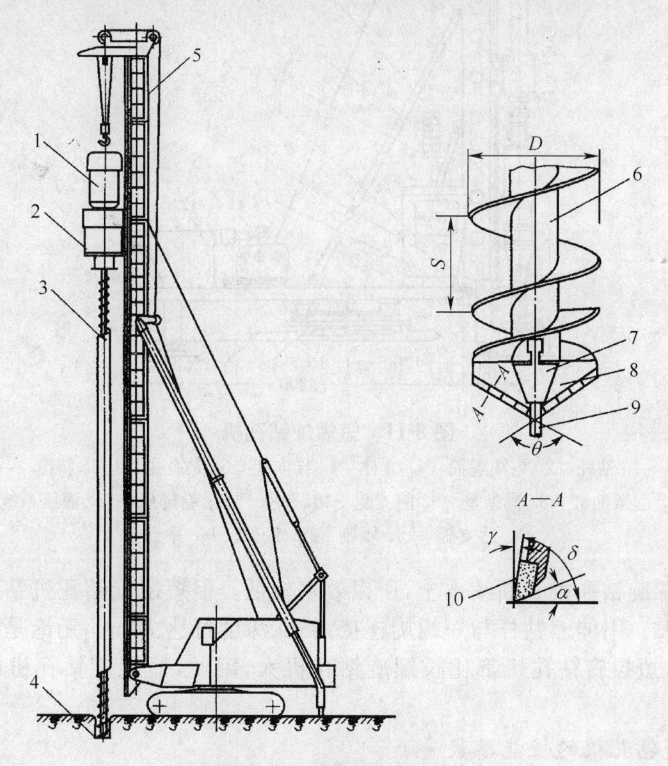

图 8-10　长螺旋钻孔机

1. 电动机　2. 减速器　3. 钻杆　4. 钻头　5. 钻架　6. 无缝钢管　7. 钻头接头　8. 刀板　9. 定心尖　10. 切削刃

长螺旋钻孔机适于地下水位较低的黏土及砂土层的施工。长螺旋钻孔机钻孔的直径一般都不大于 1m,深度不超过 20m。

(2)短螺旋钻孔机

图 8-11 所示为短螺旋钻孔机的构造和外形示意图。短螺旋钻孔机的切土原理与长螺旋钻孔机一样,只不过排土方法不同。短螺旋钻孔机向下切削一段距离,切下的土堆积在螺旋叶片上,由桩架的卷扬机将与短螺旋连接的钻杆,连同螺旋叶片上的土一起提升,直到钻头超出地面,整个桩架平台旋转一个角度,短螺旋反向旋转,将螺旋叶片上的

碎土甩到地面上。

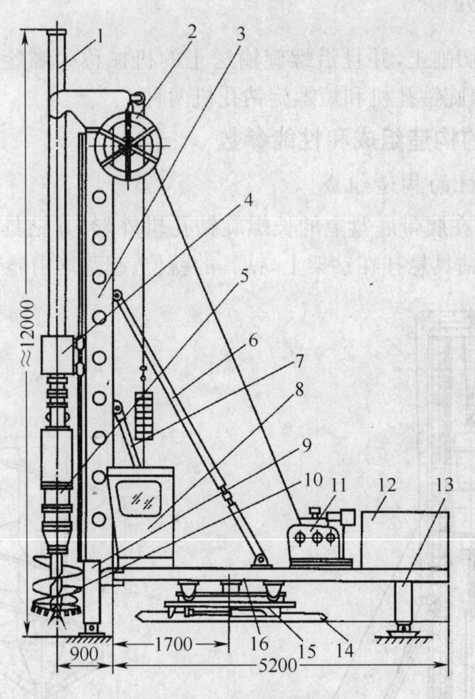

图 8-11 短螺旋钻孔机

1. 钻杆 2. 电缆卷筒 3. 立柱 4. 导向架 5. 钻孔主机 6. 斜撑 7. 起架油缸 8. 操纵室 9. 前支腿 10. 钻头 11. 卷扬机 12. 液压系统 13. 后支腿 14. 履靴 15. 底架 16. 平台

由于短螺旋钻孔机是断续出土，所以效率较低。但短螺旋钻孔机钻孔直径可达2m，甚至更大。用伸缩钻杆与短螺旋连接，钻孔深度可达78m。无论是钻孔直径还是钻孔深度，短螺旋钻孔机都比长螺旋钻孔机大，因此，短螺旋钻孔机的使用范围更广。

(3)螺旋钻孔机的性能参数

螺旋钻孔机的性能参数见表8-4。

表 8-4 螺旋钻孔机的性能参数

项 目	LZ型长螺旋钻孔机	LK600型螺旋钻孔机	BZ—1型短螺旋钻孔机	ZKL400(ZKL600)钻孔机	BQZ型步履式钻孔机	DZ型步履式钻孔机
钻孔最大直径/min	300、600	400、500	300～800	400(600)	400	1000～1500
钻孔最大深度/m	15	15、15	8、11、8	12～16	8	30
钻杆长度/m	—	18.3、18.8	—	22	9	—
钻头转速/(r/min)	63～116	50	45	80	85	38.5

续表 8-4

项　目	LZ 型长螺旋钻孔机	LK600 型螺旋钻孔机	BZ—1 型短螺旋钻孔机	ZKL400（ZKL600）钻孔机	BQZ 型步履式钻孔机	DZ 型步履式钻孔机
钻进速度/(m/min)	1.0	—	3.1	—	1	0.2
电机功率/kW	40	50、55	40	30～55	22	22
外形尺寸/m (长×宽×高)	— —	— —	— —	— —	8×4 ×12.5	6×4.1 ×16

2. 螺旋钻孔机的安全使用

①安装前，应检查并确认钻杆及各部件无变形；安装后，钻杆与动力头中心线的偏斜不应超过全长的 1%。

②安装钻杆时，应从动力头开始，逐节往下安装。不得将所需钻杆长度在地面上全部接好后一次起吊安装。

③安装后，电源的频率与控制箱内频率转换开关上的指针应相同，不同时，应采用频率转换开关予以转换。

④钻机应放置平稳，坚实，汽车式钻孔机应架好支腿，将轮胎支起，并应用自动微调或线锤调整挺杆，使之保持垂直。

⑤起动前，应检查并确认钻机各部件连接牢固，传动带的松紧度适当，减速箱内油位符合规定，钻深限位报警装置有效。

⑥起动前，应将操纵杆放在空档位置。起动后，应作空载运转试验，检查仪表、温度、音响、制动等各项工作正常，方可作业。

⑦施钻时，应先将钻杆缓慢放下，使钻头对准孔位，当电流表指针偏向无负荷状态时即可下钻。钻孔过程中，当电流表超过额定电流时，应放慢下钻速度。

⑧钻机发出下钻限位报警信号时，应停钻，并将钻杆稍稍提升，待报警信号解除后，方可继续下钻。

⑨卡钻时，应立即切断电源，停止下钻，查明原因前，不得强行起动。

⑩作业中，当需改变钻杆回转方向时，应待钻杆完全停转后再进行。

⑪作业中，当发现阻力过大、钻进困难、钻头发出异响或机架出现摇晃、移动、偏斜时，应立即停钻，经处理后，方可继续施钻。

⑫钻机运转时，应有专人看护，防止电缆线缠入钻杆。

⑬钻孔时，严禁用手清除螺旋片中的泥土。成孔后，应将孔口加盖防护。

⑭钻孔过程中，应经常检查钻头的磨损情况，当钻头磨损量达 20mm 时，应予更换。

⑮作业中停电时，应将各控制器放置零位，关闭电源开头，并及时将钻杆全部从孔内拔出，使钻头接触地面。

⑯作业后，应将钻杆及钻头全部提升至孔外，先清除钻杆和螺旋叶片上的泥土，再将钻头按下接触地面，各部制动住，操纵杆放到空档位置，切断电源。

二、冲抓斗成孔机

图 8-12 为冲抓斗成孔机的构造和外形示意图，由桩架、冲抓斗、套管摆动（或旋转）装置、套架四个主要部件组成。冲抓斗成孔机首先在对套管加压的同时，使套管摆动或旋转，迫使套管下沉，然后用冲抓斗抓取套管下端的土。套管的摆动或旋转，可以大大减少套管在下沉时与土的摩擦力。

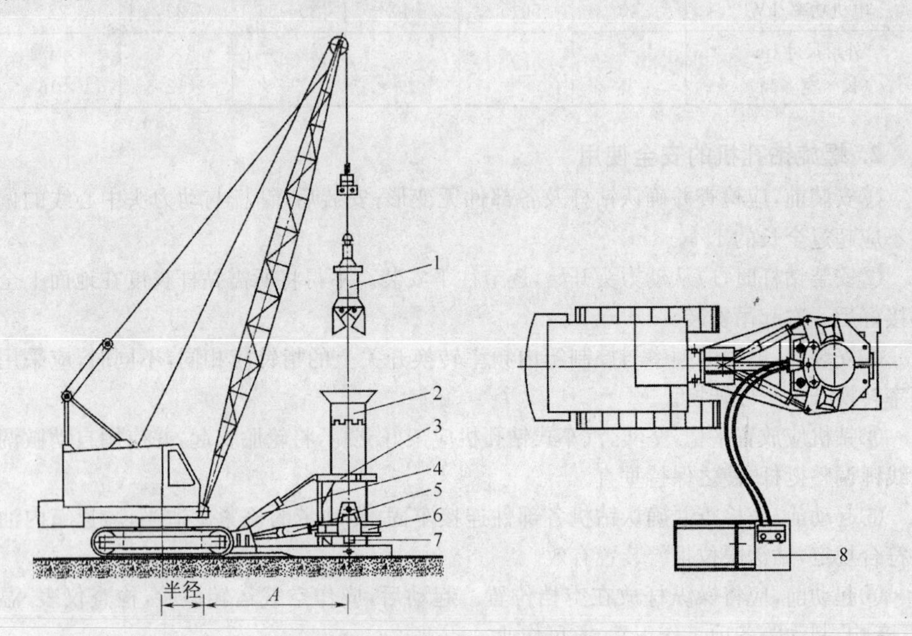

图 8-12 冲抓斗成孔机

1. 单绳冲抓斗 2. 套管 3. 上导向架 4. 倾斜油缸 5. 摆动油缸 6. 夹紧油缸 7. 加压油缸 8. 液压动力源

套管摆动装置与桩架底盘固定，它包括上导向架、倾斜油缸、摆动油缸、夹紧油缸和加压油缸。套管摆动装置也可以用套管旋转装置来代替，即用旋转来代替摆动。这两种装置除了使套管摆动或旋转外，还具有夹紧套管、调节套管的垂直度、向下压管或向上拔管的基本功能。套管一般分 1m、2m、3m、4m、5m、6m 等不同长度。套管之间采用径向内六角螺母连接。冲抓斗有二瓣式和三瓣式。二瓣式适于土质松软的土层，抓土较多；三瓣式适用于硬土层，抓土较少。

冲抓斗成孔机的优点是噪声、振动小；适应的地层范围广，除岩石外，一般地质条件均可施工；由于采用套管，可以在软地基上施工，孔口不易塌方；桩径可在 0.6m～2.5m 范围内选择，桩深最大可达 50m，而且 1.5～2.5m 的桩径只用一种型号的抓斗即可；由于插入套管，可用经纬仪检查其垂直度，垂直度可以高达 1/250～1/500。但冲抓斗成孔机较笨重，成孔速度也较慢。

冲抓斗成孔机性能参数见表 8-5。

表 8-5　冲抓斗成孔机性能参数

性能指标	型号	
	A—3型	A—5型
成孔直径/mm	480～600	450～600
最大成孔深度/m	10	10
抓锥长度/mm	2256	2365
抓片张开直径/mm	450	430
抓片数/个	4	4
提升速度/(m/min)	15	18
卷扬机起重量/t	2.0	2.5
平均工效/(孔/台班)	5～6(深5～8)	5～6(深5～8)

三、回转斗成孔机

图 8-13 为回转斗成孔机构造和外形示意图，由履带桩架、伸缩钻杆、回转斗和回转斗驱动装置组成。回转斗也称为钻斗，是一个直径与桩径相同的圆斗，斗底装有切土刀，斗内可容纳一定量的土。钻斗与伸缩钻杆连接，由液压马达驱动。斗底刀刃切土时，钻斗回转将土装入斗内，装满斗后，提升钻斗，上车回转，打开斗底把土卸入运输工具内，再将钻斗转回原位，放下钻斗，即完成一次钻孔作业。为了防止坍孔，也可以用全套管回转斗成孔作业。

回转斗成孔机钻斗的直径现已可达 3.0m，钻孔深度因受伸缩钻杆的限制，一般只能达 50m。回转斗成孔机可适用于碎石、砂土、黏性土等地层的施工，地下水位较高的地区也能使用。回转斗成孔机因为要频繁地进行提起、落下、切土、卸土等动作，而且每次钻出的土量又不大，所以钻进速度低，工效不高，尤其在孔深度较大时，钻进效率更低。

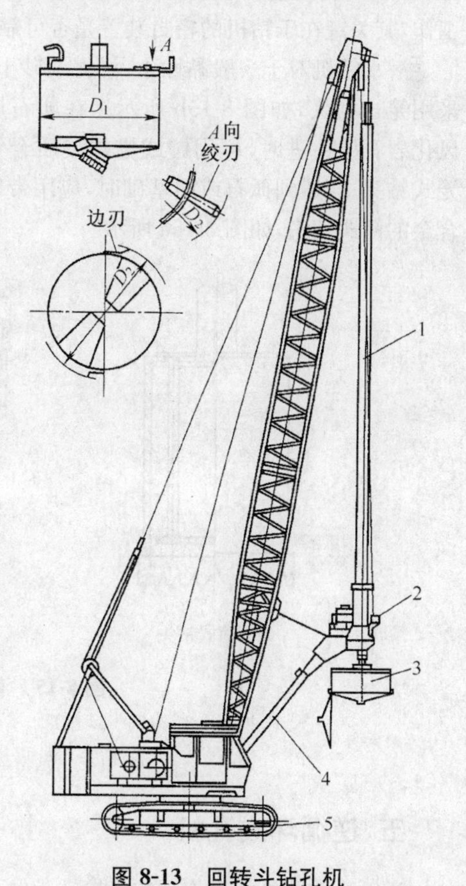

图 8-13　回转斗钻孔机

1. 伸缩钻杆　2. 回转头驱动装置　3. 回转斗　4. 支撑架　5. 履带桩架

四、潜水钻机

如图 8-14 所示，潜水钻机由潜水钻主机、钻杆、钻头、卷扬机、配电箱、电缆卷筒和桩架组成。潜水钻主机的电动机、行星齿轮减速箱和钻杆及钻头均为中空结构，中间可通过中心送水管。潜水钻主机由桩架吊桩定位，潜入孔内地下水位以下进行作业，钻孔时钻杆不旋转，仅钻头部分旋转，在钻杆中间进水，切削下来的泥土通过泥浆从孔壁与钻杆之间正循环排出孔外。

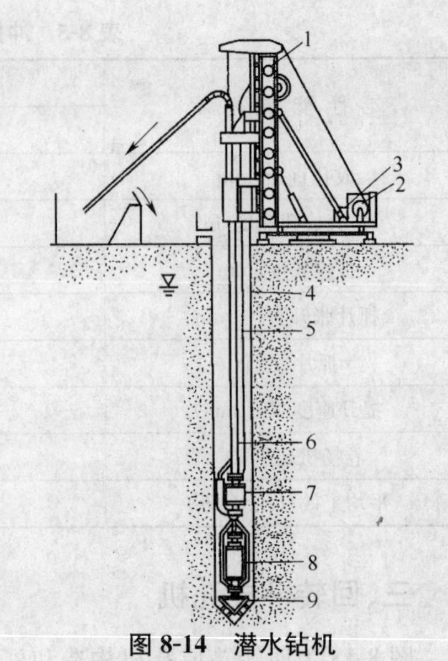

图 8-14　潜水钻机

1. 桩架　2. 卷扬机　3. 配电箱　4. 护筒　5. 防水电缆　6. 钻杆　7. 潜水泥浆泵　8. 潜水钻主机　9. 钻头

潜水钻机适用于地下水位较高的地区，既可钻淤泥、黏性土、砂质土，也可钻岩层。潜水钻机体积小、重量轻、桩架轻便灵活、钻进速度快（0.5～2.0m/min），钻孔深度可达 50m，可钻 600～1500mm 直径的孔。潜水钻机能否正常工作，其关键在于钻机的密封装置是否可靠。

潜水钻机对于一般黏性土、淤泥及砂土，宜采用笼式钻头，如图 8-15b 所示。在卵石层和风化岩石层钻进时，可用镶或堆焊硬质合金的笼式钻头；若遇到孤石或旧基础时，应用带硬质合金的筒式钻头，如图 8-15a 所示。

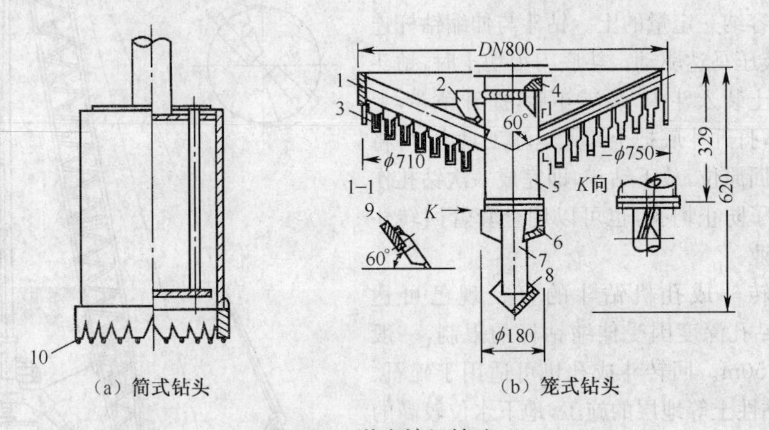

图 8-15　潜水钻机钻头

1. 护圈　2. 钩爪　3. 腋爪　4. 钻头接箍　5、7. 岩心管　6. 小爪　8. 钻尖　9. 翼片　10. 硬质合金齿

五、逆循环成孔机

逆循环成孔机常用旋转的齿轮钻头钻孔，它与上述从钻杆中间进水、从孔壁与钻杆之间向外排出泥浆的正循环方法相反，而是利用一定的静压泥浆护壁，以防坍孔。钻出的泥砂和泥浆从套筒中心吸出，并排至泥浆槽内。泥砂经沉淀后，泥浆再注入孔内，所

以称为逆循环成孔法。这种施工方法适合于硬岩层和硬土层施工，最大成孔直径可达8m，最大深度可达1800m。由于逆循环成孔需要一定面积的泥水池，占地面积大，辅助设备也较多，所以，一般不太适合于城市建筑物比较密集的地方施工。逆循环成孔法如图8-16所示。

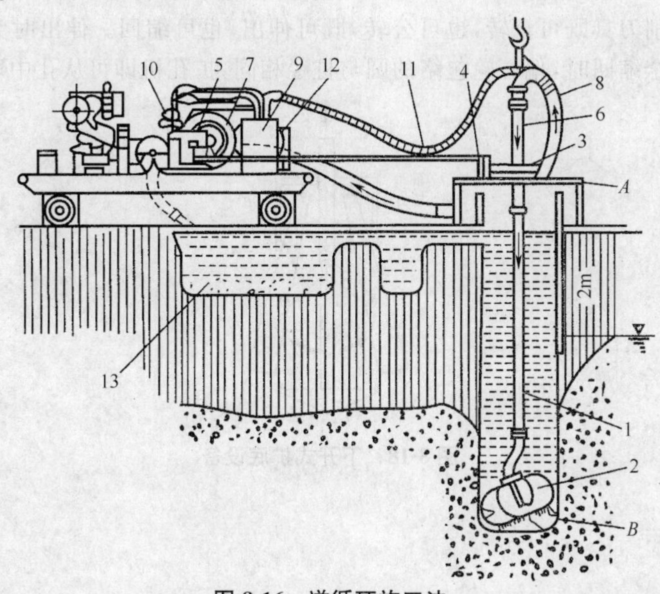

图8-16　逆循环施工法

1. 钻杆　2. 钻头　3. 旋转盘　4. 液压马达　5. 液压泵　6. 方形传动杆　7. 吸泥泵　8. 吸泥软管　9. 真空柜　10. 真空泵　11. 真空软管　12. 冷却水槽　13. 泥浆池

六、扩底桩设备

干作业成孔灌注桩常用扩孔设备扩底，以增大桩的承载能力。如图8-17所示，扩底桩设备主要有滑移式、下开式、上开式和偏心轮式。滑移式、下开式和上开式工作原理

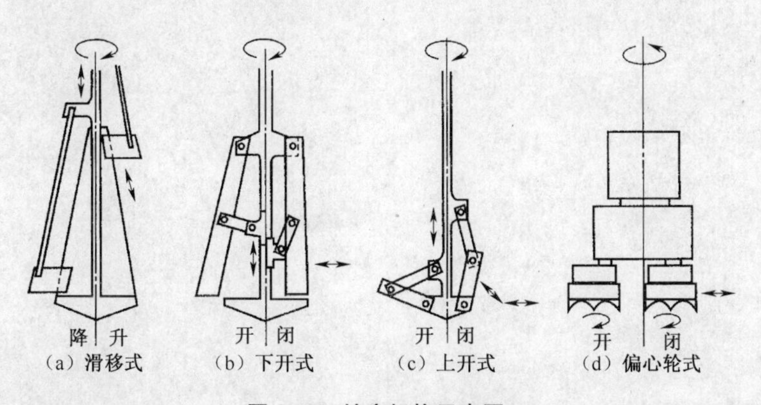

图8-17　扩底机构示意图

相似。图 8-18 为下开式扩底设备，当中间轴受到液压缸驱动向下移动时，侧刀刃张开，形成伞形。在扩底机构回转时可切削成锥形扩大头。扩底工作完成后，油缸上提中间轴，侧刀刃闭合，扩孔机构可从桩孔中提升至地面。

偏心轮式扩底设备如图 5-17d 所示，有三个偏心轮，并沿其轴向装切削刀具。偏心轮及切削刀具既可自转，也可公转，既可伸出，也可缩回。伸出时为扩孔状态，当偏心轮完全缩回时，偏心轮包络的圆与桩径相同，扩孔机即可从孔中取出。

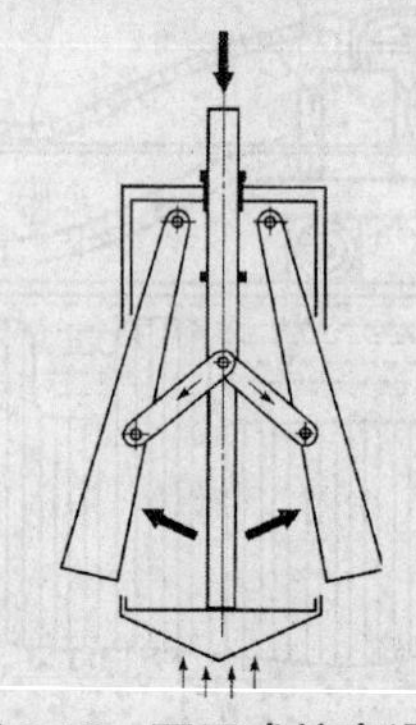

图 8-18　下开式扩底设备

第九章　压实机械

压实机械主要用来对道路基础、路面、建筑物基础、堤坝、机场跑道等进行压实，以提高土石方基础的强度、降低透水性，保持基础稳定，使之具有足够的承载能力，不致因荷载的作用而产生沉陷。压实机械根据工作原理的不同，可分为静力式、振动式和冲击式三大类。

第一节　静力压实机械

一、静力压实机械的分类及特点

静力压实机械利用机械本身的重量和其附加重量，通过碾压轮使被压实的土或路面材料产生一定深度的永久变形。由于这种机械主要用在道路工程中，所以又称为压路机，有拖式和自行式两种。

静力压实机械具体分为静力光面压路机、轮胎式压路机及羊角碾。

图 9-1 所示为静力光面压路机。静力光面压路机有两轴两轮式和两轴三轮式。两轴两轮式一般为 6～8t、6～10t 的中型压路机，滚压面平整，但压层深度浅。两轴三轮式一般为 10～12t、12～15t 的中、重型压路机。静力光面压路机适用于碾压土、碎石层和面层的平整碾压。

图 9-2 所示为轮胎式压路机。轮胎式压路机是具有双排轮胎的特种车辆，前排轮胎为转向从动轮，一般配置 4～5 个；后排轮胎为驱动轮，一般配置 5～6 个，前后排轮胎的行驶轨迹既叉开，又部分重叠，一次碾压即可达到压实带的全宽。轮胎式压路机既可碾压土、碎石基础，又可碾压路面层，由于轮胎的搓揉作用，最适于碾压沥青路面。

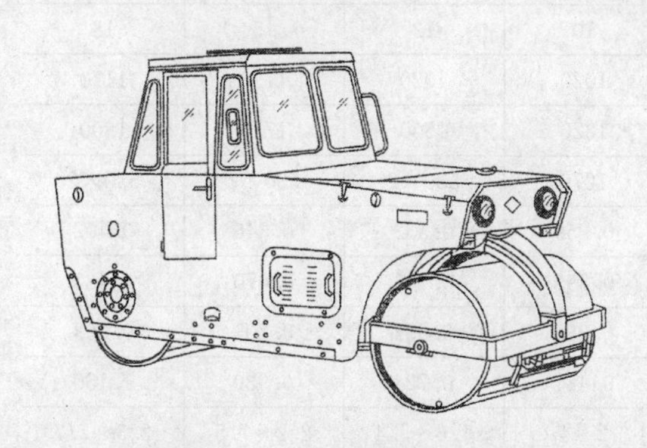

图 9-1　静力光面压路机

图 9-2　轮胎式压路机

图 9-3 所示为羊角碾。羊角碾碾压轮上安装有分布的凸块,其形状如羊角(各种羊角的形状如图 9-4 所示),故称为羊角碾,也叫羊足碾,有单筒和双筒并联两种。一般为拖式,由拖拉机牵引,爬坡能力强。凸块对土壤单位压力大(6MPa),压实效果好,但易翻松土壤。羊角碾适用于碾压大面积分层填土层。

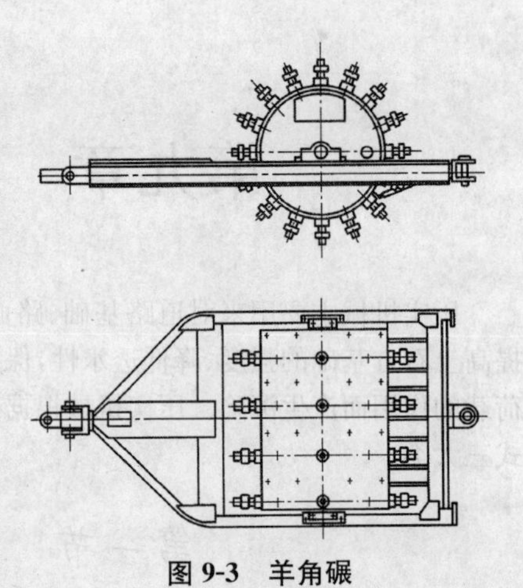

图 9-3 羊角碾

二、静力光面压路机的构造组成和性能参数

如图 9-1 所示,静力光面压路机主要由动力装置、传动系统、操纵系统、行驶滚轮、机架和驾驶室等部分组成,多采用柴油机作为其动力装置,安装在机架的前部。机架由型钢和钢板焊接而成,分别支承在前后轮轴上。前轮为方向轮,后轮为驱动轮。静力光面压路机的性能参数见表 9-1。

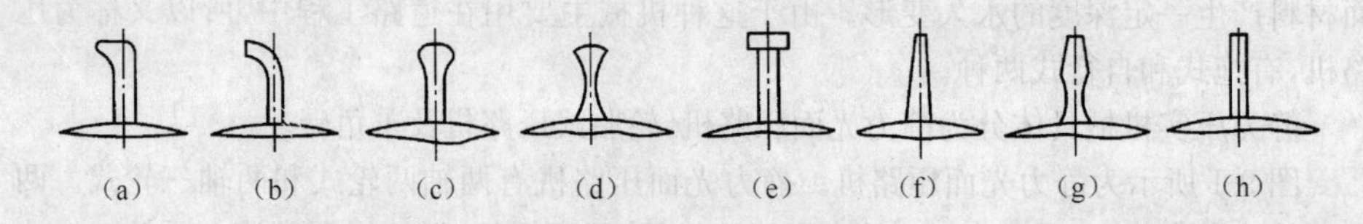

图 9-4 各种羊角的形状

表 9-1 静力光面压路机的性能参数

项目			型号				
			两轮压路机 2Y 6/8	两轮压路机 2Y 8/10	三轮压路机 3Y 10/12	三轮压路机 3Y 12/15	三轮压路机 3Y 15/18
重量/t		不加载	6	6	10	12	15
		加载后	8	10	12	15	18
压轮直径/mm		前轮	1020	1020	1020	1120	1170
		后轮	1320	1320	1500	1750	1800
压轮宽度/mm			1270	1270	530×2	530×2	530×2
单位压力/(kN/cm)	前轮	不加载	0.192	0.259	0.332	0.346	0.402
		加载后	0.259	0.393	0.445	0.470	0.481
	后轮	不加载	0.290	0.385	0.632	0.801	0.503
		加载后	0.385	0.481	0.724	0.930	1.150
行走速度/(km/h)			2~4	2~4	1.6~5.4	2.2~7.5	2.3~7.7
最小转弯半径/m			6.2~6.5	6.2~6.5	7.3	7.5	7.5

续表 9-1

项　目	型　号				
	两轮压路机 2Y 6/8	两轮压路机 2Y 8/10	三轮压路机 3Y 10/12	三轮压路机 3Y 12/15	三轮压路机 3Y 15/18
爬坡能力/%	14	14	20	20	20
牵引功率/kW	29.4	29.4	29.4	58.9	73.5
转速/(r/min)	1500	1500	1500	1500	1500
外形尺寸/mm (长×宽×高)	4440×1610 ×2620	4440×1610 ×2620	4920×2260 ×2115	5275×2260 ×2115	5300×2260 ×2140

三、静力压实机械的安全使用

①压路机碾压的工作面，应经过适当平整，新填的松软路基，应先用羊足碾或打夯机逐层碾压或夯实后，方可用压路机碾压。

②当土的含水量超过 30%时不得碾压，含水量少于 5%时，宜适当洒水。

③工作地段的纵坡不应超过压路机最大爬坡能力，横坡不应大于 20°。

④应根据碾压要求选择机重。当光面压路机需要增加机重时，可在滚轮内加砂或水。当气温降至 0℃时，不得用水增重。

⑤轮胎压路机不宜在大块石基础层上作业。

⑥作业前，各系统管路及接头部分应无裂纹、松动和泄漏现象，滚轮的刮泥板应平整良好，各紧固件不得松动，轮胎压路机还应检查轮胎气压，确认正常后方可起动。

⑦不得用牵引法强制起动内燃机，也不得用压路机拖拉任何机械或物件。

⑧起动后，应进行试运转，确认运转正常，制动及转向功能灵敏可靠后，方可作业。开动前，压路机周围应无障碍物或人员。

⑨碾压时应低速行驶，变速时必须停机。速度宜控制在 3～4km/h 范围内，在一个碾压行程中不得变速。碾压过程中应保持正确的行驶方向，碾压第二行时必须与第一行重叠半个滚轮压痕。

⑩变换压路机前进、后退方向时，应待滚轮停止后进行。不得利用换向离合器作制动用。

⑪光面压路机工作速度宜控制在 3～4km/h 范围内，轮胎压力机应根据表 9-2 选择运行速度。

⑫在新建道路上进行碾压时，应从中间向两侧碾压。碾压时，距路基边缘不应少于 0.5m。

⑬修筑坑边道路时，应由里侧向外侧碾压，距路基边缘不应少于 1m。

⑭上、下坡时，应事先选好档位，不得在坡上换档，下坡时不得空档滑行。

⑮两台以上压路机同时作业时，前后间距不得小于 3m，在坡道上不得纵队行驶。

表 9-2　轮胎压路机行驶速度的选择

质　量	允许速度/(km/h)	
	平坦道路	不平道路
自重时	Ⅰ～Ⅳ速　24	Ⅰ～Ⅳ速　15
加压重水	Ⅰ～Ⅳ速　20	Ⅰ～Ⅲ速　10
加压重铁	Ⅰ～Ⅳ速　20	Ⅰ～Ⅲ速　10
加压重水和铁	Ⅰ～Ⅲ速　10	Ⅰ～Ⅱ速　6

⑯在运行中，不得进行修理或加油。需要在机械底部进行修理时，应将内燃机熄火，刹车制动，并揳住滚轮。

⑰对有差速器锁住装置的三轮压路机，当只有一只轮子打滑时，方可使用差速器锁住装置，但不得转弯。

⑱作业后，应将压路机停放在平坦坚实的地方，并制动住。不得停放在土路边缘及斜坡上，也不得停放在妨碍交通的地方。

⑲严寒季节停机时，应将滚轮用木板垫离地面，防止冻结。

⑳压路机转移距离较远时，应采用汽车或平板拖车装运，不得用其他车辆拖拉牵运。

第二节　振动压实机械

一、振动压实机械的分类及特点

振动压实机械利用机械自重和激振器产生的激振力，迫使土壤产生振动，急剧减少土壤颗粒间的内摩擦力，达到压实土壤的目的。振动压实机械可分为手扶式振动压路机、拖式振动压路机和自行式振动压路机。

振动压路机的优点是压实效果好、生产率高、节约能源。如压实砂性土，一台自重2t的振动压路机压实效果与自重6t的静力光面压路机相当。振动压路机与自重相同的静力光面压路机相比较，压实深度要深得多，压实效果要好得多。振动压路机对砂性土颗粒性材料、沥青混凝土等压实效果都很好，但对重黏性土效果略差一些。振动压路机是建筑和工程中必备的压实设备，已成为现代压路机的主要机型。

二、振动压路机的构造组成和性能参数

图 9-5 所示为轮胎驱动钢轮振动压路机，由动力装置、传动系统、振动装置、行走装置和驾驶操纵等部分组成。振动压路机的光面碾轮兼作振动轮，利用与振动轮轴心偏心的振动装置所产生的频率为 1000～3000 次/min 的振动，使之接近被压实材料的自振频率而引起压实材料的共振，使土壤颗粒间的摩擦力大大下降，并填满颗粒间的空隙，增加土壤的密实度而达到压实的目的。

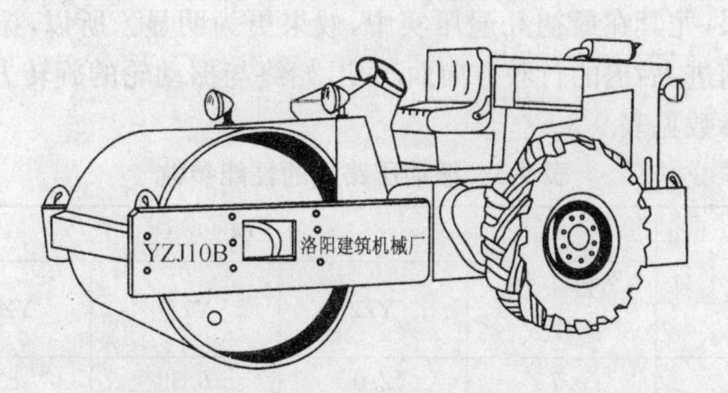

图 9-5 轮胎驱动钢轮振动压路机

振动轮的结构如图 9-6 所示。振动轮通过减振器 2 与机架相连,从而减少振动轮对车架及车架上机件的振动。钢轮由耐磨且焊接性好的钢板焊成,是振动轮的主体。钢轮两端的辐板上焊有轴承油浴室 A,在油浴室内装润滑油,以润滑振动轴承 8。振动轴 5 通过振动轴承安装在轴承座上,中间轴 7 通过花键与振动轴相连。振动轴上的两偏心块在静止时处于相同的相位。振动轮中的一根振动轴,用花键套与装在振动轮轴承法兰 12 上的液压马达输出轴相连接。当液压马达旋转时,带动两个振动轴转动,使振动轮产生振动。振动轮和振动轴各自独立转动,互不干涉。图 9-6 所示的振动轮为从动轮,如在振动轮上安装行走驱动装置和减速器,则振动轮变为驱动轮。

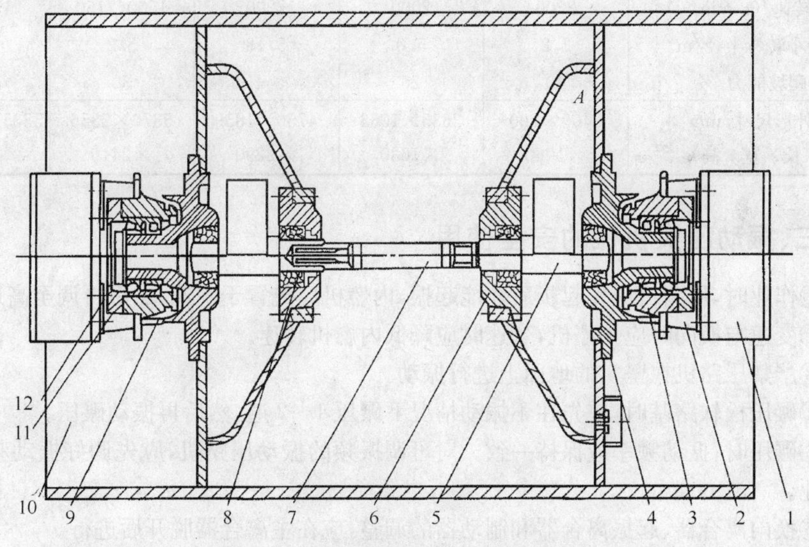

图 9-6 YZJ10B 型振动压路机振动轮

1. 连接板 2. 减振器 3. 法兰轴承座 4. 轴壳 5. 振动轴 6. 轴承座 7. 中间轴 8. 振动轴承 9. 行走轴承 10. 钢轮 11. 花键套 12. 轴承法兰

目前,振动压路机的振动机构还设有自动停止振动的装置,当压路机停止行驶或改变行驶方向,如前进变后退或后退变前进时,振动轮就停止振动,可防止由于局部地段过分振动形成路面凹陷。当振动轴的旋转方向与振动轮行驶的旋转方向一致时,可获得较好的振动效果，尤其在最初几遍压实中，效果更为明显。所以，振动轴的旋转方向要随振动压路机前进、后退的行驶方向而改变，始终与振动轮的旋转方向保持一致。振动压路机的性能参数见表 9-3。

表 9-3　振动压路机的性能参数

项　目	型号				
	YZS0.5B 手扶式	YZ2	YZJ7	YZ10P	YZJ14 拖式
重量/t	0.75	2.0	6.53	10.8	13.0
振动轮直径/mm	405	750	1220	1524	1800
振动轮宽度/mm	600	895	1680	2100	2000
振动频率/Hz	48	50	30	28/32	30
激振力/kN	12	19	19	197/137	290
单位线压力/(N/cm)					
静线压力	62.5	134	—	257	650
动线压力	100	212	—	938/652	1450
总线压力	162.5	346	—	1195/909	2100
行走速度/(km/h)	2.5	2.43～5.77	9.7	4.4～22.6	—
牵引功率/kW	3.7	13.2	50	73.5	73.5
转速/(r/min)	2200	2000	2200	1500/2150	1500
最小转弯半径/m	2.2	5.0	5.13	5.2	—
爬坡能力/%	40	20	—	30	—
外形尺寸/mm (长×宽×高)	2400×790 ×1060	2635×1063 ×1630	4750×1850 ×2290	5370×2356 ×2410	5535×2490 ×1975

三、振动压实机械的安全使用

①作业时，压路机应先起步后才能起振，内燃机应先置于中速，然后再调至高速。

②变速与换向时应先停机，变速时应降低内燃机转速。

③严禁压路机在坚实的地面上进行振动。

④碾压松软路基时，应先在不振动情况下碾压 1～2 遍，然后再振动碾压。

⑤碾压时，振动频率应保持一致。对可调振频的振动压路机，应先调好振动频率后再作业。

⑥换向离合器、起振离合器和制动器的调整，应在主离合器脱开后进行。

⑦上、下坡时，不得使用快速档。在急转弯时，包括铰接式振动压路机在小转弯绕圈碾压时，严禁使用快速档。

⑧振动压路机在高速行驶时不得接合振动。

⑨停机时，应先停振，然后将换向机构置于中间位置，变速器置于空档，最后拉起手制动操纵杆，内燃机怠速运转数分钟后熄火。

⑩其他作业要求应符合静力压实机械安全使用的相关规定。

第三节　小型打夯机

小型打夯机有冲击式和振动式之分，常用的冲击式打夯机有蛙式和内燃式。由于其体积小，重量轻，构造简单，机动灵活、实用，操纵、维修方便，夯击能量大，夯实工效较高，适用于黏性较低的土（砂土、粉土、粉质黏土）基坑（槽）、管沟及各种零星分散、边角部位的填方的夯实，以及配合压路机对边缘或边角碾压不到之处的夯实。

一、电动蛙式打夯机

1. 电动蛙式打夯机的构造组成和性能参数

电动蛙式打夯机（蛙夯）属于冲击式夯实机械，如图 9-7 所示。蛙式打夯机由偏心块、夯头架、传动装置、电动机等组成。蛙式打夯机的主要性能参数见表 9-4。

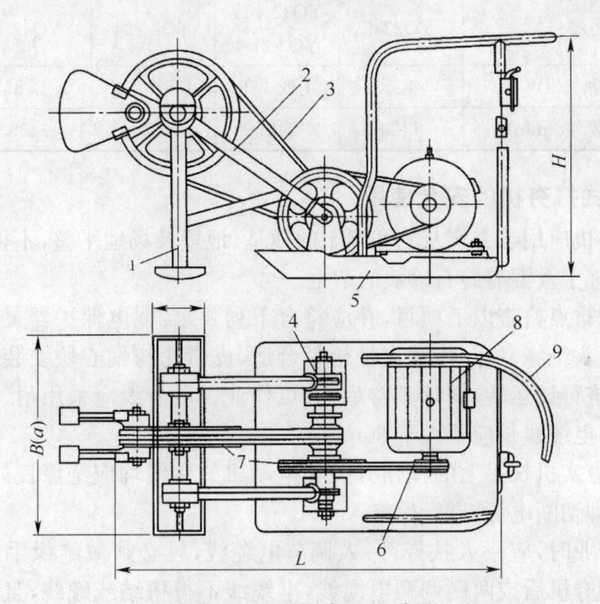

图 9-7　蛙式打夯机构造图

1. 夯头　2. 夯架　3、6. 三角胶带　4. 传动轴架　5. 底盘　7. 三角胶带轮　8. 电动机　9. 扶手

表 9-4　蛙式打夯机的主要性能参数

机　型		HW—20	HW—20A	HW—25	HW—60	HW—70
机重/kg		125	130	151	280	110
夯头号总重/kg		—	—	—	124.5	—
偏心块重/kg		—	23±0.005	—	38	—
夯板尺寸	长(a)/mm	500	500	500	750	500
	宽(b)/mm	90	80	110	120	80

续表 9-4

机型		HW—20	HW—20A	HW—25	HW—60	HW—70
夯击次数/(次/min)		140～150	140～142	145～156	140～150	140～145
跳起高度/mm		145	100～170	—	200～260	150
前进速度/(m/min)		8～10	—	—	8～13	—
最小转弯半径/mm		—	—	—	800	—
冲击能量/(kg·m)		20	—	20～25	62	68
生产率/(m^3/台班)		100	—	100～120	200	50
外形尺寸	长(L)/mm	1006	1000	1560	1283.1	1121
	宽(B)/mm	500	500	520	650	650
	高(H)/mm	900	850	900	748	850
电动机	型号	YQ22-4	YQ32-4 或 YQ2-21-4	YQ2-224	YQ42-4	YQ32-4
	功率/kW	1.5	1 或 1.1	1.5～2.2	2.8	1
	转数/(r/min)	1420	1421	1420	1430	1420

2. 电动蛙式打夯机的安全使用

①蛙式夯实机应用于夯实灰土和素土的地基、地坪及场地平整，不得夯实坚硬或软硬不一的地面、冻土及混有砖石碎块的杂土。

②作业前应重点检查以下项目，并应符合下列要求：漏电保护器灵敏有效，接零或接地及电缆线接头绝缘良好；传动皮带松紧合适，皮带轮与偏心块安装牢固；转动部分有防护装置，并进行试运转，确认正常后，方可作业。负荷线应采用耐气候型的四芯橡皮护套软电缆。电缆线长应不大于 50m。

③作业时，夯实机扶手上的按钮开关和电动机的接线均应绝缘良好。当发现有漏电现象时，应立即切断电源，进行检修。

④夯实机作业时，应一人扶夯，一人调节电缆线，且必须戴绝缘手套和穿绝缘鞋。递线人员应跟随夯机后或两侧调顺电缆线，电缆线不得扭结或缠绕，且不得张拉过紧，应保持有 3～4m 的余量。

⑤作业时，应防止电缆线被夯击。移动时，应将电缆线移至夯机后方，不得隔机抢扔电缆线，当转向倒线困难时，应停机调整。

⑥作业时，手握扶手应保持机身平衡，不得用力向后压，并应随时调整行进方向。转弯不得用力过猛，不得急转弯。

⑦夯实填高土方时，应在边缘以内 100～150mm 夯实 2～3 遍后，再夯实边缘。

⑧不得在斜坡上夯行，以防夯头后折。

⑨夯实房心土时，夯板应避开钢筋混凝土基础及地下管道等地下构筑物。

⑩在建筑物内部作业时，夯板或偏心块不得打在墙壁上。

⑪多机作业时，其平行间距不得小于 5m，前后间距不得小于 10m。

⑫夯机前进方向和夯机四周1m范围内不得站立非操作人员。

⑬夯机连续作业时间不应过长，当电动机超过额定温升时，应停机降温。

⑭夯机发生故障时，应先切断电源，然后排除故障。

⑮作业后，应切断电源，卷好电缆线，清除夯机上的泥土，并妥善保管。

二、内燃式打夯机

1. 内燃式打夯机构造组成和性能参数

内燃式打夯机是根据两冲程内燃机的工作原理制成的一种冲击式夯实机械，除具有一般小型夯实机械的优点外，还能在无电源地区工作。

如图9-8所示，内燃式打夯机主要由气缸头、气缸套、活塞、卡圈、锁片、连杆、夯足、法兰盘、内部弹簧、密封圈、夯锤、拉杆等组成。内燃式打夯机主要性能参数见表9-5。

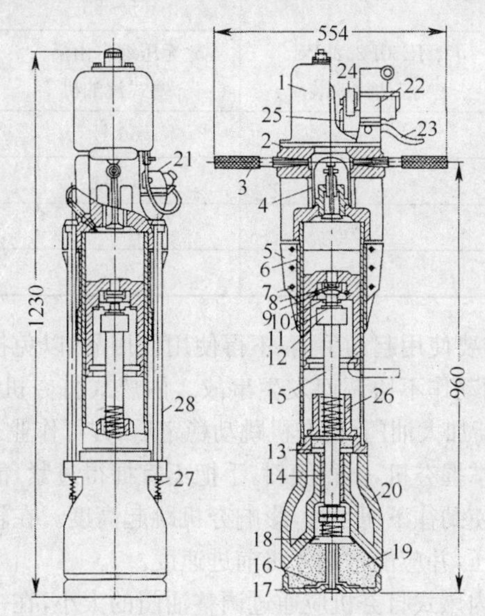

图9-8　HN—80型内燃式打夯机外形尺寸和构造

1. 油箱　2. 气缸盖　3. 手柄　4. 气门导杆　5. 散热片　6. 气缸套　7. 活塞　8. 阀片　9. 上阀门　10. 下阀门　11. 锁片　12、13. 卡圈　14. 夯锤衬套　15. 连杆　16. 夯底座　17. 夯板　18. 夯上座　19. 夯足　20. 夯锤　21. 汽化器　22. 磁电机　23. 操纵手柄　24. 转盘　25. 连杆　26. 内部弹簧　27. 拉杆弹簧　28. 拉杆

2. 内燃式打夯机的安全使用

①当夯机需要更换工作场地时，可将保险手柄旋上，用专用两轮运输车运送。作业前应重点检查以下项目，并应符合下列要求：各部件连接良好，无松动；有足够的润滑油，油门控制器转动灵活。

②夯机应按规定的汽油机燃油比例加油。加油后，应擦净机身上的燃油，以免发生火灾。

表 9-5　内燃式打夯机主要技术参数和工作性能

<table>
<tr><th colspan="2">机　　型</th><th>HN—60
(HB—60)</th><th>HN—80
(HB—80)</th><th>HZ—120
(HB—120)</th></tr>
<tr><td colspan="2">机重/kg</td><td>60</td><td>85</td><td>120</td></tr>
<tr><td colspan="2">外形(高×宽)/mm</td><td>1228×720</td><td>1230×554</td><td>1180×410</td></tr>
<tr><td colspan="2">手柄高</td><td>315</td><td>960</td><td>950</td></tr>
<tr><td colspan="2">夯板面积/m^2</td><td>0.0825</td><td>0.42</td><td>0.0551</td></tr>
<tr><td colspan="2">夯击力/kg</td><td>4000</td><td>—</td><td>—</td></tr>
<tr><td colspan="2">夯击次数/(次/min)</td><td>600～700</td><td>60</td><td>60～70</td></tr>
<tr><td colspan="2">跳起高度/mm</td><td>—</td><td>600～700</td><td>300～500</td></tr>
<tr><td colspan="2">生产率/(m^2/h)</td><td>64</td><td>55～83</td><td>—</td></tr>
<tr><td colspan="2">动力设备</td><td>IE50F2.2kW
汽油机改装</td><td>无压缩自由活
塞式汽油机</td><td>无压缩自由活
塞式汽油机</td></tr>
<tr><td rowspan="3">燃
料</td><td>汽油</td><td>—</td><td>66 号</td><td>66 号</td></tr>
<tr><td>机油</td><td>—</td><td>15 号</td><td>15 号</td></tr>
<tr><td>混合比(汽油：机油)</td><td>20：1</td><td>16：1</td><td>16：1～20：1</td></tr>
<tr><td colspan="2">油箱容量/L</td><td>2.6</td><td>1.7</td><td>2</td></tr>
</table>

③夯机起动时一定要使用起动手柄，不得使用代用品，以免损伤活塞。严禁一人起动，另一人操作，以免因动作不协调而发生事故。内燃式打夯机起动后，内燃机应怠速运转 3～5min，然后逐渐加大油门，待夯机跳动稳定后，方可作业。

④作业时，应正确掌握夯机，不得倾斜，手把不宜握得过紧，能控制夯机前进速度即可。正常作业时，不得使劲往下压手把，影响夯机跳起高度。在较松的填料上作业或上坡时，可将手把稍向下压，并应能增加夯机前进速度。

⑤根据作业要求，内燃式打夯机应通过调整油门的大小，在一定范围内改变夯机振动频率。内燃式打夯机不宜在高速下连续作业。在内燃机高速运转时不得突然停车。

⑥在需要增加密实度的地方，可通过手把控制夯机在原地反复夯实。

⑦夯机在工作中需要移动时，只要将夯机往需要的方向略为倾斜，夯机即可自行移动。切忌将头伸向夯机上部或将脚靠近夯机底部，以免碰伤头部或碰伤脚部。

⑧夯实时，夯土层必须摊铺平整。内燃式打夯机适用于黏性土、砂及砾石等散状物料的压实，不得在水泥路面和其他坚硬地面作业，不准打坚石、金属及硬的土层。

⑨在工作前及工作中要随时注意各连接螺丝有无松动现象，若发现松动应立即停机拧紧。特别应注意汽化器气门导杆上的开口锁是否松动，若已变形或松动，应及时更换新件，否则，锁片脱落会使气门导杆掉入气缸内造成重大事故。

⑩为避免发生偶然点火、夯机突然跳动造成事故，在夯机暂停工作时，必须旋上保险手柄。

⑪夯机在工作时，靠近 1m 范围内不准站立非操作人员；在多台夯机并列工作时，其

间距不得小于 1m；在串联工作时，其间距不得小于 3m。

⑫作业中，当内燃式打夯机有异常的响声，应立即停机检查。作业后，应清除夯板上的泥沙和附着物，保持夯机清洁，并妥善保管。

⑬长期停放时夯机应将保险手柄旋上顶住操纵手柄，关闭油门，旋紧汽化器顶针，将夯机擦净，套上防雨套，用专用两轮车推到存放处，并应在停放前对夯机进行全面保养。

三、振动式打夯机

如图 9-9 所示，电动振动式打夯机是一种平板式振动夯实机械，适用于含水量小于12％和非黏土的各种砂质土壤、砾石及碎石，建筑工程中的地基、水池的基础，道路工程中铺设小型路面、修补路面及路基等工程的压实工作。

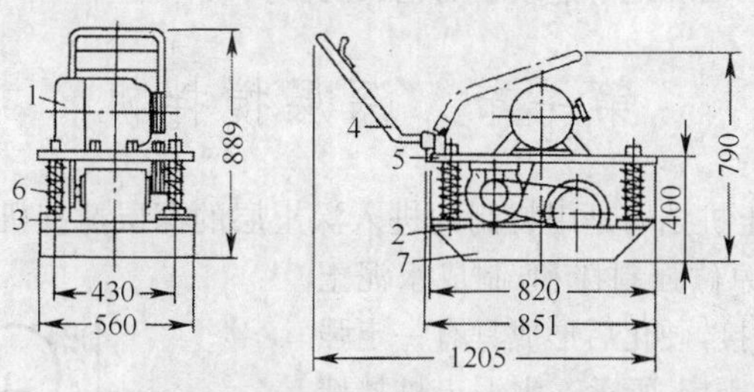

图 9-9　HZ—380A 型电动振动式夯土机外形尺寸和构造示意图

1. 电动机　2. 传动胶带　3. 振动体　4. 手把　5. 支撑板　6. 弹簧　7. 夯板

电动振动式打夯机以电动机为动力，经二级三角皮带减速，驱动振动体内的偏心转子高速旋转，产生惯性力，使机器发生振动，以达到夯实土壤之目的。电动振动式打夯机的主要性能参数见表 9-6。

表 9-6　电动振动式打夯机的性能参数

机　型		HZ—380A 型
机重/kg		380
夯板面积/m^2		0.28
振动频率/(次/min)		1100～1200
前行速度/(m/min)		10～16
振动影响深度/mm		300
振动后土壤密实度		0.85～0.9
压实效果		相当于十几吨静作用压路机
配套电动机	型号	YQ232—2
	功率/kW	4
	转速/(r/min)	2870

第十章　高层建筑基础施工机械

高层建筑的基础埋深一般较大，在城市地区施工不允许放坡开挖，需要在支护条件下进行深基础开挖。尤其是在软土地基，深基础的支护已成为关键技术，是高层建筑施工中十分重要的问题。

深基坑的支护结构包括挡墙和支撑两部分。挡墙的形式有很多种，除了较传统的施工方法和支护结构外，目前广泛使用深层水泥土桩挡墙和地下连续墙。这一章主要介绍深层水泥土桩挡墙和地下连续墙的施工机械。

第一节　深层搅拌机

所谓深层水泥土桩挡墙是用特制的进入深土层的深层搅拌机，将喷出的水泥浆固化剂与地基土进行原位强制拌和，制成水泥土桩，并且使之相互搭接，硬化后形成具有一定强度的壁状挡墙，如图 10-1 所示。水泥土桩挡墙既可挡土，又可挡水，是近年发展起来的特别适用于软土地区深基础坑施工的新工艺。

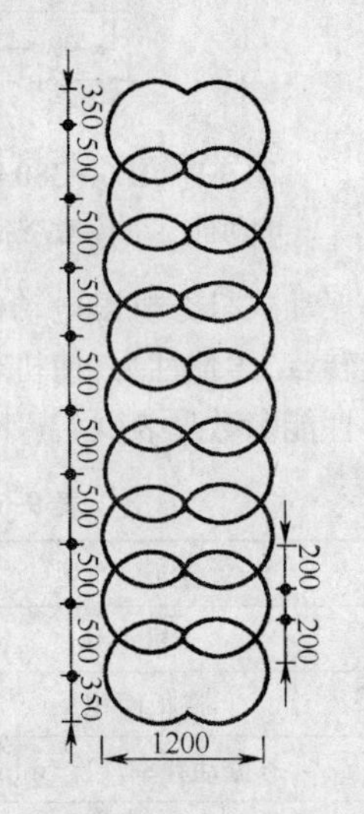

图 10-1　深层水泥土桩挡墙截面

一、深层搅拌机的构造组成

深层搅拌机是水泥土桩挡墙的关键设备，与之配套使用的机械、机具还有灰浆泵、灰浆搅拌机、集料斗等。深层搅拌机有中心喷浆式和叶片喷浆式两种。

1. 中心喷浆式深层搅拌机

图 10-2 所示为 SJB—1 型深层搅拌机，采用中心喷浆方式，与之配套的灰浆泵采用 HB6—3 灰浆泵。中心喷浆式的水泥浆由两根搅拌轴其中的一根管喷出。中心喷浆式的特点是可采用不同的固化剂并且不会影响搅拌的均匀程度。

2. 叶片喷浆式深层搅拌机

图 10-3 所示为 GZB—6000 型深层搅拌机，采用叶片喷浆方式，与之配套的灰浆泵采用 PA—15B 型灰浆泵。叶片喷浆式的深层搅拌机是水泥浆从叶片的若干小孔喷出，水泥浆与土壤混合较均匀。叶片喷浆式的特点是适用于大直径叶片和连续搅拌，但因喷孔小，易堵塞，所以只能使用纯水泥浆，而不能采用固化剂。

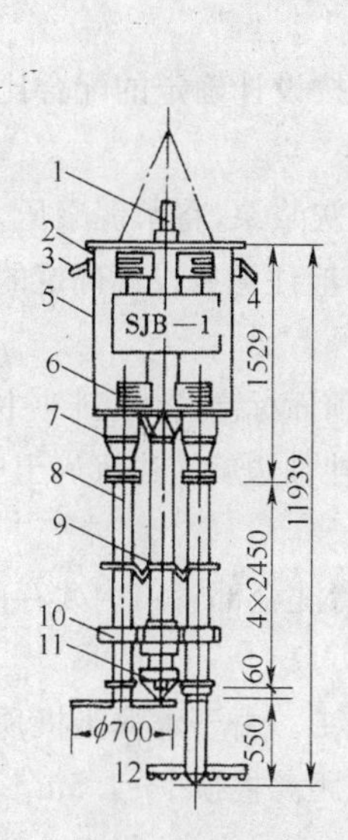

图 10-2　SJB—1 型深层搅拌机

1. 输浆管　2. 外壳　3. 出水口　4. 进水口
5. 电动机　6. 导向滑块　7. 减速器　8. 搅拌轴
9. 中心管　10. 横向系统　11. 球形阀　12. 搅拌头

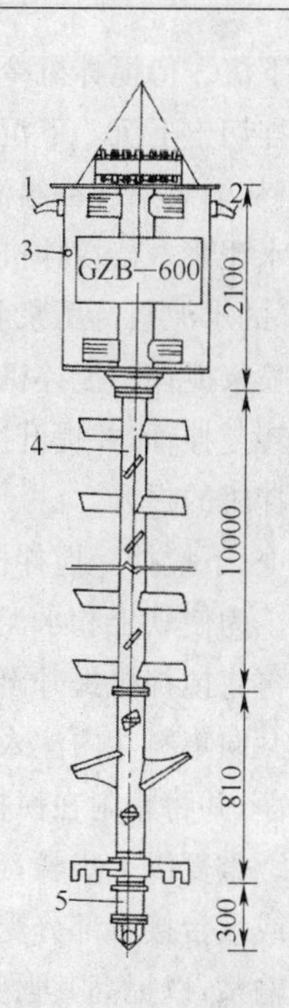

图 10-3　GBZ—600 型深层搅拌机

1. 电缆接头　2. 进浆口　3. 电动机
4. 搅拌轴　5. 搅拌头

二、深层搅拌机水泥土桩挡墙施工工艺

深层搅拌机水泥土桩挡墙施工工艺流程如图 10-4 所示。

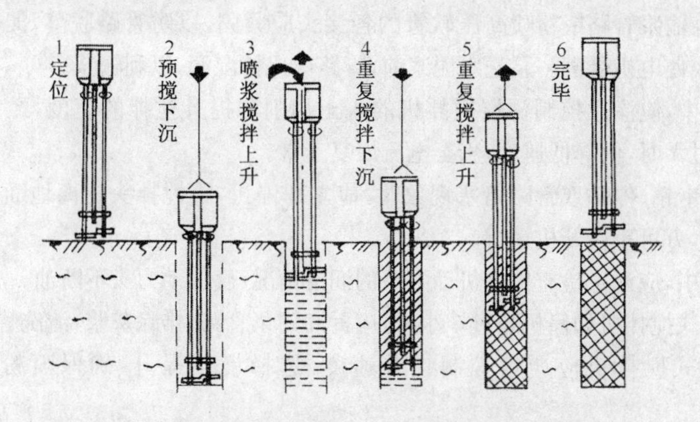

图 10-4　深层搅拌机水泥土桩挡墙施工工艺流程

①定位。起重机或塔架悬吊搅拌机到达指定位置，对准桩位。当地面起伏不平时，应使起吊设备工作台保持水平。

②预搅下沉。待搅拌机冷却水正常后，起动搅拌机，并放松起重钢丝绳，使搅拌机沿导向架搅拌切土下沉。下沉速度可由电流表监控，一般工作电流不大于70A。如果下沉太慢，可从输浆系统补给清水以利钻进。

③制备水泥浆。待搅拌机下沉到一定深度时，开始按设计确定的配合比拌制水泥浆，并将拌好的水泥浆待压浆前倒入集料斗中。

④提升喷浆搅拌。搅拌机下沉到设计深度后，开启灰浆泵，将水泥浆压入地基中，边喷浆边旋转搅拌轴，并提升搅拌机。在提升搅拌机时，应注意按设计确定的提升速度严格控制搅拌机的提升。

⑤重复上、下搅拌。搅拌机提升到设计加固深度的顶面标高时，集料斗中的水泥浆应正好排空。为使软土和水泥浆搅拌均匀，可再次将搅拌轴边旋转边沉入土中，至设计加固深度后再将搅拌机提升出地面。

⑥清洗。向集料斗内注入适量清水，开启灰浆泵，清洗全部管路内残存的水泥浆，直至基本干净，并将粘附在搅拌头上的软土清洗干净。

⑦移位。重复以上步骤，进行下一根水泥土桩的施工。由于水泥土桩顶部和上部结构的基础或承台接触部分受力较大，因此，通常还可在距离桩顶1～1.5m长度范围内再增加一次输浆，以提高其强度。

三、深层搅拌机的安全使用

①桩机就位后，应检查设备的平稳度和导向架的垂直度，导向架垂直度偏差应符合使用说明书的要求。

②作业前，应先空载试机，检查仪表显示、油泵工作等是否正常，设备各部位有无异响。确认无误后，方可正式开机运转。

③吸浆、输浆管路或粉喷高压软管的各接头应紧固，以防管路脱落，泥浆或水泥粉喷出伤人，或使电机受潮。泵送水泥浆前，管路应保持湿润，以利输浆。

④作业中，应注意控制深层搅拌机的入土切削和提升搅拌的速度，经常检查电流表，当电流过大时，应降低速度，直至电流恢复正常。

⑤发生卡钻、停钻或管路堵塞现象时，应立即停机，将搅拌头提离地面，查明原因，妥善处理后，方可重新开机运行。

⑥作业中，应注意检查搅拌机动力头的润滑情况，确保动力头不断油。

⑦喷浆式搅拌机如停机超过3小时，应拆卸输浆管路，排除灰浆，清洗管道。

⑧粉喷式搅拌机应严格控制提升速度，选择慢档提升，确保喷粉量足，搅拌均匀。

⑨作业后，应按使用说明书的要求做好设备清洁保养工作。喷浆式搅拌机还应对整个输浆管路及灰浆泵彻底冲洗，以防水泥在泵或浆管内凝固。

第二节　地下连续墙施工设备

地下连续墙是在基础坑开挖之前，利用专门技术和设备连续修筑的地下钢筋混凝土挡墙，在该墙的支护下进行地下工程和深基础的施工。地下连续墙施工工艺近年来在我国已得到广泛应用，成为深基础施工的重要方法。

地下连续墙施工的优点是振动小、噪声低、防渗性能好，适用于各种复杂条件的施工，尤其在城市建筑密集地区施工，优点非常突出。

地下连续墙可用于建筑物的地下室、地下停车场、地下构筑物和地铁等工程。在高层建筑施工中，可以将地下连续墙作为地下室的边墙，既可以减少土方开挖和回填的工程量，又能避免大量降低地下水，从而防止了周围建筑和附近地下管线的沉降。

一、地下连续墙施工设备的基本组成

地下连续墙施工设备由成槽设备、泥浆系统和混凝土灌注系统及起重设备等组成。

1. 成槽设备

成槽设备是地下连续墙施工的主要设备。由于地质条件变化很多，目前还没有适用于所有地质条件的万能成槽机。因此，应根据不同的土质条件和现场情况，选择不同的成槽机极为重要。目前使用的成槽机按成槽机理可分为抓斗式、回转式和冲击式三种。

(1)抓斗式成槽机

抓斗式成槽机以其斗体切削土体，将土渣收容在斗体内，开斗放出土渣，然后再返回到挖土位置，重复挖土动作，即可完成挖槽作业。

抓斗式成槽机一般由挖土机改装而成，其抓斗可分为钢索抓斗和液压抓斗两种。钢索抓斗挖土机是最简单的成槽设备，图 10-5 所示为钢索抓斗挖土机的抓土过程。针对钢索式抓斗挖土效率不高的弊端，采用液压抓斗，大大提高了抓斗的切削力，从而提高了成槽效率。图 10-6 所示为液压抓斗。

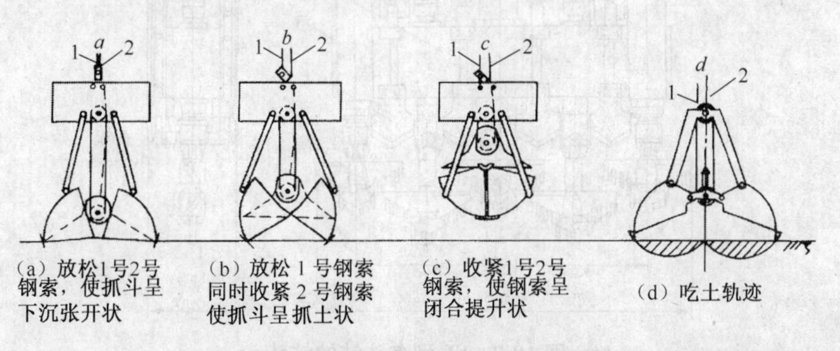

图 10-5　钢索抓斗挖土机的抓土过程图

(2)回转式成槽机

以回转的钻头切削土体进行挖掘,钻下的土渣随循环的泥浆排出地面。按钻头回转方式与挖槽面的关系,可分为直挖和平挖两种;按钻头数目来分,有单头钻和多头钻之分。单头钻主要用来钻导孔,多头钻为专用的地下连续墙成槽设备。图 10-7 所示为我国设计和制造的 SF 型多头钻。这种多头钻是一种采用动力下放、泥浆反循环排渣、电子测斜纠偏和自动控制钻进成槽的机械,具有一定的技术先进性。SF 型多头钻的性能参数详见表 10-1。

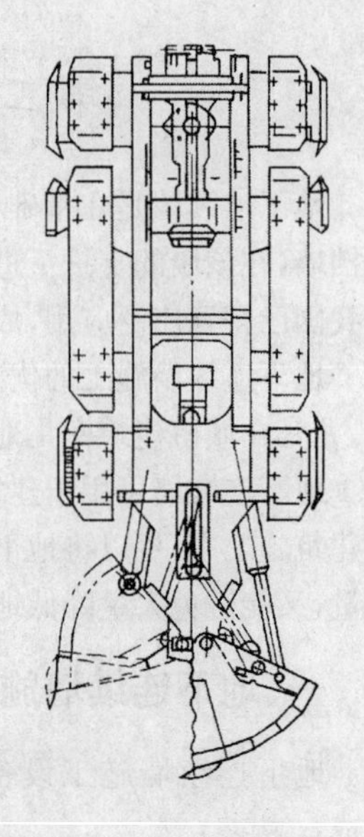

图 10-6　液压抓斗

回转式成槽机的排土方式一般均为反循环式,排泥浆泵为潜水式,泵的功率和能力较强,而且可以选择,型号大的可以将卵石、砾石吸出。多头钻机用钢索吊住,边排泥边下放。与其他成槽机相比,这类机械的机械化程度较高,成槽速度快。但 SF 型多头钻的零部件较多,维修和保养要求高,操作时要有熟练的技术。SF 多头钻整个机组的构成如图 10-8 所示。

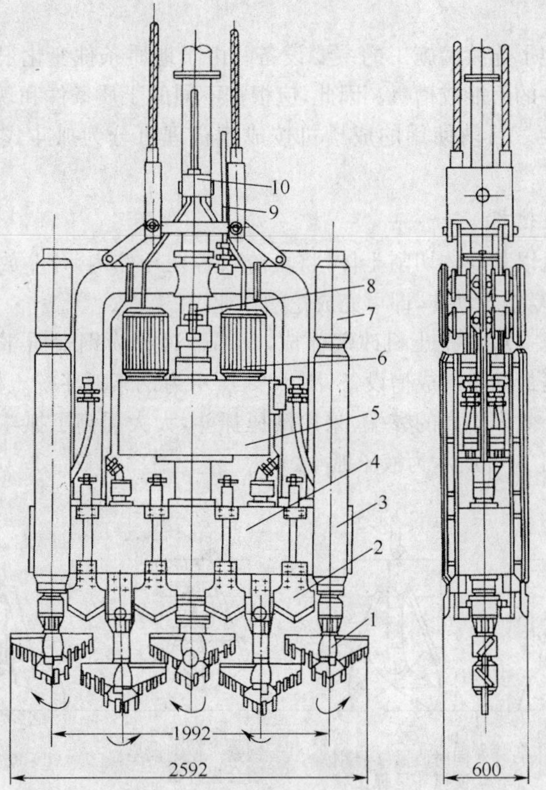

图 10-7　SF 型多头钻的钻头

1. 钻头　2. 侧刀　3. 导板　4. 齿轮箱　5. 减速箱　6. 潜水钻机　7. 纠偏装置　8. 高压进气管　9. 泥浆管　10. 电缆接头

表 10-1　SF 型多头钻的性能参数

类　型	项　目	SF—60 型	SF—80 型
钻孔尺寸	外形尺寸/mm	4340×2600×600	4540×2800×800
	钻头个数/个	5	5
	钻头直径/mm	600	800
	机头质量/kg	9700	10200
成槽能力	成槽宽度/mm	600	800
	一次成槽有效长度/mm	2000	2000
	设计挖掘深度/m	40～60	
	挖掘效率/(m/h)	8.5～10.0	
	成槽垂直精度	1/300	
机械性能	潜水钻机/kW	4 极 18.5×2	
	传动速比	$i=50$	
	钻头转速/(r/min)	30	
	反循环管内径/mm	150	
	输出转矩/(N/m)	7000	

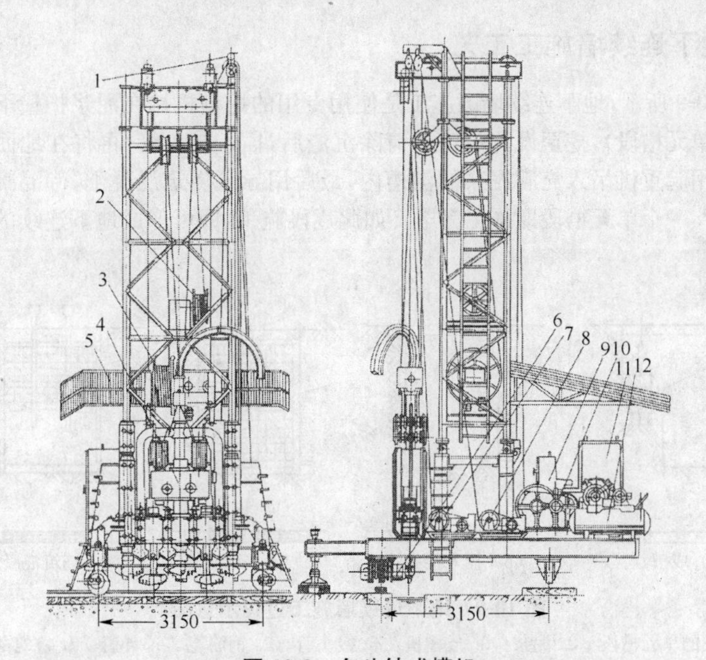

图 10-8　多头钻成槽机

1. 提升装置　2、3. 电缆收线盘　4. 多头钻钻头　5. 雨篷　6. 控制行走用电动机　7、8. 卷扬机　9. 操作台　10. 卷扬机　11. 配电箱　12. 空气压缩机

(3)冲击式成槽机

冲击式成槽机有各种形式的钻头，通过钻头的上下运动或改变其运动的方向，冲击

破碎地基土，再借助泥浆循环系统把土渣带出槽外。冲击式成槽机依靠钻头的冲击力破碎地基，不但适用于一般土层，也适用于卵石、砾石、岩层等地层。另外，钻头的上下运动保持垂直，所以挖槽的精度也可以得到保证。

2. 泥浆系统

泥浆系统由泥浆制备、泥浆处理、泥浆循环三部分组成。泥浆制备采用泥浆搅拌机。泥浆搅拌机按搅拌方法分为两种，一种是以螺旋搅拌叶片高速旋转，造成快速涡流进行搅拌的高速旋转式搅拌机；另一种是利用高压射水的喷射引力，吸入膨润土进行搅拌的喷射式搅拌机。通常使用第一种泥浆搅拌机居多。泥浆处理设备有振动筛、旋流器等。一般情况下，泥浆从沟槽排出到地面之后，在流进沉淀池之前要经过振动筛处理，由振动筛分离出来的土渣和泥浆分别进入排渣槽和沉淀池。泥浆循环系统主要由循环泵、循环泥浆储浆池和排渣设备等组成。

3. 混凝土灌注系统

混凝土灌注系统由钢筋笼加工及吊装设备、导管、接头管和拔管机等组成。接头管一般以圆形为主，也有方形或异形接头管，即接头箱。混凝土浇筑后需要用拔管机将接头管拔出。拔接头管可用专用液压拔管机或振动拔桩锤。导管的直径为200～300mm。为了便于拆装，应采用快速接头，一般为螺旋接头。

二、地下连续墙施工工艺

如图10-9所示，地下连续墙的施工是使用专用的挖槽机械在泥浆护壁下开挖一定长度（一个单元槽段），挖至设计深度并清除沉渣后，插入接头管，再将在地面上加工好的钢筋笼，用起重机吊入充满泥浆的沟槽内，最后用导管浇筑混凝土，待混凝土初凝后拔出接头管，一个单元槽段即施工完毕。如此逐段施工，即可形成地下连续的钢筋混凝土墙。

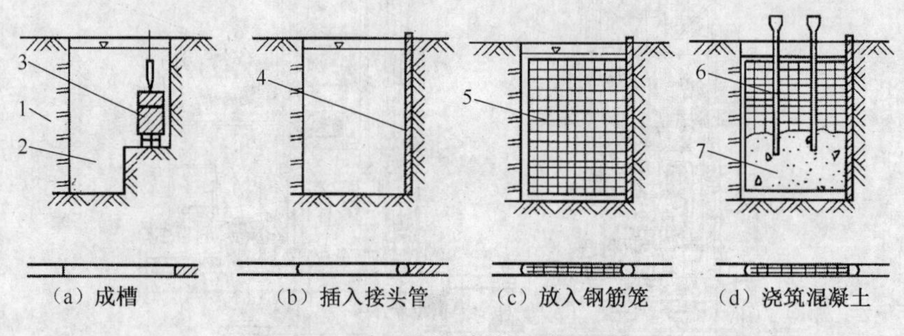

图10-9　地下连续墙施工过程示意图

1. 已完成的单元槽段　2. 泥浆　3. 成槽机　4. 接头管　5. 钢筋笼　6. 导管　7. 浇筑的混凝土

地下连续墙的施工工艺流程如图10-10所示。

1. 单元槽段划分

地下连续墙的施工是沿墙体长度方向划分一定长度分段施工。该分段长度既是挖掘长度，也是一次浇筑混凝土的长度。单元槽段越长则墙体接头就越少。槽段长度的

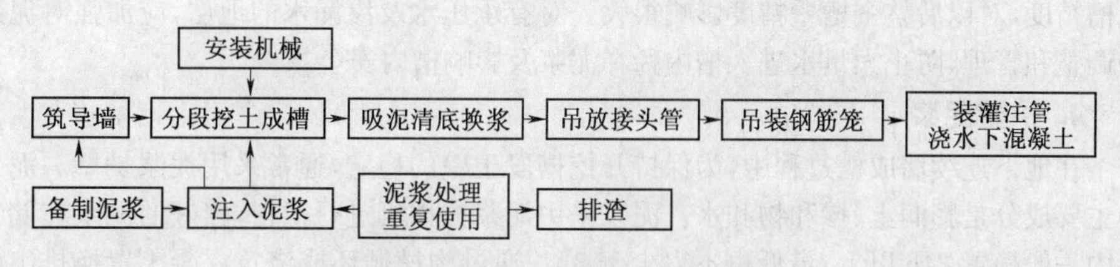

图 10-10 地下连续墙的施工工艺流程

确定主要以槽壁的稳定性为前提，一般单元槽长度为 4～8m。当连续墙遇到地层软弱、易液化的沙土层、相邻建筑物压力较大、塌陷性较大的砾石层、泥浆会急剧流失、拐角或具有复杂形状时，应限制单元槽段的长度。

2. 筑导墙

在深槽开挖前，须在地下连续墙纵向轴线开挖导沟，一般深为 1～2m。在两侧浇筑混凝土或钢筋混凝土导墙，也可采用预制混凝土板、型钢、钢板及砖砌体作为导墙，导墙的净距比成槽机宽为 30～50mm，导墙顶面应高于施工场地 50～100mm，导墙厚度一般为 150～250mm，导墙应高出地下水位 1.5m，以保证槽内泥浆液面高出地下水位 1m 以上的最小压差要求。导墙内每隔 2m 设一道支撑。

3. 槽段开挖

地下连续墙槽段开挖使用专门的挖槽机施工。常用的深槽挖掘机有多头钻挖槽机、抓斗式挖槽机和冲击钻等。多头钻成槽机适用于黏性土、砂质土、砂砾层及淤泥等土层，施工时槽壁平整、效率高，对周围建筑物影响较小，是建筑基础常用的施工机械。抓斗式挖槽机不适于软黏土，虽然具有出土方便、能抓出地层中障碍物等优点，但当深度大于 15m 及挖坚硬土层时，成槽效率会显著降低。冲击式成槽机适用于硬土和夹有孤石的地层，虽有设备简单的优点，但工效低，而且槽壁平整度也差。图 10-11 所示为地下连续墙多头钻成槽施工示意图。

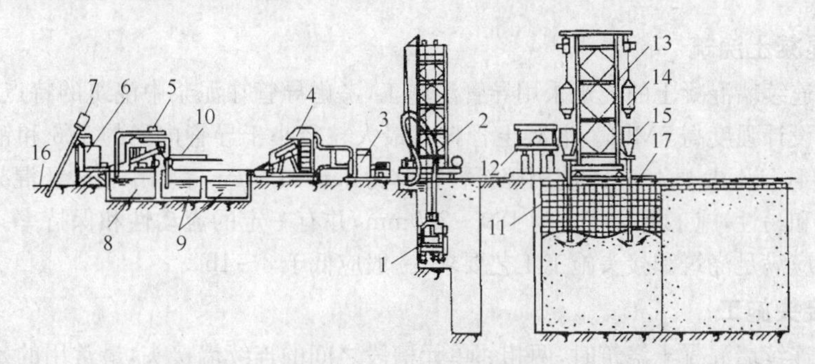

图 10-11 地下连续墙多头钻成槽施工示意图

1. 多头钻钻头 2. 机架 3. 吸泥浆 4. 振动筛 5. 水力旋流器 6. 泥浆搅拌机 7. 螺旋输送机 8. 泥浆池 9. 泥浆沉淀池 10. 补浆用输浆管 11. 接头管 12. 接头管顶升架 13. 混凝土浇灌机 14. 混凝土吊斗 15. 混凝土导管上的料斗 16. 膨润土 17. 轨道

在深槽挖掘时，要严格控制槽的垂直度和偏斜度，尤其是地面至地下 10m 左右初始成槽精度，对以后整个槽壁精度影响很大。对有承压水及渗漏水的地层，应加强对泥浆的调整和管理，防止大量水进入槽内稀释泥浆及影响槽内安全。

4. 护壁泥浆

在地下连续墙成槽过程中，为保持开挖槽段土壁的稳定，通常采用泥浆护壁。泥浆的主要成分是膨润土、掺和物和水。泥浆采用泥浆搅拌机进行搅拌，拌好的泥浆在储浆池内一般静置 24h 以上，最低也不得少于 3h。通过沟槽循环或浇筑混凝土置换排出的泥浆，必须经净化处理才能继续使用。泥浆的净化处理有化学处理和物理处理两类方法。当泥浆中混入大量土渣时，采用沉淀池、机械振动或通过水力旋流器在离心力的作用下使土渣分离出来。当泥浆中的阳离子较多时，应加入分散剂进行化学处理。

5. 钢筋笼加工和吊放

钢筋笼的宽度应按单元槽段组装成一个整体，如需在长度方向上分节接长，则分节制作的钢筋笼，应在制作台上预先进行装配。组装钢筋笼时，必须预先确定插入浇筑混凝土导管的位置。由于钢筋笼是整体吊装，为了保证钢筋笼在吊装中有足够的刚度，在钢筋笼内设置 2～4 榀纵向钢筋桁架及主筋平面的斜向拉杆，如图 10-12 所示。

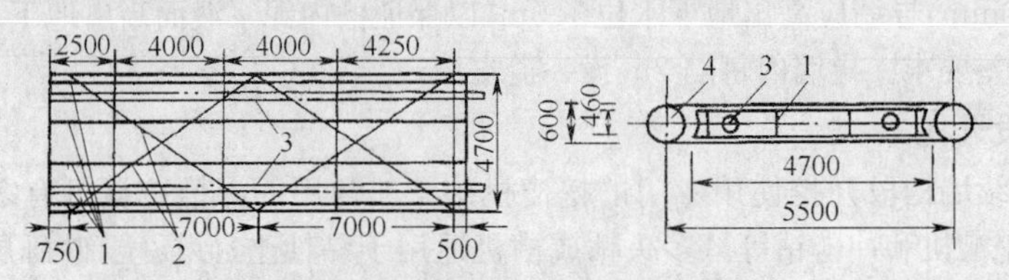

图 10-12　钢筋笼组装加工示意图

1. 纵向钢筋桁架　2. 斜向拉杆　3. 导管　4. 接头管

钢筋笼应在清槽换浆 3～4h 内吊放完毕，放入槽内时应对准中心，防止使其左右摆动而损坏槽壁表面。放到设计标高后，可用 2～3 根槽钢横担搁置在导墙上，再进行混凝土浇筑。

6. 混凝土浇筑

地下连续墙混凝土的浇筑采用导管法施工，考虑导管在泥浆中浇筑的特点，配合比设计应比设计强度高 5MPa。混凝土骨料的最大粒径小于导管内径的 1/6 和钢筋最小净距的 1/4，且不大于 40mm；使用碎石粒径宜为 0.5～20mm，采用中粗砂。混凝土应具有良好的和易性，施工坍落度宜为 180～200mm，并有一定的流动性和保持率。混凝土初凝时间应满足浇筑和接头施工工艺要求，一般应低于 3～4h。

7. 接头施工

地下连续墙混凝土浇筑时，两相邻单元槽段之间的连续墙接头，最常用的是利用圆形接头管连接。接头用钢管在钢筋笼吊放前先吊入槽段内。钢管外径等于槽宽，起到侧模的作用，接着吊入钢筋笼并浇筑混凝土。为使接头管能顺利拔出，在槽段混凝土初凝前，用千斤顶或卷扬机转动接头管的同时提升接头管，以防接头管与混凝土粘接。一般在混凝土浇筑后 2～4h，先每次拔出 100mm 左右，拔到 500～1000mm 时，直至将接头管拔出。地下连续墙利用圆形接头管连接施工顺序如图 10-13 所示。

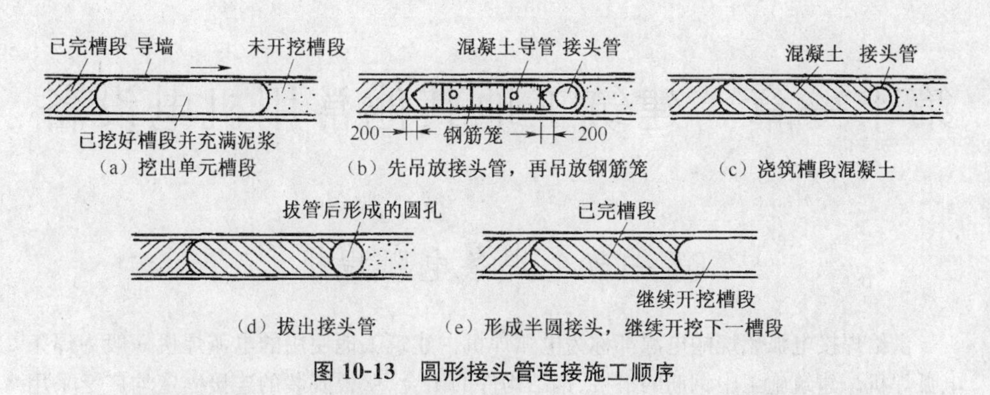

图 10-13　圆形接头管连接施工顺序

三、地下连续墙成槽机的安全使用

①地下连续墙施工机械选型和功能应满足施工所处的地质条件和环境安全要求。

②发动机、油泵车起动时，必须将所有操作手柄放置在空档位置，发动后检查各仪表指示值，听视发动机及油泵的运转情况，确认正常后方能工作。

③作业前，应检查各传动机构、安全装置、钢丝绳等应安全可靠，方可进行空载试车，同时，试车运行中应检查液压元件、油缸、油管、油马达等不得有渗漏油现象，油压正常，油管盘、电缆盘运转灵活正常，不得有卡滞现象，并与起升速度保持同步，方可正常工作。

④回转应平稳进行，严禁突然制动。

⑤一种动作完全停止后，再进行另一种动作，严禁同时进行两种动作。

⑥钢丝绳排列应整齐，不得有松乱现象。

⑦成槽机起重性能参数应符合主机起重性能参数，不得有超载、违章现象。

⑧安装时，成槽抓斗放置在平行把杆方向的地面上，抓斗位置应在把杆 75°～78°时顶部的垂直线上。起升把杆时，起升钢丝绳也随之逐渐慢速提升成槽抓斗，同时，电缆与油管也同步卷起，以防油管与电缆损坏，接油管时应保持油管的清洁。

⑨机械应放置在平坦坚实场地，在松软地面作业时，应在履带下铺设 300mm 厚钢板，间距不大于 300mm，起重臂最大仰角不得超过 78°，同时，应勤检查钢丝绳、滑轮不得有磨损严重及脱槽，传动部件、限位保险装置、油温等不得有不正常现象。

⑩工作时，成槽机行走履带应与槽边平行，尽可能使主机远离槽边，以防槽段塌方。

⑪工作时，把杆下严禁人员通过和站人，严禁用手触摸钢丝绳及滑轮。

⑫工作时，应密切注意成槽机成槽的垂直度，并及时进行纠偏。

⑬工作完毕后，成槽机应尽可能远离槽边，并使抓斗着地，清洁设备，使设备保持整洁。

⑭拆卸时，把杆在 75°～78°位置将抓斗着地，逐渐变幅把杆同步下放起升钢丝绳、电缆与油管，以防电缆、油管拉断。

⑮运输时，电缆及油管应卷绕整齐，运输电缆盘和油管盘时，用道木垫高，使油管盘和电缆盘腾空，以防运输过程中造成电缆盘和油管盘损坏。

第十一章　建筑工地其他常用机电设备

第一节　焊条电弧焊机

供给焊接电弧燃烧的电源都称为电弧焊机。建筑工地使用的电弧焊机一般为焊条电弧焊机。建筑施工中钢筋的搭接、钢结构件的组合、壁板安装的连接固定均广泛采用焊条电弧焊的焊接方法。因此，电弧焊机是建筑工程施工中不可缺少的机电设备。

一、焊条电弧焊机的分类及特点

根据焊条电弧焊电源的种类不同，电弧焊机有交流弧焊机和直流弧焊机两类。

1. 交流弧焊机

交流弧焊机是具有下降特性的降压变压器，并具有调节和指示焊接电流的装置。根据交流弧焊机获得下降特性的方法不同，可以分为串联电抗器式和增强漏磁式交流弧焊机两类。

(1)串联电抗器式交流弧焊机

串联电抗器式交流弧焊机是将做成独立的带铁心的线圈电感（称为电抗器）与正常漏磁式主变压器串联。在交流电路中，电抗器线圈可起电抗降压作用，电流越大，电抗器上降压越大，输出的电压就越小，从而获得下降外特性。

串联电抗器式交流弧焊机又分为分体式与同体式两种。分体式用于多站交流弧焊机，如BP—3×500。它的主变压器是一台正常漏磁三相变压器，附12台电抗器，焊接电流调节范围为25～210A，可同时供12个焊工使用。同体式主要用作埋弧自动焊电源，如BX2—1000型，型号中“2”表示同体式系列。

(2)增强漏磁式交流弧焊机

目前交流焊条弧焊机使用的基本上都是增强漏磁式交流弧焊机。增强漏磁式交流弧焊机按增强和调节漏抗的方法不同，又可分为动铁心式和动线圈式。

①动铁心式交流弧焊机

动铁心增强漏磁式交流弧焊机在一次线圈和二次线圈之间增加了可移动的动铁心，作为一、二次线圈之间的漏磁分路，以增强漏磁，获得下降外特性。移动动铁心，可以改变漏磁程度，从而改变外特性曲线下降的快慢，以调节焊接电流。动铁心摇入固定铁心，动铁心磁路面积增大，气隙减小，漏磁增强，下降外特性曲线变陡，焊接电流变小。动铁心式交流弧焊机有BX1—120、160、250、300、400等。

②动线圈式交流弧焊机

动线圈式交流弧焊机的一次线圈固定不动，二次线圈可用丝杆上下均匀移动，在两个线圈之间形成漏磁磁路，获得下降外特性。调节两个线圈之间的距离可改变漏磁程度，从而改变了外特性曲线，即可调节焊接电流，向上拉开可移动线圈，漏磁增强，下降外特性曲线变陡，焊接电流变小。

动线圈式交流弧焊机没有动铁心式弧焊机振动大，小电流焊接时电弧稳定，但调节电流时移动距离大；铁心尺寸大，浪费材料，经济性较差；电流调节范围受限制，要辅以改变线圈匝数来调节电流；使用时不如动铁心式交流弧焊机方便。这类产品属 BX3 系列，产品有 BX3—120、160、250、300、400 等。

2. 直流弧焊机

直流弧焊机是将交流电变为直流电的弧焊机。直流弧焊机主要有晶体管式、晶闸管式和逆变式三大类。

(1)晶体管式直流弧焊机

晶体管式直流弧焊机以硅二极管作为整流元件，主要由降压变压器、硅整流器、输出电抗器和外特性调节机构等部分组成。外特性调节机构用以获得所需外特性和进行焊接电流、电压的调节，一般有机械调节和电磁调节两种。

机械调节采用抽头式、动铁心式、动线圈式降压变压器，获得所需要的外特性，并调节电压和电流。动铁心式、动线圈式降压变压器是目前国内外晶体管式直流弧焊机中应用较多的一种调节机构。我国电焊机产品系列 ZX1 为动铁心式直流弧焊机，ZX3 为动线圈式直流弧焊机。

电磁调节是利用接在降压变压器和硅整流器之间的磁饱和电抗器(磁放大器)来获得所需要的电源外特性，并借助改变其磁饱和的程度来调节电压和电流。我国的电焊机产品系列 ZX 为磁放大器式直流弧焊机。磁放大器式弧焊整流器因磁惯性大，调节不灵活，动特性较差，体积大而笨重，铁心、铜线(材料)消耗多，有逐步被淘汰的趋势。

(2)晶闸管式直流弧焊机

晶闸管式直流弧焊机是利用晶闸管(即可控硅)来整流的直流弧焊机，主要由降压变压器、晶闸管整流器、输出电抗器和电子控制电路等部分组成。利用晶闸管组来整流并利用电子电路来控制，可获得所需要的外特性，还可调节电压和电流。

晶闸管式直流弧焊机与磁放大器式直流弧焊机比较，具有结构简单、动特性好、电流调节范围大等优点。我国电焊机产品系列 ZX5 为晶闸管式直流弧焊机，如 ZX5—250、ZX5—400 和 ZX5—630 等型号。

(3)逆变式直流弧焊机

逆变式直流弧焊机的基本工作原理是将工频交流电经输入整流器整流变为直流电，通过逆变器大功率开关电子元件的交替开关作用，将直流电逆变为几千到几万赫兹的中高频交流电，再通过中高频焊接变压器降压、输出整流器整流、输出电抗器滤波，并由电子电路控制，将中高频交流电变为适合于焊接的直流电输出。

逆变式直流弧焊机高效节能、体积小、重量轻(整机重量为传统弧焊电源的 1/5～1/10)、动特性和调节特性等性能良好、设备费用较低，但对制造技术要求较高。我国电焊机产品系列 ZX7 为逆变式直流弧焊机。

二、焊条电弧焊机的主要性能参数

焊条电弧焊机的主要技术参数有初级电压、初级电流、空载电压、工作电压、额定负载持续率、额定焊接电流和焊接电流调节范围等。

①一次电压。即一次线圈电压。这是弧焊机的输入电压，规定了焊机接入电网时对电网电压的要求，一般是 380 伏。

②一次电流。即一次线圈电流。这是电弧焊机的输入电流，可根据一次电流(输入电流)选择动力线(一次回路导线)截面积和熔断器(保险丝)的额定电流。

③空载电压。用于说明电弧焊机性能。交流弧焊机空载电压高，电弧稳定。

④工作电压。弧焊电源设计计算时设定的有负载时的电压。

⑤额定负载持续率。弧焊电源工作时会发热，温升高会使线圈绝缘损坏而烧毁。温升与焊接电流大小有关，还与电弧焊机使用状态有关，连续使用与断续使用温升不同。负载持续率就是焊机在规定的工作周期中，有负载的时间所占的百分率。

$$\text{负载持续率}=\frac{\text{工作周期中有负载的时间}}{\text{规定的工作周期}}\times 100\%$$

对于 500A 以下的焊条电弧焊机，工作周期规定为 5min，自动焊或半自动焊电弧焊机，工作周期可以是 10min、20min 或连续，额定负载持续率有 35%、60%、80%和 100%等几种。焊条电弧焊机一般选用 60%，轻便型可选用 20%或 35%，自动或半自动焊电弧焊机一般选用 100%、80%或 60%。

⑥额定焊接电流。电弧焊机在额定负载持续率工作条件下允许使用的最大焊接电流，称为额定焊接电流。负载持续率越大，即在规定的工作周期中焊接的时间越长，则电弧焊机许用电流越小。实际负载持续率与额定负载持续率不同时，电弧焊机的许用电流可按下式计算：

$$\text{实际许用焊接电流}=\text{额定焊接电流}\times\sqrt{\frac{\text{额定负载持续率}}{\text{实际负载持续率}}} \tag{11-1}$$

电弧焊机铭牌上往往标出几种不同负载持续率时的许用焊接电流，使用时，不能超过规定范围。

⑦电流调节范围。供选用电弧焊机时使用。

三、焊条电弧焊机的安全使用

①电焊机的安装与检修由电工负责。新电焊机或长期停用的电焊机在安装前要检查电焊机的绝缘电阻。交流电焊机二次侧应安装漏电保护器。硅整流直流电焊机主变压器的次级线圈和控制变压器的次级线圈严禁用摇表测试。

②必须将电焊机平稳地安放在通风良好、干燥的地方，不准在高湿(相对湿度大于 90%)和高温(周围空气温度大于 40℃)以及有害工业气体、易燃易爆物附近进行电焊作业。室外使用的电焊机必须有防雨雪的防护措施，防止电焊机受潮。电焊机的工作环

境应与焊机技术说明书上的规定相符。

③搬运由高导磁材料制成的磁放大铁心时，应防止强烈震击引起磁能恶化。

④电网电压必须与电焊机输入电压相等。在同一现场使用多台电焊机时，应分别接在三相上，使三相负载平衡。当数台焊机在同一场地作业时，应逐台起动。

⑤根据额定输入电流（初级电流）选择电焊机的电源开关、熔断器（保险丝）和动力线（一次电源线）截面。次级线接头应加垫圈压紧，合闸前，应详细检查并确认接线螺帽、螺栓及其他部件完好齐全、无松动或损坏。

⑥移动电焊机时，应切断电源，不得用拖拉电缆的方法移动焊机。焊接中突然停电时，应立即切断电源。

⑦电焊机机壳必须接地或接零。多台电焊机集中使用同一接地装置时，应采取并联，严禁串联，在焊接作业未结束前不准随意拆除接地线。

⑧经常检查和保持焊接电缆与焊机接线柱的接触良好，注意拧紧，不得松动。

⑨电焊钳不能放在焊件上，以防合闸时发生短路，烧坏焊机。焊接时也不得长时间短路。

⑩应按照焊机的额定焊接电流和负载持续率来使用，不得超负荷使用，以防因过载烧坏焊机和发生火灾。调节焊接电流或改变极性时，必须在空载状态下进行。调节不得过快、过猛。

⑪焊机发生故障时，应立即将焊机的电源切断，报告有关部门及时检查和修理。

⑫电焊机在未切断电源之前，绝不准触摸电焊机的导线部分，工作完毕或临时离开场地，必须及时切断焊机的电源。

⑬焊接电缆长度为20m以内时，电流密度可取4～10A/mm^2，如果导线再长，应选择截面积稍大的导线，确保焊接回路中导线上的电压降小于4V。焊接时，若电缆线长度不够，切不可用铁板、钢筋等搭接方法代替焊接电缆。

⑭电焊工在作业时，必须穿好安全防护服和绝缘鞋，戴好防护面罩或防护头盔。

⑮电焊机必须经常保持清洁，经常擦拭机壳，定期用干燥的压缩空气或“皮老虎”等清除机内灰尘。启用长期停用的焊机时，应空载通电一定时间进行干燥处理。

⑯每半年应进行一次电焊机维护保养，清除机内灰尘油污，检查绝缘有无损坏，更换损坏的零件，检修电流刻度盘。

第二节　水　　泵

水泵是用来抽水的机械设备。在建筑施工中，水泵主要用来排出基坑或建筑物内的积水。水泵的种类较多，有往复活塞式水泵、离心式水泵、轴流泵、混流泵和潜水泵等。

离心式水泵是利用其叶轮旋转产生的离心力来进行抽水。按水泵的吸水口和叶轮的数目，离心式水泵可分为单级单吸式（BA型）、单级双吸式（SH型）、多级单吸分段式（DA型）、多级开式离心泵（DK型）、深井泵（SD、JD型）等。建筑工地排除地表水使用最多的是单级单吸离心式水泵。

一、单级单吸离心式水泵的构造组成

图 11-1 所示为单级单吸离心式水泵的外形图。BA 型单级单吸离心式水泵主要由泵座、泵壳、轴承盒、泵轴、叶轮、进水口、排水口及联轴节等部分组成。

泵壳是一个具有蜗形槽的壳体，多用铸铁铸造而成，中间一侧为进水口，上侧为排水口，分别通过法兰盘与进、排水管相连。泵壳顶部装有放气阀和供起动用的注水漏斗，泵壳下部装有放水阀门，用于停泵后放净泵壳内的积水，防止生锈和冬季结冰。泵壳主要用来将水引入叶轮，并汇集由叶轮甩出的水；减慢水流从叶轮边缘甩出的速度，增加其压力，将水泵的所有部件连接在一起，形成一个整体。

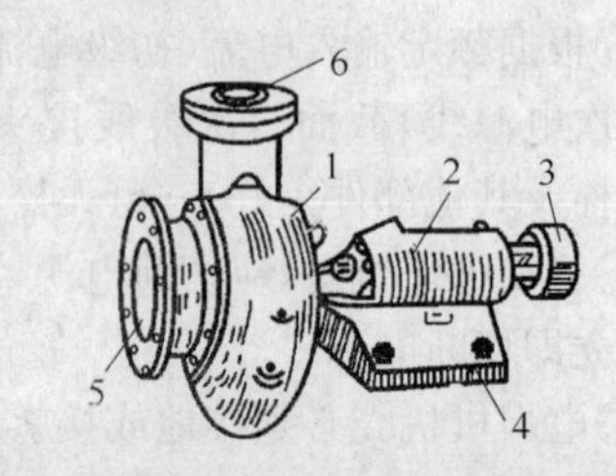

图 11-1　单级单吸离心式水泵外形图

1. 泵壳　2. 轴承盒　3. 联轴节
4. 泵座　5. 进水口　6. 排水口

叶轮是水泵的重要部件，由叶片与轮壳两部分组成。叶片固定在轮壳上，轮壳中间加工有轴孔，与泵轴相互连接，形成水泵的转子。BA 型水泵的叶轮有封闭式、半封闭式和敞开式三种，其构造如图 11-2 所示。封闭式叶轮两侧都有盖板，适用于抽吸清水；半封闭式叶轮一侧有盖板，适用于抽吸含杂质且易于沉淀的水；敞开式叶轮两侧都没有盖板，适用于抽吸含杂质较多的污水。由于叶轮的构造不同，水泵可分为清水泵、泥浆泵和污水泵。

在泵壳内壁与叶轮进水口一侧外缘相对应的位置上，用平头螺钉固定安装有减漏环，又称为承磨环，如图 11-3 所示。减漏环的作用是挡住泵壳内高压水返回到叶轮的吸水口处，同时还起到承受磨损的作用。减漏环属于易损件，可经常进行更换。减漏环与叶轮之间的间隙一般应在 0.1～0.5mm 之间。若间隙过小，摩擦力增加，水泵的功率损失加大；间隙过大，水泵的内漏增加，影响水泵的效率。

(a) 敞开式　(b) 半封闭式　(c) 封闭式

图 11-2　离心式水泵叶轮的构造形式

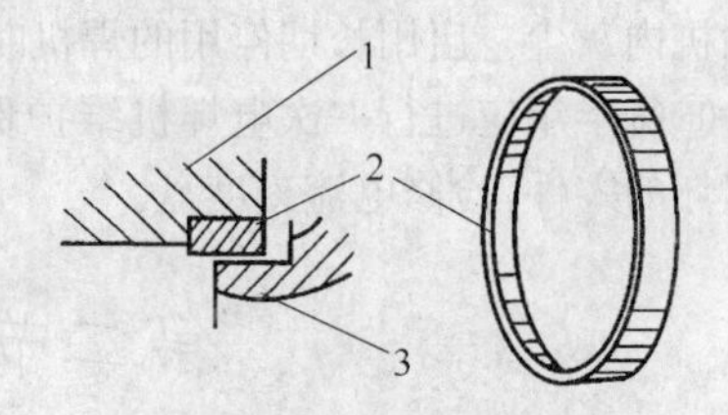

图 11-3　减漏环的安装及形状

1. 泵壳　2. 减漏环　3. 叶轮

BA 型水泵的泵轴安装在轴承盒内两个支承轴承中，将动力直接传递给叶轮。泵轴与轴壳之间装有盘根箱。盘根箱的作用是密封泵轴穿过泵壳处的缝隙，防止水从泵内流出和空气吸入泵腔内，同时还可以部分地起到支承水泵转子和引水冷却、润滑泵轴的作用。盘根箱的构造如图 11-4 所示，靠压盖上的螺钉调节填料的松紧度，泵内的高压水可经水封管流入水封环，对泵轴进行水封，起到密封缝隙的作用。

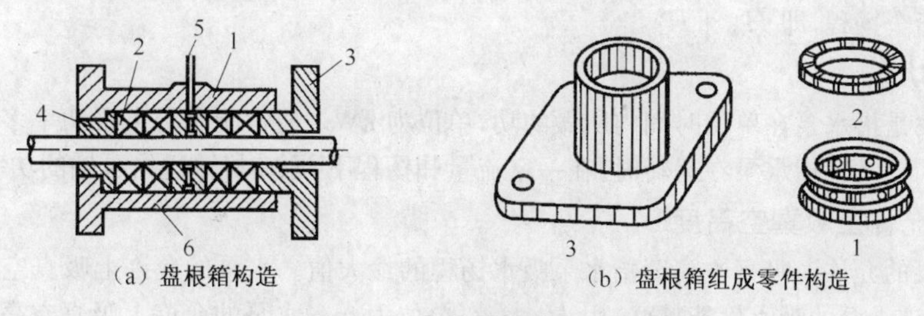

（a）盘根箱构造　　（b）盘根箱组成零件构造

图 11-4　盘根箱构造示意图

1. 水封环　2. 填料　3. 填料压盖　4. 底封环　5. 水封管　6. 填料室

离心式水泵的工作原理是当叶轮在充满水的泵壳内高速旋转时，在离心力的作用下，泵壳中央的水被叶轮的叶片高速甩向四周的蜗形槽，水的流速降低，同时压力提高，沿出水管排出。同时，泵壳的中央形成真空，水在外界大气压的作用下，由进水管流入泵壳中央。由于叶轮不停地高速旋转，这一过程周而复始，使水连续地由进水管进入，排水管排出。实际上，离心式水泵是将机械能转换为水流动能的装置，同时又是随之将水流动能转换成压力能的装置。

二、离心式水泵的性能参数

离心式水泵的性能参数有流量、扬程、转数、功率、允许上吸真空高度、效率和比转数等。

1. 流量

流量是指水泵在单位时间内排出液体的体积或质量。体积流量用 Q 表示，单位为 m^3/h；质量流量用 G 表示，单位为 t/h 或 kg/s。水泵的流量一般都是在常温下以清水测得。

2. 扬程

扬程是指水泵能提升液体的高度。扬程用 H 表示，单位为 m。一般水泵的扬程是指水泵的全扬程，包括压水扬程和吸水扬程，如图 11-5 所示。吸水扬程是指水泵能吸上液体的高度，由于液体经过吸水管道时受到阻力，因而损失一部分扬程，所以，吸水扬程包括实际吸水扬程（$H_{实吸}$）和吸水扬程损失（$H_{吸损}$）两个部分，即 $H_{吸}=H_{实吸}+H_{吸损}$。压水扬程是指水泵能将液体压出的高度，液体经排水管因受到管内壁的摩擦阻力影响，同样也要损失一部分扬程，所以，压水扬程包括实际压水扬程（$H_{实压}$）和压水扬程损失（$H_{压损}$）两部分之和，即 $H_{压}=H_{实压}+H_{压损}$。水泵铭牌上所标出的

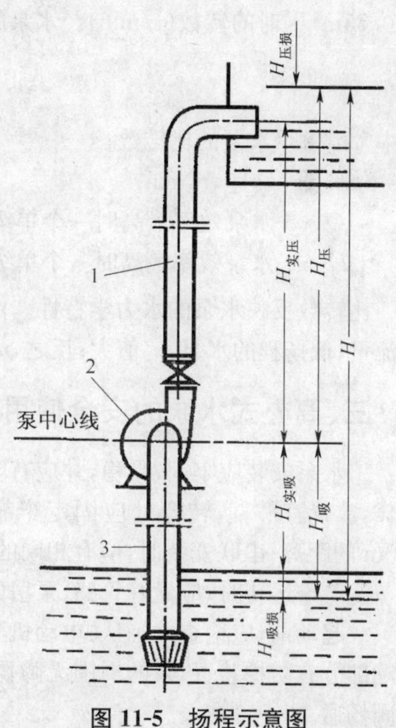

图 11-5　扬程示意图

1. 排水管道　2. 水泵　3. 吸水管道

扬程是指全扬程，即 $H_{吸}+H_{压}$。

3. 功率

功率是指水泵在单位时间内所做的功，单位为 kW。通常所说的水泵功率多指轴功率。所谓轴功率指水泵在运转时，在一定流量和扬程下，原动机输送给泵轴的功率。

4. 允许上吸真空高度

水泵的允许上吸真空高度指水泵吸水扬程的最大值。水泵的允许上吸真空高度越高，说明该水泵的吸水性能越好，用 H_S 表示，单位为 m。水泵的允许上吸真空高度一般在 2.5～9m 之间，绝对不会超过大气压水柱高度(10m)。为了保证水泵正常工作，泵的几何安装高度(水泵吸水口中心至动水面的垂直距离)应小于允许上吸真空高度减去吸水管道的吸水扬程损失，否则，水泵有可能发生气蚀，导致抽不上水来。

5. 效率

水泵效率是水泵的输出功率与轴功率之比。水泵的效率越高，说明水泵的使用越经济。

6. 转速

水泵的转速是指泵轴每分钟的回转次数，单位为 r/min。

7. 比转数

水泵的比转数是表示水泵特性的一个综合性参数，主要用于设计水泵。一台水泵的比转速是指一个假想的泵与该泵的叶轮几何形状完全相似时，它的扬程为 1 米、流量为 0.75m³/s 时的转数(r/min)。水泵的比转数用下式表示：

$$n_S=3.65\frac{n\sqrt{Q}}{H^{3/4}} \tag{11-2}$$

式中　n_S——水泵的比转数；

n——转速，r/min；

Q——水泵效率最高时一个单级叶轮的流量(如双吸泵，则取 $Q/2$ 代入)，m³/s；

H——水泵效率最高时一个单级叶轮的扬程，m。

比转数反映水泵的水力学特性。由上式可知，n_S 与 n、$\sqrt{Q}$ 成正比，与 $H^{3/4}$ 成反比，即大流量、低扬程的水泵，n_S 值大；反之，n_S 值小。

三、离心式水泵的安全使用

①水泵安装应牢固、平稳，并应有防雨防潮设施。多级水泵的高压软管接头应牢固可靠，放置宜平直，转弯处应固定牢靠。数台水泵并列安装时，每台之间应有 0.8～1.0m 的距离；串联安装时，应有相同的流量。

②冬季运转时，应做好管路、泵房的防冻、保温工作。

③起动前，应检查并确认：电动机与水泵的连接同心，联轴节的螺栓紧固，联轴节的转动部分有防护装置，泵的周围无障碍物；管路支架牢固，密封可靠，无堵塞或漏水；排气阀畅通。

④起动时应加足引水，并将出水阀关闭；当水泵达到额定转速时，旋开真空表和压

力表的阀门,待指针位置正常后,方可逐步打开出水阀。

⑤运转中发现下列情况,应立即停机检修:漏水、漏气、填料部分发热;底阀滤网堵塞,运转声音异常;电动机温升过高,电流突然增大;机械零件松动;轴承温升过高(一般控制在60℃以下)。

⑥运转时,人员不得从机上跨越。

⑦水泵停止作业时,应先关闭压力表,再关闭出水阀,然后切断电源。冬季停用时,应将各部放水阀打开,放净水泵和水管中的水。

第三节　手持电动机具

在建筑施工中,特别是安装和装饰工程中多采用各种手持式电动工具。手持电动工具种类繁多,型号各异。常用的手持电动工具有手提式木工电刨、手提式木工电锯和电锤、角向磨光机等。此外,常用的手提式工具还包括以空压机为动力装置的气动工具等。

一、电锤

电锤属于冲击式电动工具,其外形如图11-6所示。电锤以冲击或冲击旋转作用,在混凝土、岩石等坚硬脆性材料上打孔、破碎和开槽。由于其冲击力大、打孔速度快、成孔精度高,所以,建筑安装工程广泛采用。

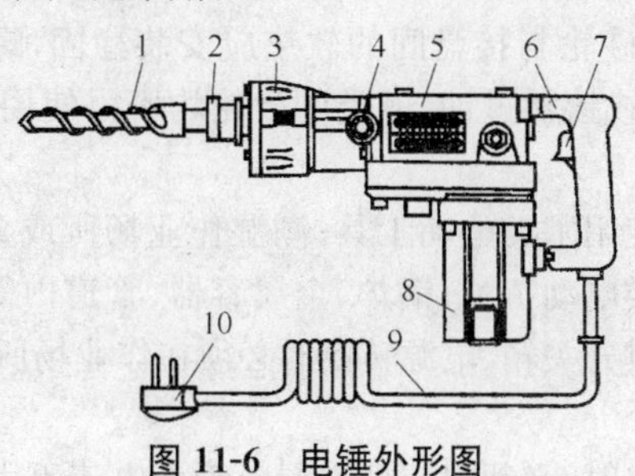

图11-6　电锤外形图

1. 钻头　2. 定位器　3. 前部壳体　4. 把手　5. 壳体
6. 手柄　7. 开关　8. 电动机　9. 电缆　10. 插销

电锤利用一定的机械装置将旋转运动变为冲击运动或旋转冲击运动,根据冲击形式不同,分为动力冲击锤、弹簧冲击锤和曲柄连杆气垫锤等。图11-7为曲柄连杆气垫锤的工作原理图。活塞和击锤装在锤筒内,活塞在曲柄连杆机构的传动下,在锤筒内作往复运动。活塞、击锤与锤筒都是滑动配合,两者之间的密闭气体成为一气垫,活塞左移时,气垫使击锤左移,并冲击在端头上。由于动力传动介质是气体,使电锤传动机构不直接承受冲击作用,保证了电锤的可靠工作。

二、手持电动机具的安全使用

①手持电动工具在使用前应先检查电源电压是否与电动工具铭牌上的额定电压相符。

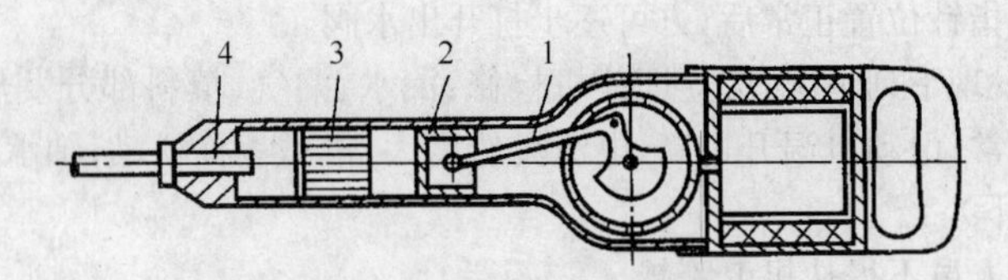

图 11-7 曲柄连杆气垫锤

1. 曲柄连杆机构 2. 活塞 3. 击锤 4. 端头

②手持电动工具使用环境的相对湿度不得超过 90%(25℃)。在使用前,应空载运行 3~5min,检查转动部分是否灵敏可靠,有无杂音、异响。

③手持电动工具在更换钻头、刀片、磨具等零件和调整、维修时,必须拔下电源插头,确认无电时,方可操作。

④应严格按照手持电动工具的使用说明书要求操作。使用电锤、电刨和磨光机等手持电 动工具在操作中应戴好护目镜,以防止碎渣、飞屑飞出伤眼。

⑤作业时,不得使手持电动工具受到撞击和摔击,放置在安全的位置,防止从高处落下。手持电动工具在使用完毕后,应放置在干燥、清洁、无腐蚀性气体的环境中,并避免与有害溶剂接触。

⑥使用刃具的机具,应保持刀刃锋利,完好无损,安装牢固配套。使用过程中要佩戴绝缘手套,施工区域光线充足。

⑦使用砂轮的机具,砂轮与接盘间的软垫应安装稳固,螺帽不得过紧,凡受潮、变形、裂纹、破碎、磕边缺口或接触过油、碱类的砂轮均不得使用,并不得将受潮的砂轮片自行烘干使用。

⑧一般作业场所应使用Ⅰ类电动工具;潮湿作业场所或金属构架上等导电性能良好的作业场所应使用Ⅱ类电动工具;锅炉、金属容器、管道内等作业场所应使用Ⅲ类电动工具;Ⅱ、Ⅲ类电动工具开关箱、电源转换器必须在作业场所外面;在狭窄作业场所操作时,应有专人监护。

⑨使用Ⅰ类电动工具时,必须安装额定漏电动作电流不大于 15mA、额定漏电动作时间不大于 0.1s 防溅型漏电保护器。

⑩雨期施工前或电动工具受潮后,必须用 500V 兆欧表检测电动工具的绝缘电阻,且每年不少于两次。绝缘电阻应不小于表 11-1 规定的值。

表 11-1 电动工具的绝缘电阻值

测量部位	绝缘电阻(MΩ)		
	Ⅰ类电动工具	Ⅱ类电动工具	Ⅲ类电动工具
带电零件与外壳之间	2	7	1

⑪非金属壳体的电动机、电器在存放和使用时不应受压、受潮,并不得接触汽油等溶剂。

⑫手持电动工具的负荷线应采用耐气候型橡胶护套铜芯软电缆,并不得有接头,长度不大于 5m,其插头插座具备专用的保护触头。

⑬作业前，应重点检查以下项目，并符合下列要求：外壳、手柄无裂缝、破损；电缆软线及插头等完好无损，保护接零连接正确牢固可靠，开关动作正常；各部防护罩装置齐全牢固。

⑭机具起动后，应空载运转，应检查并确认机具转动灵活无阻。作业时，加力应平稳。

⑮严禁超载使用。作业中应注意声响及温升，发现异常应立即停机检查。作业时间过长，机具温升超过 60℃时，应停机，自然冷却后再行作业。

⑯作业中，不得用手触摸刃具、模具和砂轮，发现其有磨钝、破损情况时，应立即停机修整或更换。

⑰停止作业时，应关闭电动工具，切断电源，并收好工具。

第十二章　建筑机械零件修复的基本方法和工艺

第一节　建筑机械零件损坏的主要形式

机械零件的损坏形式除零件的磨损、变形、断裂外，还包括金属零件的腐蚀、穴蚀及高分子材料零件的老化等。在正常使用条件下，磨损是机械零件最主要的损坏形式。

一、机械技术状况变化的现象和原因

1. 机械技术状况变化的现象

性能良好的工程机械随着使用台班的增加，机械技术状况会逐渐发生变化。机械技术状况变化主要表现在以下三个方面：

①动力性能下降。动力性能主要指发动机的有效功率和有效转矩。动力性能下降表现为最高行驶速度下降、加速时间和加速距离增加、爬坡和牵引能力降低、工作装置能力降低等。

②经济性能下降。经济性能下降指能耗（燃油、电能、润滑油的消耗）增加和超标。如果零部件磨损速度加快，小修费用增多，使机械的运行成本提高，也是经济性能下降的现象。

③可靠性能下降。机械在运行中出现故障增多，如漏油、漏水、漏气、发热、异响、动作异常或失灵等，致使规定的工作性能指标不能达到，甚至发生事故，不能保证安全生产，说明机械的可靠性能变坏。

2. 机械技术状况变化的原因

动力性能、经济性能、可靠性能是机械技术状况变化的主要标志。机械技术性能变坏的主要原因是由于零件在使用过程中磨损、腐蚀和疲劳损伤，使零件的原有尺寸、形状、精度、弹性等发生变化，从而破坏了零件间的配合特性和合理的相对位置。

二、建筑机械零件的磨损

机械在使用过程中，相互摩擦的零件表面发生尺寸、形状和表面质量变化的现象称为磨损。

根据磨损的条件和特点，磨损分为自然磨损和事故磨损。自然磨损是指机械在正常使用情况下，零件的尺寸、形状、体积和质量等逐渐变化。自然磨损在正常使用条件下是不可避免和逐渐增大的。事故磨损是指零件在短时间内急剧地磨损，事故磨损使零件功能迅速失效。

1. 自然磨损的基本形式

自然磨损一般可分为摩擦磨损、磨料磨损、粘附磨损、疲劳磨损和腐蚀磨损。

①摩擦磨损。摩擦磨损指磨损几乎是摩擦的结果，即相对运动的零件摩擦表面只有尺寸、形状、体积的变化，而无重大的物理变化和化学变化。摩擦磨损是由于零件表面之间峰谷相互咬合，在做相对运动中被刮掉，或因峰顶塑性变形被碾平的结果。

②磨料磨损。硬质微小颗粒磨料进入摩擦表面间，在摩擦过程中，引起表面材料脱落的现象称为磨料磨损。由于工程机械工作环境十分恶劣，大多在粉尘的环境中工作，而工作对象又多为泥土、砂石等物质。因此，工程机械的行走机构、工作装置、滤清器和滤油器失效的发动机零件和液压元件磨料磨损十分严重。

③粘附磨损。零件发生摩擦时，两摩擦面间的分子在高压下极为接近而粘结在一起，或由于摩擦产生高温而使局部熔焊在一起，又在相对运动中被撕开而产生的零件表面的破坏现象称为粘附磨损，如内燃机的拉缸、抱瓦、轴颈和轴孔间的粘死，均属于粘附磨损。

粘附磨损的产生取决于零件材料的屈服强度、硬度、塑性、工作速度、温度、表面压力、润滑条件及摩擦表面的粗糙度等。粘附磨损一旦发生，在零件摩擦表面的继续运动中，会导致零件的急剧破坏，所以，应尽可能地防止粘附磨损的发生。

④疲劳磨损。疲劳磨损又称点蚀磨损，指零件表面作滚动或滚动与滑动的混合摩擦时，在交变荷载作用下，零件表面材料由于疲劳剥落而形成小凹坑状的磨损。疲劳磨损的原因是由于零件表面局部单位面积上的负荷大于材料的屈服极限，在交变荷载的反复作用下，表面产生微观裂纹，在润滑油楔作用下产生集中应力，加速裂纹扩大，最终使零件表层金属局部剥落形成凹坑(即点蚀)。

疲劳磨损速度与材料的屈服极限、单位面积接触压力、交变荷载的变化情况等有关。在修理过程中对因疲劳磨损而失效的零件，在堆敷时，要注意选用屈服强度较高的材料，并采取表面热处理或整体热处理以提高零件的抗疲劳强度。

⑤腐蚀磨损。磨蚀磨损指零件的摩擦面间由于存在化学腐蚀介质而发生化学或电化学作用而引起的零件表面金属的破坏。常见的腐蚀介质有氧、碳、硫、氮的氧化物、水蒸气和有机酸等。腐蚀磨损一般比较缓慢，与温度、环境湿度、金属的塑性及润滑条件有关。由于零件表面有完整的润滑油膜能有效地防止腐蚀介质与零件表面接触，所以，良好的润滑条件能够防止和减少腐蚀磨损。

2. 机械零件磨损的基本影响因素

机械零件磨损的基本影响因素可归纳为零件表面机械加工质量的影响；零件材质的影响；配合性质的影响；润滑油质量的影响；机械使用条件的影响。

图 12-1 所示为磨损量与表面粗糙度的关系图。从图中可知，表面粗糙度等级越低，越易造成磨损，但表面粗糙度等级过高时，也会由于表面间不易保持润滑油膜而使磨损量增加。

建筑机械的零件采用合金钢等屈服强度高、硬度高、耐高温的材料，并合理地进行淬火、渗碳等热处理工艺来提高零件的耐磨性。

建筑机械零件的修复、制造和装配过程应遵守修理技术规范的规定，选用合理的配合精度。任意减小或增大配合间隙都将降低零件的使用寿命。

燃油的质量对发动机气缸、活塞等零件的磨损有较大影响，也会造成对润滑油的污染。经常清洁燃油和润滑油的滤清器、根据季节和规定时间更换黏度适宜的润滑油等，都是减少机械磨损的有效措施。

气候条件、保修条件、道路条件、工作环境条件和操作技术水平也对机械零件的磨损造成极大影响。因此，在机械的使用过程中必须加强科学管理，严格遵守各种技术标准和操作规程。

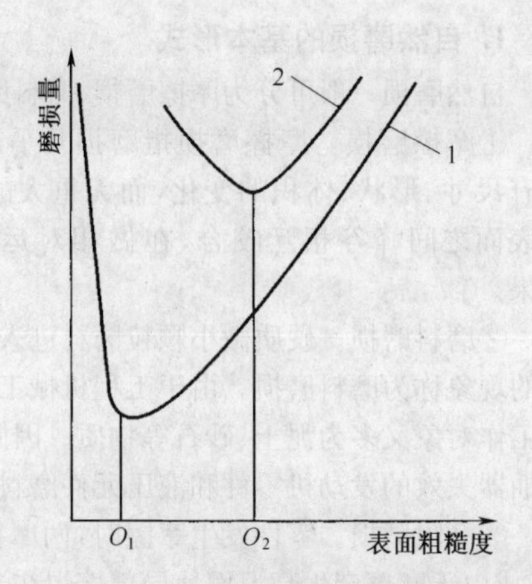

图 12-1　磨损量与表面粗糙度的关系

1. 轻载工作条件　2. 重载工作条件

三、建筑机械零件的变形

1. 机械零件变形的基本形式

机械零件的尺寸和形状的变化称为变形。金属零件的变形分为弹性变形和塑性变形两种。

弹性变形的基本特征是具有恢复性，当外力撤去后变形完全消失；弹性变形量较小，一般不超过1%；外力的大小与变形量成正比，即满足胡克定律。

塑性变形指在外力的作用下，金属内部的晶粒发生相对位移，当外力撤去后，产生不能恢复到原来形状的永久性变形。塑性变形是由于材料的应力超过其弹性极限所致。

2. 引起零件产生塑性变形的主要原因

①金属零件进行冷、热加工过程中形成的残余内应力。

②零件的工作荷载过大，使工作应力超过了材料的弹性极限。

③零件长期在高温下工作，使材料的弹性极限下降。

④材料的材质和内部的缺陷。

⑤加工时不合理的定位、夹持和制造装配误差。

3. 减小机械零件变形的主要措施

①正确选用材料。对于重要零件和对变形有要求的零件，应选用弹性极限较高的合金钢、耐热钢，或选用具有良好的铸造性能、锻造性能、切削性能、焊接性能和热处理性能的材料。

②改善零件的结构、形状设计。合理地设计零件的结构和形状，如避免尖角、棱角、厚薄悬殊等情况，在可能产生应力集中的地方设计成圆角、倒角和圆弧过渡，合理地布置加强肋或支撑，尽可能避免悬臂结构等。

③消除残余内应力。经铸造、锻造和焊接的零件都有较大的内应力。清除内应力的常用方法有自然时效、人工时效、退火、正火和敲击振动等。

④预留合理的加工余量。零件在粗加工后留有一定的精加工余量，一旦热处理后或粗加工件存放一段时间后发生变形，即可在精加工时将变形消除。

⑤在机械修理中校正变形的同时尽量减少产生新的变形。在修理过程中，注意零件的变形，合理地安排修理工序，采取合理的定位基准和夹持方法，以避免产生新的变形。

⑥机械使用过程中应避免超载、带载起动、工作速度和运动方向突然改变，以免零件发生变形。

四、建筑机械零件的断裂

机械零件的断裂不仅造成机械设备的损坏，而且会直接造成事故，甚至引起不可估量的后果，因此，必须予以足够的重视。

1. 机械零件断裂的基本形式

①根据断裂前零件是否已发生塑性变形，断裂可分为韧性断裂和脆性断裂。韧性断裂指零件在断裂前已出现了塑性变形，当零件材料的塑性较好时，常发生韧性断裂。脆性断裂指零件尚未发生塑性变形时即已断裂。这种断裂常发生在材料塑性较差的零件。

②根据零件所受荷载的性质，断裂又可分为一次加载断裂和疲劳断裂。一次加载断裂指零件在一次静荷载或一次冲击荷载的作用下发生断裂的现象，包括零件受到拉伸、弯曲、扭转、剪切、高温蠕变和一次冲击断裂的现象。一次加载断裂常在事故性破坏时发生。

疲劳断裂指零件在反复多次的交变荷载循环作用下，损伤积累产生微小裂纹，以及这些裂纹逐渐扩大而引起的断裂。

图 12-2 所示为疲劳断裂断口的宏观形貌。疲劳断裂起源于金属存在的缺陷和有应力集中的部位，即所谓疲劳源，如加工缺陷或台肩、尖角等应力集中处。疲劳断裂可分为两个阶段。第一阶段，疲劳源处出现初始微观裂纹，在交变荷载的继续作用下，微观裂纹不断扩展，随着裂纹向材料内部的扩展，裂纹方向逐渐与拉应力垂直。第二阶段，当裂纹向材料内部扩展到一定深度后，由于零件剩余工作截面面积减少，使得应力增大，裂纹将在交变荷载的作用下加速扩展，直至最后发生瞬时断裂。

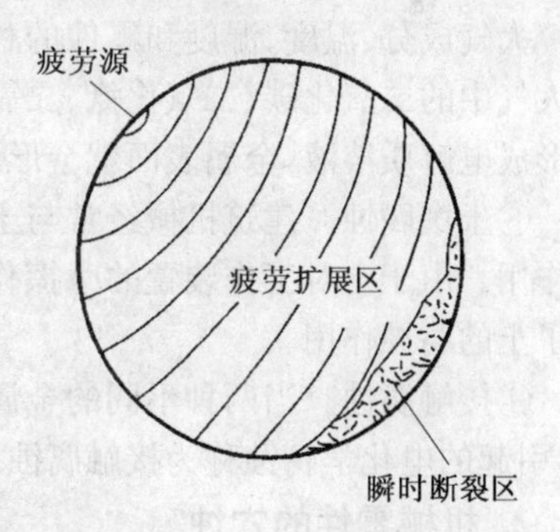

图 12-2　疲劳断口的宏观形貌

2. 预防零件断裂的措施

由于零件在断裂之前通常没有明显的预兆，所以，必须采取预防措施。预防零件断裂的有效措施有：

①减少零件的局部应力集中。绝大多数疲劳断裂均起源于应力集中。零件几何形

状不连续、表面或内部的材料不连续时，都会形成应力集中。应尽量保证零件外形连续、通过精加工消除加工刀痕、在不连续处采取过渡圆角、避免零件材料的缺陷等方法减小应力集中。

②减少残余应力的影响。残余应力是造成零件变形和断裂的重要原因。残余应力是在对零件加工或热处理时，由于零件材料的塑性变形、热胀冷缩及组织转变所致，可采用消除残余应力的措施来预防零件的断裂。

③避免机械超载运行。机械零件在使用中可因荷载过大而发生断裂，所以，在作业中应严格按照机械的工作性能参数和操作规范使用机械，从而避免零件因超载而发生断裂，造成机械事故。

五、建筑机械零件的腐蚀和穴蚀

1. 机械零件的腐蚀

金属材料表面和周围环境的介质发生化学或电化学作用，引起零件的破坏叫腐蚀。腐蚀使零件表面质量变坏，导致配合恶化，磨损加剧，并引起应力集中，强度降低，产生微观裂纹而使零件断裂。常见的腐蚀包括化学腐蚀、电化学腐蚀、大气腐蚀、土壤腐蚀及接触腐蚀。

①化学腐蚀。化学腐蚀是金属与外部介质接触直接产生化学反应的结果，腐蚀过程不产生电流。这种腐蚀多发生于金属与非电解质物质接触，进行化合反应后生成金属锈，经不断脱落又不断生成而使零件腐蚀。

②电化学腐蚀和大气腐蚀。金属表面与周围介质发生电化学作用而有电流产生的腐蚀称为电化学腐蚀。暴露在大气中的机械零件，金属的表面直接接触到雨水，或者由于空气中的水蒸气因气温和湿度的变化而凝聚成的水珠，在金属表面形成一层电解液膜，因此，直接暴露于大气中的零件，如不加保护层，都会受到电化学腐蚀。

大气成分、温度、湿度和零件的材料及表面状态是影响大气腐蚀速度的重要因素，当大气中的二氧化碳、二氧化氮、二氧化硫或盐类、尘埃溶于金属表面的水膜中时，该水膜形成电解质溶液，金属表面就会形成电化学腐蚀。

③土壤腐蚀。建筑机械经常与土接触，土中含有的有机与无机物质对零件起到腐蚀作用。由于土对工作装置的摩擦作用，使零件表面以下的金属不断露出，因此，更加剧了土的腐蚀作用。

④接触腐蚀。当两种不同的金属相接触时，由于存在成对的标准电极电位彼此不同，引起的电化学腐蚀称为接触腐蚀。

2. 机械零件的穴蚀

穴蚀是指在零件与液体接触并有相对运动的条件下，金属表面产生孔穴或凹坑的现象。例如，柴油机气缸套与冷却水接触的表面常出现一些针状孔洞。这些孔洞表面清洁，没有腐蚀生成物，随着使用时间的推移，这些孔洞逐渐扩大和深化，以致形成蜂窝状洞穴，严重时会使气缸穿透。

产生穴蚀的原因是压力液体中溶有一定量的气体或空气，当液体压力降低时，溶于液体中的气体或空气会以气泡的形式分离出来。这时，如果压力再次升高到一定数值时，气泡将突然爆破，以极大的瞬时压力挤压金属表面。同时，气泡周围的液体迅速向气泡中心填充，液体之间产生撞击（水击现象），其产生的压力波以超音速度向四周传播，也对零件表面产生很大的冲击和挤压。上述过程反复进行，使零件表面产生疲劳剥落，形成针状孔，逐渐变成小孔，小孔扩大加深，直至穿透。

第二节　建筑机械零件修复的基本方法

一、建筑机械故障的分类和原因

1. 机械故障及其分类

机械的某些部件和零件的工作能力丧失，或工作性能低于规定的要求称为机械故障。根据故障产生的原因或性质可分为自然磨损故障和事故性故障两大类。自然磨损故障是由于机械长期使用，零件不可避免的自然磨损所致。而事故性故障是由于违反操作规程、维修装配错误及意外事故造成，例如严重超载超速、发动机水箱和气缸体冻裂以及撞车、翻车事故等。

2. 机械故障产生的原因

机械故障产生的原因主要是由于机械的某一部件因磨损失去原有配合精度、变形而影响配合及位置精度、破损而丧失工作能力等所致。只要及时发现并修复引起故障的部件，机械故障即可排除。机械故障产生的具体原因包括：

①零部件配合关系遭到破坏而引起的故障。由于间隙配合的零件配合间隙增大，使零件发生冲击、应力急剧增大而使零件破坏和使用性能达不到规定要求。例如，轴承间隙、柱塞与柱塞套筒间隙、活塞环与缸筒间隙等。过盈配合的机件由于过盈量减少或变为间隙配合，使零件丧失工作能力而引起故障。如铜套滑动、滚动轴承外圈与座孔配合松动、气门座圈脱落、飞轮松动等。

②零部件相互位置精度遭到破坏引起的故障。零部件的同轴度、平行度、垂直度等超出了误差允许的范围均为位置精度遭到破坏。

③零部件间连接松动或脱开及某些部件缺乏及时调整所造成的故障。例如，焊口开裂、螺扣松脱、键连接失效、链条张力过低等。机械常由于某一零件的损坏而波及其他零件和机构。例如，变速箱中某一齿轮打齿后，小块的碎落物夹入齿轮的啮合齿间，而引起连续的断齿甚至使变速箱胀裂；某些螺钉的松脱会引起其他螺钉受力增大而被切断。

二、建筑机械零件的修复方法

常用机械零件的修复方法有恢复配合精度的方法、恢复位置精度的方法和更换新零件的方法等。

1. 恢复配合精度的方法

恢复零件配合精度的方法有改变零件公称尺寸恢复配合精度和修复零件公称尺寸

恢复配合精度两种方法。

(1)改变零件公称尺寸恢复配合精度

改变零件公称尺寸恢复配合精度的基本特点是零件修理后，其公称尺寸有所改变，而配合关系、配合精度不变。这种方法通常包括调整法、附加零件法、局部更换法和修理尺寸法。

①调整法。通过调节调整螺栓或改变间隙垫片的厚度、恢复零件原有配合精度的方法，如调整气门间隙、轴承间隙、离合器和制动器间隙等。

②附加零件法。将一个零件(通常是较复杂或昂贵的零件)加工到修理公称尺寸后，再增加一个附加零件，以使配合精度得到恢复，如变速箱轴承座孔和轴承外圈配合松动后，可将轴承座孔内径增大，再在座孔内镶入一个钢套以保证其内孔与轴承外圈过盈配合。

③局部更换法。当机械零件发生局部磨损时，采用局部更换的方法来修理零件，如多联齿轮中一联因断齿而损坏，则可局部退火，车削去除损坏的齿部，然后压上一个新齿圈。

④修理尺寸法。将配合件中的一个比较昂贵的零件按修理尺寸进行加工，使其消除变形和恢复正确的几何形状，而与之配合的另一个零件则换用新件，并使它们之间的配合精度得到恢复。这种修理方法常用于内燃机气缸套的修理，一般把每两次修理中零件修理部位的尺寸差称为修理间隔尺寸。零件的修理间隔尺寸是由零件的总磨损量、磨损特点(均匀磨损或非均匀磨损)、修理时应保证的加工余量来决定的。在实际修理中常规定为 0.2mm 或 0.25mm 的间隔，以便于标准化。

如图 12-3 所示，轴、孔的修理间隔尺寸可以按下式计算：

$$r_0 = 2(P_1\delta_1 + x_1) \tag{12-1}$$

$$\text{或 } r_0 = 2(P_2\Delta_1 + x_2) \tag{12-2}$$

式中　r_0——修理间隔尺寸，mm；

P_1、P_2——轴、孔的磨偏系数，mm；

δ_1、Δ_1——轴、孔的总磨损量，mm；

x_1、x_2——轴、孔的单边加工余量，mm。

如图 12-3a 所示，轴的磨偏系数 $P_1 = \delta''/\delta_1$，式中 δ''为轴颈单边最大磨损量，δ'为轴颈单边最小磨损量，当 $\delta''=\delta'$时称为均匀磨损；如图 12-3b 所示，孔的磨偏系数 $P_2=\Delta''/\Delta'$，式中 Δ''为孔的单边最大磨损量，Δ'为孔的单边最小磨损量，当 $\Delta''=\Delta'$时称为均匀磨损。磨偏系数 P_1(P_2)的取值范围为 0.5～1。总磨损量：轴为 $\delta_1=\delta'+\delta''$，孔为 $\Delta_1=\Delta'+\Delta''$。图 12-3 中，$d_1$和 D_1分别表示第一次修理前磨损后的尺寸，$\delta_1 = d_H - d_1$，$\Delta_1 = D_1 - D_H$ 。

如果已知轴颈的最小允许尺寸 d_{min}时，修理次数 n_B可按下式计算：

$$n_B = \frac{d_H - d_{min}}{r_0} \tag{12-3}$$

式中　d_H——轴的公称尺寸(标准直径)；

d_{min}——轴的最小允许直径；

r_0——修理间隔尺寸。

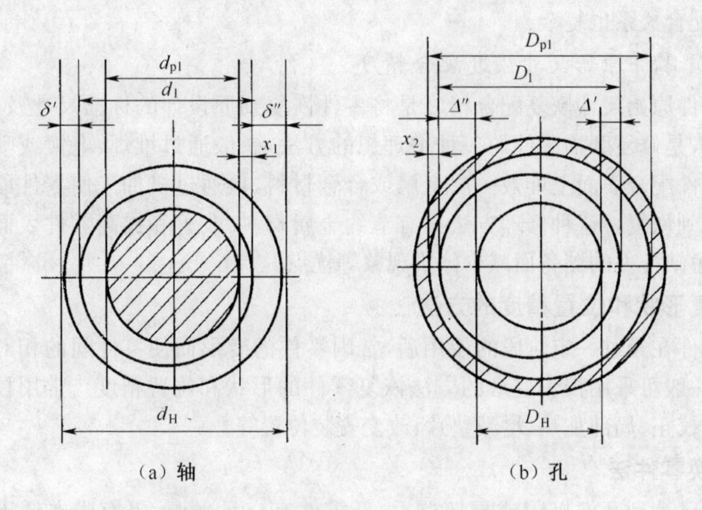

（a）轴　　（b）孔

图 12-3　轴和孔的修理尺寸的确定

则各次的修理尺寸分别为：

$d_{p1}=d_H-r_0$；　$d_{p2}=d_H-2r_0$；　…　$d_{pn}=d_H-nr_0$。

同理，如果已知孔的最大允许尺寸 D_{max} 时，修理次数 n_B 可按下式计算：

$$n_B=\frac{D_{max}-D_H}{r_0} \tag{12-4}$$

式中　D_{max}——孔的最大允许直径；

D_H——孔的公称尺寸（标准直径）。

各次的修理尺寸分别为：

$D_{p1}=D_H+r_0$；　$D_{p2}=D_H+2r_0$；　…　$D_{pn}=D_H+nr_0$

一般来说，孔、轴的最大、最小允许尺寸由轴、孔零件的强度、刚度等因素决定。下面举例说明修理尺寸法的计算。

某连杆主轴颈标准直径 $d_H=80^{+0.02}_{-0.02}$，总磨损量 $\delta_1=0.25$mm，主轴颈最小允许直径 $d_{min}=77$mm，单边加工余量 $x_1=0.05$mm，磨偏系数 $P_1=0.8$。试求修理间隔尺寸，修理次数和各次修理尺寸。

修理间隔尺寸 $r_0=2(P_1\delta_1+x_1)=2(0.8\times0.25+0.05)=0.5$(mm)

修理次数 $n_B=\dfrac{d_H-d_{min}}{r_0}=\dfrac{80-77}{0.5}=6$(次)

各次修理尺寸

$d_{p1}=d_H-r_0=80-0.5=79.5^{+0.02}_{-0.02}$(mm)；

$d_{p2}=d_H-2r_0=80-1=79^{+0.02}_{-0.02}$(mm)；

…

$d_{p6}=d_H-6r_0=80-3=77^{+0.02}_{-0.02}$(mm)。

修理尺寸法具有工艺简单、成本低的优点，但必须有合适的配件更换，且零件的互换性较差，配合关系也复杂。

(2)修复零件原始尺寸恢复配合精度

修复零件原始尺寸恢复配合精度是将零件恢复到原设计的标准尺寸及公差，以恢复配合精度，是修复磨损零件的一种最理想的方法，一般通过堆焊、电镀或喷涂等工艺在磨损的零件配合表面上堆敷一层金属或合金材料，再通过机加工使零件原始公称尺寸和形状得到恢复。这种修理方法具有节约金属材料、改善和提高零件表面质量和耐用度、增加短缺配件的储备而减少停机现象等优点。

2. 恢复形状和位置精度的方法

机械零件在经过一定阶段的使用后，常因零件的变形而使零件间的相对位置精度受到破坏，一般可采用校正变形的方法恢复零件的形状和位置精度。常用校正变形的方法有压力校正、局部加热、增减垫片、改变安装位置等。

3. 更换零件法

当零件已达到磨损极限或损坏严重、新零件有充足来源、更换成本低于修复成本时，应更换新零件来消除机械故障。除以上条件外，还应考虑停机待修台班、修复旧件的技术装备和修理工艺及质量等因素。

第三节　建筑机械零件的修复工艺

建筑机械零件的常用修复工艺包括机加工和钳工、焊接、喷涂、电镀、压力加工和粘接。

在选择工程机械零件的修复方法和工艺时，必须根据实际情况，依据被修复零件的材料、形状、使用条件等特点，结合本单位的设备条件和技术力量来确定对零件的具体修复方案。随着新技术、新工艺的不断出现，在确定对零件的修复工艺时，还应尽量采取先进的技术和工艺，使修理质量不断提高而其成本不断降低。

一、机加工和钳工修复

用切削工具在工件表面切削去除多余金属，使之达到规定尺寸和精度要求的方法称为切削加工。切削加工可以用机械设备(车、镗、磨、铣、刨床等)进行，也可以用钳工的方法进行，一般以机械加工为主，钳工修复为辅。

1、机械加工或钳工修复时零件定位基准的选择

对需要机械加工的零件用夹具牢固地固定在机床上的方法称为定位，用来作为定位依据的面、线或点分别称为基准面、基准线或基准点。机械加工或钳工修复时零件定位基准的选择原则一般为：

①尽可能采用制造时机加工的基准，但必须检查其是否存在并完整可靠，如轴类零件一般仍以原轴端中心孔为定位基准。

②需要修复原加工基准时，常选用加工后必须确保精度的面或线作为参考基准来修整原加工基准，如气缸体变形后，由于原定位基准气缸体下表面已翘曲，此时可用曲

轴主轴承孔的轴线，作为参考基准来修整气缸体底面，然后再用该底面作为加工定位基准。

2. 用机械加工的方法恢复零件的配合精度

机械加工具体包括按规定的修理尺寸加工零件；用堆焊、电镀或喷涂工艺修复零件；用附加零件法修复零件。在加工时必须选择合理的切削规范，使零件达到规定的尺寸、几何形状、公差和表面粗糙度要求。

用附加零件法修复零件时常用于零件孔壁磨损后的修复，俗称镶套。镶入的套与零件基体的配合一般都为过盈配合，孔套之间的配合表面具有较高的尺寸精度和相对过盈量及其表面粗糙度。

所谓相对过盈量是指过盈量被套接件直径除所得的商。一般过盈配合按相对过盈量的大小分为轻型、中型、重型和特重型四种。轻型相对过盈量为0.00025，套接件压入后需另加紧固件，如骑缝螺钉或点焊固定；中型相对过盈量为0.0005，能承受一定的阻力和冲击荷载；相对过盈量为0.001时为重型，大于0.001时为特重型。这两种过盈配合仅依靠套合件间的箍紧力来承受很大的力矩和冲击荷载，如飞轮齿圈的套合。相对过盈量为重型和特重型时过盈配合一般采用分组装配，并用加热包容件或冷却被包容件的方法压入。

3. 钳工修复

钳工修补具体分为齿轮修补、键槽修补、螺纹孔修补、复扣和铸铁零件裂纹的修补等。钳工修复常用的工艺有铰孔、研磨、珩磨、刮削。

①铰孔。铰孔常用于加工各种配合孔，如连杆铜套、定位销孔和活塞销座孔等。铰孔是一种精度较高的修整性加工，能获得很高的尺寸精度和表面粗糙度。铰孔所用的工具称为铰刀，其刃部依次分为导向部分、切削部分和校准部分。

②研磨。研磨是利用研具、研磨膏从工件表面磨去一层极薄的金属，使工件具有精确的尺寸、准确的几何形状和极高的表面粗糙度的一种精细加工方法。研磨有平面研磨、圆柱面研磨和圆锥面研磨，常用较被研工件材料软些的材料，如灰口铸铁、软钢或铜为研具，其形状尺寸由被研工件确定。常用的研磨膏由一定粒度的磨料和研磨剂混合而成，如氧化铝、氧化铬、碳化物等，其粒度也分粗、细、微多种，应根据被研工件表面的硬度和粗、精研磨工序正确选用。

③珩磨。珩磨是利用粒度很细的油石条固定在珩磨头上，使油石相对被加工孔做旋转和往复的复合运动，同时加入适量的润滑冷却液，对孔精加工的方法。发动机气缸孔修理加工时常用珩磨的方法，珩磨一般在立式专用机床上进行。

④刮削。刮削是用刮刀的刃口在工件表面同时进行切削和挤压的一种加工方法，可用来对平面和曲面进行精加工。刮削常用的工具有刮刀、标准平板、标准芯棒。刮刀分平面刮刀、三角刮刀和蛇头刮刀。刮削使工件表面具有均匀的点状接触和良好的储油性能，常用于重要的滑动摩擦表面的精加工。

二、焊接修复

焊接修复是修理生产中的一种重要工艺，是利用补焊、堆焊、钎焊等方法，修复零件的损坏和磨损部位。据统计，在建筑机械中，有50%的零件可以采用焊接修复。

1. 常见的焊接方法及其应用

常见的焊接方法有焊条电弧焊、气焊、钎焊、振动堆焊、埋弧堆焊、气体保护堆焊、等离子弧堆焊等。焊接修复主要应用在以下方面：重接裂断的零件，并增强裂口处的强度；焊补裂纹、穿孔；消除漏气、漏油、漏水现象；堆焊磨损表面，恢复尺寸并增加耐磨、耐腐蚀、耐高温的表层。

钎焊是指在焊修过程中基体金属基本不熔化，靠钎料熔化、润湿、扩散并填满缺陷部分而形成焊缝的一种焊接方法。钎焊常用于修复散热器、管道、燃油箱、电器等。

堆焊是应用一定的焊接方法在工件表面堆敷一层金属，以使工件的某个尺寸得到增加或获得某种表面特性的方法。建筑机械修理广泛应用堆焊的方法，使磨损零件恢复尺寸和几何形状，或获得一层耐磨、耐腐蚀的表面，以提高工件使用寿命。

2. 焊接修复的优缺点

焊接修复的优点是能修复不同金属材料的零件；因堆焊层厚度较大，适于修补磨损大的零件；焊层与基体结合牢固；采用不同的材料和工艺，可得到不同强度和硬度的焊层；可以移动作业；节约金属，生产成本低，生产率高。

焊接修复的缺点是焊接时零件局部受热，易产生变形、裂纹和应力集中，若处理不当可造成零件报废；焊接时可能产生气孔、夹渣等影响质量的因素；焊后硬化造成加工困难等。

3. 焊接修复的工艺措施

焊接修复时，必须在工艺上采取防裂、防变形、防应力集中和防硬化等措施，即在实施焊接修复时，应了解被修零件的材料、性能、热处理性和工作条件，正确选择焊接方法、焊接材料，做好焊前准备工作，严格按照焊接规范施焊，重要的零件在焊修时应进行焊前预热和焊后热处理，并设法减少母材融入焊缝层的比例等。

三、喷涂修复

喷涂修复是将熔化的金属用高速气流雾化，并喷向预先准备好的待修零件表面形成金属覆盖层。喷涂修复的优点是喷涂层厚度范围0.2～10mm；喷涂时，被喷工件温度一般不超过80℃，不会引起零件变形和基体金属组织的改变；喷涂层有较高的硬度，并有许多微孔，可以吸收和储存润滑油，因此，耐磨性较好；喷涂层堆积速度快、生产效率高；几乎可适用于任何材料（包括非金属材料）制成的任何形状的零件。但是，喷涂也有涂层与基体金属结合力差、涂层本身强度较低、喷涂时金属损耗较大等缺点。

喷涂设备主要由熔化金属设备、喷射设备和压缩空气设备三部分组成，根据熔化金属的热源不同，有气喷涂、电喷涂、等离子喷涂等。

1. 气喷涂

气喷涂是利用可燃气（氧乙炔混合气体）燃烧熔化金属丝的喷涂方法。如图12-4所示，金属丝由送丝机构滚轮送进，其熔化过程与一般气焊相同。压缩空气从环形槽喷出，使熔化的金属雾化，并喷向工件表面。

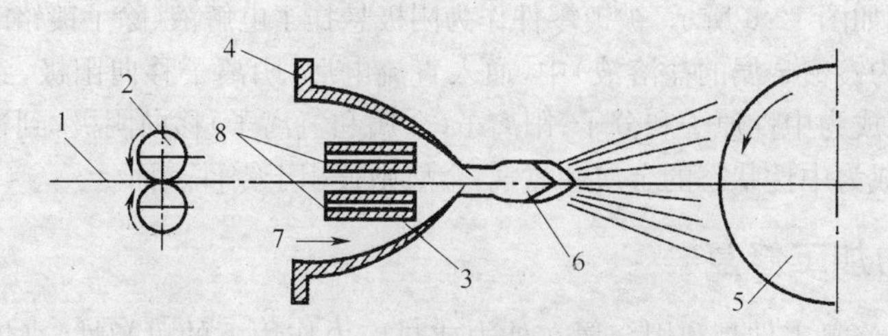

图 12-4　金属气喷涂原理示意图

1. 金属丝　2. 滚轮　3. 喷嘴　4. 空气罩　5. 零件　6. 火焰
7. 压缩空气入口　8. 可燃混合气入口

2. 电喷涂

电喷涂如图 12-5 所示，利用两对相互绝缘的送丝轮，使两根金属丝等速移动，当两金属丝间距很小时，两极间产生电弧使金属丝熔化。熔化的金属被从喷嘴喷出的高压气流吹成雾状，并高速喷射到工件表面上形成涂层。

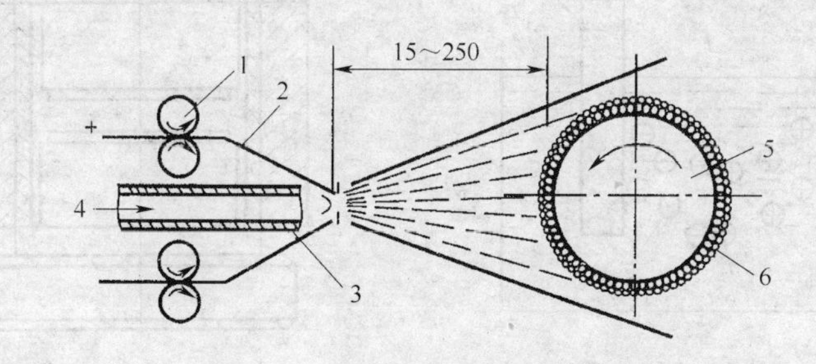

图 12-5　金属电喷涂原理示意图

1. 滚轮　2. 金属丝　3. 喷嘴　4. 压缩空气入口　5. 工件　6. 喷涂层

3. 等离子喷涂

等离子喷涂是利用高温、高速等离子流，将粉末状材料加热至半熔化状态，高速喷射和粘附到零件表面，形成层状结构的涂层。等离子流是在特制的喷嘴产生，在制成圆形通道的阳极中装有钨制的棒状阴极，阴阳两极间通过惰性气体（氩或氮）起弧，气体分子和原子产生数目相等的正负离子，叫做等离子体。由于狭小的喷嘴通道引起“机械压缩效应”、“热压缩效应”和“电磁收缩效应”，形成能量高度集中、稳定的等离子流。等离子流温度高达 15000℃左右，不仅能熔化难熔金属，也能熔化陶瓷、石英等非金属。

四、电镀修复

在建筑机械中，有许多精密零件常因微小的磨损（如磨损 0.01～0.05mm）而影响部件乃至总成的工作性能，用电镀的方法镀上一薄层耐磨金属，很容易地恢复原有尺寸和精度，并且能提高其表面硬度和耐磨性、耐腐蚀性。常用的电镀有镀铬、低温镀铁、镀镍、镀铜。

电镀原理如图 12-6 所示，被镀零件作为阴极悬挂于电解液（除了镀铬时采用铬酸溶液外，一般均为镀覆金属的盐溶液）中，通入直流电后，阴离子移向阳极，到达阳极时放出多余电子而成为中性原子和分子；阳离子（金属和氢离子）移向阴极，到达阴极时取得缺少的电子，成为中性状态的金属和氢气，金属则镀积于零件表面。

五、压力加工修复

压力加工修复零件是利用金属在外力或热应力作用下的可塑性，来恢复零件磨损部位的尺寸和几何形状。根据金属可塑性的不同，压力加工可以在常温或热状态下进行。

常用的压力加工修复零件的方法有镦粗法、扩张法、缩小法、校正法、模压法和压花法等。

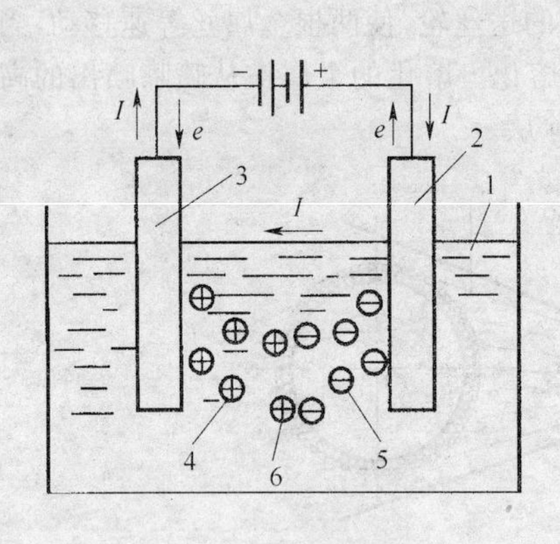

图 12-6　电镀原理

1. 电解液　2. 阳极　3. 阴极　4. 阳离子　5. 阴离子　6. 中性原子（或分子）

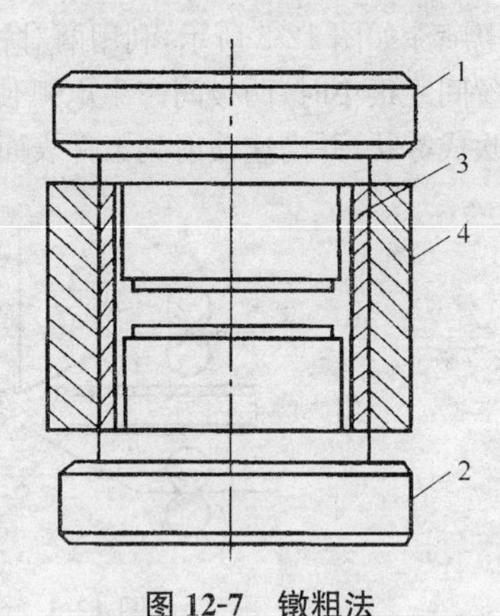

图 12-7　镦粗法

1. 上模　2. 下模　3. 铜套　4. 轴承

如图 12-7 所示，镦粗法是压力作用的方向与塑性变形方向相垂直，以减少零件的高度来补偿磨损的外、内径尺寸。如图 12-8 所示，扩张法是通过扩张内孔，使外径尺寸增大。例如，活塞销，先高温回火（650℃～700℃保温 1～1.5h），后用 10～20t 压力机扩张，冲头直径比活塞销内孔大 0.4～0.6mm，最后重新热处理（调质）、磨削、抛光。缩小法与扩张法相反，通过缩小外径，使内径随之缩小。如图 12-9 所示，缩小轴套，先切开，再入模具缩小，再焊接切口。

校正法通过对零件施加压力或加热使变形得以校正，通常有压力校正和火焰校正。

静压力校正（直）是将零件放在 V 形架上，施以与变形方向相反的力使其压弯，压弯量应适当超过校正量，并保持 1～2min。火焰校正是将轴弯曲部分的最高点，用中性焰加热到 450℃以上，然后迅速冷却。由于冷却收缩量大于热膨胀量，故轴被校正。

模压法是将零件加热到 800℃～900℃，立即放入专用模具中加压，使金属被挤向磨损部位，如齿轮轮齿磨损的修复。压花法是一项应急措施，用带齿纹的滚花刀挤压零件磨损表面，使之产生沟纹和凸峰，从而使零件磨损部位的宏观尺寸增大。这种工艺常用于承载较小的过盈配合。

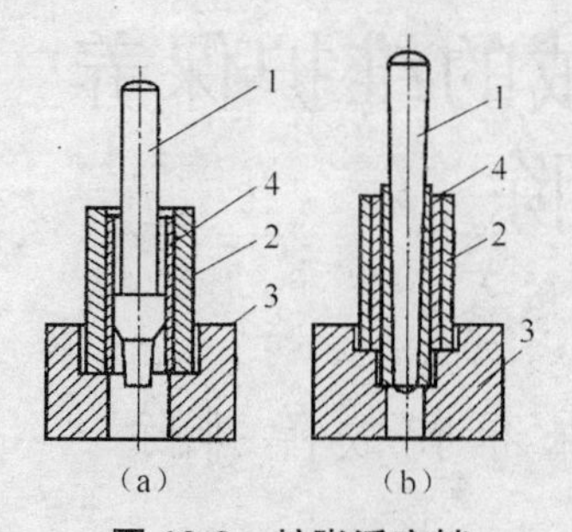

图 12-8 扩张活塞销

1. 铳头 2. 活塞销 3. 模具座 4. 胀缩套

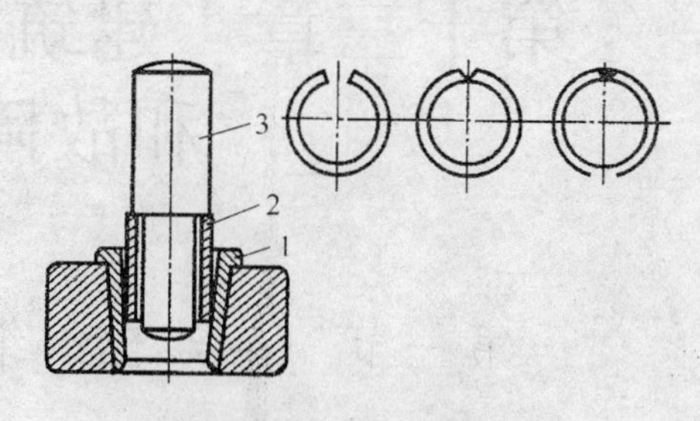

图 12-9 青铜套缩小

1. 压模 2. 青铜套 3. 铳模

六、粘接修复

粘接修复是使用化学粘接剂与零件间的物理化学作用来粘接零件的裂纹、孔洞等缺陷的方法。常用的粘接剂有有机粘接剂(环氧树脂类、酚醛树脂类、厌氧类等成品)和无机粘接剂两类,无机粘接剂能耐 600℃以上高温,但脆性大,不耐冲击。

粘接修复主要用于裂纹的胶补、摩擦片和制动带的粘接、密封件的粘接及堵漏、受力部件的镶接和套接等。使用有机粘接剂修复的零件,一般只能在低于 150℃的环境下工作,粘接层普遍具有脆性,抗冲击能力差,而且耐老化性能差。

第十三章　建筑机械的维护保养和故障排除

第一节　柴油机的维护保养和故障排除

一、柴油机的日常使用、维护和保养

1. 柴油机的起动

①起动前检查水箱是否加满水，机油是否在规定的刻线上，柴油是否够，是否有漏水、漏油现象，蓄电池的电量是否充足。

②打开柴油机总开关，按下起动按钮，柴油机随起动机运转。起动时，起动机的啮合时间每次不得超过10s，连续起动间隔时间须大于2min。若连续3次不能起动，就应切断电路，查明原因。

③起动后，柴油机怠速运转3～5min，检查各仪表读数是否正常，机油压力是否在0.08～0.55MPa的范围内。若机油压力不正常，必须查明原因，排除故障。

2. 柴油机的停车

①柴油机停车之前必须怠速运转3～5min，使柴油机均匀冷却后再断油停车。停车后，应及时切断总开关，以防止发生蓄电池放电使起动电机励磁绕组烧坏的事故。

②当气温低于5℃时，如未使用防冻液，应在停车后及时放尽冷却水，以防冻裂机体零件。

3. 柴油机的日常使用

①柴油机不允许超负荷运转。

②不允许长时间低温、低速运转。

③随着使用地区海拔高度的增加，应适当减少载重量或工作负荷。

④除在特殊情况下，不得突然加速或紧急停车。

⑤冷却系统，不允许漏水、进空气，随时检查膨胀水箱限压阀是否失效。

⑥在使用中，应通过观察柴油机排气烟色，判断柴油机燃烧是否正常。燃烧完全的排气应是无色或淡色；不完全燃烧时排气呈漆黑色；机油上窜，燃烧机油时排气呈蓝色；喷油雾化不良时排气呈白色，如气缸内进水则排气会出现浓白烟即水蒸气。

4. 柴油机在热带或寒冷地区的使用

①根据柴油机工作的环境温度，选用正确牌号的柴油和机油，详见表13-1和表13-2。

表 13-1　按 GB 11122—2006 规定或 API—CD 标准根据环境温度条件选择适用的机油

使用环境温度	＞－10℃	＜－10℃
应选用机油的牌号	15W/40	5W/30

表 13-2　按使用环境最低气温选用 GB 252—2000 中一级品牌号轻柴油

使用环境气温	＞4℃	4℃～－5℃	－5℃～－14℃	－14℃～－29℃
应选用柴油牌号	0 号	－10 号	－20 号	－30 号

②冷却液按规定必须使用防冻液，防冻液应具有防冻、防水垢、防冷却系统零件气蚀和防冷却系统零件腐蚀等作用。

③在夏季或热带地区工作时，应注意避免冷却系统过热，要经常检查皮带松紧程度，防止皮带松弛、打滑，影响冷却效果。

④如柴油机发生“开锅”，切勿立即停车或加注冷却水，而应怠速运行几分钟，待冷却水降温至适当温度后方可停车，并检查造成开锅的原因。立即停车或加注冷却水，温度变化过快易使缸盖、机体变形、开裂等。

5. 柴油机磨合和保养

①柴油机的磨合。在磨合期内，磨合和保养的正确与否对柴油机的正常使用有很大的影响。柴油机磨合的目的是为了改善配合零件的表面质量，使其能承受应有的负荷；减少初期阶段的磨损量，保证正常的工作间隙，延长柴油机的工作寿命；发现装配中存在的问题并及时排除，防止在正常使用过程中出现事故性损坏；调整个别机构，检查装配和修理质量。

新机和大修后的柴油机磨合期，一般为运行 2500km 或工作 60h。磨合期拖带负荷不得超过额定负荷的 2/3，转速限制在额定转速的 80％以内。

②磨合期的保养。柴油机磨合结束后必须进行一次全面认真的保养，保养的内容有检查和调整气门间隙，排除漏水、漏油、漏气等故障；检查和调整供油提前角和喷油器开启压力；检查冷却液容量并加足，检查和调整风扇和发电机皮带的松紧程度，紧固冷却管道管夹；清洗输油泵进油滤网和滤杯内的滤网与柴油滤清器滤芯等，如污染严重或损坏则必须更换；更换机油和机油滤清器，若采用一次性机油滤清器，则与机油同时更换，更换时，应在柴油机热状态下放尽脏机油，在新机油滤清器的密封垫表面涂上清洁机油，安装到机油滤清器座上，用专用工具拧紧。

③定期保养。柴油机在使用过程中各个零部件必然会产生不同程度的磨损，这是正常现象，有时还会产生某些故障和机械损伤，因此，要求定期保养和维修。如不按规定进行保养和维修，柴油机的性能会恶化，可靠性降低，甚至发生严重事故。

在购买零配件时，必须采用厂家鉴定认可的装机和配套产品，以确保其功能可靠和使用寿命。柴油机的保养规范见表 13-3。

表 13-3　柴油机保养规范

柴油机保养项目	例行检查	一级保养	二级保养	三级保养
检查冷却液容量并加注	√	√	√	√
检查调整三角皮带松紧度	√	√	√	√
清洗更换输油泵进油滤网和柴油滤清器滤芯	√	√	√	√
检查调整气门间隙		√	√	√
检查空气滤清器及其指示器或指示灯	√	√	√	√
紧固进气管软管		√	√	√
清洗空气滤清器主滤芯	当指示灯亮时保养，若无指示灯或已坏，则每次检查都必须进行保养			
更换空气滤清器安全滤芯	清洗 5 次主滤芯后			
检查调整喷油器开启压力				√
在喷油泵实验台上检查调整喷油泵				√

二、柴油机常见故障及排除方法

1. 柴油机不能起动或起动困难

①蓄电池电量不足或接头松动造成起动电机无力，带动柴油机运转速度太低而不能起动。将蓄电池充足电或紧固接头。

②环境温度过低，机油黏度过大，致使柴油难以自行燃烧起动。此时，应打开预热开关预热 3～5min 再次起动。

③燃油管路漏油，柴油品质差。排除故障，更换合格柴油。

④输油泵进油滤杯内滤网堵塞；输油泵进油阀被脏物卡住，阀平面不平整；柴油箱输油管堵塞。排除上述故障。

⑤燃油系统内进空气。松开喷油泵回油管接头，泵动手油泵排除油路和油泵体内的空气，当溢出的柴油无气泡冒出时说明空气已完全排出。这时泵动手油泵可感觉到有一定的压力，然后拧紧回油管接头。

⑥喷油泵回油阀压力过低，规定值为 0.01～0.12MPa，过低时，输油泵泵上来的柴油通过此阀流回油箱。调定至规定压力值。

⑦柴油滤清器堵塞。清洗和更换滤芯。

⑧初始供油提前角不正确。检查和调整初始供油提前角的方法为按各机型的初始供油提前角或柴油机工作状况提前或延迟供油时间。盘动飞轮至喷油泵一缸柱塞出油点，再继续盘至一缸上止点。这时从飞轮检视孔刻线正视下去，应该看到所需的初始供油提前角，然后检查提前器上的刻线与喷油泵标记板上的刻线是否对齐，如错开，松开联轴器角度调节板上的锁紧螺栓，左右转动提前器对齐刻线，拧紧锁紧螺栓。

⑨喷油器的雾化不正常，喷油器严重结炭、咬死，压力不正常。检查并排除故障。

⑩喷油泵总成起动油量过小、柱塞磨损严重或卡死、出油阀密封不严或弹簧断裂

等。上试验台检查并调定起动油量,排除故障。

⑪缸套、活塞或活塞环严重磨损。更换严重磨损的零件,活塞环对口,将环开口错开120°。

⑫气门间隙过小,气门密封不严导致气缸压缩压力不足而造成柴油机起动困难。调整气门间隙至规定值,研磨气门和气门座。气门间隙是指气门关闭状态时,气门杆端面与挺杆或摇臂压头之间的间隙。当气门间隙过小时,气门关闭不严,造成漏气或烧蚀气门座;当气门间隙过大时,会使气门开度减小,引起充气不足、排气不畅,而且还会出现异响,即气门在工作中产生敲击。总之,气门间隙过小、过大都会使柴油机功率下降、油耗增大。因此,调整好气门间隙是柴油机修理中的重要内容。气门间隙通过厚薄规进行检查,检查和调整时,应在气门完全关闭且气门挺杆降至最低位置时进行(见图1-11及相关内容)。气门间隙有冷间隙和热间隙两种,是柴油机制造厂根据试验确定的,在检查和调整气门间隙时,应按规定的间隙数据进行。

2. 柴油机功率不足

柴油机功率不足使柴油机达不到规定的输出功率。柴油机功率不足的现象是柴油机在额定负荷下冒黑烟、转速下降。常见柴油机功率不足的原因有以下几个方面:

①燃油系统方面的故障。供油量小,如喷油泵调整不当、出油阀漏油、柴油滤清器堵塞;供油时间过早或过晚;喷油器针阀卡死或漏油;调速器不起作用,转速低、工作状况不良。

②空气滤清器和进气管堵塞,造成气缸进气不足;进排气管路泄漏,引起增压系统压力不足,降低了增压器的工作效率,导致进气不足,使进入气缸的柴油得不到完全燃烧;排气制动阀没有完全打开,造成排气背压过高。

③增压器弹力密封环或浮动轴承烧毁,涡壳结合口漏气或管路受阻,使增压器工作失常,严重影响进气效果,应清洗或更换。

④活塞环磨损断裂,缸套或活塞磨损严重、拉缸,造成配合间隙过大,气缸压力不足,燃烧不完全。

3. 起动不久就停车

除上述故障中所讲到的燃油系统、空气、柴油滤清器堵塞、输油泵滤网堵塞、喷油泵溢油阀开启压力过低等原因外,还有下列原因:怠速调整过低;输油泵活塞卡死;喷油泵出油阀损坏。

4. 排气烟色不正常

柴油机完全燃烧的排气是无色或淡色的,而没有完全燃烧的排气呈深黑色。柴油中水分多或者部分燃气未燃烧即排出的排气呈白色。机油上窜燃烧的排气呈蓝色。

(1)冒黑烟

进气不足或供油量过大是产生冒黑烟的主要原因:

①空气滤清器堵塞,进气连接软管吸扁变形,进排气管路泄漏,造成进气不足。

②增压器弹力密封环或浮动轴承烧损,涡壳各结合口漏气或管路受阻,造成增压器工作失常,从而使进气不足。

③气门间隙过大,气门与垫圈密封不良、关闭不严、漏气,导致进气不足,排气不尽。

④活塞环结炭严重,缸套严重磨损,导致下窜气,气缸压力不足,燃烧不完全。

⑤供油提前角度小,即供油时间滞后,造成部分燃油燃烧滞后。

⑥喷油泵供油量过大。

⑦喷油器喷油压力低,雾化不良或喷油器咬死、滴油使燃烧不完全。

⑧柴油机超负荷运转。

(2)冒白烟

柴油机冒白烟的主要原因有:

①柴油品质差、水分较多。

②喷油器偶件密封不严,有漏油现象;喷油压力偏低,雾化不良。

③气温或冷却水温度过低。

④喷油器铜套密封不严,水漏入气缸。

⑤气缸、活塞环磨损严重,活塞与气缸配合间隙大或拉缸,造成气缸压力不足,部分燃油未燃烧,呈白色油物排出。

⑥气门间隙过小,气门顶死,气门密封不良。

⑦电磁阀失效使低压柴油直接进入气缸。

(3)冒蓝烟

柴油机冒蓝烟的主要原因有:

①在磨合期内,活塞环与缸套未磨合好。

②机油底壳油面过高,使曲轴箱压力高,机油上窜。

③起动后立即高速运转或高速停车,使增压器在80000～110000r/min的高速下干摩擦,造成密封环和浮动油封烧损并使增压器回油管阻塞,引起机油泄漏。

④活塞环磨损失效、卡死、对口等造成不密封,使机油上窜;第一、二道气环有安装标记的面应朝上,如果装反,不但不能密封,反而会引起泵机油的作用。

⑤活塞和缸套磨损过大。

⑥气门油封损坏,气门与导管磨损严重,使机油进入气缸。

⑦空气滤清器严重堵塞,使增压器和空压机负压过大,机油被吸入气缸。

5. 机油消耗严重

排气管滴油、燃烧机油使机油消耗严重,其原因与冒蓝烟的原因相同。除此之外,还有以下两种常见的原因:

①机油管接头、曲轴前后油封密封处漏油。

②空压机活塞环及缸套磨损严重,机油从排气孔排出。

6. 油底壳内机油面升高

机油油面升高一般是由于柴油进入油底壳内所致。喷油器调压弹簧失效,喷油器针阀咬死在开启状态下产生滴油,喷油器压力过低造成雾化不良,过量没有雾化的柴油进入气缸。部分柴油没有燃烧就沿缸壁间隙或活塞环开口进入油底壳。喷油泵柱塞“O”形密封圈损坏、柱塞磨损严重、输油泵顶杆磨损严重造成柴油泄漏进入泵体的下部,随机油进入油底壳。发生这些情况应重新调试喷油器,更换零件。

7. 机油压力过低

机油压力过低的原因有:

①使用的机油牌号不正确。

②机油压力感应塞和机油压力表损坏。这种情况往往给人造成机油压力过低的错觉。这时,可将机械式压力表直接安装在主油道上检查。

③机油油面不正常(机油少,油面过低要及时添加机油)。

④机油使用时间过长,污染变质、黏度降低。

⑤机油管路有漏油现象,机油泵和集滤器等垫片破损、错位或堵塞。

⑥机油里渗漏大量柴油稀释了机油,机油温度过高、黏度下降。

⑦主油道限压阀出现泄漏或调压弹簧失效等故障。

⑧机油集滤器堵塞,吸不上油。

⑨机油泵齿轮咬死,传动齿轮打滑造成不供油。

⑩主轴瓦、连杆轴瓦磨损严重以及因缺油烧瓦、机油脏等引起机油泄漏、压力下降。

⑪上下机体结合面涂胶过厚或用非专业胶造成曲轴主轴瓦间隙过大。

8. 油水混合

油水混合的故障可分为两种情况:油底壳内进水,水箱中有机油。

油底壳内进水的常见原因有:

①使用不当使柴油机温差大、冷热变化快引起机体内碗形塞漏水,使冷却水流入油底壳。检查方法是拆下缸盖,从气门顶杆室往下看,哪处有水锈就说明相应的碗形塞有问题,应更换碗形塞并修复。

②缸盖有裂纹,喷油器冷却铜套漏水。

③气缸垫损坏或“冲床”。

④齿轮室与机体结合处漏水。

水箱中有机油的常见原因有机油冷却器芯损坏或其垫片损坏;机油压力高于冷却水压力,使机油进入水道。

9. 水温过高

水温过高引起拉缸和活塞烧蚀、活塞环卡死等故障。水温过高的常见原因有:

①节温器失效。检查方法是用手测冷却水温度,走大循环的节温器前后出水管的温差较大,说明节温器已坏,没有变化说明节温器正常,注意不要用手去摸出水管。

②水箱中的冷却水太少。

③水箱内散热管有异物堵塞。

④水泵皮带打滑、过松、水封漏水。

⑤冷却系统有气体产生气阻。

⑥供油提前角小,燃烧滞后,增加了热负荷。

⑦气缸垫损坏,使高温气体进入水道。

⑧柴油机长时间超负荷工作。

⑨硅油离合器失效。

10. 拉缸

造成拉缸的原因有：

①缸壁脏、润滑差，机油喷嘴堵塞。

②所选用的机油牌号不对。

③冷起动后，柴油机运动件表面还未完全润滑就高速运行。因此，柴油机起动后应怠速运转 3～5min，特别是在冬季更要注意。

④在喷油器雾化不良的情况下长时间工作。

⑤水温过高。

11. 早期磨损

柴油机运行中缸套过早发生磨损，其磨损量超过允许标准，出现窜气、窜油的现象，使柴油机的动力性、经济性严重下降。这种情况称为早期磨损。其主要原因是空气滤清器与进气管的连接胶管破裂、两端包裹不紧、密封不严、滤芯与壳体密封不严、空气滤清器滤芯破损造成进气不干净，引起缸套活塞异常磨损。造成早期磨损的其他原因还有以下几种：

①使用机油牌号不正确，质量差。

②柴油机长期低温运行、柴油雾化不良造成润滑不佳，产生磨损。

③在磨合期内，未按规定走合和保养。

④使用的缸套、活塞质量参差不齐。

12. 柴油机异响

柴油机常见的异响部位如图 13-1 所示。曲柄连杆机构的异响有敲缸、曲轴主轴瓦敲击、连杆轴瓦敲击和活塞销轴敲击等。活塞敲缸一般采用“断缸方法”诊断，即将柴油机由低速逐渐变化到标准转速，然后断缸，即切断喷油泵至喷油器的高压油路 3～5s，若敲击声发生变化或消失，则说明该缸敲缸。

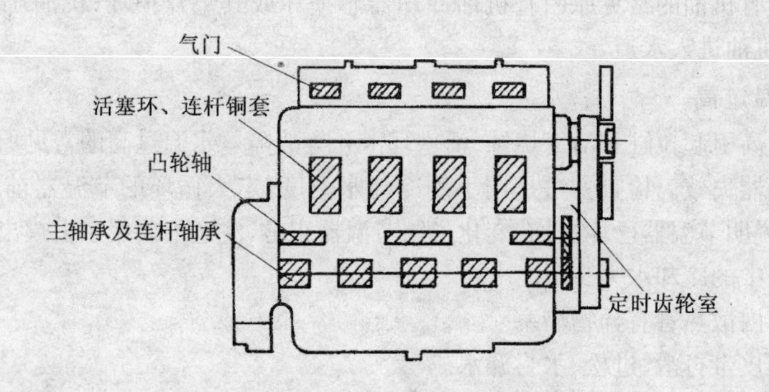

图 13-1　柴油机常见异响听诊部位

柴油机异响的基本原因是活塞裙部与缸套磨损后间隙过大，曲轴主轴瓦、连杆轴瓦、活塞销轴间隙过大，配气机构和正时齿轮等零部件磨损，使配合和工作间隙过大。

柴油机燃油供给系统的故障也是柴油机异响的主要原因，如供油时间过早，即供油提前角过大、供油量不均匀、喷油器雾化不良或滴油，均可造成柴油机敲缸。喷油器滴油或供油量多的缸，除发生敲缸外还冒黑烟，并伴随有"放炮"现象。

13. 飞车

柴油机飞车即柴油机转速自动升高而无法控制的现象。飞车使柴油机严重受损，甚至发生严重事故。一旦发生飞车应采取以下紧急措施：立即切断油路或关闭油门；立即将减压装置推向减压位置，使缸内无压缩而造成熄火；用衣物等堵住进气口以迫使柴油机熄火。飞车的原因有：

①调速器弹簧失效，调速杠杆脱落。

②调速器内机油过多，影响飞锤动作，尤其是冬季机油冻结，使飞锤不能分开，更易造成飞车。

③喷油泵齿条卡在最大供油量位置，喷油泵调节齿圈松动，不能控制供油量。

④经过几次起动未着车、气缸内积聚柴油过多，一旦压燃后燃烧不停使转速猛增。

⑤柴油机机油底壳内机油过多，窜进气缸内燃烧。

⑥油浴式空气滤清器内油面过高，机油被空气带入气缸内燃烧。

第二节　建筑机械底盘的故障和原因

一、主离合器常见的故障和原因

主离合器常见故障有主离合器打滑、主离合器发抖、主离合器分离不彻底、主离合器异响、主离合器操纵沉重或操纵失灵。

1. 主离合器打滑

当机械作业时，发动机转速下降不多，而机械行驶速度却明显下降，说明主离合器打滑，严重时，主离合器还发出烧焦的气味。

主离合器打滑的危害有：

①传递转矩下降、传动效率降低、机械动力性变坏。

②机械起步困难、车速降低、工作无力、加速性能变坏。

③加速离合器工作表面磨损，同时使摩擦表面温度升高，磨损加剧，耐磨性降低。

④长时间打滑的主离合器产生大量热量烧伤摩擦件，引起零件变形、压力弹簧退火、润滑油脂变稀，轴承缺油甚至损坏。

主离合器打滑的原因包括：

①离合器压紧力降低引起打滑。常闭（经常接合）式离合器压紧力是由压紧弹簧产生的。造成压紧力不足的原因是弹簧疲劳、高温退火使弹簧力减弱；调整不当，弹簧的压缩高度不够或分离杠杆仍与分离滑套接触，抵消了部分弹簧压力。非常闭（非经常接合）式离合器压紧力是由压爪、压爪支架、耳簧、分离滑套等机件组成的加压机构产生。当压爪磨损变短时，会减少压爪的行程而降低压紧力，因此，在工作中由于加压机构中零件的磨损、疲劳、调整不当等原因都会引起主离合器打滑。

②离合器摩擦工作面摩擦系数降低引起打滑。主离合器摩擦工作面摩擦系数的大小取决于摩擦材料和表面的清洁程度。若摩擦表面沾有油污，摩擦系数将会大大降低。另外，当主离合器打滑使摩擦表面温度过高时，摩擦表面烧伤、变形、硬化都会降低离合器工作表面的摩擦系数。

③离合器摩擦表面严重磨损引起打滑。摩擦表面严重磨损后，一方面使压紧力降低，引起打滑；另一方面铆接摩擦片的铆钉因磨损外露，影响摩擦片间的可靠接合，也会降低摩擦力引起打滑。

2. 主离合器发抖

操纵主离合器使其平缓接合时，机械不能平稳起步、逐渐增速，而产生时停时动的间断起步，同时车辆抖动，当主离合器完全接合时，抖动消失。这种现象称为主离合器发抖。

主离合器发抖的原因包括：

①主、从动盘间正压力分布不均引起发抖。如常闭(经常接合)式离合器压紧弹簧压力不均或各分离杠杆调整不一致，非常闭(非经常接合)式离合器压爪的压紧力及压紧先后动作不一致，均会引起主离合器发抖。

②从动盘翘曲、歪斜和变形引起发抖。

③主离合器从动盘铆接松动、从动盘钢片断裂、转动件不平衡均会引起发抖。

3. 主离合器分离不彻底

主离合器分离不彻底是指离合器操纵杆或踏板处于分离极限位置时，主动盘与从动盘未完全分开，还有部分动力传递。离合器分离不彻底，一方面造成换档困难，另一方面又会增加主离合器的磨损与发热。

主离合器分离不彻底的原因包括：

①主离合器调整不当引起分离不彻底。常闭(经常接合)式主离合器操纵自由行程过大，非常闭(非经常接合)式主离合器操纵杆无自由行程，都会使主、从动盘分离间隙过小，造成分离不彻底。另外，常闭(经常接合)式主离合器分离杠杆调整不一致时，也会分离不彻底。

②主、从动盘翘曲、歪斜和变形也会引起分离不彻底。

③从动盘位移不畅引起分离不彻底。从动盘与离合器轴间花键配合因脏物进入或装配过紧均会使从动盘位移困难。

④离合器摩擦片过厚，常闭(经常接合)式离合器各压紧弹簧压紧力不一致或有的弹簧折断，也会使主离合器分离不彻底。

4. 主离合器异响

离合器异响多发生在主离合器接合与分离过程中和发动机转速变化时。当缓慢接合离合器至分离轴承刚刚承受推力时，若听到有“沙沙”的响声，则可确定为分离轴承异响。分离轴承异响主要是分离轴承松旷所致。当主离合器刚刚接合时，产生“咯噔”一下的响声，则可能是从动盘毂铆接松动或从动盘与离合器轴间花键松旷，在转速或转矩变化时产生零件间撞击所致。

5. 主离合器操纵沉重或操纵失灵

非助力操纵的离合器、操纵杆和踏板发沉的主要原因是分离滑套与离合器轴间滑动不畅，分离杠杆阻滞等。有助力器操纵的离合器，操纵沉重的主要原因是助力器油压不够，致使助力效能降低。

离合器操纵失灵的原因是非常闭（非经常接合）式离合器接合不牢靠，松手后操纵杆自动退回空位，可能由于压爪支架与分离滑套间落入杂物使闭锁间隙减小甚至消失，也可能是由于从动盘翘曲，主、从动盘轴心线歪斜等原因所致。

二、变速器常见的故障和原因

变速器常见的故障有自动脱档、档位错乱、换档困难、变速器异响和发热。

1. 自动脱档

变速器自动脱档也称为掉档，是指机械未经人力操纵，变速杆连同滑动齿轮（或啮合器）一起脱离正常工作位置。若在坡道上行驶的机械发生自动脱档，机械会因自重而滑坡，甚至失控而导致严重事故。

自动脱档的主要原因是齿轮或啮合套磨损过大或齿轮轮齿磨成锥形；变速器轴线不同心，轴线间平行度降低；齿轮啮合不到位；变速叉轴自锁或联锁钢珠磨损；弹簧折断致使自锁失效等。

2. 档位错乱和换档困难

档位错乱也称为乱档，是指实际挂档位与应挂档位不符，同时挂入两个档位，或变速器只有某一个档位可以挂入等。变速器乱档后机械无法工作，当同时挂入两个档位时，轻者会引起发动机熄火，重者会损坏齿轮与变速器轴。当变速杆不能挂入档位或勉强挂入后又很难退出，挂档时齿轮产生撞击和不正常响声时说明换档困难。

档位错乱和换档困难的原因是变速杆球头定位销松旷、损坏或球头磨损；变速杆下端球头或变速叉导动块磨损；变速叉轴互锁销钉磨损过大；变速杆和拨叉变形；主、从动齿轮转速相差大、主离合器分离不彻底、滑动齿轮卡住等也是造成换档困难的原因。

3. 变速器异响和发热

变速器温度超过60℃即为变速器发热。变速器发热是其他故障的表现。发热使润滑油变稀从而降低润滑效果、加速零件的磨损。变速器发热的原因是轴承和齿轮技术状况变坏；润滑油不足或油质变差造成散热不良。

变速器在工作中出现断续不规则的响声时，则说明变速器内部发生故障，应及时排除。变速器异响的原因包括轴承异响和齿轮异响两个方面。轴承异响因轴承严重磨损、疲劳剥落、烧蚀、破裂所致。齿轮异响除轮齿严重磨损等直接原因外还和箱体形位误差过大有关，同时，齿轮轴的轴线直线度误差过大或轴的刚度过差也是造成齿轮异响的原因。另外，当润滑油不足或过稀、变速器内进入杂物、轴上零件窜动等也会造成变速器异响。

三、轮式建筑机械转向系统的故障和原因

轮式机械转向系统常见的故障有转向沉重、转向轮打摆、机械在行驶中自动跑偏和

转向盘回正困难。

1. 转向沉重

转向沉重指转向时施加在转向盘上的力大于正常操作力。转向沉重的主要原因有：

①转向器和转向传动机构有故障。如转向蜗杆上轴承与下轴承安装过紧、蜗轮与蜗杆啮合间隙过小、转向垂臂轴与衬套间隙过小、转向器缺油和进入脏物等均使转向沉重。另外，在转向传动机构中，转向垂臂、纵拉杆、横拉杆间铰接部分配合间隙过小，转向节销与衬套配合间隙小，以及转向节止推轴承缺油等也可造成转向沉重。

②转向助力系统有故障。图 13-2 所示为液压转向助力系统的原理图。对于动力转向的机械，当转向助力系统发生故障时，会使助力丧失或性能过低。在液压助力系统中，油泵供油压力不足或安全阀压力调定过低、油泵内漏和外漏、分配阀磨损严重，均会使助力丧失或性能降低，造成转向沉重。

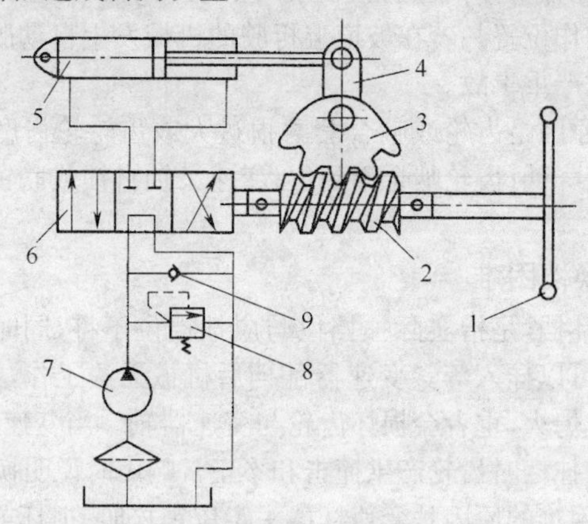

图 13-2　液压转向助力系统的原理图

1. 方向盘　2. 转向蜗杆　3. 扇形蜗轮　4. 转向摇臂　5. 助力液压缸
6. 分配阀　7. 液压泵　8. 安全阀　9. 单向阀

③转向轮定位角度不正确。若转向轮定位角度不正确，当车轮外倾角与主销内倾角过小、主销后倾角过大时，都会使转向阻力增大而引起转向沉重。

2. 转向轮打摆

转向轮打摆是指机械行驶时，在转向盘未动的情况下转向轮左右摇摆，使机械呈蛇形前进。转向轮打摆有两种情况：一是低速摆动，即只要机械开行就出现转向轮摆动；另一种是高速摆动，即当行驶速度达到一定范围后才打摆。转向轮打摆是以前桥为转向桥的汽车的常见故障。转向轮打摆的主要原因有：

①转向器和转向传动机构连接松动、配合松旷。如转向器轴承松旷、蜗轮蜗杆啮合间隙过大、拉杆球铰松旷、转向节配合松旷、车轮轴承松旷等，都会使车轮受力而摆动时，不能为转向盘所控制。

②车轮本身旋转质量不平衡，轮辋端面摆差过大。车轮旋转质量不平衡，在高速行驶时会产生周而复始的干扰力，当干扰力的频率与车轮本身的摆动自振频率相同时，就

会产生强烈的共振，引起车轮大幅度摆动。当轮辋变形、使用质量不均的翻新轮胎、前束不对等时，也会引起转向轮摆动。

③装有转向助力系统的机械，当分配阀滑阀的定中弹簧弹力不足或损坏时，滑阀不能保持在中间位置。路面凹凸不平，机械行驶中转向轮产生摆动，从而使滑阀产生轴向窜动，使转向助力油缸造成压差，促使转向轮打摆。此外，液压转向助力系统进入空气，也会造成转向轮打摆。

3. 机械在行驶中自动跑偏

机械在平整的路面上行驶，在未操纵转向盘的情况下机械自动地向一侧偏行，为了直行需要不断地握住和操纵转向盘称为自动跑偏。自动跑偏的原因是机械左右两侧技术状态不一致，可能因转向系统，也可能是其他原因所致。例如，左右转向车轮定位角不一致，轮毂轴承紧度不均；左右轮胎气压不相等，使车轮滚动半径不同时，机械会向气压低的一侧跑偏；左右钢板弹簧弹力不一致，车上载重左右不一致，也会引起跑偏；装有转向助力系统的机械，分配阀有故障，使转向助力油缸两侧压差过大等。

4. 转向盘回正困难

机械在行驶中转向盘回正迟缓或不能自动回正的原因有：

①转向轮定位失常使机械行驶的稳定力矩减小。

②转向器和转向传动机构装配调整不当，各机件配合过紧或润滑不良，使各运动机件摩擦阻力增加。

③转向助力系统的分配阀及转向助力油缸损坏、进入脏物咬住或分配阀中的定中弹簧过软甚至损坏。

四、轮式建筑机械制动系统的故障和原因

轮式机械制动系统的主要故障是制动性能降低，各车轮制动性能不一致，严重时会出现制动失效。其具体故障有制动失灵、制动时机械跑偏、制动拖滞和制动器异响。

1. 制动失灵

制动失灵指按正常操作进行制动时，制动性能达不到规定的技术要求。其主要表现有正常制动时，制动力矩不足，车速减慢迟缓；当进行全制动时，拖印滑行距离大于规定数值；正常操作踩动制动踩板，出现有时无制动，如常见的“二脚制动”，或无论怎样踩动制动踏板都无制动。制动失灵的主要原因是由于制动力矩不足所致，具体表现为：

①制动系统气压不足。在气制动或气顶油制动系统中，当系统气压不足时，会使制动器的制动力矩减弱。空气压力机有故障、压力调节器及安全阀开启过早或卡住、制动阀产生故障、气顶油制动系统中液压系统内有空气，及制动总泵和分泵密封元件密封不严而漏油、管路漏气漏油、制动气室膜片损坏等，都是造成制动系统气压不足的直接原因。

②制动器本身的故障。制动器制动表面贴合面积减少（一般蹄式制动器摩擦面的贴合面积应在95%以上）、制动器制动表面沾有油污、制动器调整不当，使制动间隙过大或不均、制动蹄片磨损严重并产生烧损，使其摩擦系数降低等都会使制动力矩降低。

2. 制动时机械跑偏

在进行正常的行车制动时，在转向盘未动的情况下，出现机械向一边偏头或侧向滑移称为制动跑偏。轮式机械制动时跑偏是由于同一车桥左右车轮制动力矩不均衡所致。如左右车轮制动器摩擦片的质量不一致、摩擦片磨损不均匀都会引起制动跑偏。

3. 制动拖滞

制动拖滞是指机械制动后再次起步时，产生起步困难或起步时发动机熄火、或需加大油门才能起步，而且起步后车速上不去、不易加速。制动拖滞的主要原因是制动解除后制动器存在分离不彻底的现象，其具体原因有制动间隙过小，不能保证在非制动状态下制动器彻底分离；制动蹄回位弹簧弹力不足或折断，凸轮轴、制动蹄支承销与衬套装配过紧，缺润滑油或锈蚀；制动阀或快放阀工作不正常，排气缓慢或排气不彻底；气顶油制动系统中液压系统由于管路堵塞存在残余压力，制动分泵活塞自动回位机构因紧固片破裂或紧固轴配合过松而失效。此外，盘式制动器摩擦片变形、固定盘或转动盘花键齿卡住，也会引起制动器分离不彻底。

4. 制动器异响

制动器异响有两种情况：一是在非制动的情况下产生擦碰声；二是在制动时产生尖叫声。前者是由于连接件松动，如螺钉松动、拉紧弹簧脱落或折断；后者由于制动鼓失圆、摩擦贴合面积过小，中部间隙过大。制动器异响和制动拖滞伴随制动器发热，使制动器摩擦蹄片烧损、制动性能变差。

第三节　常用建筑机械的维护保养和故障排除

一、挖掘机的维护保养和故障排除

1. 挖掘机的维护保养

现以 WY100 液压挖掘机为例说明挖掘机的维护和保养(表 13-4)。

表 13-4　WY100 液压挖掘机的维护、保养

时间间隔	序号	技术保养内容
每班或累计 10h 工作以后	1	柴油机：参看柴油机说明书的规定
	2	检查液压油箱油面(新机器在 300h 工作期间每班检查并清洗过滤器)
	3	工作装置的各加油点进行加油
	4	对回转齿圈齿面加油
	5	检查并清理空气过滤器
	6	检查各部分零件的连接，并及时紧固(新车在 60h 内，对回转液压马达，回转支承、行走液压马达、行走减速液压马达、液压泵驱动装置、履带板等处的螺栓应检查并紧固一次)
	7	进行清洗工作，特别是底盘部分的积土及电气部分
	8	检查油门控制器及连杆操纵系统的灵活性，及时对关节处加油，并及时进行调整

续表 13-4

时间间隔	序号	技术保养内容
每周或累计工作100h以后	9	按柴油机说明书规定检查柴油机
	10	对回转支承及液压泵驱动部分的十字联轴器进行加油
	11	检查蓄电池，并进行保养
	12	检查管路系统的密封性及紧固情况
	13	检查液压泵吸油管路的密封性
	14	检查电气系统并进行清洗保养工作
	15	检查行走减速器的油面
	16	检查液压油箱(对新车100h内清洗油箱，并更换液压油及纸质滤芯)
	17	检查并调整履带张紧度
每季度或累计500h工作以后	18	按柴油机说明书规定，进行维护保养
	19	检查并紧固液压泵的进油阀及出油阀(用专用工具)(新车应在100h工作后检查并紧固一次)
	20	清洗柴油箱及管路
	21	新车进行第一次更换行走减速器内全损耗系统用油(机油)(以后每半年或1000h换一次)
	22	更换油底壳机油(在热车停车时立即放出)及喷油泵与调速器内润滑油(新车应在60～100h内进行一次)
	23	新车对行车及回转补油阀进行紧固一次，清洗液压油冷却器

WY100液压挖掘机的润滑周期及润滑剂型号见表13-5。

表 13-5　WY100 液压挖掘机的润滑周期及润滑剂型号

润滑部位		润滑剂型号	润滑周期/h(工作时间)	备注
动力装置	油底壳	夏季:柴油机油T14号 冬季:柴油机油T8或T11号	新车60 正常300～500	
	喷油泵及调速器		500	
操纵系统	手柄轴套	ZG—2	20	
液压系统	工作油箱	低凝液压油(−35℃) (原上稠40～Ⅱ液压油)	1000	
	系统灌充量			
传动系统	十字联轴器	夏季:ZG—2 冬季:ZG—1	50	
	液压泵轴		50	
	回转滚盘滚道		50	
	多路回路接头		50	
	齿圈	ZG—S	50	

续表 13-5

	润滑部位	润滑剂型号	润滑周期/h（工作时间）	备注
作业装置	各连接点	ZG—2	20	
底盘	走行减速箱	HJ—40	1000	或换季节换油
	张紧装置液压缸	ZG—2	调整履带时	
	张紧装置导轨面	同上	50	
	上下支承轮		2000	

2. 挖掘机液压系统的故障排除

挖掘机液压系统的故障排除见表 13-6。

表 13-6 挖掘机液压系统的故障排除

故障	原因	排除方法
油泵不出油	1. 系统中进入空气 2. 轴承磨损严重 3. 油液过黏	1. 各部连接处如有松动处加以紧固，管路中的密封垫和油管如有损坏破裂，进行更换修复 2. 换新轴承 3. 换规定的油料
油压不能增加到正常工作压力	1. 皮碗老化不封油或活塞卡死在过压阀打开的位置 2. 过滤器太脏 3. 液压阀与阀座不密合 4. 油质不良 5. 油箱中的油位低	1. 拆洗更换 2. 清洗或更换 3. 修磨或更换 4. 换油 5. 加油
蓄压器到操纵台的油路中油压迅速降低并恢复缓慢	1. 过滤器太脏 2. 管路损坏或渗油	1. 清洗或更换 2. 紧固、焊修或更换
压力表指示不正确	表有毛病	检修、更换（压力表座上有开关查看油路压力时，可将开关打开，平时工作应将开关关死，可避免表过早损坏）
工作缸漏油	皮碗磨损，油封不良	换新皮碗
旋转接头漏油	密封圈磨损	拧紧螺母，若仍漏油，可加密封圈或加 1mm 厚垫圈
油管接头处漏油	螺母松动，喇叭头裂缝	拧紧螺母，若仍漏油，则需修理或更换喇叭头部分
踏板制动器油缸活塞行程太小	刹车油少，有空气进入缸内	添加刹车油，拧松缸体上的排气塞，踩几次踏板，将缸中空气挤出

续表 13-6

故　障	原　因	排除方法
操纵阀打开后阀杆被卡住	阀杆与阀体间有脏物进入	可来往扳动手柄，必要时更换该操纵阀
	注：此故障可能引起事故，因手柄已扳到断开位置而被操纵机构仍未脱开。如提升动臂，动臂就可能被翻到挖掘机身后去。倘若遇此情况，应立即分离主离合器，切断动力，并使用制动器	
操纵阀工作不平稳	1. 导杯或阀杆移动不灵活 2. 弹簧或其他零件损坏	清洗或用 TON 版研剂轻研几下，阀杆与阀体最大配合间隙为 0.015mm。换新，装配前用汽油洗涤并加润滑油

二、塔式起重机的维护保养和故障排除

1. 塔式起重机的日常保养

①检查并添加各工作机构减速器的油量。

②检查配电闸箱及电缆各接头是否牢固，熔丝接头是否松动，电缆是否擦伤和损坏。

③检查各安全保护装置是否正常，当控制器按到工作位置时，继电器、接触器均应灵敏可靠，检查各限位开关的动作是否良好。

④检查并紧固各连接螺栓，检查钢丝绳的磨损及断丝情况。

⑤检查制动器是否灵敏可靠，各连接部位不得有歪斜、卡死现象，弹簧、电力液压杆、活塞等都应作用良好，不得有漏油现象，检查并调整制动带、制动瓦块与制动轮的间隙。

⑥工作后应清扫司机室，清除机身下部、电动机及各传动机构外部的灰尘和污垢。

⑦按润滑规定做好润滑工作。

⑧每隔 6 个工作班应对电气部分和传动装置集中保养一次，主要内容包括检查并调整各个工作机构传动齿轮的啮合情况；检查各连接螺栓有无松动；检查控制器与集电环，并用细砂布清除触头和铜环接触面上所有烧焦的痕迹及滑块元件上的脏物，调整炭刷与滑环的压力，若炭刷磨损应及时更换；检查滑轮及钢丝绳的接头，紧固滑轮挡圈的顶丝及钢丝绳卡环。

2. 塔式起重机的一、二级保养

塔式起重机工作一段时间后应进行一级和二级保养，保养周期应按使用说明书规定，保养的主要内容如下：

①检查钢结构部分，焊缝是否出现裂纹，螺栓、销钉和铆钉等连接件是否松动或短缺，杆件是否有变形，栏杆、扶梯、支承、防护罩等是否完好。如发现问题，应进行补焊、添配和修复。

②清洗各传动机构的减速器，更换已损零件，按润滑规定更换减速器和液压推杆制动器等的油料。

③检查各部齿轮的磨损情况，如磨损过大，应予修复或更换。

④紧固卷扬机底座、减速器箱体及其他各连接部位的螺栓。

⑤拆检制动器，清除制动带与制动轮上的油污，检查制动带的磨损情况，调整间隙，更换杠杆上的连接销及开口销。

⑥拆检回转支承装置，更换已损零件并调整间隙。

⑦检查各安全装置和限位开关，用细砂布清除限位开关触头上的焦痕，调整弹簧压力及杠杆角度。

⑧清除全部机构的灰尘及油污。

⑨按润滑规定做好润滑工作。

3. 塔式起重机的故障及排除方法

塔式起重机的故障及排除方法见表13-7。

表13-7　塔式起重机的故障排除

故障部位	故障现象	故障原因	排除方法
滚动轴承	油温过高	润滑油过多	减少润滑油
		油质不符合要求	清洗轴承并换油
		轴承损坏	更换轴承
	噪声过大	有油污	清洗轴承并换新油
		安装不正确	重新安装
		轴承损坏	更换轴承
块式制动器	制动器失灵	间隙过大	调整间隙
		有油污	用汽油清洗油污
		弹簧松弛或推杆行程不足	调整弹簧张力
	制动瓦发热冒烟	间隙过小	调整制动瓦间隙
		制动瓦未脱开	调整制动瓦间隙
	电磁铁噪声高或线圈温升过高	衔铁表面太脏造成间隙过大	除去脏物，并涂上一层薄全损耗系统用油（机油）调整间隙
		硅钢片未压紧	压紧硅钢片
		电磁铁有一线圈断路	接好线圈或重绕
钢丝绳	磨损太快	滑轮不转动	更换或检修滑轮
		滑轮槽与绳的直径不符	更换或检修滑轮
	脱槽	滑轮偏斜或移位	调整滑轮安装位置
		钢丝绳规格不对	更换钢丝绳
滑轮	轮槽磨损不均匀	滑轮受力不均匀	更换滑轮
		油轮加工质量差	更换滑轮
	轴向产生窜动	轴上定位件松动	调整、紧固定位件

续表 13-7

故障部位	故障现象	故障原因	排除方法
吊钩	产生疲劳裂纹	使用过久或材质不佳	更换吊钩
	挂绳处磨损过大	使用过久	更换吊钩
卷筒	卷筒壁产生裂纹	材质不佳,受过大荷载冲击	更换卷筒
		筒壁磨损过大	更换卷筒
	键磨损或松动	装配不合要求	换键
减速器	噪声大	齿轮啮合不良	修理并调整啮合间隙
	温升高	润滑油过少或过多	加、减润滑油至标准油位
	产生振动	联轴器安装不正,两轴不同心	重新调整中心距和两轴的同心度
滑动轴承	温度过高	轴承偏斜	调整偏斜
		间隙过小	适当增大轴承间距
		缺油或油中有杂物	清洗轴承,更换新油
	磨损严重	缺油或油中有脏物	清洗、换油、换轴承
行走轮	轮缘磨损严重	轨距不对	检查、调整轨距
		行走枢轴间隙过大	调整枢轴间隙
回转支承	跳动或摆动严重	滚动体磨损过大	减少垫片或换修
		小齿轮和大齿圈的啮合不正确	检修
金属结构	永久变形	超载	禁止超载、调直并加固
		拆运时碰撞或吊点不正确	禁止超载、调直并加固
	焊缝严重裂纹	超载或疲劳破坏	检修、焊补
	工作时变形过大	超载或各节接头螺栓松动,或螺栓孔过大	禁止超载,更换螺栓并紧固
电动机	接电后电动机不转	熔丝断路	更换熔丝
		定子回路中断	检查定子回路
		过电流继电器动作	检查过电流继电器的整定值
	接电后,电动机不转并有嗡嗡声	断了一根电源线	查处断线处并重新接牢
	转向不对	接线顺序不对	任意对调两根相线
	运转声音不正常	电动机接法错误	改正接法
		轴承磨损过大	更换轴承
		定子硅钢片未压紧	压紧硅钢片

续表 13-7

故障部位	故障现象	故障原因	排除方法
电动机	电动机温升过高	超负荷运转	禁止超负荷
		工作时间过长	缩短工作时间
		线路电压过低	暂停工作
		通风不良	改善通风条件
	电动机局部温升过高	电源缺相，电动机单相运行	查找断头并排除
		某一绕组与外壳短路	查找短路部位并排除
		转子与定子相碰	检查转子与定子间隙，换轴承
	电动机停不住	控制器触头被电弧焊住	检查控制器间隙，清除弧疤或更换触头

三、混凝土搅拌机的维护保养和故障排除

1. 日常保养

①每次作业后，清洗搅拌筒内外积灰。清洗完毕后涂上一层全损耗系统用油（机油），便于下次清洗。

②移动式搅拌机的轮胎气压应保持在规定值，轮胎螺栓应旋紧。

③斗钢丝绳如有松散现象，应排列整齐并收紧钢丝绳。

④用气压装置的搅拌机，作业后应将储气筒及分路盒内的积水放出。

⑤清洗搅拌机的污水应排放在指定地点，并进行处理，不准在机旁或建筑物附近任其自流。尤其是冬季，严防搅拌机筒内和地面积水、结冰，应有防冻、防滑、防火措施。

2. 定期保养（周期 500h）

①皮带传动的检查和调整。混凝土搅拌机在使用过程中，应定期检查 V 带的松紧程度。检查方法：停机，对每根皮带施以 40～50N 的力，挠度为 10～15mm 为宜。V 带需更换时，应成组更换，以保证同一皮带轮上的 V 带松紧程度一致。

②减速箱及传动齿轮的检查。搅拌机减速箱内各传动齿轮轮齿磨损后的齿侧间隙不得超过 2mm，各轮齿齿厚的磨损量一般不得超过理论齿厚的 20%，齿侧间隙和齿厚磨损超限时，应更换齿轮。

鼓形自落式搅拌机的大齿圈和传动小齿轮啮合齿侧间隙应为 1.5～3mm，磨损限度为 4.5mm，出料斗传动小齿轮和大齿轮啮合齿侧间隙的磨损限度为 3.5mm。上述开式齿轮齿厚磨损限度一般为理论齿厚的 20%～25%。

强制式搅拌机蜗轮和蜗杆磨损后的齿侧间隙，一般不超过0.06～0.10m（m为蜗杆、蜗轮的模数），蜗轮和蜗杆的齿厚磨损限度一般为理论齿厚的20%，当磨损超限时，应更换蜗杆蜗轮副。

各齿轮轴弯曲变形不得超过0.2mm，超过时应校直；各滚动轴承径向间隙一般不应超过0.25mm；各滑动轴承的标准间隙一般为0.08～0.12mm，使用限度为0.4～0.5mm，间隙过大或磨损严重时应更换。

③进料离合器的检查。当进料离合器内外制动带磨损严重，磨损量超过制动带厚度的40%或露出铆钉时，应更换制动带。要求制动带摩擦衬面的厚度为6mm。

当制动带钢带翘曲变形时，应校正。当内、外制动带的制动面磨损沟痕超过0.5mm时，应进行车削，一般以修平为止。若内、外制动带有穿透性裂纹时，应换用新件。

进料离合器钢套磨损超过0.4mm时，应更换。当滑塞头部有磨损或沟痕时，可进行焊修；各活动节、销轴磨损后间隙超过0.4mm（或0.5mm）时，应进行修理。

在正常情况下，进料离合器制动带与制动面的接合面积应达到制动带总面积的70%以上，离合器分离后，制动带与制动面间的间隙一般为1～1.2mm。

④搅拌机工作装置的检查。自落式搅拌机的搅拌叶片和进料叶片边缘磨损超过50mm或有较大变形时，需要镶补或更换叶片。强制式搅拌机的铲片、刮片距筒底和筒壁均有一定间隙，一般铲片距筒底的距离为2～5mm，距筒壁的距离为8～12mm。如铲片磨损严重，应及时更换。

自落式搅拌机搅拌筒滚道及挡板长时间使用磨损严重，其厚度小于8mm时，或搅拌筒有裂纹时，应用补焊的方法修复。振动三角楔铁磨损严重不起振动作用时，应进行补焊。自落式搅拌机托轮和振动辊轮的磨损量超过6mm时，应焊修或更新。当托轮轴承径向间隙超过0.25mm时，应换用新件，并要求同一轴上的托轮直径差不得超过0.1mm。两托轮轴安装时应平行，并在同一水平面内，其不平度不得大于1/1000，位移不得大于0.25mm。

搅拌机各操纵部位的活动部件及活动节，不应松旷，一般活动轴销与孔壁的间隙不应超过0.5mm，间隙过大时，应采用补焊或镶套的方法进行修复。自落式搅拌机上料手柄的摆动角度不应超过10°。

⑤料斗提升钢丝绳检查。料斗提升钢丝绳磨损超过规定（钢丝绳的报废标准）时，应予更换，如尚能使用，应进行除尘、润滑。

⑥动力装置的检查。内燃搅拌机的内燃机部分应按内燃机保养有关规定执行。电动搅拌机应消除电器的积尘，并进行必要的调整。

⑦润滑。按照相应搅拌机说明书规定的润滑部位及周期进行润滑作业。

3. 混凝土搅拌机的故障排除

自落式混凝土搅拌机常见故障和排除方法见表13-8。强制式搅拌机常见故障和排除方法见表13-9。

表 13-8　自落式混凝土搅拌机常见故障和排除方法

故　障	原　因	排除方法
推压上料手柄后料斗不起升或起升困难	1. 离合器制动带接合不良； 2. 制动带磨损； 3. 制动带上有油污； 4. 上料手柄与水平杆的连接螺栓松动或拨叉紧固螺栓松动； 5. 制动带脱落或松紧撑变形； 6. 拨叉滑头脱落或磨坏	1. 调整松紧撑触头螺栓，使制动带抱紧。消除制动带翘曲，使接合面不少于70%； 2. 更换制动带； 3. 清洗油污并擦干； 4. 重新紧固； 5. 检修离合器； 6. 补焊或换新滑头
拉动下降手柄时料斗不落	1. 离合器外制动带太紧； 2. 料斗起升太高，超过180°，重心靠向内侧； 3. 下降手柄不起作用； 4. 钢丝绳卷筒轴发生干磨； 5. 钢丝绳变形重叠而夹住	1. 调整制动带的间隙； 2. 调整振动装置的触头螺栓的高度，使其提早松开离合器； 3. 紧固手柄螺栓； 4. 清洗并加油； 5. 整理或更换钢丝绳
减速器有异响	1. 齿轮损坏； 2. 齿轮啮合不正常； 3. 缺少润滑油； 4. 齿轮键松旷	1. 更换齿轮； 2. 调整齿轮轴线，侧隙小于等于1.8mm； 3. 添加到规定； 4. 换键
搅拌筒运转不稳或振动	1. 托轮串位或不正； 2. 大齿圈和小齿轮啮合不良	1. 检修、调整托轮位置； 2. 调整啮合情况
轴承过热	1. 轴承磨损发生松旷； 2. 轴承内套与轴发生滑动，或外套与轴承座孔发生滑动； 3. 缺少润滑油； 4. 轴承内污脏	1. 圆锥滚柱轴承可在内套外侧加垫，滚珠轴承则应更换； 2. 内套与轴松动，在轴颈处堆焊再加工，外套与轴承座松动，在座孔处堆焊再加工； 3. 添加； 4. 清洗轴承，更换润滑脂
振动装置不起作用	1. 振动辊轮磨损过大，辊轮轴承磨损严重； 2. 搅拌筒上的三角楔铁磨平； 3. 振动触头太低	1. 补焊辊轮或更换新辊轮，更换新轴承； 2. 补焊楔铁； 3. 调高触头并紧固
量水器不上水	1. 水泵密封填料漏气； 2. 水泵不上水； 3. 水泵转速太低； 4. 三通阀水孔堵塞	1. 施紧压盖螺母，压紧石棉填料； 2. 加满引水排除腔中空气，必要时检修叶轮； 3. 调紧三角胶带； 4. 检修三通阀

续表 13-8

故　障	原　因	排除方法
量水器下水缓慢或根本不下水	1. 空气阀被锈蚀或卡住，或被污物堵住； 2. 量水器内有污物，堵塞套管和吸水管间的水路； 3. 三通阀水孔堵塞	1. 检修空气阀； 2. 消除堵塞的污物； 3. 检修三通阀
量水器供水不准	1. 指针松动、活动套管下降； 2. 外杠杆和轴滑动使套管不连动； 3. 活动套管歪斜或卡住或锈住	1. 将指针固定； 2. 紧固连接螺栓； 3. 检修量水器，使外杠杆和套管能连动
三通阀漏水	皮碗或橡胶垫圈磨损	更换皮碗或垫圈
水泵轴漏水	密封填料不起作用	压紧或更换填料

表 13-9　强制式搅拌机常见故障和排除方法

故　障	原　因	排除方法
搅拌时有碰撞声	拌铲或刮板松脱或翘曲致使和搅拌筒碰撞	坚固拌铲或刮板的连接螺栓，检修调整拌铲、刮板之间的间隙
拌铲转动不灵，运转有异常声	1. 搅拌装置缓冲弹簧失效； 2. 拌合料中有大颗粒物料卡住拌铲； 3. 加料过多，动力超载	1. 更换弹簧； 2. 消除卡塞的物料； 3. 按规定进料容量投料
运转中卸料门漏浆	1. 卸料门密封不严； 2. 卸料门周围残存的粘结物过厚	1. 调整卸料底板下方的螺栓，使卸料门封闭严密； 2. 消除残存的粘结物
上料斗运行不平稳	上料轨道翘曲不平，料斗滚轮接触不良	检查并调整两条轨道，使轨道平直，轨面平行
上料斗上行时越过上止点而拉坏牵引机构	1. 自动限位装置失灵； 2. 自动限位挡板变形而不起作用	1. 检修或更换限位装置； 2. 调整限位挡板

四、混凝土泵的维护保养和故障排除

1. 混凝土泵的维护保养

混凝土泵执行日常、月度和年度三级维护、保养制。

(1)日常维护

①线路连接牢固，绝缘良好，各种开关、按钮、接触器、继电器等工作正常，接地装置可靠。

②各部连接螺栓完整无缺，紧固牢靠，输送管路固定、垫实，无渗漏。

③油位指示器应在蓝线范围内，不足时添加。

④水箱水量充足。

⑤液压泵、缸、马达及各操纵阀、管路等元件无渗漏，工作压力正常，动作平稳正确，油温在15℃～65℃范围内。

⑥搅拌机构工作正常，无卡滞现象。

⑦分配阀动作及时，位置正确，泵送频率正常，正反泵操作灵活，无漏水、漏油、漏浆等现象。

⑧开动泵机，用清水将泵体、料斗、阀箱、泵缸和管路中所有剩余混凝土冲洗干净。如作业面不准放水时，可采用气洗。

(2)月度维护

①各部连接和紧固件应齐全完好，缺损者补齐。

②放出底部沉积的污垢，补充润滑油至规定油面高度。

③调整传动链条松紧度，一般挠度为20～30mm。

④检查分配阀磨损情况。球阀的阀芯和阀体之间的间隙应为0.5～1mm；板阀和系杆的间隙超过3mm，板阀上端间隙超过1mm，下端间隙超过1.5mm，以及板阀和杆系对中程度超过3mm时，均应调整或更换密封件。阀窗应关闭严密。

⑤料斗和搅拌叶片应无变形、磨损。

⑥推送活塞、橡胶圈应无磨损、脱落、剥离或扯裂等现象。

⑦清洁过滤器滤芯，如有内泄外漏或压力失调等现象，应予调整或更换缸封件。

⑧空压机压力应正常，清洗空气过滤器。

⑨无漏水、漏浆等现象，安装牢固。

⑩清除机身外表灰浆，按润滑表的规定进行润滑。

(3)年度维护

①打开上盖，放尽脏油，冲洗内部。检查齿轮副和轴承的磨损情况，更换磨损零件及油封，调整齿轮的啮合间隙，加注新油至规定油面。

②料斗、搅拌叶片、搅拌轴和支座等如有磨损应修复或更换。传动链轮和链条应无过量磨损，更换已磨损的轴承、密封盘、压圈、螺栓等易损件。

③拆检各部零件的磨损情况，必要时修复或更换，更换密封件。拆检混凝土缸和活塞的磨损情况，更换橡胶圈、密封圈等易损件。如活塞杆弯曲或混凝土缸磨损超限，应修复或更换。

④清洁各液压元件，检测其工作性能，必要时调整或拆修。检测液压油，如油质变坏应予更换，更换时应进行全系统清洗。

⑤拆检水泵，查看轴承、叶片、泵壳等是否磨损，水管及吸水笼头是否老化或损坏，必要时予以修复或更换。更换填坏、水封及其他易损件。

⑥检查输电导线的绝缘情况、接线柱头是否完好，检查各开关和继电器触头的接触情况，如有烧伤和弧坑应予清除，必要时调整继电器的整定值。

⑦检查随机配备的各种管子及管接头，如有破损，应予修复并补齐连接螺栓。

⑧全机清洗，外表进行补漆防腐。

⑨按试运转要求进行运转，各部应运转正常，作业性能符合要求。

⑩按照相应混凝土泵说明书规定的润滑部位及周期进行润滑作业。

2. 混凝土泵的故障排除

混凝土泵常见的故障有堵管、液压系统故障、分配阀故障、混凝土缸与活塞磨损及电气系统故障等。

(1)堵管

在泵送混凝土过程中，如果每个泵送冲程的压力高峰值，随冲程的交替而迅速上升，并且很快达到溢流压力，且正常混凝土泵的泵送动作突然自动停止，同时溢流阀发出溢流声，表明混凝土输送管道发生严重堵塞，应及时排除。

①反泵排出法。一旦堵管，可按反泵按钮，反泵3～4个行程，堵管即可排除。若反泵操作无效，则找出堵管位置，清管排除。拆管前应先反泵，释放输送管内混凝土的压力，以免混凝土喷溅伤人。若反泵不能正常进行，一个行程都走不满，则可能是混凝土缸堵塞，应放出料斗内的料，用水清洗混凝土缸。

②堵塞位置判定。若反泵操作不能排除堵塞，则要找出堵塞位置，拆管清除。可以进行反泵—正泵交替操作，一边沿管路敲打输送管。堵管的地方，声音沉闷，且没有混凝土流动的嚓嚓声。找出位置后，拆开清理即可。一般直管堵塞可能性小，弯管可能性大，最末端管易堵塞。

③堵塞原因及处理措施。混凝土质量或输送管布置不合理，均会造成堵管。堵管原因及处理措施见表13-10。

表13-10　堵管原因及处理措施

项　目	故障原因	处理方法
混凝土质量	坍落度不稳定	保证12～18cm之间
	单位立方水泥量太少	保证≥320kg/m³
	含砂率太低	保证≥40%
	骨料粒径级配不合要求	按要求重新调整
	搅拌后停留时间太长	重新搅拌
混凝土管道	输送管集中转弯过多	避免
	管接头密封不严	接头严密
	接长管路时，一次加接太多且没有湿润	一次至多加接1～2根并用水湿润
	出口端软管弯曲过度	软管弯曲半径不小于1m
	管路太长，而眼睛板与切割间隙过大	更换新的
操纵方法	出现堵管征兆时，未及时反泵，强行往前输送	应及时反泵
	中断供料时间太长	尽量避免，一般夏季停机不超过30min，冬季不超过45min

(2)液压系统故障

混凝土泵在正常工作时,液压泵始终在高压大流量状态下工作,双缸换向频繁,液压系统容易出现故障。常见的故障分系统故障和元件故障。系统故障主要由元件故障引起,最终落实在对元件故障的处理上。元件故障的处理可参考使用说明书。系统故障的另一个主要原因是油温过高。造成油温过高的原因主要有液压油箱油量不足;冷却风扇停转;冷却器散热片集尘过多,散热性能不好;冷却器内部回路堵塞;液压回路中某些辅助系统的中低压溢流阀设定压力过高或损坏;液压系统内部泄漏严重。

液压系统内部泄漏将引起油温过高。液压件之所以能够正常工作,主要依靠自身良好的密封性能。工作时间较长后,滑动副可能磨损,密封件可能老化,这样在工作过程中很容易造成内部泄漏。内泄使油温升高,降低了油液的黏稠度,进一步加大内泄,造成恶性循环。从某种意义上说,在正常工作状态下,系统油温的高低是衡量泵工作好坏的一个重要尺度。

液压油应保持一定的清洁度。目前,用于回路的过滤器精度一般在 5～10μm。应定期清洗滤芯和更换液压油。

(3)分配阀故障

以 S 阀为例,其常见的故障为 S 阀不摆动或摆动不到位、切割环与眼镜板磨损严重。S 阀频繁摆动,如果 S 管的两端支撑密封由于润滑不好,而慢慢磨损,最后料斗中的水泥浆渗漏到轴颈中,大大地增加了阻力,最后使 S 阀不能转动或转动不到位。在泵送混凝土过程中,一旦出现这种故障,处理起来非常困难。这要求施工人员在工作前认真检查,在工作中严格按照规程定期加润滑油,使轴颈转动副腔内充满润滑脂,料斗中的水泥砂浆无法进入。

切割环与眼镜板磨损严重,使 S 阀与眼镜板的间隙过大,漏浆严重,混凝土泵无法达到出口压力,从而无法正常给高层输送混凝土。应定期检查 S 阀与眼镜板之间的间隙,间隙过大时,调节摆臂上的异形调节螺母,(切割环与 S 管之间有一个橡胶弹簧起压力补偿作用)使橡胶弹簧保持一定的预紧力,间隙达到正常。磨损严重时,应及时更换切割环或眼镜板。

(4)混凝土缸与活塞磨损

一般混凝土缸的材料相当硬且耐磨,活塞采用耐磨橡胶或聚氨酯材料且其唇边要比缸径大 3～4mm。安装时,先将唇边内压通过缸端部的斜口滑入缸内。这种尺寸的配合可以保证活塞与缸的密封性。随着工作时间的加长,活塞的唇边逐渐磨损,当磨损到一定程度时,部分混凝土砂浆就会残留在混凝土缸壁上,和水箱中的水接触后,使水变得混浊。使用时,应经常注意水箱中水的混浊程度,通常一个台班,应更换 2～3 次水。若发现水在短期内迅速变浑,应更换活塞。根据使用工况的不同,在输送30000～50000m^3混凝土后,混凝土缸的磨损达到极限,此时,应更换混凝土缸。

(5)电气系统故障

常见电气系统故障及其排除方法见表 13-11。

表 13-11　常见电气系统故障及其排除方法

故障现象	故障原因	处理方法
QF合不上闸	过流瞬动整定值太小	调整整定值
	操作机构磨损	修理操作机构或更换
	脱扣器双金属片未复位	稍后冷却，自动复位
主电动机不能起动	无控制电源	检查电源
	QF未合闸	合上QF
	主电动机故障使QF自动跳闸	检查电动机主回路
	主油泵损坏卡死	更换主油泵
电动机有“嗡嗡”的声音	电源断相	检查QF、KM触头是否有一相未闭合
	定子绕组断线	更换电动机（检修）
电动机温度升高	电源断相	检查三相电源
	负载过重	降低输出功率
	电压过低或过高	检查电压，太低或太高不能开机
控制回路无电源	熔断器熔断	更换熔丝
	中间继电器触头损坏或卡死	更换中间继电器
电磁铁不工作	整流桥损坏	检查更换整流二极管
	熔断器损坏	更换熔丝
	线圈烧坏	更换电磁铁线圈
	线路接触不良	检查恢复线路

五、混凝土振动器的维护保养和故障排除

1. 混凝土振动器的维护保养

混凝土振动器应按使用要求进行润滑保养。插入式振动器的润滑保养见表13-12。附着式振动器每工作300h后，应拆开清洗轴承，更换2号（夏季）或1号（冬季）钙基润滑油脂；若轴承磨损过甚，必须及时更换轴承。

表 13-12　插入式振动器的润滑保养

润滑部位	周期（工作小时）	润滑油牌号	
		夏季	冬季
电动机轴承	600h	2号钙钠基脂	1号钙基脂
软轴振动器的传动轴承	300h	4号钙基脂	2号钙基脂
齿轮箱	300h	32号机械油	46号机械油
振动棒轴承	300h	4号钙基脂	2号钙基脂
软轴	300h	4号钙基脂	2号钙基脂
回转底盘	300h	4号钙基脂	2号钙基脂
各部销轴	300h	32号机械油	46号机械油

2. 混凝土振动器的故障排除

插入式振动器的常见故障及其排除方法见表13-13。

表13-13 插入式振动器的常见故障及其排除方法

故障	原因	排除方法
电动机转速降低，停机再起动时不转	1. 定子磁铁松动； 2. 一相熔断丝烧断或一相断线	1. 拆卸检修； 2. 更换熔断丝，检查、接通断线
电动机旋转，软轴不旋转或缓慢转动	1. 电动机旋向接错； 2. 软管过长； 3. 防逆装置失灵； 4. 软轴接头与软轴松脱	1. 对换电源任二相； 2. 软轴软管接头一端对齐，另一端要使软轴接头比软管接头长55mm，多余软管要锯去； 3. 修复防逆装置使之正常工作； 4. 设法紧固
起动电动机，软管抖振剧烈	1. 软轴过长； 2. 软轴损坏、软管压坏或软管衬簧不平	1. 软轴软管接头一端对齐，多余的软轴锯去； 2. 更换合适的软轴软管
振动棒轴承发热	1. 轴承润滑脂过多或过少； 2. 轴承型号不对，游隙过小； 3. 轴承外圈与套管配合过松	1. 相应增减润滑脂； 2. 更换符合要求的轴承； 3. 更换轴承或套管
滚道处过热	滚锥与滚道安装相对尺寸不对	重新装配
振动棒不起振	1. 软轴和振动子之间未接好或软轴扭断； 2. 滚锥与滚道安装尺寸不对； 3. 轴承型号不对； 4. 锥轴断； 5. 滚道处有油、水	1. 接好接头或更换软轴； 2. 重新装配； 3. 更换符合要求的轴承； 4. 更换锥轴； 5. 清除油、水，检查油封，消除漏油
振动无力	1. 电压过低； 2. 从振动棒外壳漏入水泥浆； 3. 行星振动子不起振； 4. 滚道有油污； 5. 软管与软轴摩擦力太大	1. 调整电压； 2. 清洗干净，更换外壳密封； 3. 摇晃棒头或将端部轻轻碰木块或地； 4. 清除油污，检查油封，消除漏油； 5. 检测软管、软轴长度，使其相符

六、水泵的维护保养和故障排除

1. 水泵的维护保养

①普通离心水泵在工作100h以后进行一级保养。拆卸单向阀和过滤网，检查阀的密封性，并消除卡滞现象，如有必要可更换密封垫；拆卸水泵轴的填料，检查密封盘根是

否老化变质,必要时可更换新盘根。

②普通离心水泵工作 600h 后,应进行二级保养。在二级保养中,拆检泵体,清洗泵轴、轴承、叶轮、泵壳、密封装置等,并疏通泵内孔道。二级保养中还应拆检电动机,清理定子和转子,并更换轴承内的润滑脂,然后测试电动机的绝缘电阻。

③在保养中要清洗轴承,加注新的润滑油(脂),并检查联轴器,矫正电动机和水泵轴的同轴度。

④新泵在运转初期,轴承拖架内的润滑油在工作 100 小时后,须更换,此后可在二级保养中更换。表 13-14 所列为一般离心水泵主要部件的润滑要求,供各级保养时参考。

表 13-14　普通离心水泵润滑

润滑部位	润滑点数	润滑周期(工作小时数)	润滑剂		备注
			夏季	冬季	
水泵轴承各部轴销	2	每班	68 号机械油或 2 号钙基润滑脂	68 号机械油或 1 号钙基润滑脂	加注
电动机轴承	2	600	2 号钙基润滑脂	1 号钙基润滑脂	清洗后更换

2. 水泵的故障排除

普通离心式水泵常见的故障及其排除方法见表 13-15。

表 13-15　普通离心式水泵常见的故障及其排除方法

故障现象	产生原因	排除方法
起动负荷大	1. 起动时没有关闭出水阀; 2. 盘根压得太紧或水封管不通水	1. 关闭出水阀后重新起动; 2. 适当放松压盖或检查疏通水封管
泵体过热	1. 盘根太紧使润滑水进不去,不能冷却; 2. 泵轴表面损伤或弯曲; 3. 轴承干磨或损坏	1. 适当放松盘根; 2. 修复或矫正泵轴; 3. 加润滑油或更换泵油
水泵不出水或流量不够	1. 吸水量小; 2. 叶轮内部淤塞; 3. 输入水管阻力太大; 4. 水泵转向不对; 5. 口环磨损使口环与叶轮间隙过大	1. 检修或更换大一些的吸水管; 2. 清洗叶轮和泵腔; 3. 检修或减短输水管; 4. 检查调整电源相位; 5. 更换口环

第十四章 建筑机械管理

第一节 建筑机械管理概述

建筑机械管理是指建筑施工企业对机械设备的装备、购置、租赁、使用、维修、更新、改造、报废等全过程管理工作的总称。建筑机械管理对于合理地组织机械化施工、降低劳动强度、提高生产率、顺利完成施工任务、加快工程进度、降低工程造价和施工成本、提高工程质量、保证安全施工等有着十分重要的意义。

一、建筑机械管理的内容和任务

1. 建筑机械管理的内容

建筑机械管理(亦称为机械设备管理)按其具体工作内容的不同分为装备管理、资产管理、使用管理、维修管理、经济管理和统计管理。

2. 建筑机械管理的任务

建筑机械管理的任务是使建筑施工企业拥有一批技术先进、配备合理的机械设备，并将这批机械设备管好、用好，使其保持完好状态，充分发挥其效益，从而提高建筑企业经济效益，发展并壮大建筑企业，不断提高企业在市场中的竞争能力。

二、建筑机械管理体制

我国建筑施工企业的机械设备管理体制一般为专业性施工公司装备大型土石方、起重、运输及桩工机械，一般建筑施工公司装备部分中型土石方、起重、运输机械和各种其他中小型施工机械，并都采取集中管理、分散使用的原则。这种管理体制的优点是使机械设备得到充分利用，发挥投资效益，避免机械设备利用率低下、投资效益不高、管理不善、使用不当和维修困难等情况发生。

机械设备的管理体制必须着眼于建筑施工企业的技术、经济效果，在装备、使用机械设备的同时，大力发展建筑机械设备的租赁业务。

三、建筑机械管理职责

在建筑施工企业中，对机械设备管理负有责任的是企业的经理、企业分管机械设备的领导、项目经理、施工现场负责人、各级机械技术负责人和各级机械设备管理部门负责人。各级机械管理的负责人应该由具备全面机械管理知识的技术人员担任。

1. 机械设备管理负责人的主要职责

①对所属单位的机械管理工作进行组织和技术、业务的指导，领导并完成本部门职

责范围内的各项工作。

②贯彻执行机械管理各项规章制度，根据本单位情况制定实施细则，检查各项规章制度的执行情况。

③负责组织所属单位管好、用好机械设备，监督机械设备的合理使用、安全生产，组织机械事故的分析和处理。

④负责推行“红旗设备”竞赛和同行业业务竞赛活动，组织检查评比，促进机械设备管理水平的全面提高。

⑤组织贯彻机械维修制度，审查维修计划，帮助维修单位提高技术水平。

⑥审查机械统计报表，组织统计分析，掌握机械设备全面情况，解决存在的问题。

⑦组织机械租赁和经济承包，推行单机经济核算，保证完成各项技术经济指标。

⑧负责会同有关部门做好机械管理的横向联系和协同配合工作。

⑨及时、定期向主管领导汇报机械管理和维修工作情况，提出改进工作的方案和建议。

⑩经常深入基层调查研究，组织互相学习和交流经验，不断提高机械管理水平。

2. 一般机械管理人员守则

一般机械管理人员应在本单位主管领导和部门负责人的领导下，根据分工，制定岗位责任制，并应遵守以下守则：

①模范地遵守并贯彻执行国家和上级有关机械管理的方针、政策和规章制度。

②努力学习机械管理专业知识，不断提高技术业务水平。

③认真执行岗位责任制，做好本职工作。

④面向基层，为施工生产服务，切实解决机械管理、使用、维修中的问题。

⑤加强调查研究、如实反映情况，敢于纠正违反机械管理规定等的错误。

四、建筑机械群众管理的主要形式

除了充分发挥各级领导和专业人员的作用外，还应调动操作人员、维修人员和广大职工的积极性。一切机械设备都要靠人去操纵和维修，操作人员和维修人员对机械的情况最为熟悉，管好、用好机械设备的规定和措施也必须通过他们来具体落实。因此，必须发挥群众管理的作用，才能使机械设备管好、用好，并使其完好状态得到充分保证。

机械设备群众管理的主要形式有：

①建立定人、定机、定岗位责任的“三定”制度，把每台机械设备、每项机械管理工作具体落实到人。

②建立以工人为主的机械检查组，负责机械日常状况的检查，监督执行并负责维修、保养机械的验收工作，必要时可协同处理管理工作中的重大问题。

③在作业班组设立由经验丰富的工人担任兼职机械员，协同专职机械员做好机械管理工作。

④开展“红旗设备”竞赛和各种爱机活动，调动群众管理机械设备的积极性。

第二节　建筑机械的装备管理

装备管理的基本内容包括装备规划的编制、装备结构的调整和贯彻落实国家技术装备政策等。装备管理的目的是保持并提高技术装备结构的合理化程度，有效地使用设备资金，确保设备投资的顺利回收和机械设备合理的更新，避免长期占用设备资金而无经济效益的情况出现。装备管理是施工企业机械管理中一个十分重要的先行性环节，属于机械设备前期管理的范畴，是企业宏观管理内容之一。

如果企业装备管理不善，不仅反映在积压和闲置的机械设备所占的比例上，而且在机械效率和装备生产率上也能得到反映。

一、建筑机械装备结构的合理化

合理的装备结构应该是一个具有先进水平、高效、机械化程度均衡、比例合理的多层次、便于使用、维修的装备结构。装备管理的基本任务是随着生产形势的变化适时地加以调整和完善装备结构，使之保持合理化。

装备结构合理化是企业管理的目标之一。合理的装备结构具有以下特征：

1. 技术先进

技术先进是指构成施工企业机械化施工能力的主要机械设备，应具有与当代平均水平相匹配的技术指标，即具有先进的能耗水平、生产效率、耐用性、安全性、环保性、可靠性和维修性等。

随着技术的进步，机械设备的技术性能不断完善，新产品不断更新，适时地更新机械设备是技术先进性的保证。

2、较高的利用率和机械效率

在正常情况下，施工企业的主要机械设备应基本上达到国家规定的利用率和机械效率指标。否则，就无法追求经济效益，也无法达到定额标准。要使施工企业的技术装备结构达到较高利用率和机械效率，必须处理好以下两个关系：

(1)常用机械与非常用机械之间的关系

施工企业必须将机械设备按利用率的高低分为常用和非常用两大类，区分界线以年利用率为60%，年利用率60%以上的定为常用机械，年利用率在60%以下的定为非常用机械。施工企业自有机械设备原则上只能由常用机械设备组成，对非常用机械设备，施工企业可以通过租赁的办法解决。

(2)机械化施工过程中机械设备之间的配套关系

机械化施工过程中机械设备必须在生产能力、技术性能、工艺性能之间合理地匹配。如果匹配不当，就难以达到高效使用机械设备的目的。

3. 机械化程度的均衡

机械化程度的均衡是指工种、工序和工程之间机械化程度的均衡。如果机械化程度不均衡，就会在机械化施工的过程中出现“瓶颈”现象而影响工程进度，也无法体现总的机械化施工的优越性。如果在众多的机械化施工环节之间夹杂着一些主要低效率的施工环节，这样的薄弱环节必须通过实现装备结构的合理化来加以解决。

4. 大、中、小型工程机械及动力机具具有合理的多层次结构

在建筑施工中，不仅需要常规土方、混凝土和起重吊装的大、中型机械设备，同样在装修、电缆铺设和管道安装等的施工中还必须推广使用各种手持电动机具。否则，就会造成主体施工进度较快，而装修、管线敷设等工程进度较慢，总体优势无法发挥。合理的装备结构必须把多层次结构作为一个必要条件。

5. 便于使用与维修

机械设备便于使用和维修也是建筑企业装备结构合理化的重要方面。如果机械设备操作复杂、保养维修技术难度大且成本较高、配件来源缺乏，必将给企业总的经济效益带来不利影响。

二、建筑机械装备规划

企业的装备规划应包括规划期内企业机械设备的新增、更新、改造、自制、报废规划和装备资金平衡使用的规划。建筑企业的装备规划应在总工程师或总机械师的领导下，由机械管理部门负责编制。在编制过程中，应广泛地征求施工生产、技术、财务等部门的意见。规划草案形成后，要经过有关部门共同讨论，加以修改，最后上报企业领导，经批准后执行。

1. 机械设备的新增规划

机械设备的新增是指增加在原装备结构中所缺类型的机械设备。对新增机械设备一般没有使用经验，因此，企业对于新增机械设备一定要持十分慎重的态度，要进行必要性论证、适用性论证、法规性论证和经济性论证。

(1)必要性论证

必要性论证是指施工企业有无必要新增某种机械设备的论证。必要性论证的目的是防止企业只为眼前施工的一时需要而决定新增某种机械设备，致使只使用一段时间后便长期搁置的情况发生。在必要性论证时，企业必须考虑其长远经济利益，否则就会使企业背上沉重的包袱，蒙受很大的经济损失。

建筑企业自有机械设备的年利用率下限值为60%，如果预测长期利用率高于60%，则说明有新增的必要。

(2)适用性论证

适用性论证是指对新增机械设备的技术性能是否能满足施工生产需要的论证。进行适用性论证时，一般应首先确定机械设备的技术性能是否同时满足施工工艺的要求、施工作业环境的要求、综合机械化施工配套的要求和其他方面的特殊要求。

施工企业对于使用性能不太了解的设备，可采取先租后买的方法，避免适用性方面的失误。

(3)法规性论证

法规性论证是指对某种机械设备的使用，是否违反国家技术装备政策和国家与当地有关法规的论证。国家和当地的有关法规主要指环保法对排污、噪声、废气、振动和其他的特殊规定。

(4)经济性论证

经济性论证是对新增机械设备使用后预期经济效果的证论。经济论证的主要方法是拟将新增机械设备完成一定工作量的预期经济效果，与租赁机械设备或将工程分包出去而完成相同工作量的经济效果加以比较，若新增机械设备的成本很高，其经济效果不如租赁机械设备或将工程分包出去的经济效果好，就没有必要花费大量资金新增机械设备。

一般用年等值成本法在新增机械设备和租赁机械设备之间进行决策。年等值成本的计算公式为：

$$\text{年等值成本}=(\text{原值}-\text{残值})\times\text{资金回收系数}+\text{残值年利息}+\text{年使用费} \tag{14-1}$$

式中，原值指购入时原始价值；残值指使用寿命结束时，设备的残余价值；年使用费指机械设备在使用期限内，每年平均支付的经常性费用，包括安装、拆卸、运输、动力、人工和保养修理费用等。资金回收系数和残值年利息按下式计算：

$$\text{资金回收系数}=\frac{i\,(1+i)^n}{(1+i)^n-1} \tag{14-2}$$

$$\text{残值年利息}=\text{残值}\times i \tag{14-3}$$

式中 i——年利率；

n——机械设备使用年限。

举例说明：为完成某大型土石方工程，需在新增和租赁设备之间进行决策。有关资料见表 14-1。

表 14-1 新增与租赁机械设备费用材料

方 案	一次投资	年使用费	使用年限	残 值	年利率	年租金
购置	200000	40000	10	20000	10%	—
租赁	—	20000	—	—	—	40000

新增设备：

$$\text{年等值成本}=(200000-20000)\times\frac{0.1\times(1+0.1)^{10}}{(1+0.1)^{10}-1}+20000\times0.1+40000$$

$$=71295(\text{元})$$

租赁设备：

年租金和使用费＝20000＋40000＝60000 元

通过计算年等值成本并与年租赁费用进行比较，得出结论：应租赁设备。

2. 机械设备的更新规划

机械设备的更新指以新代旧，具体可分为役龄更新和技术更新。用完全相同的机械填补应报废而产生的空缺称为役龄更新；用技术性能完全新型的同类机械设备替换陈旧落后的旧机械设备称为技术更新。

建筑施工企业的设备更新一般发生在下列两种基本情况：第一种情况是按照国家或上级主管部门规定应该或必须更新的某种机械设备；第二种情况是由于先进技术性能的机械设备进入市场，企业主动采取的更新措施。技术更新条件一般为：

①设备在技术上已经陈旧落后，耗能超过20%以上者。

②设备使用年限长，已经过四次以上大修或一次大修费用超过正常大修费用1倍以上者。

③设备严重损耗，大修后性能、装配精度仍不能达到规定要求者。

企业在进行技术更新时，必须对技术更新的必要性经过充分论证。如果企业生产能力本来就不足，可充分发挥旧设备的作用。如果能预见到近期内将有性能更先进的产品进入市场，可推迟一段时间更新。

3. 机械设备的改造规划

机械设备的改造是指机械设备的局部技术更新，即根据施工生产的具体需要，改造旧设备的局部结构，或在旧设备上增加新部件、新装置，从而改善和提高旧设备的技术性能。机械设备的改造有以下几种情况：

①更换新型动力装置。

②安装节能装置，降低能源消耗。

③改造和增加工作装置，扩大机械设备的用途并提高设备的可靠性和耐用性。

④增加安全装置，提高安全作业的可靠程度。

机械设备的改造一般都具有投资小、见效快的特点，是挖潜、节约开支和改善陈旧设备技术性能的有效途径，是企业装备规划中不可缺少的内容。但是，必须对改造方案的技术可行性进行研究和对经济效果进行预测，以防改造失败，造成经济损失。

4. 机械设备的自制规划

自制能否达到预期目的，关键是设计和制造的质量问题。只有施工生产急需、在市场上又采购不到的机械设备才能列入自制规划。自制机械设备的设计应符合结构合理、性能稳定、经济耐用、安全可靠的原则，同时还应明确由本单位自行制造还是委托其他单位制造。

5. 机械设备的报废规划

机械设备的报废指机械设备退出使用，报废后的机械不再是企业固定资产的组成部分，应在固定资产账上注销。

6. 装备资金平衡使用规划

在企业的装备规划中还应列入装备资金的来源、数额及其平衡使用的规划。资金是装备规划得以实现的保证，在装备资金的平衡使用规划中，应做到可能提供的资金与所需用的资金平衡，并大体规划出资金提供的时间和资金使用的先后顺序。

企业装备资金来源一般包括按规定收取的工程项目的技术装备费；机械设备折旧基金；大修理基金的结余部分；处理设备的变价收入和报废后设备的净残值；税后留利中拨作发展生产的基金。

第三节 建筑机械的资产管理

从固定资产角度对企业的机械设备进行管理的全过程称为机械设备的资产管理。机械设备资产管理的全过程包括机械设备的购置验收、建账建卡、分类编号、建立技术档案、清点盘查、折旧和大修理基金的提取、封存保管与处理报废等工作。这些工作都属于企业机械管理部门的日常性业务工作。

一、建筑机械设备的购置

机械设备的购置按照程序分为购置计划编制和订货选购两个阶段。

1. 机械设备购置计划的编制

年度机械设备购置计划见表14-2，应根据机械设备装备规划，并结合当年施工的需要，在企业总工程师或总机械师的主持下，以机械管理部门为主，并组织有关部门参加，经过必要的技术经济论证后进行编制，计划编制后报经上级主管部门批准并经备案后执行。

表14-2 ××××年度机械设备申请购置计划

填表单位　　　　　　　　　　　　　　　　　　　　年　月　日

序号	机械设备名称	型号规格	单位	需要数量	生产厂家	出厂价格	用途	备注
1								
2								
3								

主管部门(或主管人)：　　　　　　机械管理部门：　　　　　　制表：

机械设备购置计划的编制一般分为准备阶段、平衡阶段、选型论证阶段和确定三个阶段。

准备阶段的主要任务是充分收集有关购置计划编制的依据，如年内机械设备更新和报废情况，机械设备年台班、产量定额和完好率、利用率等指标，企业近期承担施工项目的实际工程量、进度要求及施工技术特点等。

平衡阶段的主要任务是编制机械设备购置计划的草案，并会同有关部门进行核算，使生产任务和生产能力平衡、机械费用和其他经济指标平衡。

选型论证阶段是对已列入购置计划草案的机械设备型号、厂牌等进行认真评选、技术经济论证，择优购置。

2. 机械设备型号和厂牌的选择方法

在选择机械设备型号和厂牌时，应考虑机械设备的经济性、可靠性、维修性、安全性、环保性、适应性和宜人性。可靠性指机械的技术性能在时间上的稳定程度；维修性主要取决于零部件的标准化程度、拆装的难易，配件来源是否充足、稳定，维修技术难度和维修费用高低等；安全性包括制动系统的可靠程度、电气设备的绝缘等级、事故预防装置及故障报警装置的水平等；环保性指机械在运行中所产生和排出的废气、污物、噪声、异味及有毒物质对环境的影响程度，以及为了达到有关法规规定所需的附加费用等；适应性指对不同使用要求的适应能力；宜人性指机械设备各种操纵驾驶装置的布设位置、采光、照明、视野、保温性能以及操作中消耗体力的程度。

一般的施工机械设备选择方法有综合评分法、单位工程量成本比较法和界限时间比较法。

(1)综合评分法

有多台同类机械设备可供选择时，可以考虑机械的技术特点，通过对某种特性分级打分的方法比较其优劣。如表14-3中所列甲、乙两台机械，在综合评分法评比后，选择最高得分者。

表14-3 综合评分法

序号	特性	等级	标准分	甲	乙
1	工作效率	A/B/C	10/8/6		
2	工作质量	A/B/C	10/8/6		
3	使用费和维修费	A/B/C	10/8/6		
4	能源耗费量	A/B/C	10/8/6		
5	占用人员	A/B/C	10/8/6		
6	安全性	A/B/C	10/8/6		
7	完好性	A/B/C	10/8/6		
8	维修难易	A/B/C	8/6/4		
9	安、拆方便性	A/B/C	8/6/4		
10	对气候适应性	A/B/C	8/6/4		
11	对环境影响	A/B/C	6/4/2		

(2)单位工程量成本比较法

机械设备使用的成本费用分为可变费用和固定费用。可变费用又称操作费，如操作人员工资、燃料动力费、小修理费、直接材料费等；固定费用是按一定的施工期限分摊的费用，如折旧费、大修理费、机械管理费、投资应付利息、固定资产占用费等。租赁机械的固定费用是按期交纳的租金。有多台机械可供选用时，优先选择单位工程量成本费用较低的机械。

单位工程量成本计算公式如下：

$$C=\frac{R+PX}{QX} \tag{14-4}$$

式中 C——单位工程量成本；

R——一定时期机械的固定费用；

P——单位时间的变动费用；

X——机械在一定时期内的实际作业时间；

Q——机械设备单位作业时间的产量。

举例说明：现有A、B两个型号的机械均可满足施工需要，预计每月使用时间为200小时，有关资料见表14-4，在两个型号之间进行决策。

表14-4　A、B两个型号机械设备有关资料

机　械	月固定费用/元	每小时操作费/元	每小时产量/m^3
A	7000	30	40
B	8000	25	50

$$A设备单位工程量成本=\frac{7000+30\times200}{40\times200}=1.63(元/m^3)$$

$$B设备单位工程量成本=\frac{8000+25\times200}{50\times200}=1.3(元/m^3)$$

通过比较，选择B设备。

(3)界限时间比较法

界限时间(X_0)是指两台机械设备的单位工程量成本相同时的时间，由式(14-4)可知单位工程量成本C是机械实际作业时间X的函数，当A、B两台机械的单位工程量成本相同，即$C_a=C_b$时，则界限时间

$$X_0=(R_bQ_a-R_aQ_b)/(P_aQ_b-P_bQ_a) \tag{14-5}$$

当A、B两台机械单位作业时间产量相同，即$Q_A=Q_B$时，则

$$X_0=(R_b-R_a)/(P_a-P_b) \tag{14-6}$$

由图14-1a可以看出，当$Q_a=Q_b$时，应按总费用多少选择机械。由于项目已定，两台机械需要的使用时间X相同，即：

$$需要使用时间(X)=应完成工程量/单位时间产量=X_a=X_b \tag{14-7}$$

当$X<X_0$时，选择B机械；当$X>X_0$时，选择A机械。

由图14-1b可以看出，当$Q_a\neq Q_b$时，两台机械的需要使用时间不同，$X_a\neq X_b$。在二者都能满足项目施工进度要求的条件下，需要使用时间X应根据单位工程量成本低者选择机械。

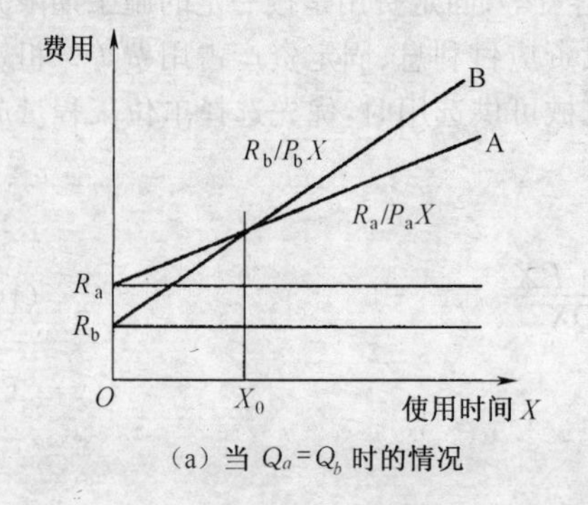

(a) 当 $Q_a=Q_b$ 时的情况

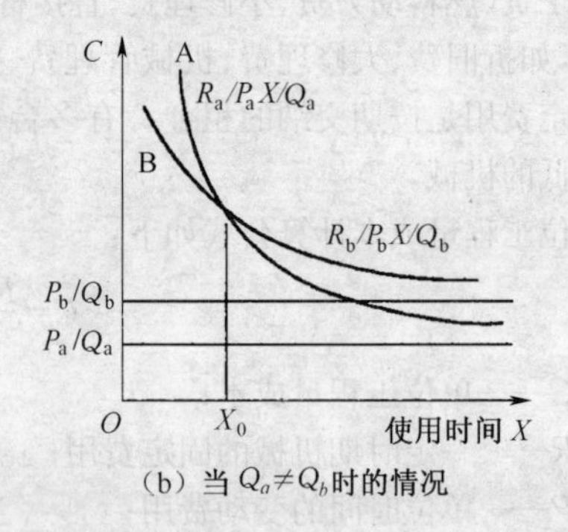

(b) 当 $Q_a\neq Q_b$ 时的情况

图14-1　界限时间比较法

二、建筑机械设备的验收

凡属于企业购置的机械设备和自行研制的符合固定资产条件的非标准设备，都必须经过试验和验收，确认合格后，才能列入固定资产。如在验收时发现问题，应及时提出索赔要求。

验收工作的主要内容包括机械设备技术状况的检验，随机附件、备品配件、专用工具和随机技术资料的清点等。验收工作的依据是各种原始凭证，包括订货合同、设备的发票、货运单、装箱单、发货明细表、设备说明书、质量保证书以及有关文件和技术资料等。验收工作由机械管理部门主持，必要时，要请上级主管部门和制造厂方派人参加。

验收合格后，首先由机械管理部门填写机械设备验收及试验记录单，之后请单位总工程师或总机械师签字，并随同原始单据交财务部门作为固定资产的入账依据。对于自制设备，经验收后还需要经过 6 个月的试用期，待试用期满后，再由机械管理部门组织技术鉴定，经技术鉴定确认质量、性能合格后，方可列入固定资产。

三、建筑机械设备的分类编号、建账、立卡和清点

1. 机械设备的分类与编号

建筑机械类型、品种繁多，且流动性大，为了便于管理，必须根据固定资产的性能和用途，按照国家和企业的规定进行统一分类和编号。固定资产编号时应注意：

①凡属本企业固定资产的机械设备，均应予以编号，不得遗漏。对自制的设备，经验收、试用、鉴定后，也应予以编号。

②编号一经确定，无特殊情况不能变动，直到处理或报废销号为止。

③机械设备的主机、副机、附件均应采用同一编号。

④固定资产的统一编号应标志在机械设备的明显部位。

2. 机械设备的建账、立卡和清点

为随时掌握所有机械设备的基本情况，企业所属各级机械管理部门要建立机械设备台账和机械设备登记卡。

(1)机械设备台账

机械设备台账（详见表 14-5）是机械管理部门掌握机械设备基本情况的重要依据之一，是按机械设备的分类列账，以机械设备的编号为顺序，在机械设备增减时填写的。机械设备台账反映各类机械设备的数量、增减变化和分布情况，以及每台机械设备的主要技术数据、来源及其原值等情况。

(2)机械设备登记卡片

机械设备登记卡片为一机一卡，在设备登记卡片上，除登记本机的技术性能、价值、来源及附属装置外，还应记录机械调动、机长变更、运转、维修、改造、事故等主要情况。卡片应随机转移，报废时，卡片应附在报废申请表后送审。

表 14-5　机械设备台账

机械种类：　　　　　　　　　　　　　　　　　　　　　　　　　　第　　页

序号	统一编号	机械名称	型号规格	生产厂	出厂日期	机械来源	调入日期	原值/万元	动力部分			使用单位	调出		备注
									生产厂	型号	功率/kW		日期	接收单位	

填表说明：

①本台账是反映企业机械设备总貌和单台机械设备基础状况的基本账，由机械管理部门建立，在机械设备增减时填写。

②本台账应分别按机械种类，根据统一编号顺序排列。

③本台账应与年终清产报表核对，保持账、物相符。

机械设备账卡必须指定专人填写、保管，不得随便更改、毁换或增减内容，做到账、卡、物相符。机械设备登记卡片除表格及时填写外，"运转工时"栏每半年统计一次填入栏内，具体填写内容见表 14-6 及表 14-7。

表 14-6　机车车辆登记卡

填写日期　　　　　　　　　　　　年　　月　　日

名称		规格		管理编号	
厂牌		应用日期		重量/kg	
		出厂日期		长×宽×高/mm	
	厂牌	型号	功率	号码	出厂日期
底盘					
主机					
副机					
电机					
附属设备	名称	规格	号码	单位	数量

	规格		气缸		数量		备胎	
前轮								
中轮								
后轮								

续表 14-6

名称		规格		管理编号	
来源		移动调拨记录	日期	调入	调出
计入日期					
原值					
净值					
折旧年限					
更新时间	时间		更新改装内容		价值

表 14-7　运转统计

（每半年汇总填一次）

	记载日期	运转工时	累计工时	记载日期	运转工时	累计工时
大修理记表	进厂日期	出厂日期	承修单位	进厂日期	出厂日期	承修单位
事故记录	时间	地点	损失和处理情况			肇事人

(3)机械设备清点

按照国家对国有固定资产清查盘点的规定，施工企业每年年终前都要对机械设备进行一次全面的清查盘点，作为年终清查工作的重要内容之一。清点工作由企业主要负责人主持，机械管理部门负责组织，会同财务人员按照及时、深入、全面、彻底的原则进行。在清查盘点中，如果发生盘盈、盘亏现象，应查明原因，提出处理意见，报经上级批准后，会同财务部门办理盘盈、盘亏的调整手续。

四、建筑机械设备的技术档案

施工机械资产管理的基础资料包括机械登记卡片、机械台账、机械清点表和机械档案等。机械设备的技术档案是自机械设备购入或接收开始直到报废为止，整个过程中系统的技术性历史资料。建好机械设备的技术档案是机械设备管理的一项重要基础工作。

1. 机械设备技术档案的作用

①提供设备使用性能的变化情况，便于合理使用和充分发挥其效能。

②提供设备运行累计时间和技术状况变化规律，为设备的保养、修理和配件供应计划提供可靠的依据。

③为机械事故分析和对设备的技术鉴定提供科学依据。

④为机械设备调拨、转让提供技术、财务依据。

⑤为机械设备的改造、配件生产、科学研究提供技术依据。

2. 机械设备技术档案的内容

①随机技术文件。包括使用、保养、修理、说明书、零件目录、图纸，出厂合格证。

②附属装置、随机工具及备件明细表和变更记录。

③自制、改造设备的批准文件、图纸、技术鉴定记录。

④设备验收交接清单和运转记录。

⑤设备年运转和年消耗汇总记录。

⑥高级保养和大、中修记录，以及在保养修理中的各项技术资料。

⑦机械事故分析、处理的记录及其有关资料。

⑧调拨、机长更换记录。

⑨报废鉴定表。

一般机械建制单位的机械管理部门建立技术档案，机械使用单位的机械管理部门建立机械履历书。所谓机械履历书是机械设备技术档案的简化形式。机械履历书由机械管理部门统一填写，不应交给操作人员填写，否则准确性、科学性较差，容易失去参考价值。机械履历书的主要内容有随机工具、附属装置记录；交接记录；运转时间记录；小修、保养、大中修记录；主要机件、轮胎等更换记录；事故记录；检验记录等。

五、建筑机械设备的折旧和大修理基金的提取

1. 固定资产的计价

固定资产按货币单位进行计算，即固定资产计价。在固定资产核算中，分不同情况，有以下计价项目：

①原值。原值又称原始价值或原价，是企业在制造、购置某项固定资产时实际发生的全部费用支出，包括制造费、购置费、运杂费和安装费等，反映固定资产的原始投资，是计算折旧的基础。

②净值。净值又称折余价值，是固定资产原值减去其累计折旧的差额，反映继续使用中的固定资产尚未折旧部分的价值。通过净值与原值的对比，可以大概了解企业固定资产的平均新旧程度。

③重置价值。重置价值又称重置完全价值，是按照当前生产条件和价格水平，重新购置固定资产时所需的全部支出。一般在企业获得馈赠或盘盈固定资产无法确定原值

时，或经国家有关部门批准对固定资产进行重新估价时作为计价的标准。

④增值。增值是指在原有固定资产的基础上进行改建、扩建或技术改造后增加的固定资产价值。增值额为改建、扩建或技术改造而支付的费用减去过程中发生的变价收入。固定资产大修理不增加固定资产的价值，但在大修理的同时进行技术改造、属于用更新改造基金等专用基金以及用专用拨款和专用借款开支的部分，应当增加固定资产的价值。

⑤残值与净残值。残值是指固定资产报废时的残余价值，即报废资产拆除后余留的材料、零部件或残体的价值；净残值则为残值减去清理费后的余额。

2. 机械设备的折旧和大修理基金

机械设备的折旧就是根据机械设备的磨损程度，按月或按年转移到生产成本中去的机械设备的价值。折旧的不断积累，形成用于机械设备更新、改造的资金称为折旧基金。

(1)折旧年限

机械折旧年限就是机械投资的回收期限。回收期过长则投资回收慢，影响机械正常更新和改进的进程，不利于企业技术进步；回收期过短则会提高生产成本，降低利润，不利于市场竞争。

1985年国务院发布《国有企业固定资产折旧实施条件》中规定，一般施工机械的折旧年限在12～16年之间。1993年财政部、建设部制发的《施工、房地产开发企业财务制度》规定，在减少一次大修周期的基础上，将施工机械的折旧年限缩短到8～12年，以加快施工机械的更新。

机械设备的原始价值向生产成本中的转移，只能根据机械设备预测使用年限即折旧年限来确定每年应提取的折旧额。

(2)计算折旧的方法

根据国务院对大型建筑施工机械折旧的规定，应按每班折旧额和实际工作台班计算提取；专业运输车辆根据单位里程折旧额和实际行驶里程计算、提取；其余按平均年限计算、提取折旧。

①平均年限法(直线折旧法)。

这种方法是指在机械使用年限内，平均地分摊继续的折旧费用，计算公式为：

$$年折旧额=(原值-净残值)/折旧年限=原值(1-净残值率)/折旧年限 \tag{14-8}$$

$$月折旧额=年折旧额/12 \tag{14-9}$$

式中　原值——即机械设备的原始价值，指购置或自制时所支出的全部费用，包括买价或制造价格以及运输、安装、调试和税金等。

净残值——机械设备报废后的残体价值减去处理报废过程中所需要的拆卸、解体、清理等费用。根据建设部门的有关规定，大型机械净残值率为5%，运输机为6%，其他机械为5%。

如果必须考虑存、贷款利息时，年折旧额应按下式计算：

$$年折旧额=(原值-残值)\times 资金回收系数+残值年利息 \tag{14-10}$$

式中　残值——机械设备残体价值；

$$资金回收系数=\frac{i(1+i)^n}{(1+i)^n-1}$$，i 为年利率，n 为机械设备折旧年限；

残值年利息=残值×i（年利率）。

现行的折旧采用分类综合折旧率来提取折旧额，即制定出固定资产大类的综合折旧率。而这一综合折旧率对于折旧年限的平均数而言，当单项固定资产的使用年限较短时，可相应提高单项固定资产的折旧率。表 14-8 为中国建筑总公司制定的固定资产折旧基金和大修基金计提标准，可在实际工作中参照执行。年折旧率和年折旧额、月折旧率和月折旧额的关系为：

$$年折旧率=\frac{年折旧额}{原值}\times 100\% \tag{14-11}$$

$$月折旧率=\frac{月折旧额}{原值}\times 100\% \tag{14-12}$$

表 14-8　固定资产折旧基金和大修基金计提标准

类　别	折旧年限/年	月折旧率/%	年折旧率/%	月大修理基金提取率为月折旧率的百分比/%
施工机械	14	0.6	7.2	50
运输设备	11	0.8	9.6	80
生产设备	17	0.5	6	50

②工作量法。机械设备的折旧用工作量计算可分为工作时间、行驶里程折旧法。

按工作时间计算折旧：

每小时（每台班）折旧额=（原值-净残值）/折旧年限内总工作时间（总台班定额）　(14-13)

按行驶里程计算折旧：

每公里折旧额=（原值-净残值）/车辆总行驶里程定额　(14-14)

③快速折旧法。从技术性能分析，机械的性能在整个寿命周期内是变化的。投入使用初期，机械性能较好、产量高、消耗少，创造的利润也较多。随着使用时间的延长，机械效能降低，为企业提供的经济效益也就减少。因此，机械的折旧费可以逐年递减，以减少投资的风险，加快资金的回收。快速折旧法就是按各年的折旧额先高后低、逐年递减的方法计提折旧，常用的有年限总额法和余额递减法。

年限总额法（年序数总额法）是以折旧年限序数的总和为分母，以各年的序数为分子组成序列分数数列。此数列中最大者为第一年的折旧率，然后按顺序逐年减少，其计算见式(14-15)：

$$Z_t=\frac{n+1-t}{\sum_{t=1}^{n}t}(S_0-S_n) \tag{14-15}$$

式中　Z_t——第 t 年折旧额（第一年 t 为 1，最末年 t 为 n）；

n——预计固定资产使用年限；

S_0——固定资产原值；

S_n——固定资产预计净残值。

余额递减法是指计提折旧额时以尚待折旧的机械净值作为该次机械折旧的基数，折旧率固定不变。因此，机械折旧额逐年递减。

国家规定国有企业的固定资产必须按月计提折旧基金和大修理基金，企业必须如数提存机械设备折旧基金，报废的机械设备未提足折旧的应补提足折旧。企业不得用不提折旧或少提折旧的办法挪用设备资金。折旧基金和转让机械设备的收入，必须全部用于机械设备的更新改造，而不得用于其他开支。

(3)大修理基金提存

为保证机械设备的大修理顺利进行，国家规定，必须按照固定资产提取折旧基金的方法，按月从成本中提存机械设备的大修理基金，作为实际发生机械设备大修理费用的开支来源。机械设备大修理基金的提取额和提取率的计算公式为：

$$年大修基金提取额=(每次大修费用\times使用年限内大修次数)/使用年限 \tag{14-16}$$

$$年大修基金提取率=(年大修基金提取额/原值)\times100\% \tag{14-17}$$

$$月大修基金提取率=[(年大修基金提取额/12)/原值]\times100\% \tag{14-18}$$

$$使用年限内大修次数=\frac{耐用总台班数}{大修理间隔台班数}-1 \tag{14-19}$$

为了简化计算，机械设备的大修理基金也可以采取分类综合提取率的方法计提，详见表14-8。

大修理基金必须专款专用，在保证机械设备大修理需要的前提下，其剩余部分也可用于机械设备的更新改造。当改造与大修理结合进行时，大修理基金可与折旧基金的部分结合使用。

机械设备管理部门要为财务部门提供核算折旧和大修理基金的有关资料，认真执行审批手续，协助财务部门做好两项基金的管理工作。

(4)举例说明

某单位有一台QY—50型汽车式起重机，原值为1624000元，残值为8000元，清理费为1500元，寿命为3000个台班，年额定台班为250个，一次大修理费用为88930元，大修理间隔台班数为750台班。计算：1. 折旧年限，2. 台班折旧金额，3. 台班大修理金额，4. 台班经常修理费(注：该设备经常修理系数为2.1)。

$$折旧年限=\frac{3000}{250}=12(年)$$

$$台班折旧金额=\frac{1624000-(8000-1500)}{3000}=539.17(元/台班)$$

$$大修理次数=\frac{3000}{750}-1=3(次)$$

$$台班大修理费=\frac{88930\times3}{3000}=88.93(元/台班)$$

$$台班经常修理费=88.93\times2.1=186.75(元/台班)$$

六、建筑机械设备的封存、调拨、处理和报废

1. 机械设备的封存

闲置不用 3 个月以上的完好机械设备都要进行封存，集中统一管理。封存保管应由公司一级机械管理部门负责，建立封存设备库，建立封存设备台账（见表 14-9）并制定进、出库制度，设专人负责。

封存设备库应建在安全、干燥、通风、易于排水的地方，库内有足够的消防设备，不准同时存放易燃、易爆物品；封存的设备入库前应进行全面清洗，放净存水，涂油防锈、防腐，并将通往机体内部的管口封闭，以防水或杂物落入机体内；随机附件、附属装置和工具要和主机统一编号，防止丢失和损坏；有轮胎的设备应将轮胎架空，蓄电池应从设备上拆下，另行保管；精密机件、电气仪表等怕受潮的设备应在室内加罩、盖保护；内燃机应定期发动运转；说明书中有特殊保管要求的设备，应按说明书规定办理。

表 14-9　封存机械设备明细表

填报单位：　　　　年　月　日

序号	机械编号	机械名称	规格型号	技术状况	封存时间	封存地点	备注

单位主管　　　　机械部门　　　　制表

机械设备的封存是一种暂时的、不合理的现象。封存是一种极大的浪费，不应该出现封存现象。目前，已废止了对于封存的机械设备不考核各项指标、也不提存折旧基金和大修理基金的规定。对于封存保管的设备，上级主管部门可根据施工生产的需要，随时调拨给其他单位。

2. 机械设备的调拨和处理

调拨一般是指同建制企业之间和本企业内部机械设备的调动。而处理则一般指不同建制企业之间所进行的机械设备的变价销售。

(1)机械设备的调拨

同建制企业之间的机械设备调拨属于产权变更，应办理固定资产转移手续，即调出单位按固定资产的实际原值和净值将机械设备转入调入单位的账上，但不得向调入单位收取机械设备的价款。调入单位应继续对调拨机械提存折旧和大修理基金。企业内部生产单位之间机械设备的调拨不属于产权变更，而只是使用权的转移，因而不需要办理固定资产转移手续。

机械设备调拨要经过上级主管部门批准，凭上级主管部门签发的机械设备调拨通知单执行。调出与调入的双方应严格按照调拨通知单确定的统一编号、名称、型号等对调拨设备确认，并经过必要的检查、测试验收后，办理交接手续。调出单位应保持机械

设备的完好状况，如有损坏，应由调出单位负责修好或承担修理费。原机附属装置、随机工具、专用配件、技术文件和技术档案等，一并随机转移，不许拆换或借故扣压。

(2)机械设备的处理

机械设备的处理也称为有偿调拨，属于产权变更，要办理固定资产转移手续，应根据其新旧程度和技术状况按质论价，由调入单位向调出单位交付价款，调出单位应将机械设备的变价销售收入纳入设备更新改造基金，不得挪作他用。如果变价销售收入低于机械设备的实际净值，调出单位还应补足折旧。

机械设备变价销售成交时，双方应签订严密的销售合同，对变价销售机械设备的状况、附件、价格、交货时间地点、运输方法、结算方式等作出明确规定。合同一经签订，双方都应按合同规定严格执行，一旦交接与结算工作完毕，售出单位一般不再对机械设备负任何责任。

在进行机械设备的调拨和处理时，施工企业应注意：

①凡属国家或部规定淘汰机型的设备，一律不得调拨或处理给其他单位。

②汽车类机械设备在调拨和处理时，要同时办理行车执照、养路费和保险费等转移手续。

3. 机械设备的报废

机械设备使用时间已达到折旧年限，或因磨损严重，或因事故使机械设备受到严重损坏，均可进行报废处理。

(1)机械设备的报废条件

机械设备凡具下列条件之一者，则可申请报废：

①机型老旧、性能低劣或属于淘汰机型，主要配件供应困难。

②长期使用后，已达到或超过使用年限，各总成的基础件损坏严重，危及安全。

③长期使用后，虽未达到报废年限，但损坏严重，修理费用过高。

④燃料消耗超过规定的20%以上。

⑤因意外事故使主要总成及零部件损坏，已无修复可能或修理费过高。

⑥虽经大修后能恢复技术性能，但在经济上不如更新产品合适。

⑦自制的非标准设备，经生产验证不能使用且无法改造。

⑧国家或部门规定淘汰的设备。

(2)机械报废手续

①凡属固定资产的机械设备报废时，都要进行技术鉴定，符合报废条件者方可报废。

②符合报废条件的机械设备，需填写“机械报废申请单”，一式四份(见表14-10)，加盖本单位公章，并附有主要技术参数说明，报总公司审批。

③申请报废的机械设备，待上报的“机械设备申请单”批复后方可消除固定资产台账。

(3)报废机械设备的管理

①报废机械设备的审批权限与机械设备购置和处理的审批权限相同。

表 14-10　机械设备报废申请单

填报单位：　　　　　　　　　　　　　　　　　　　　年　月　日

管理编号		机械名称		规格	
厂牌		发动机号		底盘号	
出厂年月		规定使用年限		已使用年限	
机械原值		已提折旧		机械残值	
报废净值		停放地点		报废审批权限	
设备现状及报废原因					
三结合小组及领导鉴定意见	审批签章				
总公司审批意见	审批签章				
部审批意见	审批签章				
备注					

②已批准报废的机械设备，不得继续使用和转让，并应做好残值的回收工作。收回残值上交财务。

③汽车类设备报废后，要按国家规定统一交给指定的回收部门集中处理，一律不得自行解体处理。

④正常报废的机械设备必须提足折旧费，对未提足折旧费的，要在报废时一次补齐提足，才能批准报废。但由于意外事故、自然灾害等原因造成提前报废的机械设备，可不补提折旧费。

第四节　建筑机械的使用管理

机械设备的使用管理是指机械设备在使用过程中对操作人员和机械设备本身的管理。对操作人员的管理包括三定责任制度、技术培训、技术考核和竞赛活动；对机械设备本身的管理包括机械设备的经济使用、技术使用、机械设备的检查和安全使用。

机械设备使用管理的目的是使机械设备的使用做到高效、科学、经济、安全。

一、建筑机械设备使用管理的基本制度

建筑机械设备使用管理的基本制度包括三定制度、技术培训制度、技术考核和岗位证书制度、监督检查制度和机械设备竞赛评比制度等。

1. 三定制度

三定制度是指在机械设备使用中定人、定机、定岗位责任的制度。三定制度把机械设备使用、维护、保养等各环节的要求都落实到具体人身上，是行之有效的一项基本管

理制度。

(1)三定制度的主要内容

三定制度的主要内容包括坚持人机固定的原则、实行机长负责制和贯彻岗位责任制。

人机固定就是把每台机械设备和它的操作者相对固定下来，无特殊情况不得随意变动。当机械设备在企业内部调拨时，原则上人随机走。

机长负责制，是指对于操作人员按规定应配二人以上的机械设备，应任命一人为机长并全面负责机械设备的使用、维护、保养和安全。若一人使用一台或多台机械设备，该人就是这些机械设备的机长。对于无法固定使用人员的小型机械，应明确机械所在班组长为机长，即企业中每一台机械设备都应明确对其负责的人员。

岗位责任制包括机长责任制和机组人员责任制，并对机长和机组人员的职责作出详细和明确的规定，做到责任到人。机长是机组的领导者和组织者，全体机组人员都应听从其指挥，服从其领导。

(2)三定制度的优越性

①有利于保持机械设备良好的技术状况，有利于落实奖罚制度。

②有利于熟练掌握操作技术和全面了解机械设备的性能、特点，便于预防和及时排除机械故障，避免事故发生，充分发挥机械设备的效能。

③便于做好企业定编定员工作，有利于加强劳动管理。

④有利于原始资料的积累，便于提高各种原始资料的准确性、完整性和连续性，便于对资料的统计、分析、研究。

⑤便于推广单机经济核算工作和设备竞赛活动的开展。

2. 技术培训制度

施工企业的技术培训应该是全员、多层次的技术、业务培训，包括领导干部、业务干部、技术人员和操作与维修工人的培训。

领导干部培训的目的是使他们具有比较全面的机械设备管理知识，具有对本企业的机械管理工作进行独立分析与研究、作出判断和决策的能力，成为具有系统理论知识，既懂技术管理，又懂经济管理的专门人才。

业务干部培训的目的是熟悉机械设备管理工作全过程的程序和方法，同时也掌握一定的机械技术知识，为做好业务工作打好基础。

技术人员培训的目的是使他们原有的知识得到深化，以便适应科学技术的发展，能够随时掌握建筑机械发展的动向，熟悉新产品的技术性能、结构特点和用途，了解机械维修的新工艺、新设备和新方法，不断提高对机械设备合理使用和技术经济论证的能力。

工人培训的目的是使他们达到工种、等级的应知应会的要求，使操作工人做到“四懂三会”，即懂机械原理、懂机械构造、懂机械性能、懂机械用途，会操作、会维修、会排除故障；使维修工人做到“三懂、四会”，即懂技术要求、懂质量标准、懂验收规范，会拆检、会组装、会调试、会鉴定。

业务干部和技术人员的培训可以采取不定期单项知识讲座、短期脱产培训和到高校进修等方式。工人的培训包括技校培养、集中培训、以师带徒和技术交底等方式。

3. 技术考核和岗位证书制度

为保证机械设备的安全运行和实行岗位责任制度，建筑企业应建立岗位资格证书和操作证书制度。技术考核应与技术培训相结合，以国家制定的考核标准为依据，考核合格并取得岗位资格证书和操作证书才能上岗。

操作人员必须年满十八岁，具有初中以上文化程度；身体健康、听力、视力、血压正常，适合高空作业和无影响机械操作的疾病；经过一定时间的专业学习和专业实践，懂得机械性能、安全操作规程、保养规程和有一定的实际操作技能；经培训考试合格，取得合格证后方可独立操作机械设备。

操作人员技术考核方法主要是现场实际操作，同时进行基础理论考核。考核内容主要是熟悉本机种操作技术，懂得本机种的技术性能、构造、工作原理和操作、保养规程，以及进行低级保养和故障排除，同时要进行体格检查。考核不合格人员应在合格人员指导下进行操作，并努力学习，争取下次考核合格。经过三次考核仍不合格者，应调换其他工作。

起重工(包括塔式起重机驾驶员和指挥人员、汽车起重机、龙门吊、桥吊等)、电工、焊工、外用施工电梯、混凝土搅拌机、混凝土泵车、混凝土搅拌站、混凝土输送泵及其他专人操作的专用建筑机械作业人员，都必须持有政府相关部门颁发的操作证。

严禁无证操作机械。机械操作人员应随身携带操作证以备随时检查，如出现违反操作规程而造成事故，除按情节进行处理外，并对其操作证暂时收回或长期撤销。

4. 监督检查制度

监察检查人员和公司主管部门定期检查机械管理制度和各项技术规定的贯彻执行情况，以保证机械设备的正确使用、安全运行。监督检查工作内容如下：

①机械设备管理的规章制度、标准、规范，在项目施工中的贯彻执行情况。

②对机械设备操作人员、管理人员违章进行检查，对违章作业、瞎指挥、不遵守操作规程和带病运转的机械设备及时进行纠正。

③参与机械事故调查分析，并提出改进意见，对事故的真实性提出怀疑时，有权进行复查。

④提出机械设备管理、使用中存在的问题和提出改进意见。

监督检查时，对不遵守规程、规范使用机械设备的人和事，经劝阻制止无效时，有权令其停止作业，并开出整改通知单；如违章单位或违章人员未按“整改通知单”的规定期内解决提出的问题，应按规定依据情节轻重处以罚款或停机整改。

各级领导对监督检查人员正确使用职权应大力支持和协助。经监督检查人员提出“整改通知单”后拒不改正、而又造成事故的单位和个人，除按事故进行处理外，应追究当事人的责任，应视事故损失的情况给予罚款或行政处分，直到追究刑事责任。

5. 机械设备竞赛评比制度

建立机械设备竞赛评比制度有利于操作人员参与设备管理工作，达到操作人员对设备精心爱护，认真保养，正规操作，提高机械完好率、利用率，延长机械寿命的目的。评比标准是：

①完成任务好。做到优质、高产、安全、低耗。

②技术状况好。设备工作能力达到规定的要求。

③维护保养好（十字作业好）。清洁、润滑、紧固、调整、防腐及时。

④附件、工具管理好。机械附属装置，随机工具完整齐全。

⑤记录填写好。运转记录及时、准确、齐全、整洁。

随着现代企业制度的建立，施工企业实行股份制和推行单机经济核算制度的同时，机械设备竞赛活动应不断改进。对不同技术性能、新旧程度、使用条件的机械设备定出不同的产量定额、单机成本和完好率指标，按其完成情况评选先进机组和个人，使评选工作更为合理。在当前机械设备竞赛活动中，应突出单机成本指标，在评选中不能只以产量指标作为评选依据，同时要看消耗的大小、机械技术状况的好坏。特别是在实行经济承包责任制的情况下，要密切注意机械设备的使用情况，坚决反对拼设备抢产量的做法。

二、建筑机械设备的经济使用

1. 机械施工方案的经济选择

从各个可行的机械施工方案中选择单位实物工程量成本费用最低的方案，称为机械施工方案的经济选择。在机械化施工中，机械施工方案的选择是否合理，将直接关系到施工进度、质量和成本，是优质、高产、低耗地完成施工生产任务和充分发挥机械效能的关键。

在选择时，先分别计算出不同方案的单位实物工程量成本费用，从中选出费用最低的方案予以采用。有时由于长期实践积累了比较丰富的资料，则可不必进行计算，也能确定出最佳的施工方案。比如挖掘机斗容量与载重汽车吨位的匹配，一般以 3～4 斗装满一车为好。载重汽车的数量应根据运土往返的距离和装车时间来确定，保证实现连续挖掘和运输。

在编制机械施工方案时，除进行经济分析外，还应充分发挥每台机械设备的效率。为此，还应注意以下问题：

①施工顺序和机械设备的运行路线，应保证机械设备最大效率的发挥。如在确定吊装工程的施工方案时，就应对施工的总平面布置、构件堆放位置、吊装顺序、吊车运动路线等作出合理的安排，避免重复行驶或运转不开的现象发生。

②避免机械设备不合理运行工况的发生。不合理的运行工况一般指低载、低负荷使用，降低功能使用，超载、超负荷、超过功能使用等。

③认真安排机械设备施工中的组合配套，充分发挥机械化施工的优越性。

2. 机械设备使用过程的管理

机械设备使用过程的管理对充分发挥机械设备效能具有十分重要的意义，也是机械管理人员最主要的日常性业务工作。机械设备使用过程的管理一般程序为：

①施工企业机械管理部门每月月末根据机械设备的运转台时和技术状况编制出下

月机械设备使用、保养、修理计划，列出每台机械设备可用台日和停修台日，提供给生产部门。

②生产部门根据机械设备月度使用、保养、修理计划编制施工生产计划。如机械设备可用台日不能满足生产需要，应与机械管理部门协商，采取缩短停机修理周期或增加作业班次等办法妥善解决，以满足施工生产的需要。

③当月施工生产计划确定后，机械管理部门应将与施工生产计划协调、平衡后的修理、保养计划下达给修理车间执行。

④施工过程中，机械管理部门应经常深入到施工现场检查机械设备的使用和运转情况，并及时安排施工现场机械设备的检修。

⑤对于影响施工生产的关键性设备应作为重点加以密切注意，一旦发生问题，应立即组织力量利用施工间隙昼夜抢修，确保施工生产顺利进行。

⑥工程结束后，应充分利用转移工地的时间，抓紧机械设备的检查和修整。

⑦机械管理部门应参与新开工程的施工组织设计的编制与审查工作，并提供机械设备的有关情况。

三、建筑机械设备走合期的使用

建筑机械设备走合期的使用其目的是减少机械磨损，充分发挥机械效率，延长机械使用寿命，降低机械使用成本。

走合也称为磨合。新机械设备和刚大修后的机械设备，其使用寿命和大修间隔期的延长及其工作的可靠性和经济性，在很大程度上取决于机械设备使用初期的正常走合。为延长机械设备使用寿命，减少机件磨损，必须严格执行机械设备走合期的使用规定。

机械设备走合期应按机械原技术文件规定的要求执行。在机械设备走合期内使用时应遵守以下规定：操作规定、保养规定和管理程序规定。

1. 操作规定

操作规定有减载、限速和平稳操作的规定。一般机械设备在走合期内应减载20%运行，减速30%；汽车在公路上行驶，速度应控制在30～40km/h，在不良路面上行驶，速度不得超过20km/h；避免突然增加转速和负荷，避免传动机构承受剧烈冲击，起动内燃机时严禁猛轰油门等。

2. 保养规定

保养规定有走合前、走合中和走合后的保养。

机械设备走合前，要进行一次全面的检查和保养，包括清洗全机，检查各部位润滑油的质量和数量，紧固螺栓、螺母、锁销等紧固件，调整各处间隙，检查轮胎气压、蓄电池电解液密度和制动系统制动效果。

在走合期内，要密切注意机械设备各部分机构运转情况，如发现异响、过热等应及时查明原因，予以排除。在走合期内还应认真例保和“十字作业”（清洁、紧固、润滑、调整、防腐）。

机械设备走合结束后，应对全机进行一次全面的检查和保养，彻底清洗各部润滑系统，并按说明书规定，更换和添加润滑油，做好投入正常使用的准备。

3. 管理程序规定

机械管理部门应指定专人负责机械设备的走合，并在走合期开始前，把有关注意事项和具体要求向操作人员交底。在走合过程中，应随时检查机械设备的使用情况，并填写机械设备走合记录。走合结束后，在主管技术人员主持下检查走合情况，拆除限速铅封，在走合记录上签章，并将走合记录纳入技术档案。

四、建筑机械设备的冬季使用

机械设备的冬季使用包括做好冬季使用的准备工作，落实机械设备冷却系统的防冻措施，做好机械设备的换季保养与油液更换，严格遵守机械设备的冬季操作规定。

入冬前，应进行机械设备冬季使用的安全和技术业务教育，制定出具体措施并逐项落实；在单位主管领导带领下进行机械设备入冬准备工作落实情况的检查，发现问题及时处理；对冬季不用的设备进行检查，清除存水，将向上的进、排气口盖严，电瓶、轮胎拆下存库保管；做好冬季物资供应，如防冻液、发动机保温罩等；增设必要的防火设施。

冬季施工必须落实机械设备冷却系统的防冻措施，从气温降至5℃时起，就应对具有冷却系统的机械设备采取每日放水或更换防冻液的措施。同时应将节温器装好，机械要加盖保温套。在加防冻液前，应对机械设备冷却系统彻底清洗，根据当地可能达到的最低温度选用和配制防冻液，在天气转暖无冰冻危险时，应及时将防冻液放出改用净水。

冬季使用的机械设备要进行一次季节性保养，同时换用冬季用燃油、润滑油、液压油、润滑脂，并调整蓄电池电解液的密度。

在冬季操作机械设备时应注意：

①禁止用硬拖或硬顶的方法起动发动机，发动机起动后严禁立即加大油门，应怠速运转10～20min后再逐渐加速。

②根据路面积雪冻冰的情况，降低行驶速度，避免使用紧急制动，必要时安装防滑链，防止事故发生。

③轮胎气压不应过高，以减少打滑。

④严禁在发动机温度过高时立即加入冷水，以防缸体炸裂。

五、建筑机械设备的安全管理

机械设备安全管理的目的是在机械设备使用过程中，通过采取各种技术措施和组织措施，消除一切使机械遭到损坏、使人身受到伤害的因素或现象，从而避免事故发生，实现安全施工生产。机械设备安全管理工作是机械设备管理的重要内容，贯穿于机械设备管理的全过程。

1. 机械设备安全管理要点

(1)建立健全安全生产责任制

机械设备的安全使用应列入施工企业领导、项目经理的任期目标。根据管生产必须管安全的原则，企业各级领导、各职能部门、生产岗位上的职工，都要按其工作性质和要求，明确机械设备安全生产的责任。

坚持三定制度、机长负责制和操作证制度，将各项安全要求和责任明文写进各项规定中，落实到每个人身上，以保证安全责任制的贯彻执行。

(2)制定安全技术措施

在编制机械施工方案时，应有保证机械安全的技术措施。重型机械的拆装、重大构件的吊装，超重、超宽、超高物件的运输，以及危险地段的施工等等，都要制定安全施工、安全运行的技术方案，以确保施工、生产和机械的安全。

在机械保养、修理时，要制定安全作业技术措施，以保障人身和机械安全。在机械及附件、配件等保管中，也应制定相应的安全制度，特别是油库和机械库，要制定更严格的安全制度和安全标志，确保机械和油料的安全保管。

(3)健全、完善、落实安全技术操作规程

安全技术操作规程是确保机械设备安全使用的法规性技术文件，是机械安全运行、安全作业的重要保障，是安全交底和安全教育的基本教材，也是分析事故原因、查清事故责任的基本依据。

完善的安全技术操作规程应包括以下三个方面的内容：

①有关纪律性规定。主要包括一般应遵守的劳动纪律和安全知识。

②有关通用技术性规定。主要包括机械设备通用部分的安全操作要点。

③有关专业技术性规定。主要针对机械设备的特殊结构或性能而制定的安全使用要点。

在编写具体机械设备的安全技术操作规程时，应严格按照建设部颁发的《建筑机械使用安全技术规程》(JGJ33—2012)部颁标准，并认真贯彻劳动安全部门颁发的安全技术文件和规范。

(4)积极采用安全装置

随着安全技术的发展，在机械设备上安装自动报警、自动显示、自动连锁、自动停车等安全装置，当出现问题时自动动作，具有人所不及的安全保护作用。因此，只要技术上可能和条件上许可，都应积极采用，同时要定期对安全装置进行性能检测，以防失灵误事。

(5)对职工经常进行安全教育

对机械专业人员、各种机械的操作人员进行不间断的安全教育，除日常教育外，还必须进行专业技术培训和机械使用安全技术规程的学习，并作为取得操作证的主要考核内容。

(6)认真开展机械安全检查活动

机械安全检查的内容包括：一是机械本身的故障和安全装置的检查，主要是消除机械故障和隐患，确保安全装置灵敏可靠；二是机械安全施工生产的检查，主要检查施工条件、施工方案、措施是否能确保机械安全生产。同时，还应开展百日无事故、安全运行标兵等竞赛活动。

2. 机械事故的分类

凡由于使用、保养、维修不当、保管不善或其他原因，引起机械设备非正常损坏、造成机械技术性能下降、使用寿命缩短等均称为机械事故。

机械事故按其发生的原因和性质，可分为责任事故和非责任事故。操作不当、违章作业、超速超载运行、施工条件恶劣又未采取有效措施、维修保养不善、修理质量不合格、机械技术状况恶化、带故障运转、管理不严、非司机操作、指挥失误等，属于人为原因造成的事故，均属于责任事故。非责任事故指由于自然灾害或不可抗拒的外界原因引起的事故。因设计、制造有重大缺陷而又无法预防和补救造成的事故，对施工企业而言，也属于非责任事故。

机械事故根据机械损坏程度和损失价值分为一般事故、大事故和重大事故三类。

一般事故：机械直接损失价值在1000～5000元者。

大事故：机械直接损失价值在5000～20000元者。

重大事故：机械直接损失价值在20000元以上者。

3. 机械事故现场和事故的调查分析

(1)事故现场

机械事故发生后，如涉及人身伤亡或有扩大事故损失等情况，应首先组织抢救。同时应立即停机，保护事故现场，并向单位领导和机械主管人员报告。单位领导和机械主管人员会同有关人员立即前往事故现场，争取时间，采取正确的应对措施，避免事故危害的扩大，将事故造成的损失尽可能地降低。

(2)事故的调查分析

事故处理的关键在于正确分析事故的原因。在分析事故时，首先应进行现场检查和周密的调查，听取当事人和旁证人的申述，完整记录真实的情况，作为事故分析的依据。

事故分析的基本要求是：

①要重视并及时进行事故分析。分析工作进行得越早，原始数据越多，分析事故原因的根据就越充分，并保存好分析的原始证据。

②如需拆卸发生事故机械的部件时，要避免使零件再产生新的损伤或变形等情况的发生。

③分析事故时，除注意发生事故的部位外，还要详细了解周围环境，多走访有关人员，以便得出真实情况。

④分析事故应以损坏的实物和现场实际情况为主要依据，进行科学的检查、化验，对多方面的因素和数据仔细分析判断，不得盲目推测，主观臆断，确有科学根据时才能作出结论，避免由于结论片面而引起不良后果。

事故分析的结果应包括确定事故原因、性质、责任者；确定事故造成的损失价值、后果和事故等级；提出对事故的处理意见和改进的措施。事故分析后，应填写事故报告单，将事故分析结果填报上级单位。

4. 机械事故的处理

①事故发生单位应在10日内填写事故报告单(见表14-11)逐级上报，重大事故应

在24h内报告上级主管部门，隐瞒不报或弄虚作假者要严肃处理。

②事故处理要按四不放过的原则认真严肃地进行，即事故原因不清不放过；责任者未经处理不放过；干部、群众没有受到教育不放过；没有切实可行的防范措施不放过。

③对违章作业、玩忽职守的事故责任人，应根据情节轻重、事故造成的损失和产生的后果严肃处理，除赔偿经济损失外，严重的应给予行政处分，构成违反法律的要追究刑事责任。如果单位领导忽视安全生产，瞎指挥，迫使或纵容他人违章操作而造成事故的，也应受到严肃处理。

④对长期坚持安全生产和采取有效措施消除隐患、避免机械事故发生的单位或个人，要给予表扬和奖励，并及时推广安全生产的经验。

⑤机械管理部门要建立事故台账（见表14-12），积累事故的各项资料，用全面质量管理的方法，进行定期分析，掌握事故规律，提出改进措施，以降低事故频率。

表14-11　机械事故报告单

报送单位：　　　　　　　　　　　　　　填报日期：　年　月　日

机械名称		规　格		管理编号	
使用单位		事故时间		事故地点	
事故责任者		职　称		等　级	

事故经过原因：

损失情况：

基层处理意见：

公司处理（审批）意见：

上级审批意见：

备注	

单位主管：　　　　　　　　　　　　　　填表人：

表 14-12　机械事故报表

报送单位：　　　　年　月　日

事故时间	事故地点	肇事人	事故原因	经济损失	处理情况

单位主管：　　　　填表人：

第五节　建筑机械的维修管理

维修是机械设备维护和修理的合称，通常维护也称为保养。维修管理是对机械设备保养和修理工作的计划、组织、监督、控制和协调，其目的是减缓和消除机械设备在运行过程中所产生的损耗，提高机械设备使用的可靠性，延长机械设备的使用寿命，提高机械设备使用与维修的经济效益。

一、建筑机械设备损坏的规律

机械设备的正常损坏是由于机械零件的自然磨损或物理化学变化使之产生原始尺寸、形状、表面质量等变化，破坏了零件间的配合特性和几何位置而造成的。机械零件的损伤可以分为摩擦造成的损伤、机械性损伤、疲劳性损伤和热损伤四类。在以上四类损伤中，最主要的损伤是磨损，因此，零件的磨损是造成机械设备技术状况变坏的主要原因。如果能够掌握零件磨损的规律，适时采取相应的措施，就可以降低零件的磨损速度，延长机械使用寿命。深入研究零件磨损规律，对制定科学的保养规程和修理制度具有重要意义。

1. 典型磨损曲线

机械零件在工作过程中的磨损具有一定的规律性。在正常情况下，磨损量随工作时间而变化。机械零件磨损分为磨合阶段、正常工作阶段和事故性损坏阶段。下面以具有代表性的滑动轴承轴颈与轴承孔壁之间磨损造成的间隙变化情况为例，说明磨损的发展规律和磨损与零件失效的关系。

图 14-2 给出了以磨损间隙为纵坐标、以运转时间为横坐标的滑动轴承磨损与时间的关系曲线，称之为典型磨损曲线。

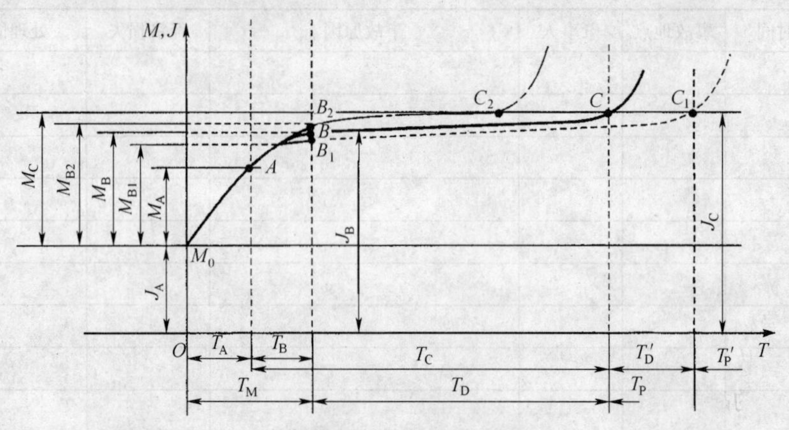

图 14-2 典型磨损曲线

T— 机械工作时间 J— 零件尺寸和间隙 M— 磨损量 M_0— 开始磨损点 T_M— 磨合期 T_A— 生产磨合期 T_B— 运行磨合期 T_C— 大修间隔期 T_D— 使用期 T_D'— 延长使用期 T_P— 破坏期 T_P'— 延长破坏期 M_A— 生产磨合期磨损 M_B— 初期磨损 M_{B1}— 降低了的初期磨损 M_{B2}— 增加了的初期磨损 M_C— 极限磨损 J_A— 新机或大修后的尺寸和间隙 J_B— 开始正常工作的尺寸和间隙 J_C —最大允许尺寸和间隙

(1)磨合阶段

第一阶段为磨合阶段(曲线 M_0B，包括生产磨合 M_0A 和运行磨合 AB 两个时期)。机械加工表面必然存在一定的微观不平度，所以，在磨合开始时，磨损量增长非常迅速，曲线斜率很大。当零件表面加工的凸峰逐渐磨平时，磨损量的增长率逐渐降低，达到某一程度后趋向稳定，这时，第一阶段结束。这个阶段的磨损量称为初期磨损量。正确使用和维护在走合期的机械设备，可减少初期磨损量，从而延长机械的使用寿命。

(2)正常工作阶段

第二阶段为正常工作阶段(曲线 BC)。由于零件已经磨合，其工作表面达到相当光洁的程度，润滑条件已有相当改善，因此，磨损量增长缓慢，而且在较长时间内均匀增长，但到后期，磨损量增长率又会逐渐增大。在此期间内，合理地使用、认真地进行维护与修理，就能降低磨损量的增长率，进一步延长机械使用寿命到 C_1，否则，当缩短使用寿命到 C_2点时，就达到了极限磨损量而不能继续正常工作。

(3)事故性磨损阶段

第三阶段为事故性磨损阶段(达到极限磨损点以后的阶段)。因零件的磨损增加到极限磨损量即 C 点(或 C_1、C_2点)时，间隙增大而使冲击荷载增加，同时润滑条件恶化，使零件的磨损急剧增加，甚至导致零件损坏，还可能引起其他零件或总成的损坏。

上述零件的磨损规律是机械在使用中技术状况变化的主要原因。零件的磨损规律客观地反映了机械技术状况变化的规律。机械零件磨损规律作用于机械从初期走合、使用直到大修的全过程，对机械的自然寿命和经济寿命起着决定性的作用。

从图 14-2 可看出，B 点的高度即零件的初期磨损量是一个关键，其大小取决于产品制造时的磨合质量和用户的走合质量。如果用户能够在走合期内认真执行走合规定，严格减速限载，平稳操作，认真保养，就可以减少初期磨损量，使 B 点降至最低限度。如图 14-2 所示，B 点如果降至 B_1 点，曲线上的极限磨损点 C 将会向右移至 C_1 点，从而延长了使用期。这充分说明了认真执行走合期的重要性。

如果零件的磨损已经接近但还没有达到极限磨损时则称为允许磨损。如何确定零件极限磨损和允许磨损的数值，也即如何及时发现零件磨损已接近 C 点状态，进而作为制定机械设备技术保养规程和修理技术标准的依据，是维修管理的重要任务。

2. 机械设备故障率曲线

机械设备在单位时间内发生故障的次数称为故障频率。以时间为横坐标，以故障率为纵坐标，将机械设备整个使用期中故障率随时间的变化情况描述出来，便得到了机械设备的故障率曲线，如图 14-3 所示。由于其图形形状很像浴盆，所以又称为浴盆曲线。机械的故障率随时间的变化大致分为三个阶段：早期故障期、偶发故障期和耗损故障期。

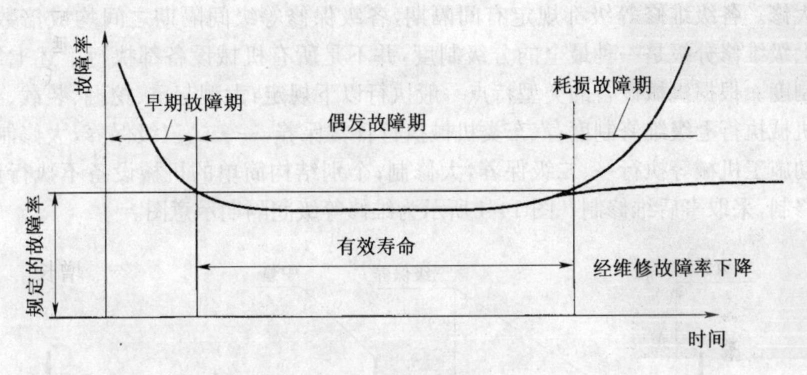

图 14-3　典型故障率曲线

(1)早期故障期

早期故障期出现在机械使用的早期，其特点是故障率较高，但故障率随时间的增加而迅速下降。它一般是由于设计、制造上的缺陷等原因所致。机械进行大修理或改造后再次使用时，也会出现这种情况。机械使用初期经过运转磨合和调整，原有的缺陷逐步消除，运转趋于正常，从而故障逐渐减少。

(2)偶发故障期

偶发故障期是机械的有效寿命期。在这个阶段，故障率低而稳定，近似为常数。偶发故障是由于使用不当、维护不良等偶然因素所致，不能通过延长磨合期来消除。设计缺点、零部件缺陷、操作不当、维护不良都会造成偶发故障。

(3)耗损故障期

耗损故障期是机械使用的后期，其特点是故障率随运转时间的增加而增高。它是由于机械零部件的磨损、疲劳、老化、腐蚀等造成的。这类故障是机械部件接近寿命末期的预兆。如果事先进行预防性维修,可经济而有效地降低故障率。

对机械故障的规律与过程进行分析,可以探索出减少机械故障的相应措施。

二、建筑机械设备的维修制度

机械设备的维修制度经历了一个长时期的演变过程。最初的机械设备维修制度是事后维修制。所谓事后维修制是指当机械设备出现了故障才去修理,只要机械设备不出故障,就一直使用下去。对机械设备的磨损和损坏规律的认识有了重要突破后,便产生了计划预期检修制和定检定项检修制的修理制度。

1. 计划预期检修制

计划预期检修制是典型的定期修理制度。其主要特征是定期保养、计划修理。其指导思想是养修并重、预防为主。

(1)计划预期检修制的内容

计划预期检修制分为保养和修理两部分作业内容。把机械设备从完好到需要彻底修理最多分为七个维修等级:即日常保养、一级保养、二级保养、三级保养、四级保养、中修与大修。各级维修等级都规定有间隔期,各级保修等级间隔期之间均成倍数关系。上述七级维修分级是一种最全的分级制度,并不是所有机械设备都执行上述七级维修分级制度。根据机械设备的类型特点一般执行以下规定:大型起重、挖掘、装载、土石方筑路机械执行七级维修制度;汽车类机械执行日常保养,一、二、三级保养,大修制;中小型电动施工机械等执行一、二级保养,大修制;个别结构简单的机械设备不执行计划预期检修制,采取事后维修制。图 14-4 所示为维修等级间隔期示意图。

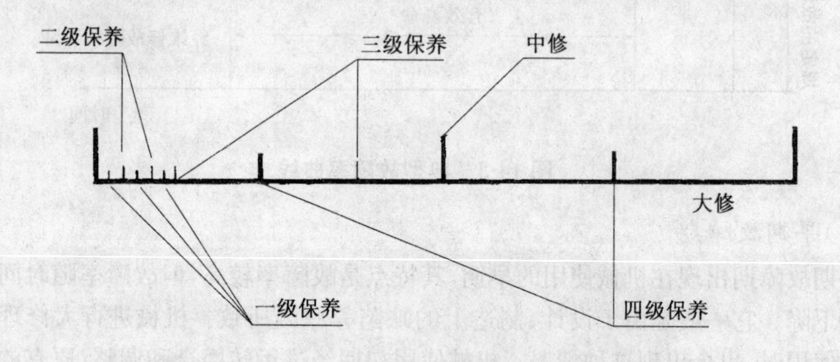

图 14-4　维修等级间隔期示意图

各级维修作业内容的划分大体遵从如下规定:

①日常保养。日常保养也称每班保养或例行保养,由操作人员班前班后对机械设备进行“十字作业”(清洁、润滑、紧固、调整、防腐)。

②一级保养。一级保养除日常保养作业内容外还应检查润滑油面,添加润滑油,清洗空气、燃油、机油滤清器。

③二级保养。二级保养除一级保养全部作业内容外,增加检查和调整内容,例如,检查和调整离合器、制动器踏板行程等。二级保养需要有修理工人配合进行。

④三级保养。三级保养除二级保养全部作业内容外,还需要进行某些总成的解体、

清洗、检查、调整，以消除隐患。例如，进行柴油喷油压力和时间的检查、调整等。从三级保养开始，就需要由专职维修人员负责进行。

⑤四级保养。四级保养为最高一级的保养，应对大部分总成进行解体性清洗、检查和调整，其目的是对整机进行一次较彻底的全面检查和调整。

⑥中修。中修是机械设备两次大修之间的平衡性修理。其目的是消除各总成间损坏程度的不平衡，达到尽可能延长大修间隔周期的目的。

⑦大修。大修是对机械设备进行全面、彻底的恢复性修理。大修作业时，应将机械设备全部解体，对所有零件，包括基础件进行检查、鉴定，并对其按照大修技术标准进行修复或换新。大修后各零件必须达到原厂规定的技术标准，使机械设备无论从实质上还是从外貌上都达到整旧如新的程度。

随着科学技术的进步和职工文化技术素质的提高，目前已取消中修和四级保养并逐渐延长各级维修的间隔期。除上述维修分级制度中各级保养和大修外，还有为排除临时故障所需的现场修理，即所谓小修和事故性修理。

(2)维修周期的确定

各级维修间隔期也称为维修周期，是执行计划预期检修制的根本依据。各级维修周期的确定应使维修费用最低的同时并能满足机械设备可靠使用和经济使用的要求。为使维修周期的确定满足经济性要求，应利用在长期使用中积累的有关完好率、机械消耗和保养费用等数据，画出保养费用和修理费用随保养次数变化的曲线，如图 14-5 所示。显然，保养费用随保养次数的增加呈上升趋势，修理费用随保养次数的增加呈下降趋势。将这两条曲线叠加，得到维修综合成本随保养次数变化的曲线。该曲线的最低点所对应的保养次数为最经济的保养次数，其周期为最经济的保养周期。

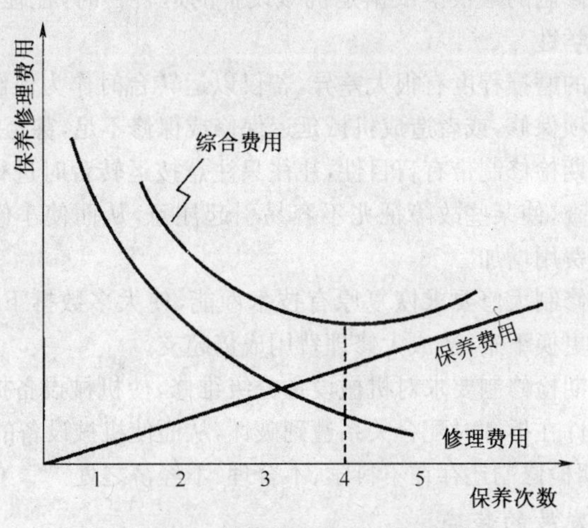

图 14-5 保养修理综合成本曲线

维修周期的确定，影响因素很多，差别较大，可参照大修及各级保养间隔周期和停机修理时间定额执行。在执行机械设备维修周期规定时，还应注意以下问题：

①机械设备维修周期从走合期满并进行了走合期保养后算起。

②附机维修周期应服从主机的维修周期。

③新设备的第一次大修周期应比正常周期延长15%～30%，进口设备还可适当延长。

④从机械设备第三次大修起，大修周期应逐次递减10%。

2. 定期检查、按需修理维修制

定期检查、按需修理维修制也称为定检定项维修制，是预防检修制的维修制度。它是在总结计划预期检修制的不足，吸收国外以机械状态检测为基础的预防维修的做法，在施工企业推广的新的修理制度。

定检定项维修制的特点是定期检查、按需修理。根据机械设备的运行周期，采取和应用机械设备诊断技术和仪器，通过一定的检测手段，如油样分析、废气分析、温度测试、磁性传感、超声波探测等不解体的测试技术，检查了解机械的技术状态，发现存在的隐患，有针对性地安排修理计划，以排除这些缺陷和隐患。

定期检查、按需修理的方式接近于机械的实际情况，因而安排的修理计划接近于机械当时的状况和切合机械缺陷所需要的修理，具有修理及时且费用低的优点。但实行定检定项修理制必须具备一定的检测仪器、设备和掌握一定的诊断技术。

3. 机械维修制度的发展趋势

(1)计划预期检修制的弊端

计划预期检修制虽然比事后修理制优越，在机械设备管理中起到很重要的作用，但随着建筑机械的不断改进和增多，管理、使用水平的不断提高，它的弊端也逐渐暴露出来。计划预期检修制的主要弊端有：

①计划预期检修制的最根本依据是机械设备的运转台时，往往由于运转记录不准确使盲目性大于科学性。

②机械零部件的磨损程度有很大差异，若仅以运转台时作为保修的唯一依据，必然会造成早保修或超项保修，或者造成机械延迟保修或保修不足，甚至产生突发性损坏。

③由于计划预期检修制带有盲目性，往往只注意按运转台时进行保养修理，而忽略了经常性的预防检查，使某些故障征兆不容易引起注意，从而使小修频率增高，导致停机损失和日常修理费用增加。

④计划预期检修制大修要求恢复原有技术性能，使大多数拆下来还在允许磨损范围的零件被新零件更换下来，造成大修理费用成倍超支。

⑤由于计划预期检修制要求对机械设备分级维修，使机械设备拆卸次数过多，并使一些磨合好的配合件在拆卸时配合关系遭到破坏，从而使机械设备的使用寿命降低。

总之，计划预期检修制还存在不科学、不合理、不经济之处。

(2)维修制度发展的趋势

计划预期检修制所表现出来的弊端和现代诊断技术的发展，促进了我国机械设备维修制度的改革。目前，维修制度的发展趋势是：

①变“定期保养、计划修理”的计划预期检修制为“定期检查、按需修理”的定检定项修理制。

②实行事后维修制、计划预期检修制和定检定项修理制并存。

③积极采用不解体的检测仪器。

④努力推行总成互换等高效维修方法。

维修制度发展总的趋势是逐渐实行定检定项维修制。其目的是达到机械设备的寿命周期费用最低的目标。在实行定检定项修理制的过程中，把管理、使用、维修融为一体，把技术、业务、经济融为一体，以便降低机械设备的寿命周期费用，追求机械设备管理、使用、维修的最好经济效果。

三、建筑机械设备保养计划的编制与实施

保养计划是组织对机械设备进行保养的依据。保养计划按月编制。为了协调机械设备的生产时间和停机保养时间，应将保养计划作为施工生产计划的一个组成部分，在下达施工生产计划时同时下达机械设备保养计划。

保养计划的编制方法是由机械使用单位机械管理部门，在每月前根据机械设备运转记录计算出每台机械设备当月应进行的保养级别和保养次数，并查明必须同时进行小修的项目，然后编制月度机械设备保养作业进度计划表。

保养计划的内容包括保养级别、作业日程、占用台日等。保养计划进度表编制后，应与生产计划部门提出的当月需用机械设备情况协调，经批准后纳入月度施工生产计划实施。一般保养费用直接摊入当月成本。

在保养计划的实施中应注意：停机保养一律以机械管理部门下达的保养任务单为准，不得随意提前或推迟停机保养日期；如因生产任务急需而必须推迟执行保养计划时，则应经机械主管领导同意，推迟时间一般不得超过规定保养周期的10%；日常保养和一级保养一般不列入保养计划，但必须加强对日常保养和一级保养质量的检查和监督；对于一、二级保养应尽量安排在施工间歇时间或非生产作业时间进行；保养任务完成后，要认真填写保养记录，对于二级以上的保养，还应由机械管理部门及时审查保养记录，并归入机械技术档案。

正确组织机械设备的定期保养作业，是缩短停修时间、提高机械设备完好率和利用率的有力保证。为使保养工作组织得更好，维修部门应合理安排劳动组织，严格执行技术检验制度，不断完善保养机具和保养工艺，以提高工效，确保质量，降低消耗。

四、建筑机械设备大修理计划的编制与实施

由于大修理作业工作量大，停机时间长，而且需要一定的物资准备，所以，大修理计划应分别编制预计性的年度大修理计划、调整性的季度大修理计划和实施性的月度大修理计划。

年度大修理计划编制的目的是掌握全年机械设备大修理量，统筹安排全年修理力量，编制年度材料与配件的供应储备计划等。年度大修理计划由公司机械管理部门统一编制。季度大修理计划是年度大修理计划的季度落实，根据施工生产任务和机械设备本身情况，将机械设备的送修时间确定到季度。月度大修理计划是实施性作业计划，机械设备的使用单位必须按照计划规定日期将机械设备按时送修。

五、大修理工作的组织

机械设备大修理工作的组织是指对机械设备进行大修技术鉴定、送修、实施修理、修竣出厂验收和结算等全过程的组织。

1. 机械设备的大修技术鉴定

对机械设备进行大修技术鉴定的目的是为了确定被鉴定的机械设备是否需要送修理厂大修。机械设备大修技术鉴定由使用单位机械技术负责人主持，机械管理、维修、操作人员参加，对被鉴定机械设备的技术情况进行全面检查、测试，并审阅技术档案和运转记录等资料，详细考核燃油和润滑油的消耗，进行综合分析。

机械设备需要大修的主要技术条件是：

①发动机动力性能指标下降20%以上、机油消耗量超过定额1倍以上，有的气缸压力在发动机走热后测量达不到规定指标的60%。

②传动机构主要零件磨损达到极限程度，有偏摆、异响、撞击、抖动等现象。

③转向机构磨损后间隙过大，操纵失灵；变速箱齿轮及轴磨损严重，换档困难或经常跳档；制动机构磨损严重，制动性能下降或失效，无法调整。

④机架主体变形或开裂、工作装置磨损严重、操纵失灵，不能完成正常工作量或作业精度达不到要求；行走机构磨损严重，无法正常工作。

对于超过大修间隔周期仍能保持正常技术状况的机械设备，通过技术鉴定确定其继续使用的期限，并总结经验，对操作人员给予表扬和奖励。对于未达到大修间隔周期而必须提前大修的机械设备应查明原因，如果属于责任事故，则应对责任人进行处理。

2. 机械设备的送修

通过技术鉴定确定送厂大修的机械设备，由使用单位填写机械设备大修申请单，报主管部门审批。

送修单位与承修单位应签订大修理合同，决定送修日期。送修时，应由送修单位向承修单位介绍设备情况、送交大修技术鉴定表、填写修理项目表，由送修和承修单位协商确定修理方案，并办理进厂交接手续。

送修机械设备的备用品及随机工具不属于机械附件，应由送修单位自行保管。送修机械设备的所有总成、零件、仪表、附件都应齐全，严禁在进厂前拆换。

3. 修理作业的组织

承修单位根据承修机械设备的类型及材料配件供应等情况，结合本单位的规模、维修设备和修理人员技术水平，采取合理而适用的组织形式和修理方法。

(1)机械设备修理的劳动组织

机械设备修理的劳动组织形式一般分为综合作业方式和专业分工作业方式两种。综合作业方式是将整台机械设备的修理作业，除个别零部件的修配、加工交由专业作业组完成外，其余全部修理与装配工作由一个或几个固定的作业组负责的作业方式。专业分工作业方式是将整台机械分解成若干总成和配合件，按工序、工种分配到各专业作业组进行修理，之后进行统一总装的作业方式。目前，建筑机械的修理业正在从综合作业的基础上不断向专业分工作业方式迈进。

修理单位对修理作业的组织是否合理，直接影响修理质量、生产效率和修理成本。机械设备大修时，应按大修的工作量配备维修人员，以大修理定额工时为依据。在建筑行业中规定一台80型HP的推土机为一标准台（大修定额工时为1661），规定标准台大修定额工时的复杂系数为1，而某种机械设备的复杂系数则为：

$$复杂系数=\frac{某种机械大修定额工时}{标准台大修定额工时} \tag{14-20}$$

由上式从相关定额中查出某台机械设备的复杂系数及标准台大修定额工时，即可计算出该台机械设备的大修工作量。在计划预期检修制中各级保养的工作量，可以从相关定额中查出折算成大修的换算系数，再乘以大修定额工时即可确定。

(2)机械设备的修理方法

机械设备的修理方法可分为就车修理法和总成互换修理法两种基本方法。就车修理法占用的停机修理时间较长，总成互换修理法可以大大缩短机械设备的停机修理时间，有利于提高修理工效、降低成本和保证修理质量，对于使用单位提高机械设备的完好率、利用率和生产效率有着重要的意义。但总成互换的修理方法只有在承修量大，机型单一的情况下，才宜采用。

4. 机械设备修理的质量检验

机械设备的修理质量是衡量修理水平的主要指标，也是关系到修理单位能否生存、发展的关键。修理质量的检验依据是《机械修理规范》和《机械修理质量标准》。对于已修竣出厂的机械设备，如发生修理质量事故，应实行包修、包换、包赔的三包制度。

修理质量的检验内容包括一般预防性检验、修理程序检验和零件制配检验。一般预防性检验指购进的材料、配件须经检验人员抽检，合格后才能入库；成批原材料须经检验人员查验生产厂提供的牌号、成分等合格证书，符合要求才能使用；在用仪器、量具、工装夹具、刀具等，应由质量检验部门或有关权威性检测机构定期检查、鉴定或校验。修理程序检验按照修理工艺流程分为进厂检验、解体检验、修理过程和修竣检验。零件制配检验要求在零件制配的每一道工序完成后，由制作人自检、班组长抽检、重要工序应由专职检验人员复检，合格后才能进入下一道工序；零件加工完毕后，须经专职检验人员复检合格并在成品检验单上签章后方能装配或办理入库手续。

各级修理单位都应建立质量管理和质量保证体系，按照全面质量管理的方法进行工作，建立健全质量检验机构和检验制度。

5. 机械设备的修竣出厂验收

机械设备修竣后，由修理单位会同送修单位共同进行技术试验，达到机械大修验收技术标准的要求方能办理修竣出厂的手续。

(1)修竣出厂的验收内容

①外部检查。主要检查机械设备装配的完善性，其中包括润滑、紧固、渗漏现象的抽查。

②空载运转试验和负荷试验。测试机械设备的动态性能，包括起动性能、操纵性能、制动性能和安全性能，是否达到机械设备正常使用的技术要求。通过试验发现并排

除缺陷和故障，进行必要的调整和紧固工作。

(2)修竣出厂验收的程序

修竣出厂验收的程序有：首先做好修竣出厂验收的准备工作，对修竣机械进行一次全面的检查、清洁、润滑、调整、紧固工作，然后进行修竣出厂验收，经试验验收合格后，由承修单位填写机械设备修竣验收单，并附主要部件和总成的装配检验记录、检查验收记录等资料，对于由于客观条件限制，未达到质量标准的零部件和总成，应加以说明，征得送修单位同意后办理签字手续。

修理单位在机械设备修竣出厂之后，还应做好修后服务。修理单位应在一定期限内，保证修竣机械设备达到规范要求的使用性能和良好的使用状态。这一期限称为大修保证期。在保证期内，如果修竣的机械设备发生一般故障，经调整即能排除者，应由使用单位自行解决，如果发生较大的变化，如主要机件损坏、严重磨损、异响、高温、机油压力降低、操纵失灵、严重漏油、漏气、漏电等，必须拆开主要机件进行修理时，则应由送修单位通知修理单位共同检查、分析原因，明确责任，根据对使用单位造成损失的程度，对修理单位提出索赔要求或由修理单位负责返修。

6. 机械设备修理的结算

机械设备的修理费用由工时费、燃料油及润滑油(脂)费、辅助材料费、外购或自制配件费以及其他费用组成。以上费用结算时应按以下原则办理：

①工时费、燃料油及润滑油(脂)费、辅助材料费，按有关技术经济定额包干结算。

②配件费在购入价基础上增加5%的管理费后，按实耗结算。

③其他费用主要指超标准修理和改装的费用，按送修时双方商定的办法结算。

在修理费用结算时，一方面应制定出各种修理技术经济定额，明确规定取费标准，另一方面在大修理合同中，将修理要求、修理内容、质量标准、进出厂时间、费用结算等，通过经济合同的文字形式明确下来，双方信守合同，任何一方违约都应按合同规定承担经济责任。

第六节　建筑机械的经济管理

施工企业机械设备经济管理是对机械设备价值形态运动过程的管理，其目的是遵循价值规律，通过经济核算和分析，追求机械的寿命周期费用最低，综合效率最高，以取得最佳的经济效益。机械的经济管理贯穿于机械设备管理的全过程，机械的使用、维修等各方面都包含了经济管理的内容，不仅是机械管理的重要组成部分，而且从经济效益上反映了机械管理的成果。

施工企业机械设备经济管理，主要包括机械设备技术经济定额管理和机械设备投入与产出效果的经济核算。机械设备的技术经济定额是机械设备经济管理的依据，而经济核算则是经济管理的基本手段。

一、建筑机械设备的经济定额

技术经济定额是企业在一定生产技术条件下，对人力、物力、财力的消耗规定的数量标准，是企业进行科学管理与经济核算的基础，也是衡量机械管理水平的主要依据。建筑机械主要技术经济定额包括：

1. 产量定额

产量定额按计算时间区分为台班产量定额、年台班定额和年产量定额。台班产量定额指机械按规格型号，根据生产对象和生产条件的不同，在一个台班中所应完成的产量数额。年台班定额是机械在一年中应该完成的工作台班数。它根据机械使用条件和生产班次的不同而分别制定。年产量定额是各种机械在一年中应完成的产量数额。其数量为台班产量定额与年台班定额之积。

2. 油料消耗定额

油料消耗定额是指内燃机械在单位运行时间（或 km）中消耗的燃料和润滑油的限额。一般按机型、道路条件、气候条件和工作对象等确定。润滑油消耗定额按燃油消耗定额的比例制定，一般按燃油消耗定额的 2%～3%计算。油料消耗定额还应包括保养修理用油定额，其根据机型和保养级别而定。

3. 轮胎消耗定额

轮胎消耗定额是指新轮胎使用到翻新，或翻新轮胎使用到报废所应达到的使用期限数额（以 km 计），按轮胎的厂牌、规格、型号等分别制定。

4. 随机工具、附具消耗定额

随机工具、附具消耗定额是指为做好主要机械设备的经常性维修、保养所必须配备的随机工具、附具的限额。

5. 替换设备消耗定额

替换设备消耗定额是指机械的替换设备，如蓄电池、钢丝绳、胶管等的使用消耗限额，一般换算成耐用台班数额或每台班的摊销金额。

6. 大修理间隔期定额

大修理间隔期定额是新机到大修，或本次大修到下一次大修应达到的使用间隔期限额（以台班数计）。它是评价机械使用和保养、修理质量的综合指标，应分机型制定，新机械和老机械采取相应的增减系数。新机械第一次大修间隔期应按一般定额时间增加 10%～20%。

7. 保养、修理工时定额

保养、修理工时定额指完成各类保养和修理作业的工时限额，是衡量维修单位（班组）的实际工效，作为超产计奖的依据，并可供确定定员时参考，分别按机械保养和修理类别制定。为计算方便，常以大修理工时定额为基础，乘以各类保养、修理的换算系数，即为各类保养、修理的工时定额。

8. 保养、修理费用定额

保养、修理费用定额包括保养和修理过程中所消耗的全部费用的限额，是综合考核机械保养、修理费用的指标。保养、修理费用定额应按机械类型、新旧程度、工作条件等因素分别制定，并可相应制定大修配件、辅助材料等包干费用和大修喷漆费用等单项定额。

9. 保养、修理停修期定额

保养、修理停修期定额是指机械进行保养、修理时允许占用的时间，是保证机械完好率的定额。

10. 机械操作、维修人员配备定额

机械操作、维修人员配备定额是指每台机械设备的操作、维修人员限定的名额。

11. 机械设备台班费用定额

机械设备台班费用定额是指使用一个台班的某台机械设备所耗费用的限额。它是将机械设备的价值和使用、维修过程中所发生的各项费用，科学地转移到生产成本中的一种表现形式，是机械使用的计费依据，也是施工企业实行经济核算、单机或班组核算的依据。

上述机械设备技术经济定额由行业主管部门制定。企业在执行上级定额的基础上，可以制定一些分项定额。

二、机械设备的台班费

台班费是以货币数量为表现形式的某台机械设备完成一个台班产量的机械设备的使用成本。台班费是租赁收取费用的依据，也是单机、班组和单位工程核算的基础。

1. 台班费的有关规定

①台班费取费按 8 小时工作制制定。每小时为 1/8 台班，不足 1 小时按 1 小时计。机械租赁时，每工作台班按 8 小时累计计算，不足 4 小时按半个台班计算，超过 4 小时按一个台班计算。

②租赁机械时按台班费乘以 6%计取管理费。

③关于机械停置(候活)费的计取。

机械设备停置(候活)时，折旧费、润滑及擦拭材料费、机上人工费、养路牌照税、机械保管费和台班出租管理费按 100%计取；大修费、经常修理费、替换设备及工具费按 50%计取，其他费用不取。属于下列情况之一，应收停置费：早要迟用，多要少用造成停置者；由于使用单位组织管理不善，物料供应不及时而造成停工者；由于未按制度规定创造施工条件造成停工者。

属于下列情况之一者，免收停置费：因工程任务变更、非使用单位所能避免者；由于工程任务提前完成，下一工程尚未开工的合理停置时间；批准的施工计划内规定的必要中断时间；由于自然灾害引起的停工时间；由于机械管理单位的责任而引起的停工时间。

2. 台班费的组成和计算依据

建筑机械台班单价由折旧费、大修理费、经常修理费、安拆费及场外运费、人工费、燃料动力费、养路费及车船使用税等组成。

(1)台班折旧费

台班折旧费是指施工机械在一个工作台班内，收回其原值及支付贷款利息的费用，计算公式如下：

$$台班折旧费=\frac{机械预算价格\times(1-净残值率)\times贷款利息系数}{耐用总台班} \qquad (14\text{-}21)$$

国产机械的预算价格按照机械原值、供销部门手续费和一次运杂费以及车辆购置税之和计算。

国产机械原值应按下列途径询价、采集：编制期施工企业已购进施工机械的成交价格；编制期国内施工机械展销会发布的参考价格；编制期施工机械生产厂、经销商的销售价格。供销部门手续费和一次运杂费可按机械原值的5%计算。车辆购置税应按下列公式计算：

$$车辆购置税=计税价格\times车辆购置税率 \qquad (14\text{-}22)$$

计税价格＝机械原值＋供销部门手续费和一次运杂费－增值税；

车辆购置税应执行编制期间国家有关规定。

进口机械的原值按其到岸价格取定。关税、增值税、消费税及财务费应执行编制期国家有关规定，并参照实际发生的费用计算。外贸部门手续费和国内一次运杂费应按到岸价格的6.5%计算。车辆购置税的计税价格是到岸价格、关税和消费税之和。

净残值率是指机械报废时回收的净残值占机械原值的百分比。净残值率按编制期国家有关规定执行。一般运输机械2%，掘进机械5%，特大型机械3%，中小型机械4%。

贷款利息系数是指购置施工机械的资金在施工生产过程中随着时间的推移而产生的单位增值。其公式如下：

$$贷款利息系数=1+\frac{折旧年限+1}{2}\times贷款年利率 \qquad (14\text{-}23)$$

耐用总台班是指施工机械从开始投入使用至报废前使用的总台班数，应按施工机械的技术指标及寿命期等相关参数确定。机械耐用总台班的计算公式为：

$$耐用总台班=折旧年限\times年工作台班-大修间隔台班\times大修周期 \qquad (14\text{-}24)$$

年工作台班是根据有关部门对各类主要机械最近三年的统计资料分析确定。

大修间隔台班是指机械自投入使用起至第一次大修止或自上一次大修后投入使用起至下一次大修止，应达到的使用台班数。

大修周期是指机械正常的施工作业条件下，将其寿命期（即耐用总台班）按规定的大修理次数划分为若干个周期。其计算公式为：

$$大修周期=寿命期大修理次数+1 \qquad (14\text{-}25)$$

(2)台班大修理费

大修理费是指机械设备按规定的大修间隔台班进行必要的大修理所产生的费用。台班大修理费是机械使用期限内全部大修理费之和在台班费用中的分摊额，它取决于一次大修理费用、大修理次数和耐用总台班的数量。其计算公式为：

$$台班大修理费=\frac{一次大修理费用\times寿命期内大修理次数}{耐用总台班} \qquad (14\text{-}26)$$

一次大修理费用是指施工机械一次大修理发生的工时费、配件费、辅料费、油燃料费及送修运杂费。一次大修费应以《全国统一施工机械保养修理技术经济定额》为基础，结合编制期市场价格综合确定。

寿命期大修理次数是指施工机械在其寿命期(耐用总台班)内规定的大修理次数，应参照《全国统一施工机械保养修理技术经济定额》确定。

(3)台班经常修理费

经常修理费是指施工机械除大修理以外的各级保养和临时故障排除所需的费用，包括为保障机械正常运转所需替换与随机配备工具、附具的摊销和维护费用，机械运转及日常保养所需润滑与擦拭的材料费用及机械停机期间的维护和保养费用等，分摊到台班费中，即为台班经常修理费。其计算公式为：

$$台班经常修理费=\frac{\sum(各级保养一次费用\times寿命期各级保养总次数)+临时故障排除费}{耐用总台班}+替换设备和工具附具台班摊销费+例保辅料费 \quad (14\text{-}27)$$

各级保养一次费用分别指机械在各个使用周期内，为保证机械处于完好状况必须按规定的各级保养间隔周期、保养范围和内容，进行的一、二、三级保养或定期保养所消耗的工时、配件、辅料、油燃料等费用。应以《全国统一施工机械保养修理技术经济定额》为基础，结合编制期市场价格综合确定。

寿命期各级保养总次数分别指一、二、三级保养或定期保养，在寿命期内各个使用周期中保养次数之和，应按照《全国统一施工机械保养修理技术经济定额》确定。

临时故障排除费是指机械除规定的大修理及各级保养以外，临时故障所需费用以及机械在工作日以外的保养维护所需润滑、擦拭材料费，可按各级保养(不包括例保辅料费)费用之和的3%计算。

替换设备及工具附具台班摊销费是指轮胎、电缆、蓄电池、运输皮带、钢丝绳、胶皮管、履带板等消耗性设备和按规定随机配备的全套工具附具的台班摊销费用。

例保辅料费是指机械日常保养所需润滑、擦拭材料的费用。

替换设备及工具附具台班摊销费、例保辅料费的计算应以《全国统一施工机械保养修理技术经济定额》为基础，结合编制期市场价格综合确定。

台班经常修理费计算公式中各项数值难以确定时，也可按下列公式计算：

$$台班经常修理费=台班大修费\times K \quad (14\text{-}28)$$

式中 K——台班经常修理费系数(见表14-13)。

表14-13 台班经常修理费系数 K 值

设备名称	K	设备名称	K
履带式起重机	2.16	塔式起重机	1.69
汽车式起重机	2.10	推土机	1.68
轮胎式起重机	1.89	自卸汽车	1.52
单斗挖掘机	1.88	拖车组	1.51
装载机	1.81	载重汽车	1.46

(4)台班安拆费及场外运费

安拆费是指施工机械在现场进行安装与拆卸所需的人工、材料、机械和试运转费用以及机械辅助设施的折旧、搭设、拆除等费用;场外运费是指施工机械整体或分体自停放地点运至施工现场或由一施工地点运至另一施工地点的运输、装卸、辅助材料及架线等费用。安拆费及场外运费根据施工机械不同分为计入台班单价、单独计算和不计算三种类型。

①台班安拆费及场外运费。工地间移动较为频繁的小型机械及部分中型机械,其安拆费及场外运费应计入台班单价。台班安拆费及场外运费应按下列公式计算:

$$\text{台班安拆费及场外运费}=\frac{\text{一次安拆费及场外运费}\times\text{年平均安拆次数}}{\text{年工作台班}} \tag{14-29}$$

一次安拆费是指施工现场机械安装和拆卸一次所需的人工费、材料费、机械费及试运转费。

一次场外运费是指运输、装卸、辅助材料和架线等费用,运输距离均应按 25km 计算。

年平均安拆次数应以《全国统一施工机械保养修理技术经济定额》为基础,由各地区(部门)结合具体情况确定。

②单独计算安拆费及场外运费。移动有一定难度的特、大型(包括少数中型)机械,其安拆费及场外运费应单独计算。

单独计算的安拆费及场外运费除应计算安拆费、场外运费外,还应计算辅助设施(包括基础、底座、固定锚桩、行走轨道枕木等)的折旧、搭设和拆除等费用。

不需安装、拆卸且自身又能行走的机械和固定在车间不需安装、拆卸及运输的机械,其安拆费及场外运费不计算。

自升式塔式起重机安装、拆卸费用的超高起点及其增加费,各地区(部门)可根据具体情况确定。

(5)台班人工费

人工费指机上司机(司炉)和其他操作人员的工作日人工费及上述人员在施工机械规定的年工作台班以外的人工费,按下式计算:

$$\begin{aligned}\text{台班人工费}&=\text{人工消耗量}\times\left(1+\frac{\text{年制度工作日}-\text{年工作台班}}{\text{年工作台班}}\right)\times\text{人工日工资单价}\\&=\text{人工消耗量}\times\text{人工日工资单价}\times\text{年制度工作日}/\text{年工作台班}\end{aligned} \tag{14-30}$$

人工消耗量是指机上司机(司炉)和其他操作人员工日消耗量。

年制度工作日应执行编制期国家有关规定。

人工日工资单价应执行编制期工程造价管理部门的有关规定。

(6)台班燃料动力费

燃料动力费是指施工机械在运转作业中所耗用的固体燃料(煤、木柴)、液体燃料(汽油、柴油)及水、电等费用,按下式计算:

$$\text{台班燃料动力费}=\sum(\text{燃料动力消耗量}\times\text{燃料动力单价}) \tag{14-31}$$

台班燃料动力消耗量应根据施工机械技术指标及实测资料综合确定,可采用下式计算：

$$台班燃料动力消耗量=(实测数\times 4+定额平均值+调查平均值)/6 \quad (14\text{-}32)$$

燃料动力单价应执行编制期工程造价管理部门的有关规定。

(7)台班其他费用

台班其他费用应按下列公式计算：

$$台班其他费用=\frac{年养路费+年车船使用税+年保险费+年检费用}{年工作台班} \quad (14\text{-}33)$$

年养路费、年车船使用税、年检费用应执行编制期有关部门的规定。

年保险费应执行编制期有关部门强制性保险的规定，非强制性保险不应计算在内。

三、建筑机械设备的租赁管理

1. 机械设备的内部租赁

施工机械的内部租赁，是在有偿使用的原则下，由施工企业所属机械经营单位和施工单位之间所发生的机械租赁。机械经营单位为出租方承担提供机械、保证施工生产需要的职责，并按企业规定的租赁办法签订租赁合同，收取租赁费。

2. 机械设备的社会租赁

机械设备社会性租赁按其性质可分为融资性租赁和服务性租赁两大类。

(1)融资性租赁

融资性租赁是将借钱和租物结合在一起的租赁业务。租赁公司出资购置建筑施工单位所选定的某种型号机械，然后出租给施工企业。施工企业按照特定合同的条件和特定的租金条件，在一定期限内拥有对该机械的所有权和使用权。合同期满后，承租的建筑施工企业可按合同议定的条件支付一笔货款，从而拥有该机械的全部产权，或者是将该机械退还给租赁商，也可另订合同继续租用该机械。

(2)服务性租赁

服务性租赁又称融物性租赁，建筑施工单位可按合同规定支付租金取得对某型号机械的使用权。在合同期内，一切有关设备的维修和操作业务均由租赁公司负责。合同期满后，不存在该机械产权转移问题。承租单位可按新协议合同继续租用该机械。

四、建筑机械设备的经济核算

1. 经济核算

建筑机械经济核算是企业经济核算的重要组成部分，通过经济核算和分析，以实施有效的监督和控制，追求最佳的经济效益。利用经济核算资料和统计数据，对机械施工生产、经营活动的各种因素进行分析，找出影响因素和影响程度，采取改进措施，提高机械管理水平和经济效益。

机械经济核算主要分机械使用费核算和机械维修费核算。

(1)机械使用费核算

机械使用费指机械施工生产中所发生的费用，即使用成本。按其核算单位可分为单机、班组和单位工程核算。

①单机核算。单机核算是对一台机械在一定时间内维持其施工生产的各项消耗和费用进行核算。单机核算是机械核算中最基本的核算形式，主要适用于定人、定机的大型机械和运输设备。

②班组核算。班组核算是以作业班组为核算单位，计算班组机械费用的总收入和总支出，并将收支加以比较，确定盈亏的核算方式。班组核算主要适用于不实行定人定机而由作业班组集中管理的中小型机械。

③单位工程核算。单位工程核算是以单位工程预算定额中的机械费作为收入，以实际发生的各项机械费用作为支出所进行的核算。核算应计入向外出租机械设备所得的收入，并应扣除以人工代替机械的费用收入部分。由于单机核算与班组核算并不能直接反映单位工程项目施工中机械设备的使用效果，所以，单位工程项目中机械费用的盈亏还要靠单位工程的机械设备经济核算来解决。

(2)机械修理费用核算

机械修理费用核算主要有单机大修理成本核算和机械保养、小修成本核算。

单机大修理成本核算是由修理单位对大修竣工的机械设备，按照修理定额中划定的项目，分项计算其实际成本，然后与计划成本(修理技术经济定额)对比，计算出一台机械大修理费用的盈亏数。

对于机械保养、小修成本的核算，若有定额，可计算实际发生的费用和定额相比，核算其盈亏数。若没有定额的保养、小修项目，应包括在单机或班组核算中，采取维修承包的方式，以促进维修工与操作工密切配合，共同为减少机械维修费。

第七节　建筑机械设备的统计管理

统计是对信息的收集、加工、利用的过程，按现代企业管理的观念，统计管理也称为信息管理。信息管理的目的是运用科学的方法，对大量的原始信息进行有目标有选择的收集、整理和加工，以便有效地发挥信息的作用。建筑企业机械设备的统计管理通过有关机械设备管理所涉及的信息进行整理和加工，以便对管理的效果进行考察、分析和研究，从而达到提高机械管理水平的目的。

一、建筑机械设备的统计内容

1. 机械设备统计管理的具体工作

机械设备的统计管理具体工作主要包括以下几个方面：

①统计企业通过拥有机械设备的数量、能力及其变动情况，反映企业的技术装备程度，掌握各种不同类别的机械设备在数量和能力方面对生产的保证程度，为机械管理提供基础资料，为施工企业制定发展规划、编制施工计划、组织施工生产和提高机械配套水平提供依据。

②统计机械设备使用情况，反映机械设备利用程度和效率，为分析、研究机械潜力，充分发挥机械效能提供依据。

③统计机械设备完好情况，为分析、研究机械技术状况，提高完好率，并为考核机械管理的成效提供依据。

④统计机械设备运转、消耗记录，整理并积累使用中的各项数据，为编制机械维修计划、考核各项技术经济指标及定额、实行经济核算和奖励制度提供依据。

⑤统计机械设备维修情况及其效果，为考核维修计划完成情况和维修单位各项定额指标完成情况提供依据。

机械设备的统计管理与其他管理一样，必须做到准确、完整、及时。否则，就会失去信息的使用价值，甚至会贻误工作。

2. 机械设备统计的内容

机械设备统计的主要内容包括原始记录、统计台账、内部报表和国家规定的统计报表。在统计中基本数字资料来源于原始记录。台账是积累原始记录的手段，内部报表是编制国家规定的统计报表的依据。只有把以上各个环节工作做好，才能保证机械统计报表的准确性和及时性。

(1)原始记录

原始记录包括机械设备运转记录、保修作业记录、双班作业时交接班记录。原始记录主要反映机械完成产量、运转台时、油料消耗、材料消耗及保养、修理等情况。原始记录一般由操作人员和保修人员填写后于每月末交机械管理部门的统计人员。

原始记录是直接的记录，是第一手资料，因此，原始记录必须具有准确性，如果数据不真实，甚至是虚假的数据，将会使机械设备管理工作安排不当，并有可能造成严重损失和浪费。

(2)统计台账

统计台账包括机械设备台账、卡片、保养修理台账、运转消耗台账、机械事故台账和机械设备经济台账等。统计台账由机械使用单位机械管理部门设专人按月填写。统计台账根据机械管理编制报表和经济核算的需要，把各项原始记录系统地汇总登记在册，其主要作用是：

①便于及时提供各项统计报表所需要的数据。

②便于综合核对各项资料和数据的准确性。

③便于分析比较、掌握情况，发现问题。

(3)内部报表

内部报表是企业内部根据需要自行建立的报表。内部报表的主要内容包括：

①机械设备完好率、利用率及效率情况月报表。

②保养修理计划及完成情况月报表。

③机械事故月报表等。

内部报表是积累资料的重要手段，也是国家规定的统计报表的过渡报表。内部报表由机械设备使用单位机械管理部门编写，报上级主管部门审查汇总。

(4)国家规定的统计报表

国家规定的建筑施工统计报表中属于机械设备方面的有以下四种：

①主要机械设备实有、完好利用情况(年报),反映施工企业机械设备数量和完好率、利用率指标完成情况的报表,由国家统计局制表。

②主要机械设备效率(年报),反映能计算产量的各种机械设备生产能力的发挥程度,由国家统计局制表。

③建筑企业技术装备情况(年报),反映企业机械设备的数量、价值和人均装备水平。由国家统计局制表。

④建筑企业机械设备经营管理情况(年报),反映企业机械设备的增减、折旧和大修理基金提取情况,以及维修费用支出和机械设备经营盈亏的情况,是考核企业机械设备经营管理成果的依据,由建设部制表。

以上年度报表,由企业机械设备管理部门根据台账及内部报表等资料组织编制,其中有关产量、费用、价值、职工人数等资料,应由生产、财务、劳资等部门负责提供。

3. 统计分析

机械设备统计工作的目的是对统计指标数据进行分析研究,以揭示其发展变化情况和规律性。统计分析的主要方法是对比分析法。机械设备统计的对比分析法主要有以下几种:

①同一指标同年度不同月份或不同季度的对比,从中发现该指标发展变化情况和趋势,发现问题,找出薄弱环节,提出改进措施。这种对比分析方法及时性强,收效较快。

②同一指标与上年度同期对比,由于与上年度同期对比具有很多可比性,因而很有实际意义。通过对比发现较大的管理漏洞和工作上的偏差,是改进机械设备管理工作的重要环节。

③各种指标完成的全面情况与历史最好水平对比。这种对比可以得出哪些管理方法应肯定,哪些管理方法有偏差的结论,有利于对机械管理工作做出较大的调整和决策。

④各种指标的实际完成情况与上级下达的计划指标之间的对比,从而找出差距和努力方向,同时有利于上级掌握情况,为制订计划指标提供依据。

⑤本单位指标完成情况与性质类似的先进单位指标完成情况的对比,从而向先进单位学习好的管理方法和经验,有利于整个机械设备管理水平的提高。

二、建筑机械设备的统计指标

1. 统计指标术语

(1)有关机械设备价值的术语

①机械设备的原值和净值。原值是指获得全新的机械设备时所实际支付的全部费用,净值是指从原值中减去累计折旧费后的净余额。原值和净值的单位为人民币元。

②机械设备的新度系数。机械设备的新度系数也称机械设备的新旧程度,为机械设备的净值与原值之比,即:

$$\text{机械设备新旧程度}=\frac{\text{期末机械设备净值}}{\text{机械设备原值}}\times 100\% \tag{14-34}$$

(2)有关机械设备数量的术语

①企业自有机械设备。企业自有机械设备指企业作为固定资产已登入设备账、卡的全部机械设备,其中,已向上级申请报废的机械设备,在未获得批准前仍应统计在内。

②机械设备实有台数。机械设备实有台数指企业在报告期的最后一天列为固定资产的在册机械设备台数。

③机械设备平均台数。机械设备平均台数指企业在报告期内平均每天拥有的机械设备台数,按下式计算:

$$\text{报告期机械设备平均台数}=\frac{\text{报告期每天实有机械设备台数之和}}{\text{报告期日历日数}} \tag{14-35}$$

(3)有关机械设备能力的术语

①机械设备能力。机械设备能力指机械设备在单位时间内的设计生产能力。一般情况下,混凝土搅拌机、挖掘机、起重机、载重汽车等按台班产量计算,推土机、电焊机等按其动力部分的功率计算其能力。陈旧设备和由于其他原因达不到设计能力时,按上级主管部门批准的经检验确定的能力计算。

②机械设备实有能力。机械设备实有能力指企业在报告期最后一天列为固定资产的机械设备能力。

③机械设备总能力。机械设备总能力指同类机械设备能力的总和。其计算公式为:

$$\text{某类机械设备总能力}=\sum(\text{某种机械设备台数}\times\text{该种机械设备单台能力}) \tag{14-36}$$

④机械设备平均能力。机械设备平均能力指报告期内平均每天拥有的同类机械设备能力。其计算公式为:

$$\text{同类机械设备平均能力}=\frac{\text{报告期每天同类机械设备实有能力之和}}{\text{报告期日历日数}} \tag{14-37}$$

(4)有关台日的术语

①日历台日数。日历台日数指报告期内每天实有机械设备台数的总和,不论机械设备技术状况和工作状况如何都应计入。其计算公式为:

$$\text{报告期机械设备日历台日数}=\text{报告期机械设备平均台数}\times\text{报告期日历日数} \tag{14-38}$$

②例假节日台日数。例假节日台日数指报告期内国家规定的例假节日中每天实有机械设备台数的总和。其计算公式为:

$$\text{报告期机械设备例假节日台日数}=\text{报告期机械设备平均台数}\times\text{报告期例假节日日数} \tag{14-39}$$

③制度台日数。制度台日数指报告期机械设备的日历台日数减例假节日台日数,或报告期机械设备平均台数与制度工作日数的乘积。

④完好台日数。完好台日数指报告期制度台日数内处于完好状况的机械设备的台日数，包括修理不满一天和虽已列入检修时间、但仍在继续使用的机械设备，不包括在修一日以上和待修、送修在途的机械设备。

⑤实作台日数。实作台日数指报告期制度台日中机械设备实际出勤进行施工生产的台日数。不论一日内参加生产时间长短或分为几个台班，都算做一个实作台日。

⑥加班台日数。加班台日数指机械设备在例假节日期间的实际出勤进行施工生产的台日数。

2. 统计指标

机械设备管理指标体系有国家制定的政策性指标和企业补充制定的专业性指标。

(1)政策性指标

①机械设备的完好率。

机械设备的完好率

$$=\frac{\text{报告期机械设备日历台日数}-\text{同期例假节日台日数}+\text{同期加班台日数}-\text{不完好台日数}}{\text{报告期机械设备日历台日数}-\text{同期例假节日台日数}+\text{同期加班台日数}}\times100\% \quad (14\text{-}40)$$

②机械设备利用率。

机械设备利用率

$$=\frac{\text{报告期机械设备实作台日数}}{\text{报告期机械设备日历台日数}-\text{同期例假节日台日数}+\text{同期加班台日数}}\times100\% \quad (14\text{-}41)$$

举例说明：

某单位有一台 TY－120 型推土机，在 2010 年 11 月份总共连续实作 13 个台日，其中含加班台日共 3 个。该机当月因故障停修、待修连续 4 天。另外还有 1 天当日故障、当日修好并在当日完成了半个台班。该月日历数为 30 天，其中公休日共计 8 天，请计算该设备当月的完好率和利用率。

$$\text{月完好率}=\frac{30-8+3-4}{30-8+3}=\frac{21}{25}=84\%$$

$$\text{月利用率}=\frac{13}{30-8+3}=\frac{13}{25}=52\%$$

③装备生产率。装备生产率是反映机械在生产中所创造价值大小的指标。其计算公式为：

$$\text{装备生产率}=\frac{\text{全年施工(生产)总产值}}{\text{年末自有机械净值}}\times100\% \quad (14\text{-}42)$$

④净产值机械维修费用率。净产值机械维修费用率反映企业机械维修费用和完成净产值的比率，用以考核机械维修费用的情况。其计算公式为：

$$\text{净产值机械维修费用率}=\frac{\text{全年机械维修费用}+\text{全年机械大修理费用}}{\text{全年净产值总和}}\times100\% \quad (14\text{-}43)$$

⑤机械固定资金利税率。机械固定资金利税率反映企业的利税总额和机械固定资

产原值的比率，用以考核机械创造利税的情况。其计算公式为：

$$\text{机械固定资金利税率}=\frac{\text{全年实现利税总额}}{\text{自有机械固定资产平均原值}}\times 100\% \tag{14-44}$$

式中，机械固定资产平均原值=(年初机械原值+年末机械原值)/2。

(2)专业性指标

专业性指标用于评价机械管理、使用、维修各项业务工作的效率和效果，作为企业机械管理的目标和考核依据。

①机械装备方面的指标。

a. 技术装备率。技术装备率用来反映企业人均装备程度。其计算公式为：

$$\text{全员或工人技术装备率}=\frac{\text{报告期末自有机械设备净值}}{\text{报告期末全员或工人人数}} \tag{14-45}$$

b. 动力装备率。动力装备率用来反映企业人均动力装备程度。其计算公式为：

$$\text{动力装备率}=\frac{\text{报告期自有机械动力数}}{\text{报告期末全员或工人人数}} \tag{14-46}$$

c. 机械装备更新率。机械装备更新率指全年机械设备更新原值占全部机械原值的比率，用来反映企业机械装备更新的速度。其计算公式为：

$$\text{机械设备更新率}=\frac{\text{年度机械更新原值}}{\text{年末机械总原值}}\times 100\% \tag{14-47}$$

式中，年度机械更新原值包括新增机械原值、旧机械更新原值和机械改造后的增值。

②机械使用方面的指标。

a. 机械效率。机械效率是指机械额定能力与完成产量的比值，用来反映机械的生产效率，仅适用于能够计算产量的机械。其计算公式为：

$$\text{机械效率}=\frac{\text{报告期内某种机械实际完成总产量}}{\text{报告期内某种机械平均总能力}}\times 100\% \tag{14-48}$$

b. 机械能力利用率。机械能力利用率是指机械完成产量定额的比率，用以反映机械能力的利用情况。其计算公式为：

$$\text{机械能力利用率}=\frac{\text{报告期内某种机械实际平均台班产量}}{\text{某种机械台班定额产量}}\times 100\% \tag{14-49}$$

c. 机械可利用率。机械可利用率又称为有效利用率，是指机械的可利用程度，用来评价维修工作水平。其计算公式为：

$$\text{机械可利用率}=\frac{\text{机械制度台时}-\text{故障停机台时}}{\text{机械制度台时}}\times 100\% \tag{14-50}$$

式中，故障停机台时包括排除故障的时间。

d. 机械故障停机率。机械故障停机率指机械故障对生产的影响程度，也可以用来评价维修工作水平。其计算公式为：

$$\text{机械故障停机率}=\frac{\text{报告期故障停机台时}}{\text{报告期实际开动台时}}\times 100\% \tag{14-51}$$

e. 机械事故率。机械事故率反映机械事故次数和机械台数的比率，由于事故大小的差别难以相比，也可以用主要机械重大事故的比率来考核。其计算公式为：

$$机械事故率=\frac{报告期机械事故次数}{报告期实际使用的机械台数}\times 100\% \tag{14-52}$$

$$主要机械重大事故率=\frac{报告期主要机械重大事故次数}{报告期实际使用的主要机械台数}\times 100\% \tag{14-53}$$

③机械修理方面的指标。

a. 大修理计划完成率。大修理计划完成率指大修理计划数与实际完成数的比率，在一定程度上反映机械是否存在失修现象。其计算公式为：

$$大修理计划完成率=\frac{大修理实际完成台数}{计划大修理台数}\times 100\% \tag{14-54}$$

b. 大修理返修率。大修理返修率是指大修返修台数占大修竣工台数的比率，用来考核修理质量。其计算公式为：

$$大修理返修率=\frac{报告期大修反修台数}{报告期大修出厂台数}\times 100\% \tag{14-55}$$

如用大修返修停修期耗用工时考核，则计算公式为：

$$大修理工时返修率=\frac{大修理反修耗用工时}{大修理定额工时}\times 100\% \tag{14-56}$$

c. 机械维修费用率。机械维修费用率指机械维修费用和机械净值的比率，用来考核机械维修费用情况。其计算公式为：

$$机械维修费用率=\frac{全年机械维修(包括大修)实际费用总额}{年平均机械总净值}\times 100\% \tag{14-57}$$

d. 维修配件储备率。维修配件储备率即配件流动资金占用率，用来考核是否超过标准指标，衡量配件管理的综合水平。其计算公式为：

$$维修配件储备率=\frac{库存配件资金总额}{全部机械原值总额}\times 100\% \tag{14-58}$$